混凝土双向板火灾行为分析

Fire Behavior Analysis of the Concrete Two-way Slabs

王 勇 著

科 学 出 版 社

北 京

内 容 简 介

本书介绍了作者近年来从事混凝土双向板火灾下（后）力学性能的研究成果，以及国内外学者的相关研究工作，主要内容包括火灾下（后）楼板试验、数值和理论研究现状；高温下（后）混凝土和钢筋性能与钢筋力学性能；火灾下（后）面内约束作用混凝土双向板温度、变形、裂缝和破坏模式等；混凝土双向板极限承载力计算方法（钢筋应变差方法和椭圆方法）；火灾下（后）混凝土连续板温度、变形、裂缝和破坏模式等；混凝土双向板温度、变形、力学机理（轴力、弯矩和薄膜效应等）数值研究及其极限承载力理论分析方法等。

本书可供土建专业的科研人员、设计人员以及高等院校相关专业的师生参考。

图书在版编目（CIP）数据

混凝土双向板火灾行为分析 / 王勇著. -- 北京 : 科学出版社, 2025. 3.
ISBN 978-7-03-079531-1

Ⅰ. TU375.2

中国国家版本馆 CIP 数据核字第 2024W18L37 号

责任编辑：李涪汁　曾佳佳　郝　聪 / 责任校对：郝璐璐
责任印制：张　伟 / 封面设计：许　瑞

科学出版社 出版
北京东黄城根北街 16 号
邮政编码：100717
http://www.sciencep.com
北京厚诚则铭印刷科技有限公司印刷
科学出版社发行　各地新华书店经销
*
2025 年 3 月第　一　版　开本：720 × 1000　1/16
2025 年 3 月第一次印刷　印张：18 3/4
字数：378 000

定价：179.00 元

（如有印装质量问题，我社负责调换）

前言

近年来，我国正处于经济快速发展时期，每年数十亿平方米的建筑不断建成，其中钢筋混凝土板是最重要的水平承重构件，在多层建筑、高层建筑以及新型装配式建筑中被普遍应用。然而，发生火灾时，钢筋混凝土楼板直接承受火荷载，由于板厚较小、钢筋保护层较薄，其受火面积最大、损伤最严重，是整个结构抗火中较为薄弱的环节之一。值得指出的是，除了火灾下的结构行为，也应该关注降温和灾后阶段结构行为，原因是一些实际结构在火灾或升温阶段保持整体性，而降温或灾后阶段突然出现局部构件或整体结构坍塌破坏（局部应力增大），其对救援人员的生命造成严重威胁。同时，灾后阶段涉及结构加固、修复或拆除等问题，而对降温阶段力学行为进行准确分析对灾后性能评估有重要影响。事实上，通过合理的结构抗火设计，这些伤亡是可以避免的。

因此，为更好地保障人们的生命和财产安全，充分发挥约束和薄膜效应对楼板抗火性能和维持其灾后承载力的有利作用，有必要深入系统研究火灾下（后）混凝土楼板力学性能及承载力计算方法，其研究成果将对结构中混凝土楼板抗火设计、灾后性能评估及修复加固等具有重要的理论意义和实际价值。

对此，作者基于国内外学者研究成果，建立了高温下（后）材料本构模型和温度场模型；考虑面内约束、火灾蔓延和各跨相互作用等影响因素，对火灾下（后）混凝土双向板及连续板的力学性能进行了系统试验研究，获得了上述影响对双向板及连续板温度、变形、裂缝及破坏模式等的变化规律；提出了钢筋应变差和椭圆方程概念，用于求解极限状态下双向板板底钢筋屈服区域和拉压薄膜效应区域，建立了混凝土双向板及连续板极限承载力和破坏模式计算方法；基于椭圆方法，考虑边界约束作用和各跨拉压薄膜效应分布特点，建立了适用于连续板各板块极限承载力计算方法；采用自编程序或商用软件，对火灾下（后）混凝土双向板和连续板力学行为进行分析，并提出了一些有益建议。

本书的研究工作得到了黄昭辉教授很多建议和指导，使作者受益匪浅；同时，作者的研究生也对本书作出了贡献，其中张亚军、王姗姗、刘伟鑫、滕飞、吁达、袁煜辉、杜欣雨、李志奇、安晓莉、王腾焱、史伟男、段亚昆、马帅、吴加超、郭文轩、陈振兴、姜亚强、宋炜、部翼翔、任兆卿、王功臣等学生对本书的编辑做了大量工作。借此机会对黄昭辉教授和研究生表示诚挚的谢意。

由于作者水平有限，书中的不足和疏漏之处在所难免，敬请读者批评指正。

作 者

2024 年 8 月

扫描看本书彩图

目录

第1章 绪 论

1.1 引 言

钢筋混凝土板是结构中最重要的水平承重构件，在多层建筑、高层建筑以及新型装配式建筑中被普遍应用。然而，值得指出的是火灾下（后）楼板力学行为对结构承载性能有关键影响，特别是在结构完整性方面。因此，国内外学者对火灾下（后）混凝土板抗火性能、高温下（后）混凝土和钢筋材料性能开展了较多研究，其有助于楼板抗火设计及灾后性能评估等。

1.2 火灾下（后）楼板研究现状

对于混凝土双向板，国内外不少学者相继开展了一些火灾试验、数值分析和承载力理论研究，在混凝土板温度、裂缝分布、变形、破坏模式及灾后承载力等方面取得了一定的研究成果。

1.2.1 火灾下（后）楼板试验研究

20 世纪六七十年代，Selvaggio 等[1]和 Issen 等[2]开展了面内约束作用下楼板火灾试验研究，结果表明轴向约束可以提高楼板抗火性能。1982 年，Anderberg 等[3]研究表明混凝土板的抗火性能并不总是随着轴向约束力的增大而提高的。1989 年，Lin 等[4]开展了临边约束作用下混凝土双向板火灾行为试验研究，其中钢筋采用环氧树脂保护；研究表明该类型板具有较好的耐火性能。2001 年，Cooke[5]开展约束板火灾试验，结果表明轴向面内约束力及其加载位置对板的抗火性能有重要影响。

2003 年，高立堂[6]开展了无黏结预应力混凝土连续板边跨受火试验研究，结果表明板顶易出现沿支座方向斜裂缝、板底纵向裂缝和板侧面弯曲裂缝等，且负弯矩钢筋长度对破坏模式有重要影响。2004 年，陈礼刚[7]对简支单向板和混凝土三跨连续板进行了火灾试验，总结了各工况（边跨受火、中跨受火及相邻两跨受火）下板的变形规律、内力重分布情况及破坏形态，对静定板与超静定板抗火性能进行对比分析。Lim 等[8]利用耐火试验炉进行了 6 块双向板火灾试验研究（ISO

834 标准升温曲线），结果表明混凝土双向板具有较好的耐火性能，且板角约束对混凝土双向板的变形趋势有重要影响。

韩金生等[9]对 3 块简支组合楼板与 4 块连续组合楼板进行了恒载火灾试验。相比于简支板，连续板抗火性能较好；不同受火工况对连续板内力重分布影响较大；塑性铰的出现时间、位置及次序对连续板火灾行为有较大影响。侯晓萌[10]完成了无、有黏结预应力混凝土单向简支板抗火试验，结果表明混凝土保护层厚度、荷载水平和弯矩对无黏结预制混凝土（prefabricated concrete，PC）连续板的耐火性能有显著影响。预应力对混凝土爆裂有较大影响，随预应力增大，爆裂增大。Yuan 等[11]开展了无黏结预应力混凝土三跨连续板火灾试验，结果表明不同跨受火、负筋长度对连续板破坏机构和变形有决定性影响，而预应力度影响不明显。构件变形、塑性铰出现顺序与构件所受温度历史有密切关系，而塑性铰最终形式与构件所经历温度历史无关。

2007 年，Bailey 等[12, 13]进行了常（高）温下共 48 块缩尺简支板试验研究，结果表明常温下板破坏形式包括钢筋拉断和角部混凝土压碎破坏两种，高温下缩尺简支板主要为钢筋拉断破坏。2010 年，李国强等[14]进行了 4 个足尺压型钢板组合楼板受火性能试验，高温下压型钢板组合楼板产生较大挠度，形成受拉薄膜效应。2015 年，范圣刚等[15]对 2 块压型钢板混凝土组合楼板进行了火灾试验，考察了火灾下组合楼板板顶（底）裂缝情况，揭示了火灾下组合楼板破坏模式。此外，朱崇绩[16]对钢筋混凝土简支双向板、固支双向板、足尺邻边简支邻边固支双向板、仅在柱上有梁的双向板楼盖和平板无梁楼盖开展了大量火灾试验。研究表明，对于混凝土简支双向板，其火灾下板顶裂缝主要出现在短向跨中和距长边支座大约 1/4 跨度处；对于四边固支（无面内约束）混凝土双向板，板顶面出现呈盆状塑性铰线，而角部出现椭圆状塑性铰线。邻边简支邻边固支双向板顶部形成半椭圆形裂缝，仅在柱上有梁的双向板楼盖最终呈凹口向上球冠形破坏，平板无梁楼盖板顶面为对角呈双曲线形裂缝形式。2015～2017 年，Tan 等[17]和 Nguyen 等[18, 19]开展了结构中组合板（缩尺）抗火性能试验，重点研究了（无）防火保护次梁和边界转动约束对火灾下组合楼板变形和破坏模式等的影响规律。研究表明，次梁能够降低组合楼板跨中变形和提高其承载力（受拉薄膜效应），转动约束亦会导致板角压碎和边梁出现较宽裂缝；当楼板跨中位移达到板厚时，开始出现受拉薄膜效应。周航[20]开展了 9 个钢纤维混凝土板抗火性能试验，结果表明试件厚度越大，试件抗火性能越好；荷载比越大，试件耐火极限越小，变形速率越快。

除了单个简支板构件，国内外学者对实际结构中的楼板抗火性能开展了一定研究。例如，1995～1996 年英国建筑研究所（Building Research Establishment，BRE）火灾研究实验室对一个足尺多层组合结构进行了 6 次大型受火试验[21]，研究表明火灾下组合楼盖受拉薄膜效应有助于提高其抗火性能，且结构中钢梁及楼板的耐火极限明显比作为独立构件试验时要高。2013～2015年，董毓利课题组对一足尺3层钢框架结构中的楼板进行多次大型火灾试验[22-24]。杨志年等[25]对该结构中顶层混凝土板（中区格和角区格）进行了火灾试验，结果表明整体结构中相邻未受火构件的边界约束（竖向、转动及轴向）对受火双向板的火灾行为影响显著。王勇[26]开展了该结构中第二层局部板格（区格 2×2）火灾试验，结果表明受火板格板顶裂缝模式主要受其边界条件的影响，非受火板格裂缝特征主要受板格的位置及数量的影响。

此外，国内外学者对混凝土板、预应力板、玻璃纤维增强塑料（glass fiber reinforced plastic，GFRP）筋混凝土板和叠合板等火灾后残余性能进行了研究。2013年，Chung等[27]采用不同高温后混凝土本构模型，分析了火灾后（聚丙烯纤维）混凝土板荷载-变形曲线。李兵等[24]对该结构第一层板格（区格2×3）进行火灾试验，研究表明由于约束程度不同，不同位置板格火灾中变形规律不同；由于受火钢梁反拱效应，受火板格部分挠度曲线存在平稳段；板格裂缝特征与其受火强度和边界约束密切相关，与周围钢梁是否受火关系不大。2016年，王新堂等[28]对5块叠合板试件和压型钢板-陶粒混凝土组合楼板开展了火灾后受力性能试验研究，研究表明轻骨料混凝土预制板类型及抗剪键分布形式对叠合板火灾后整体刚度及承载力有显著影响。此外，压型钢板-陶粒混凝土组合楼板受火后为弯曲破坏，未受火则为剪切滑移破坏。2018年，许清风等[29]开展了带约束预制混凝土叠合板受火后受弯性能试验，重点研究了不同受火时间后试验板极限荷载、初始弯曲刚度和延性等，结果表明未受火预制混凝土叠合板和不同受火时间自然冷却后预制混凝土叠合板均发生弯曲破坏。随着受火时间的增加，极限荷载和初始弯曲刚度均呈抛物线型下降；受火自然冷却后的残余挠度也明显增大。Hajiloo等[30]开展了火灾后GFRP筋单向板残余承载力试验，研究表明GFRP筋单向板易发生GFRP筋与混凝土黏结破坏，残余极限承载力为常温板的68%，并指出有必要研究GFRP灾后板的长期性和延性。Gooranorimi等[31]研究了高温后GFRP的力学性能和GFRP筋类型（GFRP-A和GFRP-C）对灾后单向板残余强度的影响，结果表明相比于GFRP-C板，GFRP-A板灾后承载力较高（约20%）。Gao等[32]开展了受火后混凝土板承载力试验，研究表明加固后受火混凝土板抗弯承载力提高幅度在70%～200%；相比于聚合物砂浆，工程化水泥基复合材料（engineered cementitious composite，ECC）可有效控制裂缝和提高承载力。赵考重等[33]开展了灾后钢筋桁架混凝土叠合板力学性能试验研究，结果表明叠合板受火90min仍具有良好的变形能力和承载力，叠合层厚度越厚，跨中位移越小，火灾后剩余承载力越大；叠合层厚度为50mm的叠合板受火90min的剩余承载力仍能达到未受火叠合板的80%以上。Du等[34]对双层功能梯度混凝土单向板进行耐火性能试验，该板由超高性能混凝土（ultra-high performance concrete，UHPC）层和轻骨料混凝土（light-weight aggregate concrete，LWAC）层组成，结果表明相比于UHPC或普通混凝土板，双层功能梯度混凝土单向板具有较好的抗火性能。

1.2.2 火灾下（后）楼板数值研究

近年来，考虑到火灾下（后）混凝土楼板试验费用高和周期长，数值模拟逐渐被应用于力学行为分析，即分析板温度、变形、耐火极限、灾后荷载-变形曲线及承载力等。例如，英国谢菲尔德大学开发 Vulcan 计算程序对一组合结构中楼板火灾行为进行数值研究，分析了结构中受火楼板薄膜应力分布规律，研究表明大变形时混凝土楼板薄膜作用影响不能被忽略；拉伸薄膜效应的产生并不依赖于边界水平约束情况。Huang[35]采用 Vulcan 研究了爆裂作用对整体结构中楼板的影响，研究表明受压薄膜效应能够有效缓解板爆裂行为。Lim 等[36]采用比利时的列日大学 SAFIR 软件分析普通钢筋混凝土双向板和组合楼板的火灾行为及其薄膜机理，并采用该软件研究了边界约束作用对单向板火灾行为的影响。

陈适才等[37]将梁单元和壳单元嵌入 Patran 软件平台，通过二次开发对混凝土板火灾行为进行数值分析，研究了配筋率和保护层厚度对单向板变形行为的影响。唐贵和等[38]采用商用有限元 ABAQUS 软件，对火灾下钢筋混凝土板温度场和变形行为进行分析，研究了跨高比、保护层和荷载等参数对混凝土板耐火性能的影响规律。2011 年，Ellobody 等[39]采用 ABAQUS 软件，研究了不同火灾蔓延工况（不同火灾区域和火灾蔓延时间间隔）对结构中后张拉混凝土楼板变形行为的影响规律，研究表明楼板最大变形可能发生在火灾蔓延工况或多房间同时受火工况，结构设计时应考虑火灾蔓延工况。2014 年，王勇等[40]提出双轴受压瞬态热应变模型和瞬态模量概念，对钢筋混凝土简支板火灾行为进行了数值模拟，验证了瞬态热应变模型的有效性。2015 年，Tan 等[17]和 Nguyen 等[18]采用 ABAQUS 软件，结合热弹塑性损伤本构和 S4R 壳单元，对结构中组合楼板温度、变形和梁板主应力分布等进行数值分析，数值表明次梁对组合楼板内钢筋应力分布和幅值及最终破坏模式（钢筋断裂位置）有重要影响，即跨中钢筋断裂（无次梁时）和边梁附近钢筋断裂（有次梁时）。2018 年，Jiang 等[41]采用 ANSYS 软件研究了荷载比、边界条件、板厚、配筋类型和长宽比等对火灾下混凝土双向板薄膜效应的影响，并提出火灾下混凝土双向板的五种破坏模式。2020 年，Gernay 等[42]采用 SAFIR 软件，对不同火灾工况下（单个房间受火、火灾蔓延和钢柱倒塌后受火）钢框架结构中组合楼板变形、薄膜机理、钢梁轴力和弯矩等进行分析；研究表明在性能化抗火设计时，应充分发挥受拉薄膜效应对提高结构抗火性能的有利作用，特别是在钢柱破坏后结构整体稳定性方面。Zhang 等[43]采用四种机器学习方法对混凝土板耐火极限进行分析，研究表明相比于材料强度和对流条件，炉温、开口系数、板厚度和火灾荷载密度等对楼板耐火性能有重要影响。

此外，国内外学者对灾后混凝土双向板剩余力学性能数值开展一定研究，通常根据火灾时构件截面温度分布，结合材料折减系数，确定混凝土、钢筋灾后强度及应力-应变模型等。Shachar 等[44]分析了火灾后混凝土单向简支板残余承载力和延性，重点研究了板底（顶）受火和上、下两面受火工况、配筋率、保护层、板厚和受火时间等影响因素。研究表明，上、下两面受火工况灾后承载力降低幅度最大，其次是板顶受火工况，而板底受火后承载力降低幅度最小。此外，板顶受火工况灾后延性降低幅度最大，而板底受火工况灾后结构延性可能增加。

1.2.3 火灾下（后）楼板承载力理论研究

近年来，随着对双向板抗火性能研究的深入，有必要在结构抗火设计时考虑楼板受拉薄膜效应的有利作用。实际上，20 世纪 60 年代，不少学者对受拉薄膜效应进行试验研究和理论分析，如 Taylor 等[45]、Sawczuk 等[46]和 Hayes[47]。

Bailey 等[12, 13]根据缩尺混凝土试验板两种破坏模式（即钢筋破坏和混凝土压碎破坏），发展了考虑受拉薄膜效应混凝土板承载力计算模型；其中，承载力提高系数由两部分组成，一部分是由板块薄膜力直接引起的极限承载力增大，另一部分是由薄膜力引起弯曲承载力提高，间接地提高了板极限承载力。李国强等[48]通过分析楼板薄膜效应机理，将楼板划分为五部分（周边四个刚性板块）和中间一个椭球面板块，通过分析内力和弯矩平衡方程，建立考虑薄膜效应影响的水平约束混凝土板极限荷载分析理论，该理论采用钢筋破坏准则。

2010 年，董毓利[49]利用变形梯度直和分解，基于能量原理，采用钢筋破坏准则，提出混凝土板极限承载力计算理论，认为受拉薄膜效应主要是由塑性铰线处钢筋伸长耗能造成的，且大变形时钢筋会产生一个竖向分力，致使板极限承载力随着变形增加而增大。2009 年和 2010 年，Omer 等[50, 51]基于能量原理和两种破坏模式，提出板的两种破坏模型，且考虑钢筋和混凝土间黏结滑移作用以及钢筋应变硬化行为，采用钢筋强度破坏准则对混凝土板承载力进行分析；2011 年，Cashell 等[52, 53]基于 18 块缩尺简支板试验结果，考虑（板边中部）混凝土压碎破坏模型，对 Omer 模型进行修正。2016 年，Herraiz 等[54]基于 Bailey 模型，考虑黏结滑移作用，提出三阶段荷载-变形计算模式，建立钢筋应变和混凝土板角极限应变破坏准则，确定板极限承载力。2017 年，Burgess[55]基于屈服线理论和内力平衡，建立多种工况钢筋破坏应变模式，对屈服后（受拉薄膜效应）阶段混凝土双向板的荷载-变形进行分析，建立承载力增量系数-变形关系（包括上升和降低阶段）计算方法。许清风等[29]采用经典塑性铰线理论对受火后预制混凝土叠合板试件极限荷载进行计算，受火后极限荷载计算结果均与试验结果吻合较好。

由此可见，根据双向板破坏模式或破坏板块数量，混凝土双向板承载力理论可分为四板块破坏模式、五板块破坏模式、六板块破坏模式和八板块破坏模式。其中，四板块破坏模式有董毓利模型和 Burgess 模型；五板块破坏模式有李国强模型和本书所提钢筋应变差模型；六板块破坏模式包括 Bailey 模型、Herraiz-Vogel 模型以及 Omer 模型；八板块破坏模式是 Omer 模型。另外，根据是否考虑薄膜力对弯矩影响，可分为两类，即截面极限弯矩不变（董毓利模型、李国强模型、钢筋应变差模型）和截面极限弯矩变化（Bailey 模型、Herraiz-Vogel 模型、Omer 模型）。同时，根据是否考虑竖向剪力影响，分为两类，如 Herraiz-Vogel 模型和王勇模型考虑竖向剪力影响，其余模型均未考虑竖向剪力影响。另外，根据是否考虑面内剪力影响，分为两类，如 Herraiz-Vogel 模型、李国强模型、钢筋应变差模型和 Burgess 模型，其余模型均未考虑。

1.3　高温下混凝土和钢筋性能

对于高温下材料热工和力学性能，国内外学者已经提出不同的高温模型，其中广泛使用的是 Eurocode 2（EC2）模型和 Lie 模型。然而，分析表明两模型存在较大的差异，尤其是在混凝土骨料对混凝土高温性能影响方面。具体地，EC2 模型中硅质、钙质混凝土热容相同，导热系数为两个上下限值，EC2 模型考虑骨料类型的影响。相反，Lie 模型提出了硅质和钙质混凝土两种不同的热工模型，但是这两个类型混凝土的力学模型相同。因此，通过统计分析和对比已有研究成果，本书建立了忽略骨料类型影响的高温下混凝土本构模型，即应力-应变关系、峰值应变（与应力相对应部分的应变）、抗压强度、膨胀应变和瞬态热应变等。

值得指出的是，随着温度升高，钢筋与混凝土极限黏结强度下降，对应极限滑移随温度升高有所增大。高温下钢筋与混凝土相对黏结强度计算公式和黏结-滑移本构模型可参考文献[56]，此处不再赘述。

1.3.1　混凝土热工性能

混凝土热工性能主要采用 Lie 模型和 EC2 模型，即导热系数、比热和密度等。

1. Lie 模型热工性能

1）硅质骨料

（1）导热系数（k_c，单位：W/(m·K)）。

$$k_c=\begin{cases}-0.000625T+1.5, & 20℃\leqslant T\leqslant 800℃\\ 1.0, & T>800℃\end{cases} \tag{1.1}$$

（2）比热（c_c，单位：J/(kg·℃)）和密度（ρ_c，单位：kg/m^3）。

$$\rho_c c_c=\begin{cases}(0.005T+1.7)\times10^6, & 20℃\leqslant T\leqslant200℃\\ 2.7\times10^6, & 200℃<T\leqslant400℃\\ (0.013T-2.5)\times10^6, & 400℃<T\leqslant500℃\\ (10.5-0.013T)\times10^6, & 500℃<T\leqslant600℃\\ 2.7\times10^6, & T>600℃\end{cases}\tag{1.2}$$

2）钙质骨料

（1）导热系数（k_c，单位：W/(m·K)）。

$$k_c=\begin{cases}1.355, & 20℃\leqslant T\leqslant293℃\\ -0.001241T+1.7162, & T>293℃\end{cases}\tag{1.3}$$

（2）比热（c_c，单位：J/(kg·℃)）和密度（ρ_c，单位：kg/m^3）。

$$\rho_c c_c=\begin{cases}2.566\times10^6, & 20℃\leqslant T\leqslant400℃\\ (0.1765T-68.034)\times10^6, & 400℃<T\leqslant410℃\\ (-0.05043T+25.00671)\times10^6, & 410℃<T\leqslant445℃\\ 2.566\times10^6, & 445℃<T\leqslant500℃\\ (0.01603T-5.44881)\times10^6, & 500℃<T\leqslant635℃\\ (0.16635T-100.90225)\times10^6, & 635℃<T\leqslant715℃\\ (-0.22103T+176.07343)\times10^6, & 715℃<T\leqslant785℃\\ 2.566\times10^6, & T>785℃\end{cases}\tag{1.4}$$

2. EC2 模型热工性能

导热系数 k_c 上限值为

$$k_c=2-0.2451(T/100)+0.0107(T/100)^2,\quad 20℃<T\leqslant1200℃\tag{1.5}$$

导热系数 k_c 下限值为

$$k_c=1.36-0.136(T/100)+0.0057(T/100)^2,\quad 20℃<T\leqslant1200℃\tag{1.6}$$

比热 c_c 和密度 ρ_c 为

$$c_c=\begin{cases}900, & 20℃\leqslant T\leqslant100℃\\ 900+(T-100), & 100℃<T\leqslant200℃\\ 900+(T-200)/2, & 200℃<T\leqslant400℃\\ 1100, & 400℃<T\leqslant1200℃\end{cases}\tag{1.7}$$

$$\rho_c=\begin{cases}2400, & 20℃\leqslant T\leqslant 115℃\\ 2400[1-0.02(T-115)/85], & 115℃< T\leqslant 200℃\\ 2400[0.98-0.03(T-200)/200], & 200℃< T\leqslant 400℃\\ 2400[0.95-0.07(T-400)/800], & 400℃< T\leqslant 1200℃\end{cases} \tag{1.8}$$

1.3.2 钢筋热工性能

钢筋热工性能包括导热系数、比热和密度等。对于钢材，密度通常为定值（7850kg/m^3）。

（1）导热系数（k_c，单位：W/(m·K)）。

$$k_c=\begin{cases}-0.022T+48, & 0℃\leqslant T\leqslant 900℃\\ 28.2, & T>900℃\end{cases} \tag{1.9}$$

（2）比热（c_c，单位：J/(kg·℃)）和密度（ρ_c，单位：kg/m^3）。

$$\rho_c c_c=\begin{cases}(0.004T+3.3)\times 10^6, & 0℃\leqslant T\leqslant 650℃\\ (0.068T-38.3)\times 10^6, & 650℃< T\leqslant 725℃\\ (-0.086T+73.35)\times 10^6, & 725℃< T\leqslant 800℃\\ 4.55\times 10^6, & T>800℃\end{cases} \tag{1.10}$$

1.3.3 混凝土力学性能

1. *应力-应变关系*

基于Anderberg和Thelandersson模型，提出高温下混凝土应力-应变关系，即

$$\sigma_{c,T}=f_{c,T}\frac{2\varepsilon}{\varepsilon_{p,T}}-\frac{\varepsilon^2}{\varepsilon_{p,T}^2},\quad \varepsilon\leqslant\varepsilon_{p,T} \tag{1.11}$$

式中，$\sigma_{c,T}$为高温环境下的应力；$f_{c,T}$为混凝土抗压强度；$\varepsilon_{p,T}$为峰值应变；T为温度；ε为应变。此外，下降段采用线性关系。

混凝土弹性模量为

$$E_{c,T}=2f_{c,T}/\varepsilon_{p,T} \tag{1.12}$$

根据式（1.11）和式（1.12），可得混凝土硬化函数为

$$\sigma_{c,ep,T}=-E_{c,T}\varepsilon_{c,ep}+2\sqrt{E_{c,T}f_{c,T}\varepsilon_{c,ep}},\quad 0.3f_{c,T}<\sigma_{c,ep,T}<f_{c,T} \tag{1.13}$$

式中，$\sigma_{c,ep,T}$为等效应力；$\varepsilon_{c,ep}$为等效应变。

EC2（2004）模型混凝土硬化函数为

$$\left(\frac{3\varepsilon_{c,ep}/\varepsilon_{p,T}-1}{1.0004}\right)^2+\left(\frac{\sigma_{c,ep,T}}{f_{c,T}}\right)^6=1,\quad 0.3f_{c,T}<\sigma_{c,ep,T}<f_{c,T} \tag{1.14}$$

本书模型、EC2（2004）模型[57]和 Lie 模型[58]的应力-应变关系曲线对比如图 1.1 所示，可见温度较低时，三种模型差异较小；随着温度增加，三者差异逐渐增大，特别是 400℃以上。例如，在上升段，给定应力值条件下，EC2（2004）模型得到较高的应变，且给定温度下得到较大的峰值应变，表明 EC2（2004）模型具有较好的延性。此外，在下降段，相同应力下，Lie 模型应变较大，且具有较大刚度。对比可知本书模型基本介于两者之间。

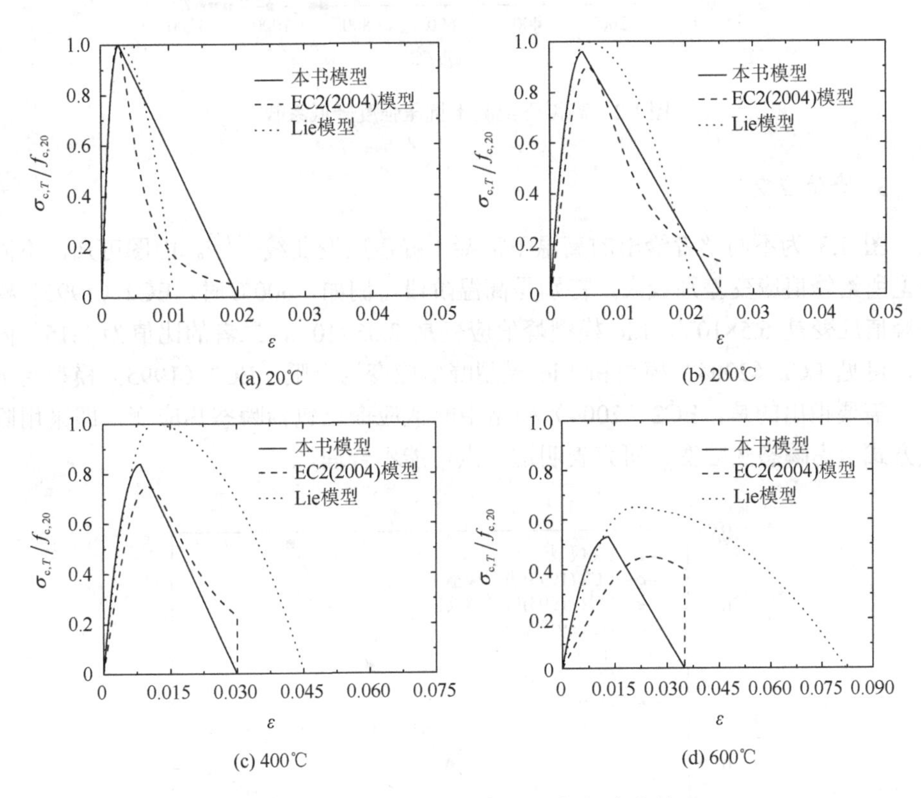

图 1.1 不同温度下受压混凝土应力-应变关系

2. 抗压强度

图 1.2 为不同学者提出的高温下混凝土抗压强度降低系数曲线。由图可知，EC2（2004）模型考虑了骨料类型对混凝土抗压强度的影响，而 Lie 模型并未考虑这一点。此外，可见 Lie 模型降低系数接近于上限，EC2（1995）模型[59]接近于下限。

根据上述现有模型，不考虑骨料类型影响，建立混凝土强度降低系数模型。

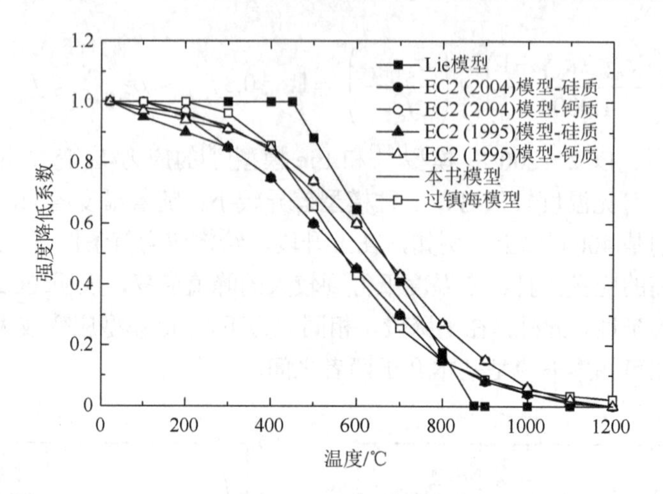

图 1.2 高温下混凝土抗压强度降低系数

3. 峰值应变

图 1.3 为不同学者给出的高温下混凝土峰值应变曲线[57-61]。由图可知，不同模型所给峰值应变差别较大，特别是高温阶段。例如，600℃时，EC2（1995）模型峰值应变是 6.5×10^{-3}，Lie 模型峰值应变是 2.05×10^{-2}，二者的比值为 3.15。同时，可见 EC2（2004）模型和 Lie 模型峰值应变为上限，EC2（1995）模型为下限。需要指出的是，EC2（2004）模型中峰值应变已包括瞬态热应变，即采用隐式方式考虑瞬态热应变，研究表明这一点可能不合理。

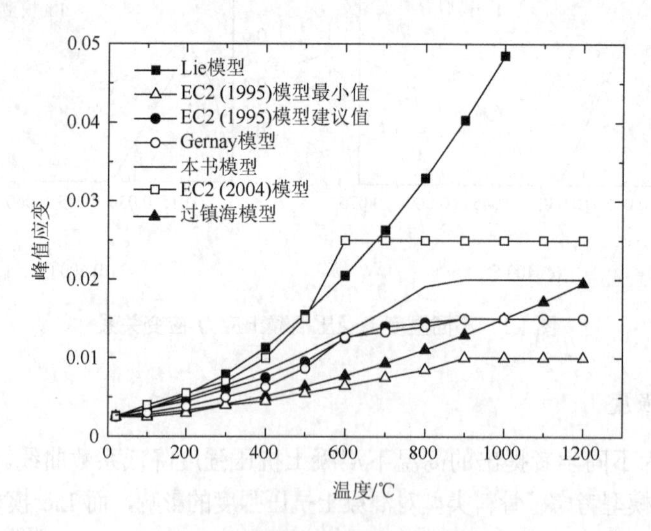

图 1.3 高温下混凝土峰值应变

此外，对比可知，低于 500℃时，EC2（2004）模型和 Lie 模型峰值应变相近，且大于其他模型。随着温度升高，两模型差值逐渐增大，特别是超过 600℃时。值得指出的是，与其他模型不同，随着温度增加，Lie 模型峰值应变一直增加。

因此，基于上述模型，本书提出了峰值应变模型，如式（1.15）所示。与 EC2（2004）模型相似，高于 800℃时，峰值应变假设为常数。

$$\varepsilon_{\mathrm{p},T}=\begin{cases}2.5\times10^{-3}+8.8\times10^{-6}T+1.5\times10^{-8}T^{2}, & T\leqslant800℃\\ 2\times10^{-2}, & T>800℃\end{cases} \tag{1.15}$$

4. 膨胀应变

图 1.4 为目前常用高温下混凝土膨胀应变曲线，可见 EC2（2004）模型考虑了骨料类型对混凝土热膨胀应变的影响，而其他模型均未考虑这一点。对比可见，低于 500℃时，不同模型膨胀应变差值较小。然而，超过 500℃时，随着温度升高，模型间差距逐渐增大。例如，700℃时，过镇海模型膨胀应变是 1.2×10^{-2}，EC2（2004）模型膨胀应变是 1.32×10^{-2}，二者的比值为 1.1。同时，高于 700℃时，膨胀应变的取值存在较大分歧。例如，EC2（2004）模型认为膨胀应变为常数（即膨胀系数 α 为 0），而 Lie 模型和 Nechnech 模型[62]认为膨胀系数不为 0。事实上，试验表明在 700～900℃时，膨胀热应变不会增大。因此，Lie 模型和 Nechnech 模型不能合理反映混凝土在高温下的膨胀性能。

因此，基于上述模型，本书建立了膨胀系数 α 模型，如式（1.16）所示：

$$\alpha=\begin{cases}10\times10^{-6}, & T\leqslant300℃\\ (0.025T+2.5)\times10^{-6}, & 300℃<T\leqslant800℃\\ 0, & T>800℃\end{cases} \tag{1.16}$$

5. 瞬态热应变

高温下受压混凝土出现一种独有应变，即瞬态热应变（不可恢复）。试验表明，瞬态热应变是指混凝土在加载状态和非加载状态下的热应变差值，取决于温度和应力变化[64]。图 1.5 给出了高温下混凝土的瞬态热应变模型（应力水平相同）。其中，k_{tr} 为瞬态热应变参数，取值为 1.8～2.35。由图可知，低于 500℃时，瞬态热应变间差异较小；超过 500℃时，不同模型所得瞬态热应变差值较大。例如，800℃时，Lu 等[65]给出的瞬态热应变值为 2.3×10^{-2}，Diederichs 模型[63]为 8.41×10^{-2}，两者比值为 3.66。值得指出的是，上述数据离散性可能是由于试验技术的限制，瞬态热应变试验值包含其他应变（徐变等）。

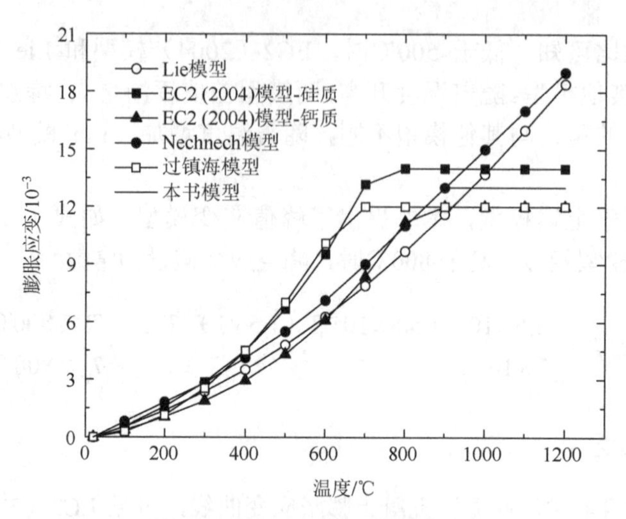

图 1.4　高温下混凝土膨胀应变

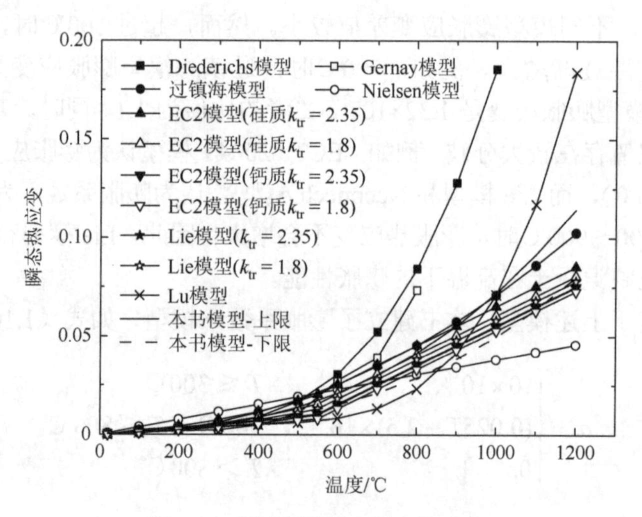

图 1.5　高温下混凝土瞬态热应变

此外,研究表明目前采用较多的是 Anderberg 瞬态热应变模型[66],其中在 20～500℃范围内，在应力不变情况下，瞬态热应变与膨胀应变呈比例关系。

基于上述模型，忽略骨料类型的影响，建立瞬态热应变 ε_{tr} 上下限增量模型，具体如下：

$$\frac{\partial \varepsilon_{tr,\,upper}}{\partial T}=\frac{\sigma}{f_{c,\,20}}[2.08\times10^{-6}+5.66\times10^{-8}T+1.227\times10^{-10}T^2] \tag{1.17}$$

$$\frac{\partial \varepsilon_{tr,\,lower}}{\partial T}=\frac{\sigma}{f_{c,\,20}}[9.59\times10^{-6}+5.5\times10^{-9}T+1.119\times10^{-10}T^2] \tag{1.18}$$

6. 徐变

与常温徐变不同，混凝土短期高温徐变较大，特别是在高温（应力）下混凝土短期热徐变远大于应力产生的应变，尤其是接近极限状态时。研究表明，国内外学者多采用两种方式考虑徐变，一种是作为单独项考虑徐变（显式），另一种是与瞬态热应变合并（隐式）。对于本书模型，采用第二种方式考虑徐变影响，原因是在建立瞬态热应变模型时，已考虑混凝土高温徐变的影响。

1.3.4 钢筋力学性能

高温下钢筋力学性能参数包括屈服强度、极限强度、应力-应变关系、弹性模量、热膨胀应变、徐变和极限应变等。

1. 屈服强度

图 1.6 为高温下钢筋屈服强度折减系数。由图可知，不同模型高温下钢筋屈服强度差别较大。例如，EC2 模型热轧钢筋，在温度低于 400℃时，钢筋强度与常温下无异；过镇海模型在温度低于 400℃时，钢筋强度随温度升高而降低。结合已有模型（取均值），本书建立钢筋屈服强度降低系数。

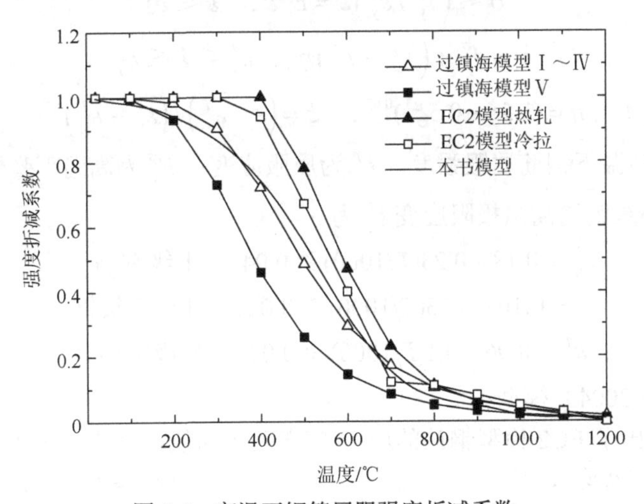

图 1.6 高温下钢筋屈服强度折减系数

2. 极限强度

图 1.7 为高温下钢筋极限强度折减系数。由图可知，与高温下钢筋屈服强度类似，不同模型、不同等级和制作工艺的钢筋，其高温下极限强度差异较大。同样，结合现有模型（取均值），本书建立了钢筋极限强度降低系数。

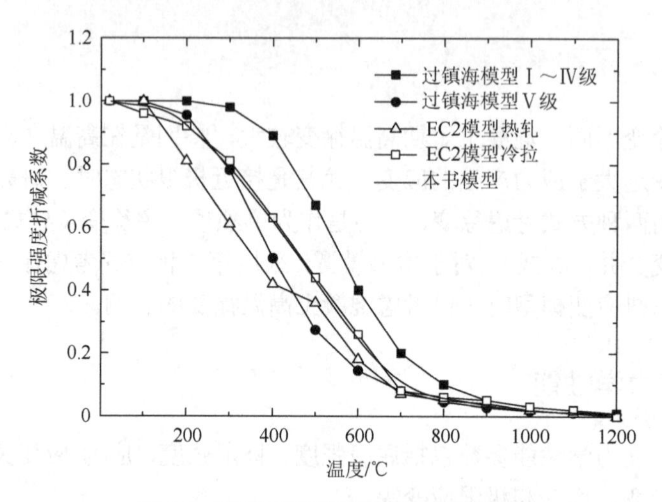

图 1.7　高温下钢筋极限强度折减系数

3. *应力-应变关系*

国内外学者提出了几种应力-应变计算模型，具体如下。

1）过镇海模型

高温下钢筋应力-应变关系为

$$\sigma \leqslant \left(f_{\mathrm{y}}^{T} / \varepsilon_{\mathrm{y}}^{T}\right) \varepsilon = E_{\mathrm{s}}^{T} \varepsilon, \quad \varepsilon \leqslant \varepsilon_{\mathrm{y}}^{T} \tag{1.19}$$

$$\sigma = f_{\mathrm{y}}^{T} + \left(f_{\mathrm{u}}^{T} - f_{\mathrm{y}}^{T}\right) \eta, \quad \varepsilon_{\mathrm{y}}^{T} \leqslant \varepsilon \leqslant \varepsilon_{\mathrm{u}}^{T} \tag{1.20}$$

$$\eta = (1.5\xi - 0.5\xi^{3})^{0.62}, \quad \xi = \left(\varepsilon - \varepsilon_{\mathrm{y}}^{T}\right) / \left(\varepsilon_{\mathrm{u}}^{T} - \varepsilon_{\mathrm{y}}^{T}\right) \tag{1.21}$$

式中，f_{y}^{T} 为高温下钢筋屈服强度；$\varepsilon_{\mathrm{y}}^{T}$ 为屈服应变；E_{s}^{T} 为高温下弹性模量。

各强度等级钢筋高温极限应变 $\varepsilon_{\mathrm{u}}^{T}$ 为

$$\varepsilon_{\mathrm{u}}^{T} = 0.18 - 0.23(T/1000) \geqslant 0.04, \quad \text{Ⅰ级钢筋} \tag{1.22}$$

$$\varepsilon_{\mathrm{u}}^{T} = 0.16 - 0.23(T/1000) \geqslant 0.02, \quad \text{Ⅱ～Ⅳ级钢筋} \tag{1.23}$$

$$\varepsilon_{\mathrm{u}}^{T} = 0.06 - 0.1(T/1000) \geqslant 0.02, \quad \text{Ⅴ级钢筋} \tag{1.24}$$

2）EC2（2004）模型

图 1.8 给出了 EC2 模型钢筋的应力-应变关系曲线，其表达式为

$$\sigma_{\mathrm{s}} = \begin{cases} \varepsilon_{\mathrm{s}} E_{\mathrm{s},T}, & \varepsilon_{\mathrm{s}} \leqslant \varepsilon_{\mathrm{sp},T} \\ f_{\mathrm{sp},T} - c + (b/a)\left[a^{2} - \left(\varepsilon_{\mathrm{sy},T} - \varepsilon_{\mathrm{s}}\right)^{2}\right]^{0.5}, & \varepsilon_{\mathrm{sp},T} < \varepsilon_{\mathrm{s}} \leqslant \varepsilon_{\mathrm{sy},T} \\ f_{\mathrm{sy},T}, & \varepsilon_{\mathrm{sy},T} < \varepsilon_{\mathrm{s}} \leqslant \varepsilon_{\mathrm{st},T} \\ f_{\mathrm{sy},T}\left(1 - \dfrac{\varepsilon_{\mathrm{s}} - \varepsilon_{\mathrm{st},T}}{\varepsilon_{\mathrm{su},T} - \varepsilon_{\mathrm{st},T}}\right), & \varepsilon_{\mathrm{st},T} < \varepsilon_{\mathrm{s}} \leqslant \varepsilon_{\mathrm{su},T} \\ 0.0, & \varepsilon_{\mathrm{s}} > \varepsilon_{\mathrm{su},T} \end{cases} \tag{1.25}$$

$$a^2=(\varepsilon_{\mathrm{sy},T}-\varepsilon_{\mathrm{sp},T})\left(\varepsilon_{\mathrm{sy},T}-\varepsilon_{\mathrm{sp},T}+c/E_{\mathrm{s},T}\right) \tag{1.26}$$

$$b^2=c(\varepsilon_{\mathrm{sy},T}-\varepsilon_{\mathrm{sp},T})E_{\mathrm{s},T}+c^2 \tag{1.27}$$

$$c=\frac{(f_{\mathrm{sy},T}-f_{\mathrm{sp},T})^2}{(\varepsilon_{\mathrm{sy},T}-\varepsilon_{\mathrm{sp},T})E_{\mathrm{s},T}-2(f_{\mathrm{sy},T}-f_{\mathrm{sp},T})} \tag{1.28}$$

$$\varepsilon_{\mathrm{sp},T}=f_{\mathrm{sp},T}/E_{\mathrm{s},T} \tag{1.29}$$

式中，$f_{\mathrm{sp},T}$为高温下钢筋比例强度；$f_{\mathrm{sy},T}$为高温下钢筋屈服强度；$\varepsilon_{\mathrm{sy},T}=0.02$；$\varepsilon_{\mathrm{st},T}=0.15$；$\varepsilon_{\mathrm{su},T}=0.2$。

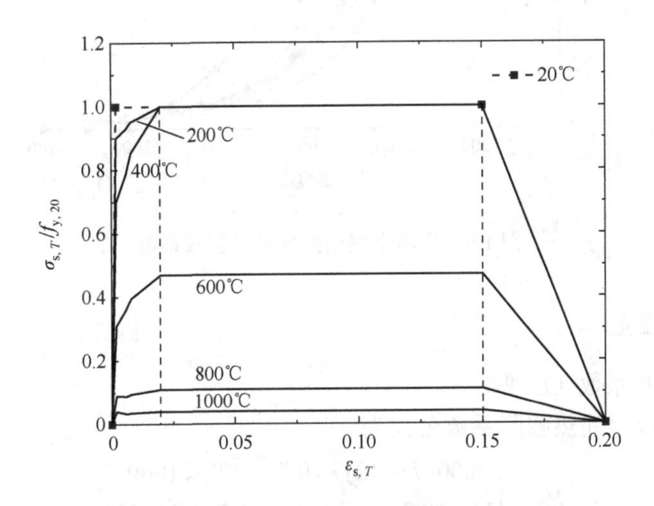

图 1.8 高温下钢筋应力-应变关系曲线（EC2 模型）

3）Lie 模型

钢筋的应力-应变关系为

$$\sigma_{\mathrm{s}}=\begin{cases}\dfrac{f(T,0.001)}{0.001}\varepsilon_{\mathrm{s}}, & \varepsilon_{\mathrm{s}}\leqslant 4\times10^{-6}f_{\mathrm{y},20}\\[2ex] \dfrac{f(T,0.001)}{0.001}\varepsilon_{\mathrm{p}}+f(T,\varepsilon_{\mathrm{s}}-\varepsilon_{\mathrm{p}}+0.001)-f(T,0.001), & \varepsilon_{\mathrm{s}}>4\times10^{-6}f_{\mathrm{y},20}\end{cases} \tag{1.30}$$

$$f(T,x)=6.9(50-0.04T)\left\{1.0-\exp\left[(-30+0.03T)\sqrt{x}\right]\right\} \tag{1.31}$$

式中，σ_{s}和ε_{s}为钢筋应力和应变。

4. 弹性模量

图 1.9 为高温下钢筋弹性模量的折减系数。由图可知，钢筋弹性模量折减系

数与屈服强度和抗拉强度的变化规律基本相同，但其降低幅度更大。

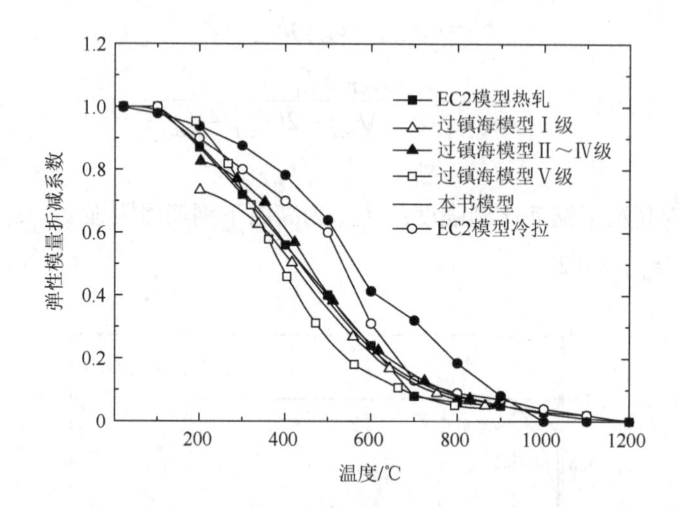

图 1.9　高温下钢筋弹性模量折减系数

5. 其他应变

1）热膨胀系数（应变）

Lie[58]建议钢筋热膨胀系数公式为

$$\alpha_s = \begin{cases} (0.004T + 12) \times 10^{-6}, & T < 1000℃ \\ 16 \times 10^{-6}, & T \geqslant 1000℃ \end{cases} \tag{1.32}$$

过镇海等[60]提出钢筋热膨胀应变公式为

$$\varepsilon_{s,th} = 16\left(\frac{T}{1000}\right)^{1.5} \times 10^{-3} \tag{1.33}$$

EC2 模型[57]提出钢筋热膨胀应变公式为

$$\varepsilon_{s,th} = \begin{cases} -2.416 \times 10^{-4} + 1.2 \times 10^{-5} T + 0.4 \times 10^{-8} T^2, & 20℃ < T \leqslant 750℃ \\ 1.1 \times 10^{-2}, & 750℃ < T \leqslant 860℃ \\ -6.2 \times 10^{-3} + 2 \times 10^{-5} T, & T > 860℃ \end{cases} \tag{1.34}$$

2）高温蠕变（徐变）

文献[60]所提钢筋高温蠕变公式为

$$\varepsilon_{s,cr} = 4.63 \times 10^{34} t \frac{D}{GT}\left(\frac{\sigma}{G}\right)^3 \tag{1.35}$$

式中，$D = 0.37 \times 10^{-4} \times e^{0.000337/T}$；$G = 8.1 \times 10^{-4} \times [1 - 4.7 \times 10^{-4} \times (T - 300)]$

文献[67]和[68]所提钢筋高温徐变公式为

$$\dot{\varepsilon}_{s,cr} = Z\exp(-Q/RT')\coth^2(\varepsilon^*_{s,cr}/\varepsilon_{s,cr0}) \tag{1.36}$$

$$\varepsilon^*_{s,cr} = \sum\left|\dot{\varepsilon}_{s,cr}\right|\Delta t,\quad \varepsilon_{s,cr0} = 1.7\times10^{-10}\sigma_s^{1.75},\quad Q/R = 70000°\mathrm{R}$$

$$T' = \text{degreesFahrenheit} + 459.67(\text{Rankine})$$

$$Z = \begin{cases} 0.026\sigma_s^{4.7}, & \sigma_s \leqslant 15000\text{psi} \\ 1.23\times10^{16}\exp(0.0003\sigma_s), & 15000\text{psi} < \sigma_s \leqslant 45000\text{psi} \end{cases} \tag{1.37}$$

式中，σ_s 为钢筋应力（psi，$1\text{psi} = 6.89476\times10^3\text{Pa}$）；$t$ 为时间（h）。

3）极限应变

钢筋极限应变公式为

$$\varepsilon_{s,u} = 0.16 - 0.23(T/1000) \geqslant 0.02 \tag{1.38}$$

1.4 高温后混凝土和钢筋力学性能

根据国内外不同学者试验数据，基于统计分析，建立高温后混凝土和钢筋本构模型，其中相关数据可见文献[69]和[70]，此处不再赘述。

1.4.1 混凝土力学性能

1. 高温后抗压（拉）强度和峰值应变

高温后混凝土抗压（拉）强度和峰值应变为

$$f_{c,T} = f_c\left(1.003 - 5.71\times10^{-4}T_{max} + 6.34\times10^{-7}T_{max}^2 - 3.42\times10^{-9}T_{max}^3 + 2.44\times10^{-12}T_{max}^4\right) \tag{1.39}$$

$$f_{t,T} = f_{t,20}\left(1.006 - 7.29\times10^{-4}T_{max} - 1.38\times10^{-6}T_{max}^2 + 1.18\times10^{-9}T_{max}^3 - 1.23\times10^{-14}T_{max}^4\right) \tag{1.40}$$

$$\varepsilon_{p,T} = \varepsilon_{p,20}\left(1.014 + 5.82\times10^{-4}T_{max} - 6\times10^{-7}T_{max}^2 + 1.39\times10^{-8}T_{max}^3 - 1.016\times10^{-11}T_{max}^4\right) \tag{1.41}$$

式中，$f_{c,T}\,(f_{t,T})$为高温后混凝土抗压（拉）强度；$\varepsilon_{p,T}$ 为高温后混凝土峰值应变；T_{max} 为经历最大温度。

2. 应力-应变关系和弹性模量

高温后混凝土受压应力-应变关系为

$$\sigma_{c,T} = f_{c,T}\left(\frac{2\varepsilon}{\varepsilon_{p,T}} - \frac{\varepsilon^2}{\varepsilon_{p,T}^2}\right),\quad \varepsilon \leqslant \varepsilon_{p,T} \tag{1.42}$$

$$\sigma_{c,T} = \frac{f_{c,T}}{\varepsilon_{cu,T} - \varepsilon_{p,T}}(\varepsilon_{cu,T} - \varepsilon),\quad \varepsilon > \varepsilon_{p,T} \tag{1.43}$$

式中，$f_{c,T}$为高温后混凝土抗压强度；$\varepsilon_{p,T}$为高温后混凝土峰值应变；T为温度；下降段采用线性关系。

高温后混凝土弹性模量$E_{c,T}$为

$$E_{c,T} = 2f_{c,T}/\varepsilon_{p,T} \tag{1.44}$$

1.4.2　钢筋力学性能

结合国内外学者试验数据，提出高温后钢筋抗拉强度$f_{u,T}$、屈服强度$f_{y,T}$和弹性模量$E_{s,T}$计算公式，即为

$$f_{u,T} = f_u\left(1.00067 - 1.44\times10^{-4}T_{max} + 1.33\times10^{-6}T_{max}^2 - 3.33\times10^{-9}T_{max}^3 + 1.99\times10^{-12}T_{max}^4\right) \tag{1.45}$$

$$f_{y,T} = f_y\left(1.0133 - 6.86\times10^{-4}T_{max} + 3.59\times10^{-6}T_{max}^2 - 6.70\times10^{-9}T_{max}^3 + 3.55\times10^{-12}T_{max}^4\right) \tag{1.46}$$

$$E_{s,T} = E_s\left(1.00 - 2.39\times10^{-4}T_{max} + 1.40\times10^{-6}T_{max}^2 - 2.80\times10^{-9}T_{max}^3 + 1.57\times10^{-12}T_{max}^4\right) \tag{1.47}$$

第 2 章　火灾下混凝土双向板力学性能试验研究

2.1　引　　言

目前，国内外学者对混凝土简支板火灾行为及其薄膜机理分析研究较多，取得了大量的研究成果。事实上，结构中由于相邻构件间相互约束，约束板构件火灾行为（如裂缝、变形、爆裂及破坏模式）与独立板构件存在较大差别。值得指出的是，国内外学者对在约束作用下（如面内约束）混凝土板构件火灾试验及其数值分析还相对较少。约束作用对板火灾行为影响较大，有必要对其进行深入研究。但是整体试验成本较高、周期较长，边界约束作用程度及位置难以定量研究。为了更科学地开展这一方面研究，有必要单独对面内约束作用这一因素进行试验研究。因此，本章开展了面内约束作用下混凝土双向板抗火性能试验研究，获得了混凝土温度分布、钢筋温度、板平面内外变形、板角约束力、裂缝开展及其破坏模式，并与相关试验进行了对比。

2.2　简支双向板火灾试验

2.2.1　试验方案

1. 试验炉设计

根据试验条件和工业炉设计手册，在山东建筑大学原火灾试验炉内自制新试验炉，新建试验炉尺寸为 3270mm×3270mm×1500mm，炉墙厚 370mm，且北侧炉墙设有 2 个燃烧器，如图 2.1 所示。

2. 试件设计

根据现行混凝土结构设计规范，设计混凝土双向板 S-1，其尺寸为 3300mm×3300mm×100mm。试件采用商品混凝土浇筑，实测其立方体抗压强度平均值为 24.7MPa。板的配筋按照吊装阶段和使用阶段两种荷载工况进行配置，如图 2.2 所示。板内均采用 HRB400 钢筋，实测屈服强度平均值为 414.2MPa，抗拉强度平均值为 474.7MPa。板底钢筋配双向⌀8@200，板吊钩钢筋直径为 22mm。每个吊钩布

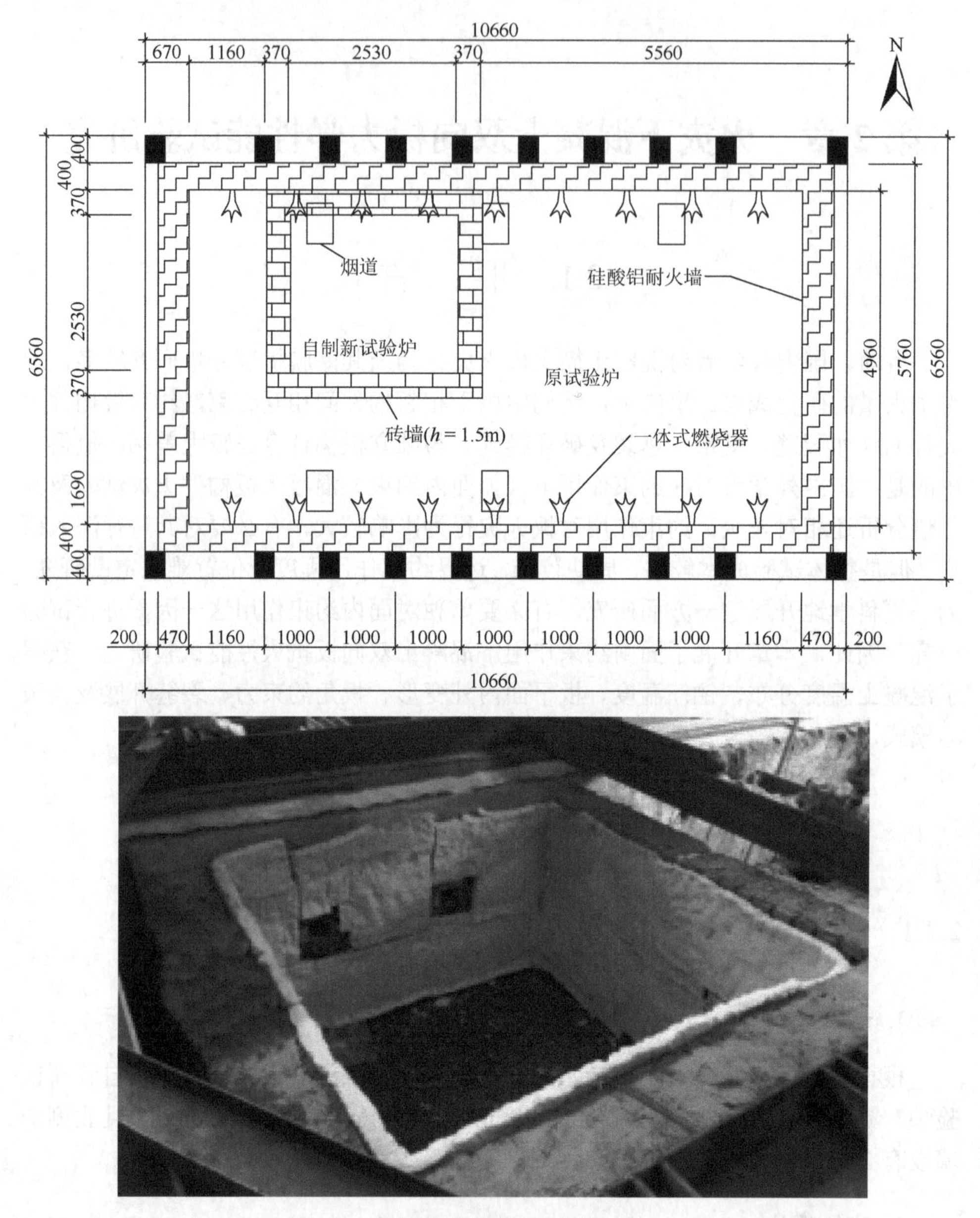

图 2.1　自制火灾试验炉（单位：mm）

置 48 板顶负筋（长度为 1000mm）和 68 板底加强筋（长度为 500mm）。钢筋保护层厚度为 15mm。

3. 加载方案

按照《混凝土结构试验方法标准》（GB/T 50152—2012）和《建筑构件耐火试

验方法 第 1 部分：通用要求》（GB/T 9978.1—2008）进行双向板抗火性能试验，其板角施加平面外约束，板支座采用钢球和钢滚轴，直径均为 100mm，如图 2.2 所示。此外，钢球间距约为 365mm，钢球间填充防火岩棉，防止漏火。

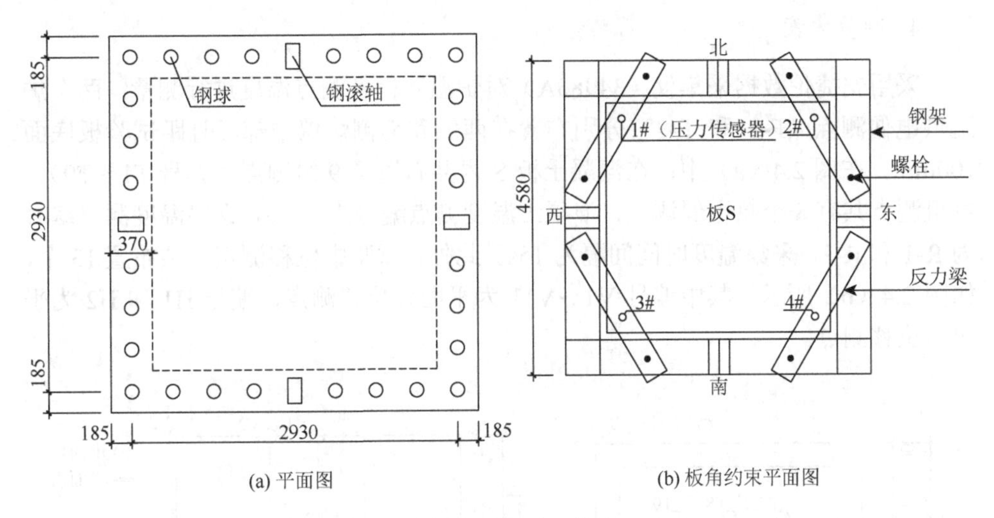

(a) 平面图　　(b) 板角约束平面图

图 2.2 简支板支座布置（单位：mm）

在图 2.2（b）中，通过螺栓将四个反力梁固定于钢架，即对板角施加平面外约束。值得指出的是，反力梁抗弯刚度 E_sI_s 约为 470kN·m^2。图 2.3（a）为反力梁与试验板之间设置量程为 100kN 的 BHR-4 型压力传感器，压力数据由静态电阻应变仪（DH3816）采集。值得指出的是，若板角未施加平面外约束，则板角出现上翘，与实际结构中板角约束情况（约束负弯矩）不符。此外，保守起见，国内外学者多忽略转动约束影响，因此试验未施加四边转动约束（$m_b = 0$）。

(a) 反力梁和压力传感器

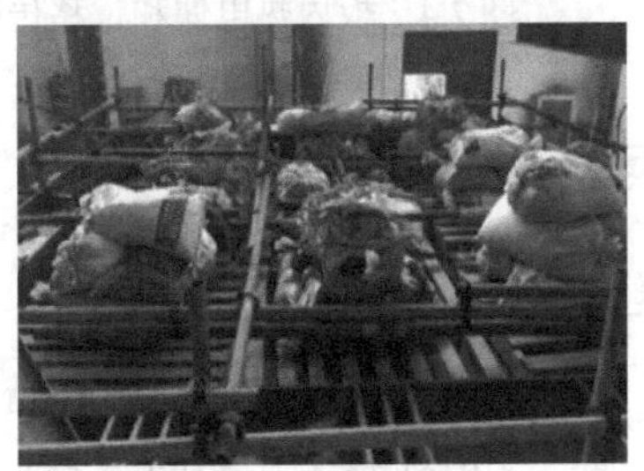

(b) 沙袋加载

图 2.3 简支板加载装置

模拟火灾试验采用恒载升温方式，试验板施加 2.0kPa 均布荷载，荷载采用准确称量沙袋进行模拟。板分为 9 网格，每网格尺寸为 1.1m×1.1m，每网格内布置

5 个沙袋。为防止试验过程中沙袋对板内水分的蒸发造成影响以及随板面温度升高而损坏沙袋，在沙袋下面铺垫高度为 150mm 的木质托架，起到分隔沙袋与板面的作用（图 2.3（b））。

4. 测量方案

采用安捷伦数据采集仪（34980A）对炉温和板各测点温度进行测量；两个炉温热电偶测点（F-1 和 F-2）分别布置在西侧和南侧炉墙中部，且距试验板底面 100mm。在图 2.4（a）中，在混凝土板 S 内共布置了 9 组测点（编号 T1～T9）。每组测点共有 8 个热电偶测点，混凝土温度测点编号为 1～6，钢筋温度测点编号为 R-1 和 R-2。采集温度时间间隔为 15s。此外，试验中位移测点一共布置 13 个，如图 2.4（b）所示，其中编号 V1～V11 为平面外位移测点，编号 H1 和 H2 为平面内位移测点。

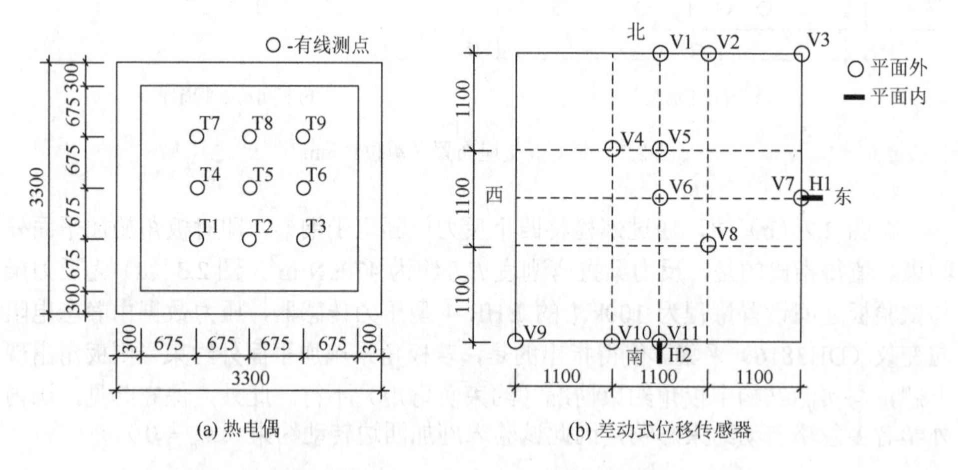

图 2.4　板内热电偶和位移传感器布置平面图（单位：mm）

2.2.2　试验结果及分析

1. 主要试验现象

受火 15min 时反力梁接连传来几声响声；受火 20min 时在试验板南侧跨 1/2 处中出现第一条斜裂缝①，如图 2.5（a）所示；受火 22min 时在试验板北侧跨中 1/2 处自北向南出现长裂缝②；受火 26min 时在试验板西侧跨中 1/2 处出现两条裂缝③，一条自西向东方向发展，另一条以近似 45°向东南方向发展；受火 27min 时在试验板南边跨中斜裂缝处开始向外冒水，同时裂缝处开始出现水蒸气；受火 29min 时在板上出现大量水，并向板中心聚集；受火 30min 时在试验板四角出现翘曲；受火 32min 时板面开始冒出大量水蒸气，同时裂缝宽度逐渐增大；受火 38min 时在板四角均出现斜裂缝④⑤⑥⑦；随着板温度升高，斜裂缝宽度逐渐增大；在 180min 时停火，板中心点位移达到最大值。停火 4h 后，试验板顶面水分已经完全蒸发，并留下一些水渍。此时试验板上面的裂缝宽度与受火时相比有所减小，试验板变形有所恢复。待板 S-1 冷却后，绘制板顶裂缝图，如图 2.5（b）所示。

(a) 板顶裂缝实景图

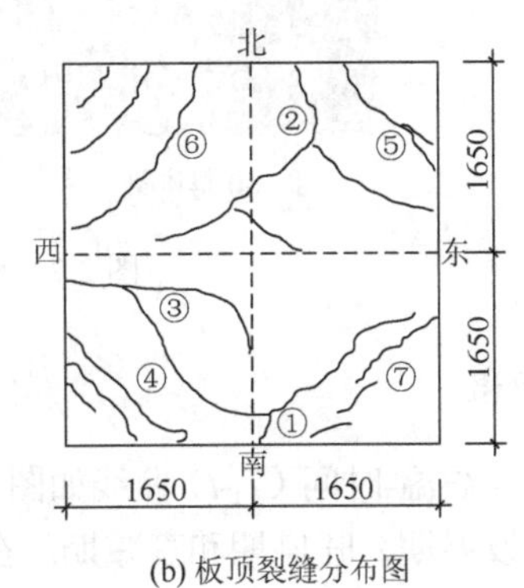

(b) 板顶裂缝分布图

图 2.5　板 S-1 板顶裂缝图（单位：mm）

四个板角均存在多条弧形斜裂缝，与相邻两外板边近似成 45°，如图 2.6（a）所示。同时，板 S-1 侧面裂缝分布较为均匀，裂缝间距为 300～350mm，并且沿对角线对称分布，表现为沿板厚贯通，如图 2.6（b）所示。这是由于反力梁对板角施加了平面外约束，板角产生了较大负弯矩作用。由此可知，应在板角部位增加受力钢筋布置，以增强其抗火性能。

(a) 板角底部裂缝

(b) 板侧面裂缝

图 2.6　板 S-1 板角与侧面裂缝图

值得指出的是，结构中楼板火灾试验表明板角区域也存在类似裂缝。由此可知，在板构件试验时，板角（竖向）应该被约束，否则不能反映其在结构中的相应火灾行为；另外，板角受到平面外约束后，板角裂缝分布较为密集，板角部位受力较为复杂，实际工程中应当注重该区域的钢筋布置，进而使混凝土板中心区域产生较强受拉薄膜效应，提高混凝土板火灾下的抗火性能。

试验后观察试验板板底裂缝及爆裂情况，如图 2.7 所示。由图可知，板底中心区域未见明显裂缝，仅板角区域存在斜裂缝（图 2.6（a））。同时，板底个别区域发生爆裂但并不严重，且钢筋未露出。

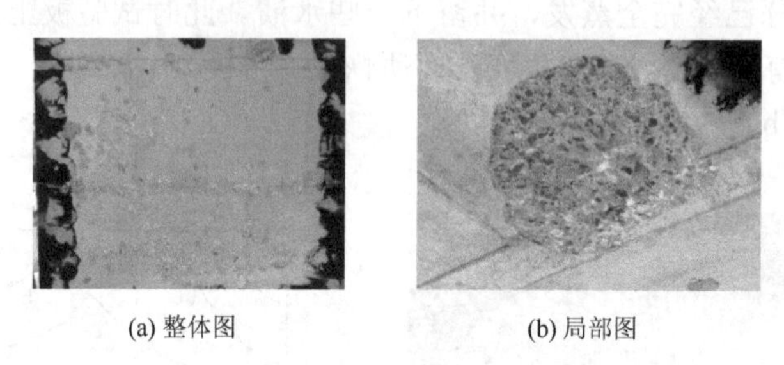

(a) 整体图　　(b) 局部图

图 2.7　板 S-1 底面破坏图

2. *炉温*

两测点炉温-时间（T_f-t）曲线如图 2.8 所示。由图可知，炉温明显分为 4 个阶段，即初期、发展期、旺盛期和衰减期。在升温初期，炉温迅速升高，约 10min 时平均温度达到 400℃；随后，由于炉内空间较大以及炉墙、混凝土板吸收大量热量，升温 20min 时平均炉温达到 600℃，随后炉温经历较长的升温发展期；最终，180min 时平均炉温达到 827℃，其中炉温测点 F-1、F-2 分别为 871.9℃和 781.1℃。

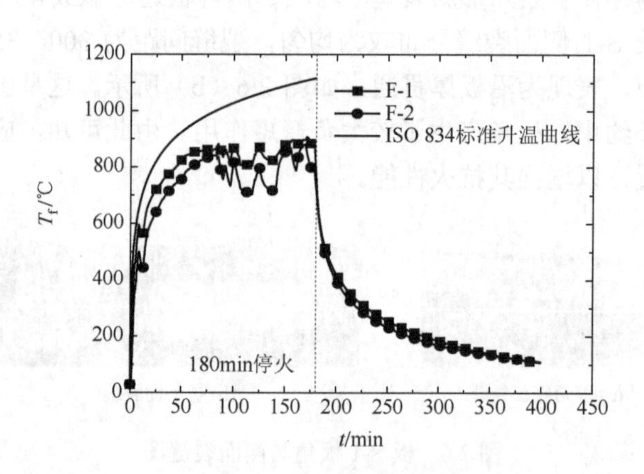

图 2.8　炉温-时间曲线

由图 2.8 可知，整个空间温度分布相对比较均匀，与 ISO 834 标准升温曲线大体一致，能够满足试验要求。停火后至 200min，炉温急速下降；200min 以后，炉温下降趋势平缓，到达炉温衰减期。降温阶段各测点炉温基本一致，停止采集时（400min）炉温为 107℃。

3. 板温

图2.9为板S-1测点T4温度-时间曲线。图2.10为升温阶段板S-1测点T3的温度-板厚-时间关系曲线。由图可知，随着时间的推移，截面温度梯度逐渐增加。因此，沿板截面高度会产生较大的温度应力。

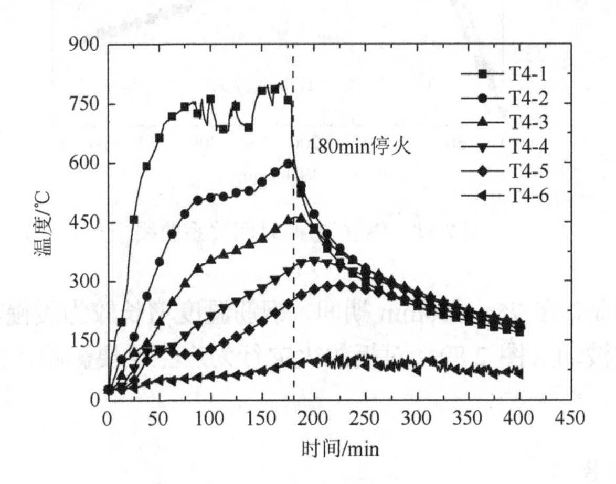

图2.9　温度-时间曲线

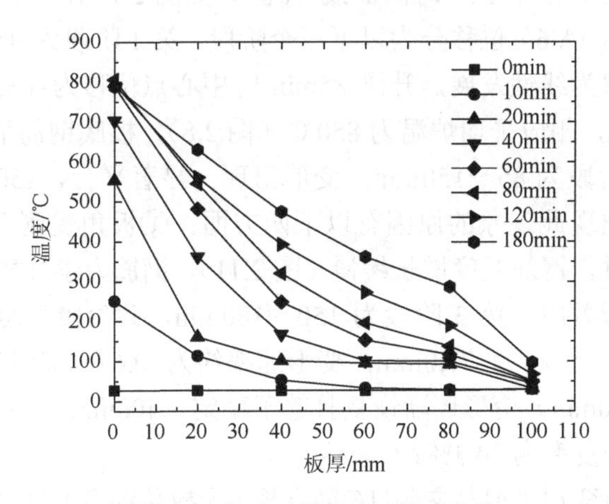

图2.10　温度-板厚-时间关系曲线

板S-1中钢筋温度-时间关系曲线见图2.11。由图可知，升温阶段前期，各测点钢筋温度较为接近。随着炉温升高，各测点钢筋温度存在一定差别，可能是受混凝土为非均质材料、水分迁移和板底混凝土爆裂产生的影响。在180min时，板底钢筋温度测点T4-R-1、T4-R-2、T5-R-1、T5-R-2、T6-R-1和T6-R-2温度分别是584℃、543℃、570℃、533℃、574℃和498℃，平均温度为550℃。

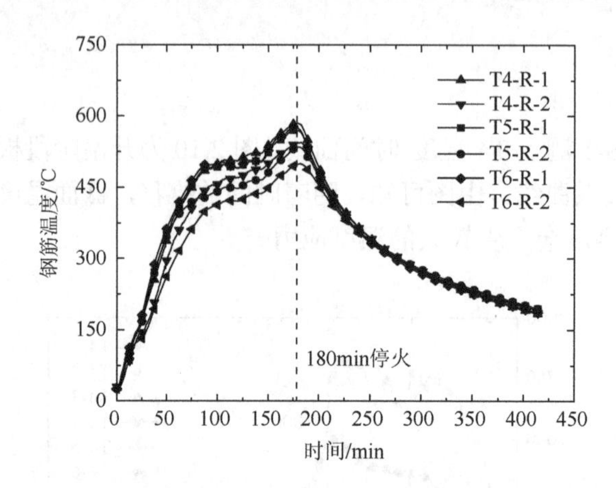

图 2.11　钢筋温度-时间关系曲线

值得指出的是，在 75～150min 期间，钢筋温度增长较为缓慢，原因是炉温在此期间发生较大波动（图 2.8），对板的火灾行为产生重要影响，尤其是升温阶段的变形行为。

4. 平面外位移

板 S-1 各测点平面外位移-时间曲线（δ_V-t）如图 2.12 所示。由图可知，受火阶段平面外中心点（V6）位移分为以下三个阶段。第 1 阶段为 0～85min，此阶段平面外中心点位移为线性发展，升温 85min 时中心点位移为–63.0mm，变形速率约为–0.74mm/min，相应平均炉温为 850℃（图 2.8），板底钢筋平均温度为 452℃（图 2.11）。第 2 阶段为 85～150min，变形出现一显著平台，150min 时中心点位移为–67.0mm，出现此现象的原因有以下两方面：①板角受到平面外约束作用；②此阶段炉温波动，钢筋温度增长缓慢（图 2.11），钢筋力学性质降低减缓，并形成较强的受拉薄膜效应。第 3 阶段为 150～180min，此阶段平面外位移呈线性发展，180min 中心点位移为–77.0mm，变形速率约为–0.67mm/min。此外，板在降温阶段（180～400min）变形逐渐恢复且趋于稳定，400min 时中心点残余变形为–50.6mm，变形恢复率为 34.3%。

板 S-1 中心点变形规律与文献[16]简支板（无板角约束）的中心点位移有明显不同。具体地，文献[16]简支板中心点位移-时间曲线接近线性增长，且随炉温降低，变形并未出现平台。同时，文献[8]试验表明，升温阶段前期中心点位移-时间曲线出现一拐点（板角约束），拐点后变形速率明显降低（受拉薄膜）。对比可知，板角约束对板的平面外变形有显著影响。

图 2.13 为升降温全过程板 S-1 平面外位移与平均炉温曲线（δ_V-T_f）。由图可知，低于 600℃时，平面外位移随炉温线性增长，这一阶段中心点（V6）变形速

率约为 0.027mm/℃；高于 600℃时，各点变形速率非线性快速增加。例如，停火时中心点（V6）变形速率为 0.46mm/℃，约为前一阶段的 17 倍，原因是板内截面温度梯度增加（图 2.10）和钢筋温度不断升高（图 2.11），板截面温度应力增加和钢筋力学性能下降，平面外位移-平均炉温曲线斜率逐渐增大。

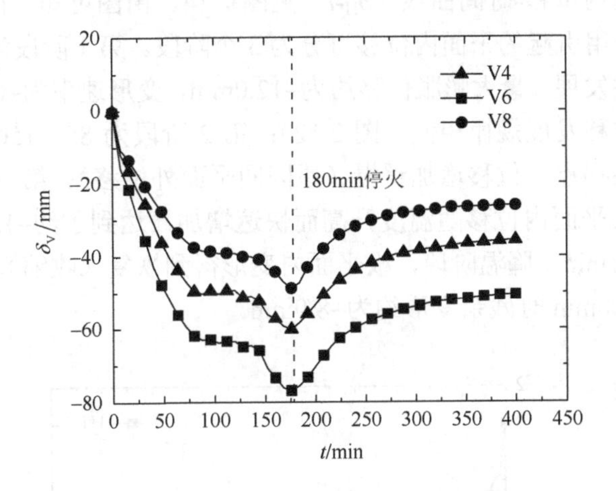

图 2.12　板 S-1 平面外位移-时间曲线

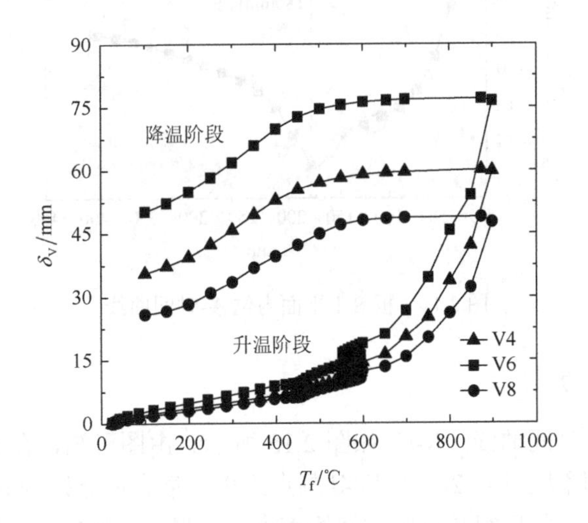

图 2.13　板 S-1 平面外位移-平均炉温曲线

由图 2.13 可知，降温阶段，平面外位移-平均炉温曲线开始为水平段，这与板中混凝土热惰性有关。虽然炉温迅速降低（图 2.8），但板内温度处于相对稳定状态（图 2.9），特别是板非受火面区域温度反而有所上升。因此，板变形未能立即恢复，而是出现短暂水平段。待炉温降到 500℃，变形逐渐恢复，恢复速率逐渐增加，特别是在 400～200℃，原因是截面温度梯度急剧降低（图 2.9）。炉温降至 100℃，变形趋于稳定。

5. 平面内位移

板 S-1 平面内位移-时间曲线（δ_H-t）见图 2.14。由图可知，在 0～180min 受火阶段，膨胀作用引起的平面内位移可分为 3 个阶段。第 1 阶段为 0～85min，此阶段位移呈线性发展，最大膨胀位移约为–12.0mm，变形速率为–0.14mm/min，这一点与平面外位移发展规律相似（图 2.12）；第 2 阶段为 85～150min，此阶段位移曲线出现明显拐点，位移增加缓慢（原因同平面外位移）；第 3 阶段为 150～180min，此阶段平面内位移随温度升高而快速增加，达到了约–15.5mm，变形速率约为–0.12mm/min。降温阶段，板平面内变形得到恢复（收缩），且变形恢复速率逐渐降低，400min 时残余变形约为–8.0mm。

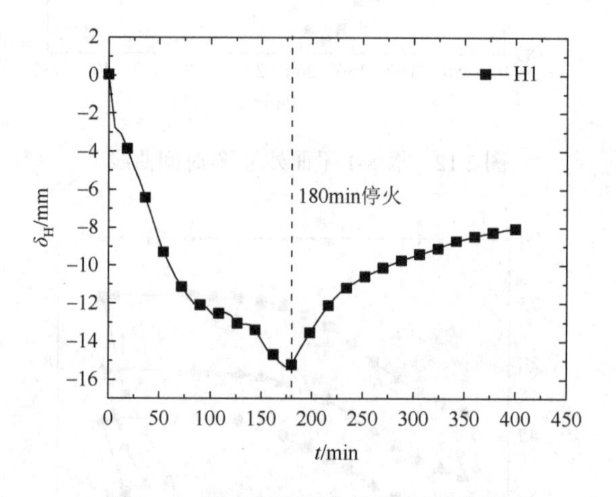

图 2.14　板 S-1 平面内位移-时间曲线

6. 板角约束力

板角约束力-时间曲线（N-t）如图 2.15 所示。由图可知，在 0～15min，4 个测点约束力急剧增大，1#、2#、3#和 4#测点约束力最大值分别为 6.68kN、5.31kN、9.88kN 和 5.00kN；此后很长一段时间约束力并未增加，部分测点约束力总体趋于减小；主要原因是板角区域混凝土产生弧形裂缝（图 2.5（b））。停火时，4 个测点板角约束力依次为 1.47kN、2.92kN、2.41kN 和 6.04kN。明显地，1#、2#和 3#测点约束力偏小且较为接近，4#测点约束力最大。主要原因是 4#测点板顶裂缝较少（图 2.5（b）），刚度较大，其能够承担较大的约束力；相反，1#、2#和 3#测点裂缝较多，刚度较小，所能承担约束力较小。由此可知，板角区域裂缝数量及位置对板角约束力有重要影响；反之，板角约束程度对板角裂缝分布与发展也有显著影响。

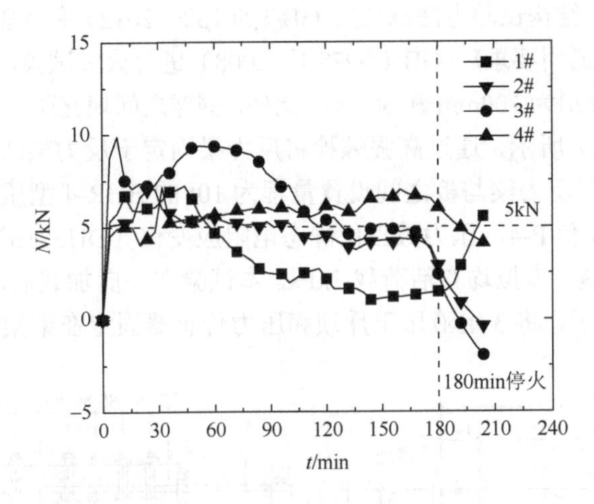

图 2.15　板角约束力-时间曲线

停火后，1#测点约束力近似线性增加，2#、3#和 4#测点约束力迅速减小。可见，升降温阶段板角约束力出现不同的发展趋势。值得指出的是，限于试验条件，数据较少，火灾条件下板角约束力变化规律还有待深入研究。

2.3　面内约束方板火灾试验

2.3.1　试验方案

1. 试验炉设计

根据试验条件和工业炉设计手册，对原试验炉进行改造。在原试验炉内，沿板各边轴线砌筑 370mm 砖墙，采用 2 个燃烧器。自制火灾试验炉，其长宽高尺寸为 3270mm×3270mm×1500mm。

2. 试件设计

根据混凝土结构设计规范，设计 3 块混凝土双向板试件（S-2、S-3 和 S-4），其尺寸为 3300mm×3300mm×100mm。试件采用 C25 商品混凝土浇筑，实测其立方体抗压强度平均值为 24.7MPa。板内均采用 HRB400 钢筋，板底钢筋直径为 8mm，实测屈服强度平均值为 414.2MPa，抗拉强度平均值为 474.7MPa。板吊钩钢筋直径为 22mm。混凝土保护层厚度为 15mm。

3. 加载方案

按照《混凝土结构试验方法标准》（GB/T 50152—2012）和《建筑构件耐火试验方法 第1部分：通用要求》（GB/T 9978.1—2008）进行火灾试验，板支座采用钢球和钢滚轴，直径分别为100mm和50mm。此外，钢球之间填充防火岩棉，防止漏火。

如图2.16（a）所示，通过高强螺栓将反力梁固定于反力架四角，其对板角施加平面外约束。在反力梁与板之间设置量程为10t的BHR-4型压力传感器，编号为P-1、P-2、P-3和P-4，压力数据由静态电阻应变仪（DH3816）采集。

板面放置沙袋，模拟均布活荷载2kPa。本试验在竖向加载后，再施加面内力。如图2.16（g）所示，将3组液压千斤顶和压力传感器固定在钢架上，对板件S-2、

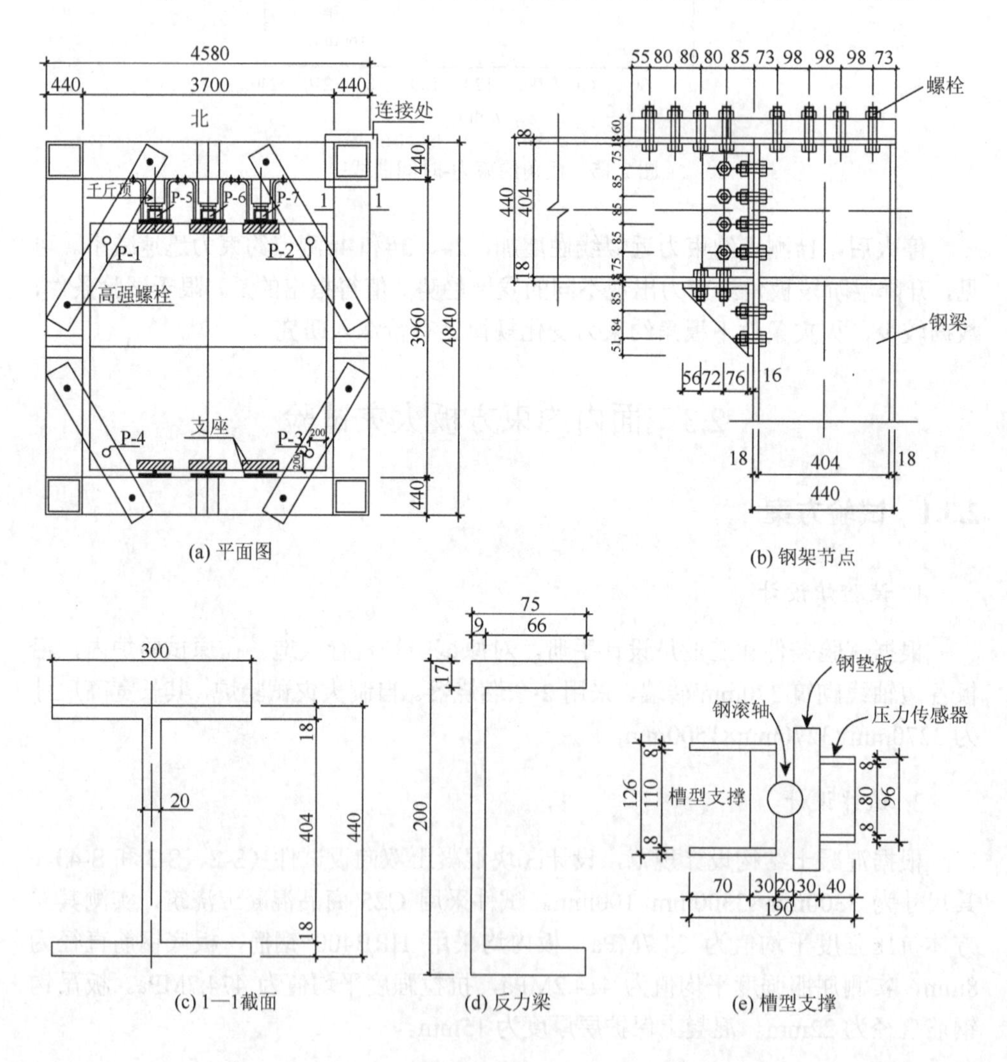

(a) 平面图
(b) 钢架节点
(c) 1—1截面
(d) 反力梁
(e) 槽型支撑

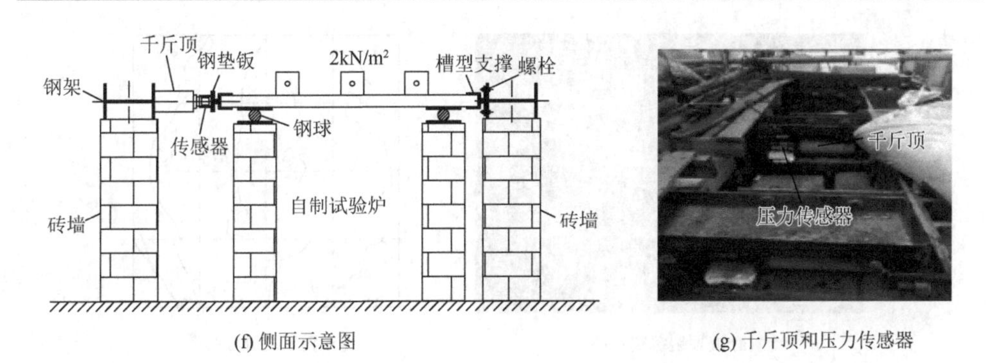

(f) 侧面示意图　(g) 千斤顶和压力传感器

图 2.16　钢架布置图（单位：mm）

S-3 和 S-4 分别施加 2MPa（200kN/m）、1MPa（100kN/m）和 2MPa（200kN/m）的单向面内约束力。事实上，混凝土板施加约束后，面内压力是随温度变化的，不便于计量。因此，采用约束度 k 表示，即钢架（南北方向）轴向刚度与板面内刚度的比值，为 0.76。值得指出的是，该试验工程背景是结构中楼板两侧无面内约束（附近存在开洞）或面内约束较弱（边跨）。

4. 测量方案

混凝土板内共布置 9 组测点，其编号为 T1～T9，可参考图 2.4（a）。每组测点共有 8 个热电偶测点，其中编号 1～6 为混凝土温度测点，编号 R-1、R-2 为钢筋温度测点。采用安捷伦数据采集仪（34980A）对板温进行测量，采集时间间隔为 15s。此外，平面外（内）变形采用差动式位移传感器进行测量，具体可参见图 2.4（b）。

2.3.2　试验结果及分析

1. 主要试验现象

如图 2.17 所示，升温 3min 板 S-2 反力梁接连传来响声，反力梁中间部位出现轻微翘曲，板东南角出现斜裂缝①，紧接着西南角出现斜裂缝①；14min 试验板跨中出现近似垂直板边的裂缝④，裂缝从北侧跨中向板中心发展；20min 试验板中间裂缝③处开始冒水；23min 板面水逐渐连成一片，并向板中心聚集；26min 西北角出现斜裂缝①，且板出现大量水蒸气；28min 试验板四角槽钢翘曲，板角与支座脱离，呈悬空状态；180min 停火，板中心点处位移最大。停火后，试验板变形有所恢复。最终板顶裂缝情况如图 2.17 所示。

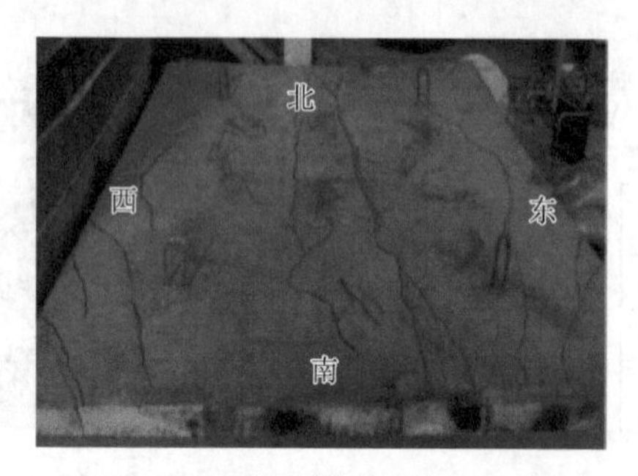

(a) 板顶裂缝实景图

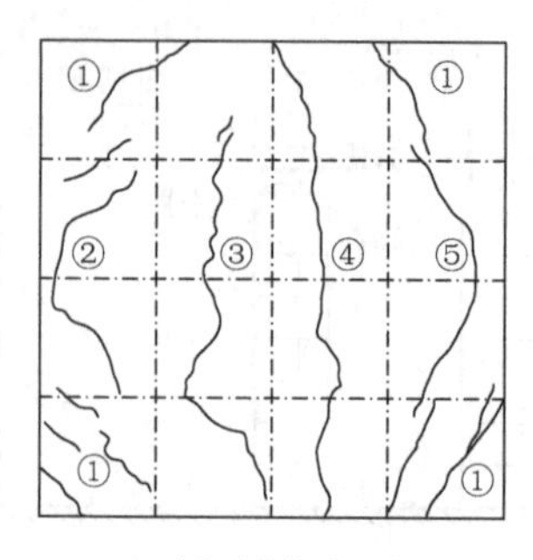

(b) 板顶裂缝分布图

图 2.17　板 S-2 板顶裂缝图

可见，板角均存在多条弧形斜裂缝，与板边近似成 45°。这是由于板角反力梁对板角施加了平面外约束，板角产生了较大负弯矩作用。由此可知，应在板角部位增加受力钢筋，以增强其抗火性能。值得指出的是，试验过程中，板 S-2 南北边受到约束，即南北方向膨胀变形受到约束。根据泊松比效应，可知板 S-2 东西方向受拉，进而板出现四条南北方向裂缝②、③、④和⑤。

试验后观察板底裂缝及爆裂情况，如图 2.18 所示。由图可知，板底出现南北通长裂缝，并且裂缝沿板厚贯穿，可知板 S-2 出现完整性破坏。此外，板底存在明显爆裂，部分钢筋外露（图 2.18（c）和（d））。

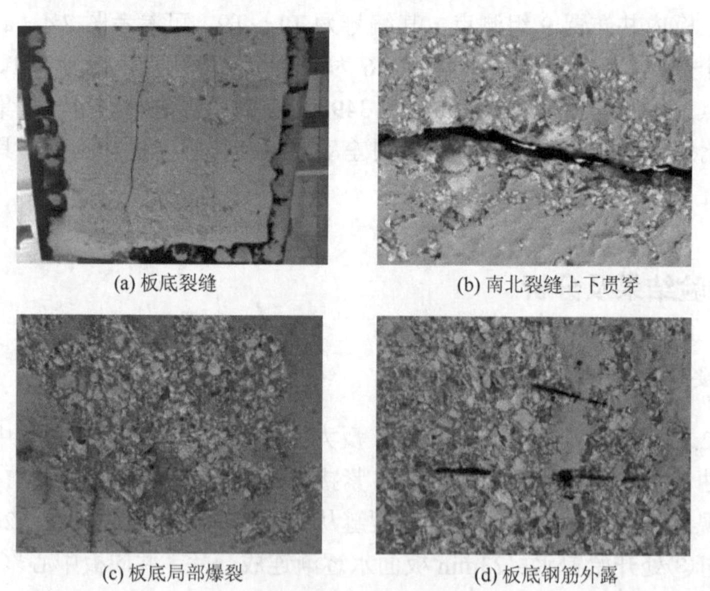

(a) 板底裂缝　(b) 南北裂缝上下贯穿

(c) 板底局部爆裂　(d) 板底钢筋外露

图 2.18　板 S-2 底面破坏模式

如图 2.19 所示，升温 5min 板 S-3 反力梁接连传来响声，板东北角首先出现斜裂缝①；17min 试验板跨中出现近似垂直板边的裂缝④，裂缝从北侧跨中向板中心发展；25min 试验板出现水蒸气；29min 板上出现大片水，并向板中心聚集；34min 在板西南角和西北角相继出现斜裂缝①，东北角斜裂缝①宽度明显增大；36min 试验板四角槽钢翘曲继续增大，板角与支座脱离，呈悬空状态；38min 在板西侧出现弧形裂缝②，与板角斜裂缝①相连；180min 停火，板中心点位移达到最大值。停火后，板顶裂缝宽度变小，变形有所恢复。最终板顶裂缝情况如图 2.19（b）所示。因此，与前述简支试验板对比，可知面内约束作用对裂缝形式有重要影响，极易出现平行约束力方向裂缝和发生完整性破坏。

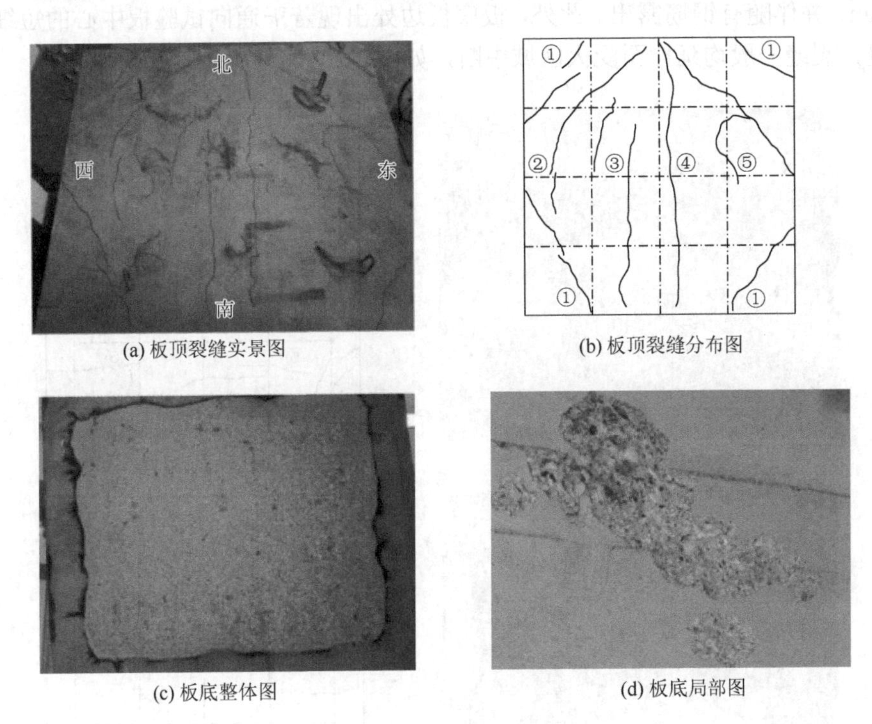

(a) 板顶裂缝实景图　(b) 板顶裂缝分布图

(c) 板底整体图　(d) 板底局部图

图 2.19　板 S-3 板顶和板底裂缝图

同样，板角均存在多条弧形斜裂缝①，与板边近似成 45°，板出现四条南北方向裂缝②、③、④、⑤（图 2.19（b））。由上可知，两板裂缝发展过程及破坏模式基本相同。试验后观察试验板板底裂缝及爆裂情况，如图 2.19（c）和（d）所示。由图可知，板底个别区域发生爆裂，但钢筋未露出。

如图 2.20 所示，试验开始 3min，炉温迅速上升，板 S-4 板角出现斜裂缝①。10min 时，板支座处出现平行于板边的裂缝②，并向南北方向延伸，长度大约为 1m。20min 时，板顶多处裂缝有明显的水渍产生。随后，在跨中位置平行于裂缝②出现较长裂缝③，此时试验板已出现较大竖向位移，板顶渗水现象严重，伴随有大量水蒸气生成。约 30min 时，试验板竖向变形严重导致板角向上翘起，进而带动水平约束装置翘起，这是因为水平约束装置未固定在试验炉上，板角反力超过钢架重量。

试验进行到 120min，板顶水分蒸发完全，板顶表面裂缝数量基本不变，宽度逐渐增大，板竖向位移持续增加。180min 时停止燃烧，后对试验炉进行通风降温，持续时间为 220min。试验总过程共 400min。待试验板完全冷却后，试验板竖向位移有明显回缩，板顶裂缝宽度减小，翘起的板角有所回落。裂缝④和裂缝⑤在试验板冷却后的吊起过程中出现。

如图 2.20（c）所示，板底受火部分混凝土爆裂现象严重，最大爆裂深度为 15mm，并伴随有钢筋露出。此外，板底板边处出现若干通向试验板中心的短细斜裂缝，裂缝一般均延伸至受火区域中断，如图 2.20（d）所示。

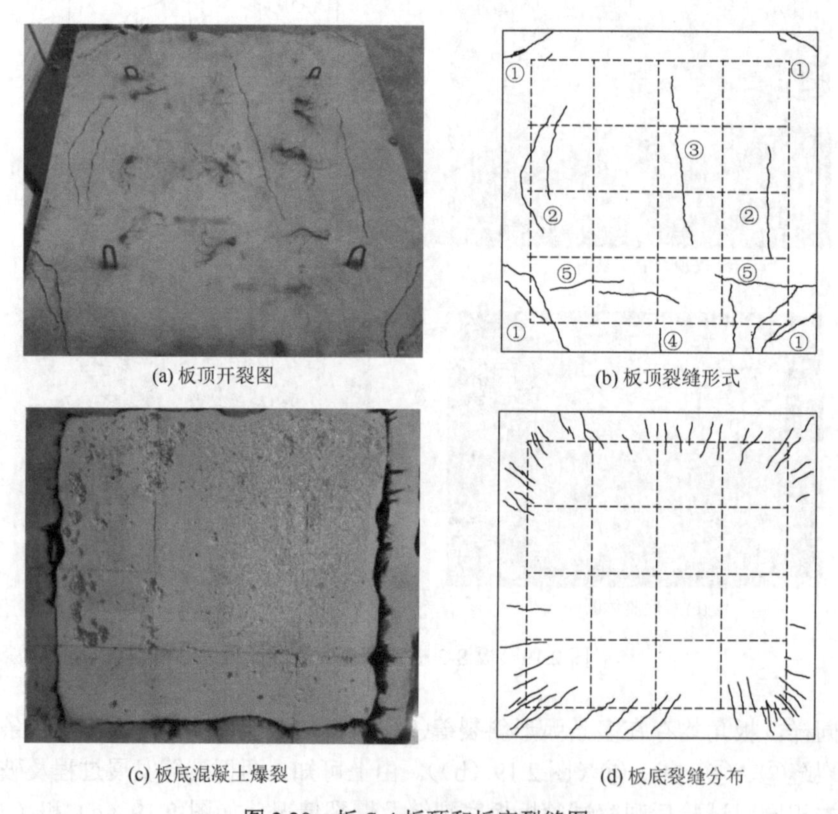

(a) 板顶开裂图　(b) 板顶裂缝形式

(c) 板底混凝土爆裂　(d) 板底裂缝分布

图 2.20　板 S-4 板顶和板底裂缝图

2. 炉温

板 S-2、板 S-3 和板 S-4 的炉温-时间曲线如图 2.21 所示。由图可知，初期炉温迅速升高，三个板分别在 10min 和 15min 左右，平均炉温达到轰燃温度 600℃；随后，炉温经历较长发展期。升温 120min，由于喷火装置出现故障，板 S-2 炉温下降。最终，停火时板 S-2、板 S-3 和板 S-4 平均炉温分别为 798℃、919℃

和 846℃。降温阶段各测点炉温基本一致，板 S-2 停止温度采集时（400min）炉温为 98℃；由于试验设备问题，板 S-3 在 275min 时停止采集，炉温为 162℃；400min 时，板 S-4 炉温为 112℃。总之，三个板试验时，炉内空间温度分布比较均匀，与 ISO 834 标准升温曲线和其他试验变化趋势大体一致。

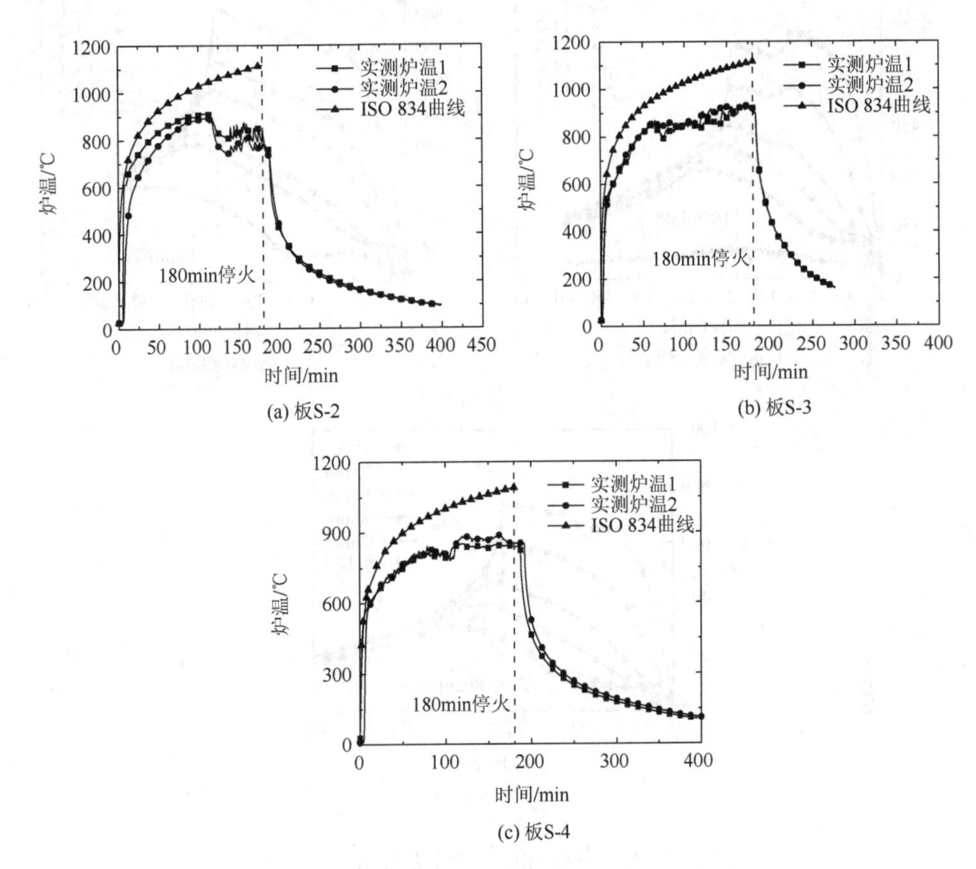

图 2.21　板 S-2、板 S-3 和板 S-4 炉温-时间曲线

3. 板温

图 2.22 为板 S-2 中截面 S-2-T1、板 S-3 中截面 S-3-T3 和板 S-4 截面 S-4-T3 温度-时间曲线。由于试验过程中某些测点热电偶的损坏，在降温阶段，板 S-3 测点未能得到 275min 后试验数据。由图可知，板 S-2、板 S-3、板 S-4 在 120min 时炉温降低，致使其板底区域温度随之降低。此外，在 100℃左右时，由于混凝土自由水和结合水开始出现迁移和蒸发，混凝土板热量大量散失，出现一显著温度平台段，且越接近板非受火面，平台段越长。停火时，三板板底（顶）温度分别为 700℃（78℃）、808℃（229℃）和 734℃（246℃）。停火后，除受火面附近测点外，其他测点温度

升高一段时间后再缓慢下降，这主要是由混凝土热惰性引起的。总之，边界约束作用对板截面温度分布影响较小。

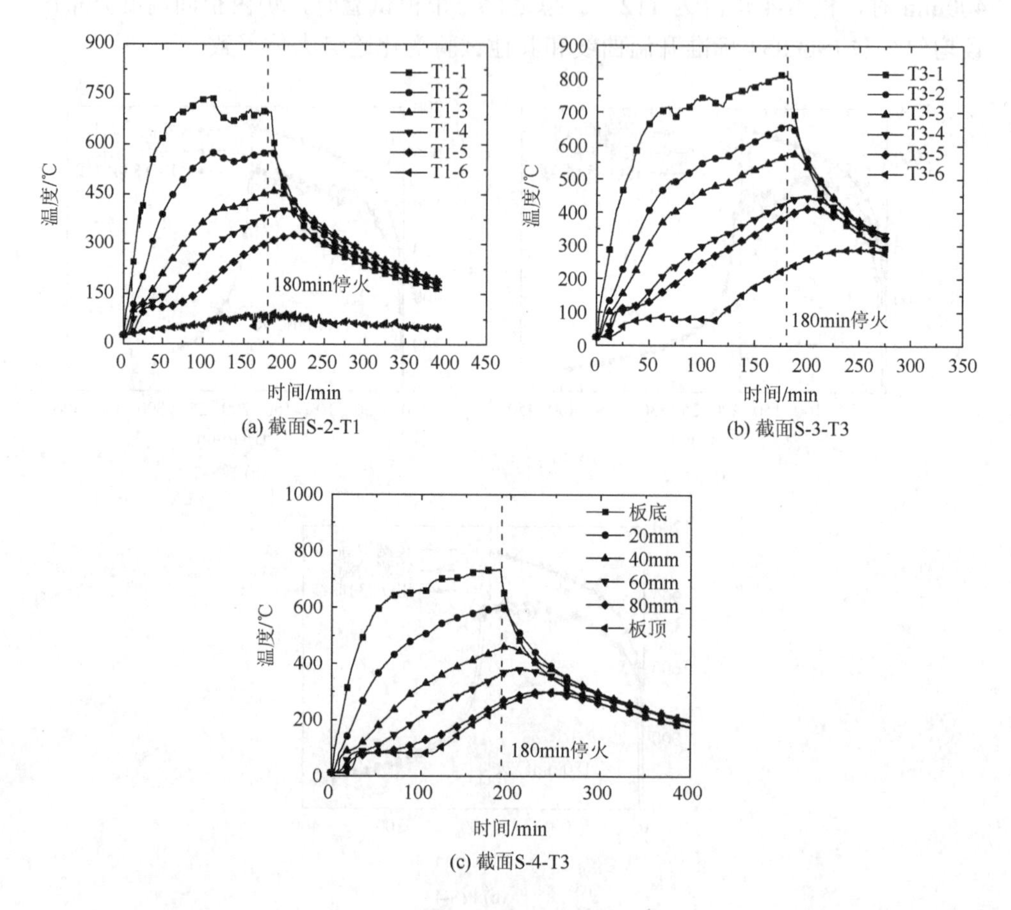

图 2.22 板截面混凝土温度-时间曲线

板 S-2、板 S-3 和板 S-4 钢筋温度-时间曲线如图 2.23 所示。由图可知，升温阶段前期，各测点钢筋温度较为接近。随着炉温升高，各测点钢筋温度存在一定差别，原因可能是混凝土为非均质材料或水分迁移和板底混凝土爆裂。停火时，板 S-2 钢筋温度测点 T6-R-1、T6-R-2、T7-R-1、T7-R-2、T8-R-1、T8-R-2 的温度分别为 542℃、511℃、615℃、564℃、605℃、523℃，平均温度为 560℃。板 S-3 对应测点温度为 567℃、570℃、560℃、529℃、585℃、551℃，平均温度为 560.3℃。板 S-4 钢筋温度测点 T4-R1、T4-R2、T6-R1 和 T6-R2 的温度分别为 568℃、590℃、519℃和 533℃，平均温度为 553℃，可知停火时三板平均钢筋温度基本一致。值得指出的是，板 S-2 在 120min 后，钢筋温度陡降，随后出现一段平台，原因是炉温降低（图 2.21（a））。

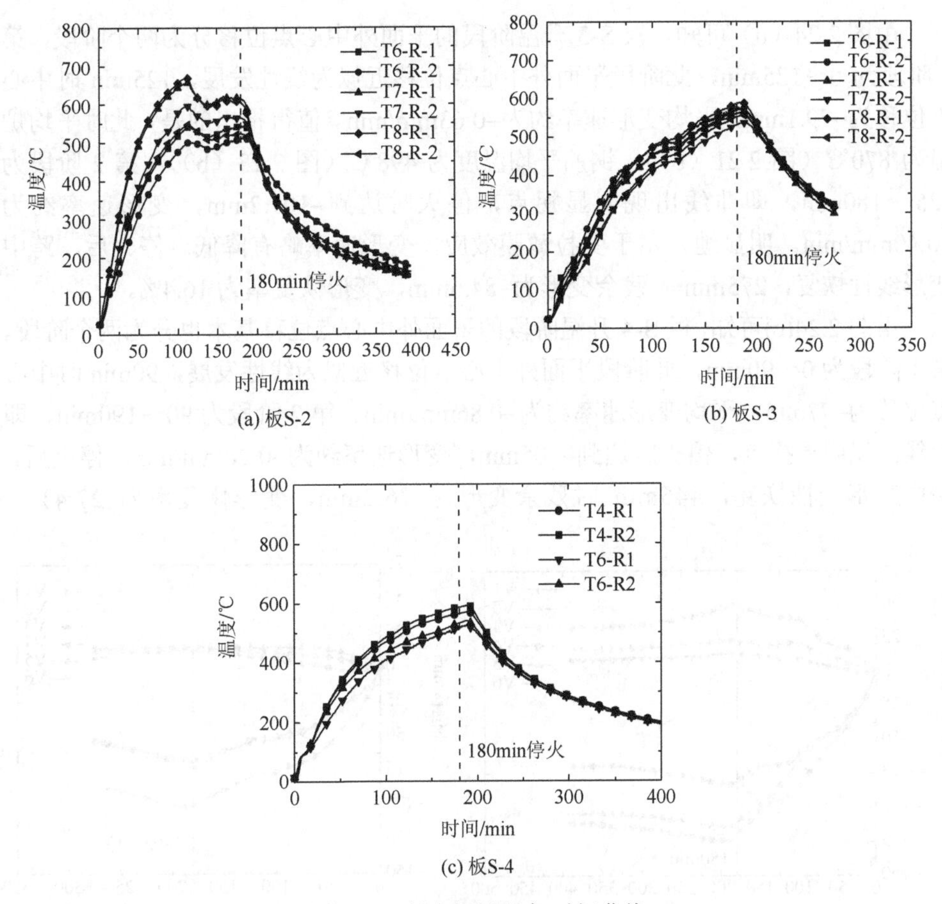

图 2.23　板内钢筋温度-时间曲线

4. 平面外位移

板 S-2、板 S-3 和板 S-4 各测点平面外位移-时间曲线如图 2.24 所示。其中，负值代表向下，正值代表向上。

由图 2.24（a）可知，板 S-2 升温阶段平面外中心点位移分为两个阶段，第 1 阶段为从开始点火到大约 100min，此阶段跨中位移为线性发展，100min 时跨中位移达到–84.2mm，变形速率约为–0.84mm/min。值得指出的是，相应平均炉温为 896℃（图 2.21（a）），钢筋平均温度约为 655℃（图 2.23（a））。第 2 阶段为 100～180min，该阶段平面外位移增长相对缓慢，主要原因是炉温降低和板内受拉薄膜效应，180min 时达到–119.7mm。此外，由于约束力作用，随着炉温降低及平台出现，板 S-2 变形行为与 2.3.1 节简支板 S-1 变形行为（平台）不同。停火后，板 S-2 跨中位移略微增加，204min 时达到最大位移–124.2mm。在降温阶段，变形有所恢复，400min 时跨中残余变形为–110.9mm，可见变形恢复率为 10.8%。

由图 2.24（b）可知，板 S-3 升温阶段的平面外中心点位移分为两个阶段，第 1 阶段为 0～125min，此阶段平面外中心点位移近似为线性发展，125min 时中心点位移为–79.1mm，平均变形速率约为–0.63mm/min。值得指出的是，此时平均炉温为 870℃（图 2.21（b）），钢筋平均温度为 498℃（图 2.23（b））。第 2 阶段为 125～180min，即曲线出现明显拐点，停火时达到–101.2mm，变形速率约为–0.40mm/min。明显地，由于受拉薄膜效应，变形速率略有降低。停火后，跨中变形线性恢复，275min 时残余变形为–84.6mm，变形恢复率为 16.4%。

由图 2.24(c)可知，板 S-4 升温阶段的平面外中心点位移基本也分为两个阶段。第 1 阶段为 0～90min，此阶段平面外中心点位移近似为线性发展，90min 时中心点位移为–77mm，平均变形速率约为–0.86mm/min。第 2 阶段为 90～190min，即曲线出现明显拐点，停火时达到–105mm，变形速率约为–0.28mm/min。停火后，跨中变形线性恢复，445min 时残余变形为–76.2mm，变形恢复率为 27.4%。

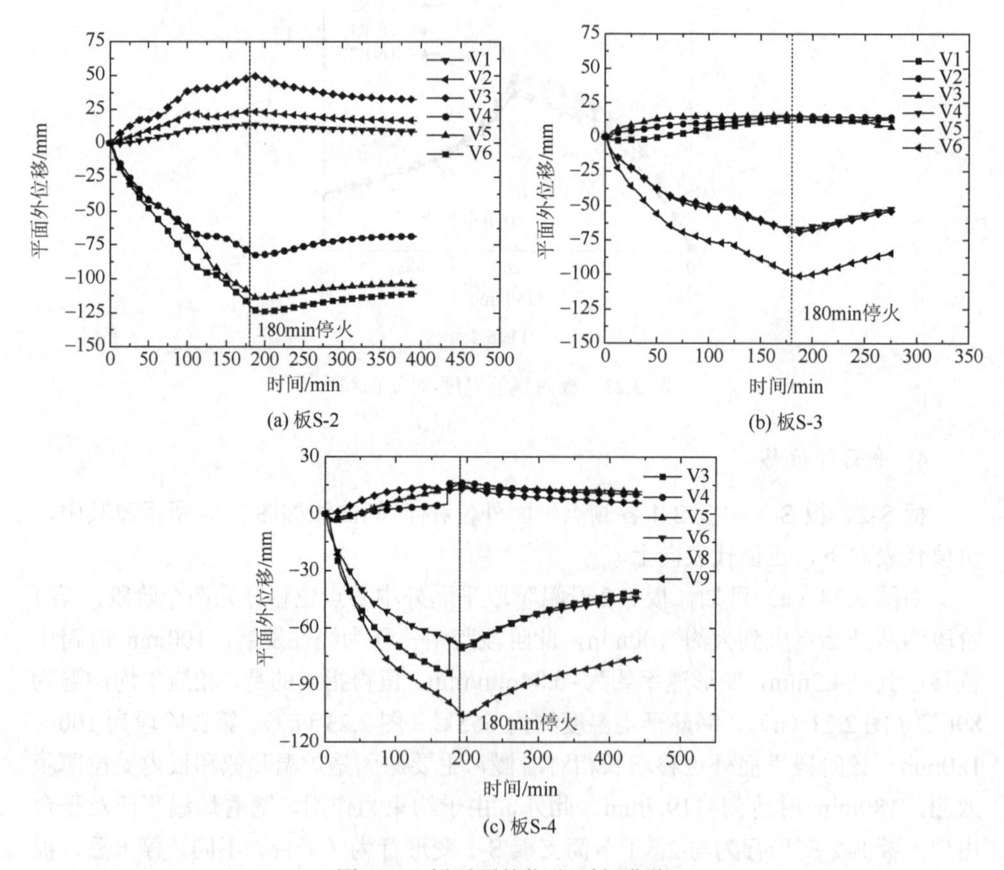

图 2.24　板平面外位移-时间曲线

由图 2.24 可知，三板板角均发生明显翘起，板 S-2 板角翘起值为 49.0mm，明显大于板 S-3 板角翘起值 15.8mm、板 S-4 板角翘起值 17.4mm，原因是板 S-2 施加较大约束力。

整体来看，平面外位移的变化与平面内位移变化规律类似。炉温为 550～800℃时，测点 V3、V6 和 V9 的位移增长速率分别为 5.7℃/mm、7.3℃/mm 和 4.3℃/mm。175min 时，测点 V3 突然减小了 18.7mm。停火时，各测点位移达到最大值，此时，板中心点 V9 的最大位移为–106.4mm，约为计算跨度的 1/25。400min 时，测点 V3、V6 和 V9 的位移都有一定程度的恢复，变形恢复值分别为 25.8mm、24.3mm 和 27.3mm，相应的恢复率为 36.5%、35.2%和 25.7%，并且位移的恢复会随着冷却时间的延长而增加。例如，实施加载试验时，板中心点位移已恢复至–55mm。

与板 S-2 对比发现，虽然本书试验板具有较大的面内约束力，但其中心点最大位移仍然比板 S-2 小 14mm，这与本书试验板较高的配筋率有关。试验板轴线处测点 V4、V5、V8 平面外位移基本为正值，说明板边向上翘起。

图 2.25 为板 S-2、板 S-3、板 S-4 平面外位移与平均炉温关系曲线。由图可知，对于板 S-2、板 S-3 和板 S-4，低于 500℃时（升温阶段），平面外位移随炉温增长均较为缓慢，中心点线性变形速率分别为 0.04mm/℃、0.03mm/℃、0.015mm/℃；500℃后，变形速率快速增加，这一阶段两板中心点变形速率分别约为 0.18mm/℃、0.20mm/℃、0.18mm/℃。明显地，这是因为板内截面混凝土温度梯度的增加（图 2.22）、钢筋温度升高（图 2.23）和挠曲效应，所以板截面温度应力增加和钢筋力学性能下降，且约束力的增大进一步增大变形速率。值得指出的是，文献[16]和简支板的两阶段温度拐点约为 600℃。同样，降温阶段平面外位移-炉温曲线分为两个阶段。停火后，平均炉温迅速降低，但板内温度处于相对稳定状态，且非受火面区域温度有所上升，致使板并未快速恢复，而是一水平段。待炉温低于 350℃左右，且板截面温度梯度急剧降低，变形逐渐恢复。

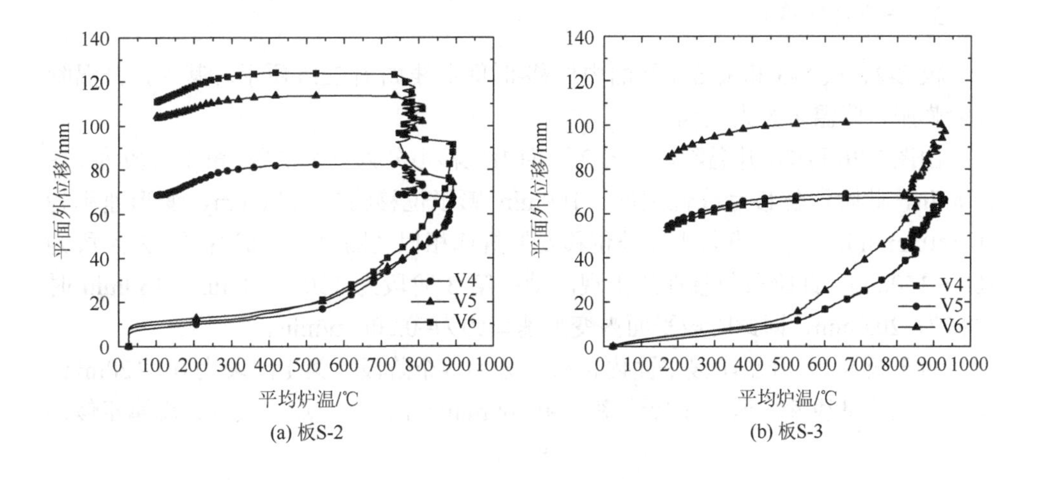

(a) 板S-2　(b) 板S-3

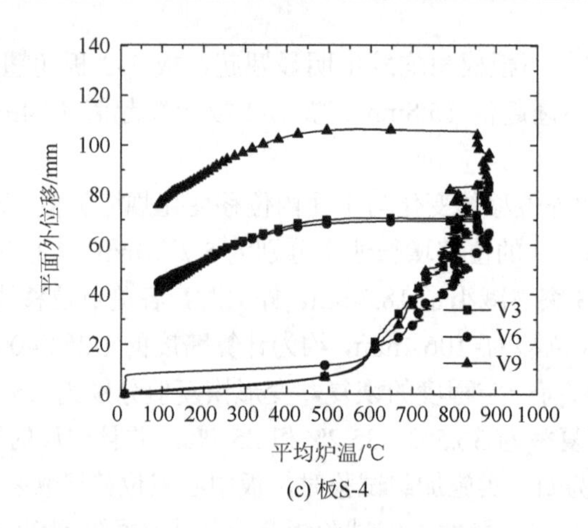

(c) 板S-4

图 2.25　板平面外位移与平均炉温关系曲线

由前面可知，升温阶段板 S-2、板 S-3 和板 S-4 跨中位移分别为–124.2mm、–101.2mm 和–106.4mm，简支板 S-1 跨中位移为–77.0mm，可见升温阶段四板平均变形速率分别为–0.69mm/min、–0.56mm/min、–0.59mm/min 和–0.43mm/min。由此可知，面内约束力导致升温阶段板的变形及变形速率增大。

本试验中面内约束力导致板出现完整性破坏（沿板厚贯穿裂缝），即面内约束力会加快板的破坏，降低其抗火性能。此外，值得指出的是，三板跨中位移均未达到 *l*/20（变形破坏准则，*l* 为板跨度）。因此，板的破坏准则（如完整性准则和变形破坏准则）需要考虑面内约束作用的影响。此外，降温阶段板 S-2、板 S-3 和板 S-4 跨中变形恢复与板 S-1 有明显不同。一方面，板 S-1 为非线性恢复，板 S-2、板 S-3 和板 S-4 为线性恢复；另一方面，板 S-1 变形恢复速率及恢复率较大。因此，面内约束作用不利于降温阶段板的变形恢复。

5. 平面内位移

板 S-2、板 S-3 和板 S-4 平面内位移-时间曲线如图 2.26 所示。其中，升温阶段为膨胀，降温阶段为收缩。

由图 2.26 可知，升温阶段板 S-2 平面内位移可分为三个阶段，第 1 阶段为 0～100min，此阶段位移呈线性发展，100min 膨胀位移约为–14.0mm，变形速率为–0.140mm/min，这一点与平面外位移发展规律相似（图 2.24（a））；第 2 阶段为 100～150min，此阶段位移曲线出现波动；第 3 阶段为 150～180min，180min 时位移为–20.0mm，即此阶段平面内变形速率约为–0.20mm/min。

对于板 S-3，升温阶段平面内位移可分为两个阶段，第 1 阶段为 0～120min，此阶段位移呈线性发展，变形速率为–0.160mm/min，这一点与板 S-2 规律相似；

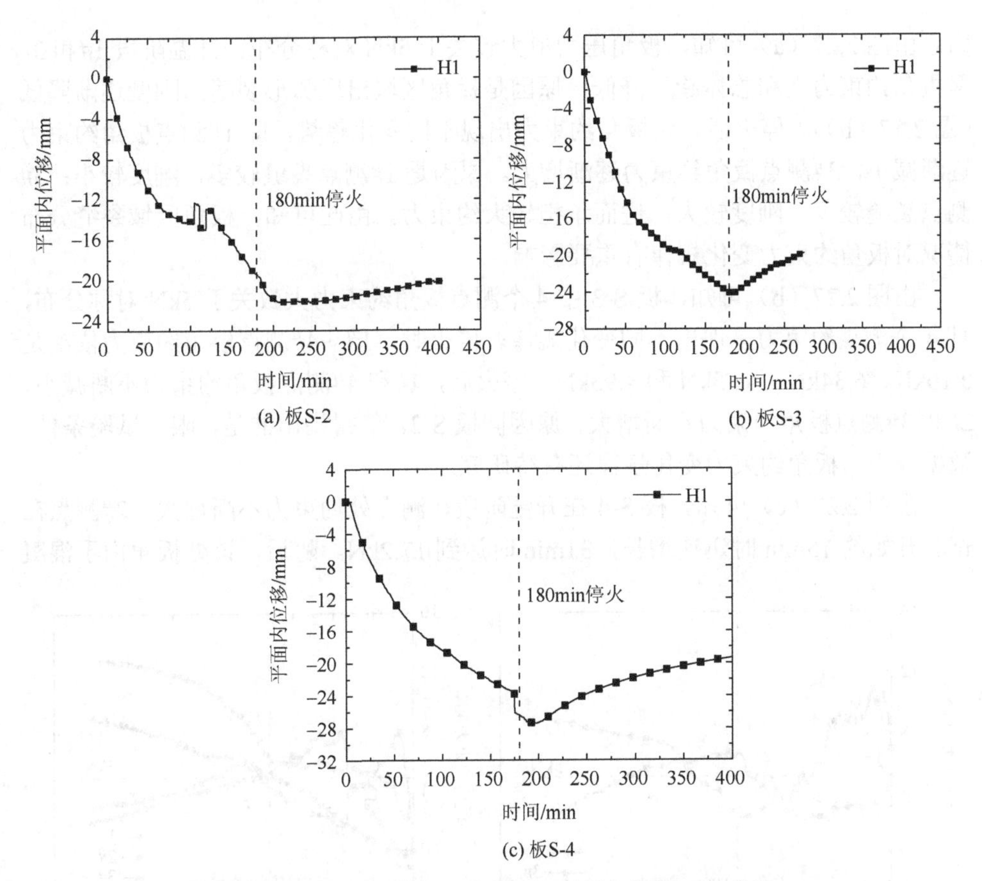

(a) 板S-2

(b) 板S-3

(c) 板S-4

图 2.26　板 S-2、板 S-3 和板 S-4 平面内位移-时间曲线

第 2 阶段为 120～180min，此阶段平面内位移出现明显拐点，180min 时位移约为 –24.0mm，变形速率约为–0.07mm/min。

对于板 S-4，开火 7.5min 后，炉温在 550℃左右，此时面内位移不足 2mm。550～800℃时，面内位移与炉温呈正相关增加，增长速率约为 19.4℃/mm。800℃之后，炉温基本稳定，面内位移持续增大。随时间的增加，位移先快速增大后缓慢增大，175min 时，位移出现 2.3mm 的波动。在降温阶段，板边向内回缩，回缩速率与时间基本成正比。400min 时，面内位移降为–18.6mm，向内回缩 7.9mm，恢复率为 29.6%。

在降温阶段，板平面内变形逐渐恢复。由图 2.26 可知，与板 S-3 相比，板 S-2 和板 S-4 变形恢复速率较小，原因是板 S-2 和板 S-4 受到较大的面内约束作用。

6. 板角约束力

板角约束力-时间曲线如图 2.27 所示。对于板 S-2，测得 1#和 3#两板角约束力。由图 2.27（a）可知，板角压力值大致关于 5kN 对称分布。升温阶段 1#和 3#两板角约束力之和总体趋于降低，原因是板角区域出现弧形裂缝，刚度逐渐降低（图 2.17（b））。停火后，两板角约束力出现不同变化趋势，即 1#测点板角约束力逐渐减小，3#测点板角约束力逐渐增大。原因是 1#测点裂缝较多，刚度较小；3#测点裂缝较少，刚度较大，进而承担较大约束力。由此可知，板角区域裂缝分布情况对板角约束力变化规律有重要影响。

由图 2.27（b）可知，板 S-3 中 4 个测点板角约束力大致关于 5kN 对称分布，且 4 个测点约束力呈现出不同变化规律。停火时，1#～4#测点板角约束力依次是 5.16kN、6.34kN、4.35kN 和 4.93kN。停火后，1#和 4#测点板角约束力不断减小，2#和 3#测点板角约束力不断增大，原因同板 S-2。值得指出的是，限于试验条件，数据较少，板角约束力变化规律还有待研究。

由图 2.27（c）可知，板 S-4 在升温阶段，测点处约束力不断增大。2#测点在试验开始约 15min 时迅速增长，31min 时达到 17.2kN。随后，该处板角由于混凝

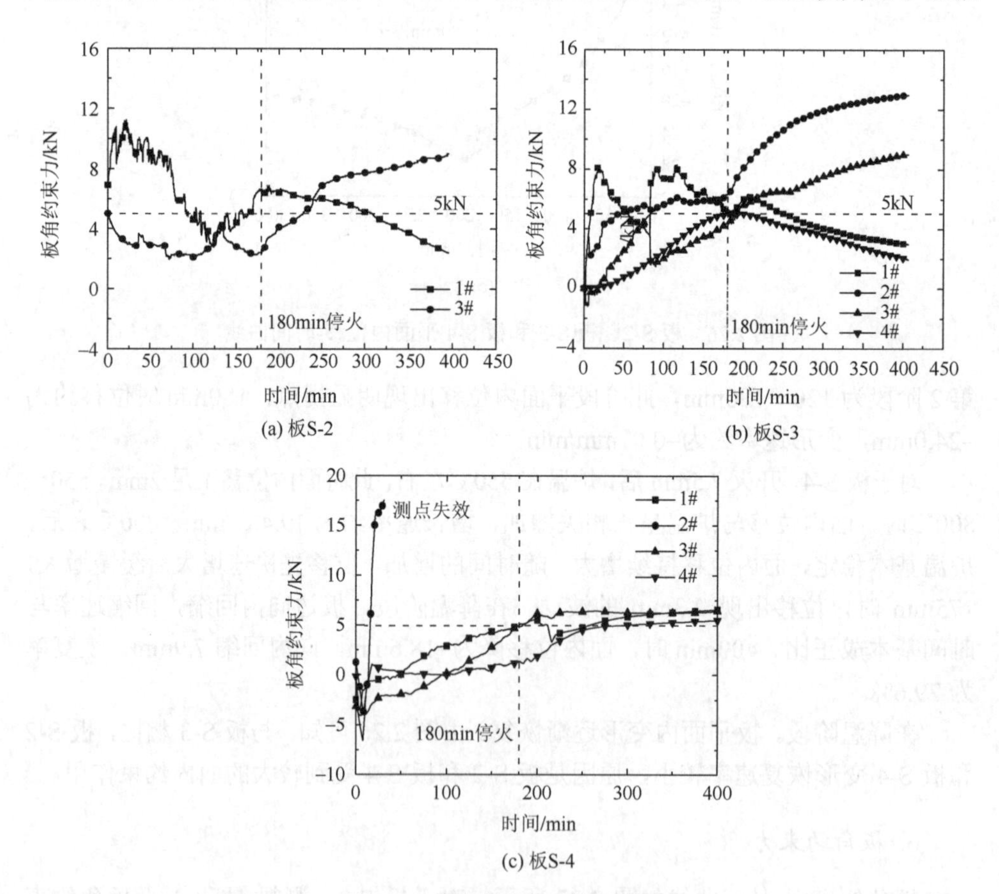

图 2.27　板角约束力-时间曲线

土开裂严重与反力梁脱离，获得反力数据失败。1#和 3#测点在升温阶段基本保持缓慢增大，180min 时，板角约束力分别达到 5.3kN 和 5.4kN。在降温阶段虽然板中心位移有一定程度恢复，但板角并没有回落的趋势。4#测点在升温阶段比 1#和 3#测点增长速率较慢，在点火 30～180min 内基本保持在 1.1kN 左右。之后，数值快速增加，至 250min 时增加到 4.8kN，与 1#和 3#测点基本持平。

此外，结合图 2.17（a）和图 2.19（a），可知板角区域应加强配筋，避免板角过早出现破坏而使板失去抵抗更大变形的能力，进而无法充分发挥受拉薄膜效应的有利作用。

7. 面内约束力

板 S-2 面内约束力设计值为 2MPa，即每个千斤顶施加 200kN。然而，试验中压力传感器损坏，只能根据油泵压力表保证压力。对于板 S-3，面内约束力设计值为 1MPa，即每个千斤顶施加 100kN。然而，80min 时，5#测点位置千斤顶损坏，无法测得相应压力。对于板 S-4，面内约束力设计值为 2MPa，即每个千斤顶施加 200kN。试验中千斤顶作用力大小维持在 220kN 左右，即面内约束力的大小控制在 2MPa 左右。

2.4 面内约束矩形板火灾试验

2.4.1 试验方案

1. 试件设计

根据现行混凝土结构设计规范，设计了 4 块混凝土双向板试件（编号 R1、R2、R3 和 R4），其尺寸均为 3900mm×3300mm×100mm。试件采用 C30 商品混凝土浇筑，实测其立方体抗压强度平均值为 34MPa。板内均采用 HRB400 钢筋，实测屈服强度平均值为 485MPa，抗拉强度平均值为 574MPa。板底钢筋配双向⌀8@200。板吊钩钢筋直径为 22mm。每个吊钩布置板顶负筋（长度为 1000mm）和板底加强筋（长度为 500mm）。钢筋保护层厚度为 15mm。

2. 加载方案

对于梁柱体系中的混凝土楼板，板角受到框架柱竖向约束作用，且板边受到周围板格面内约束作用。因此，为了与实际结构中楼板约束作用相协调，试验时对楼板施加单（双）向面内和板角竖向约束作用，如图 2.28 所示。此外，板面放置沙袋，模拟均布活荷载 2kPa。本试验在竖向加载后，再施加面内约束力。

如图 2.28 所示，通过自行设计的固定装置将 6 组液压千斤顶和压力传感器固定在钢架上，对板件施加面内约束力，试验过程中该力保持不变。R1～R4 板施加面内约束情况如表 2.1 所示。加载装置同上，此处不再赘述。

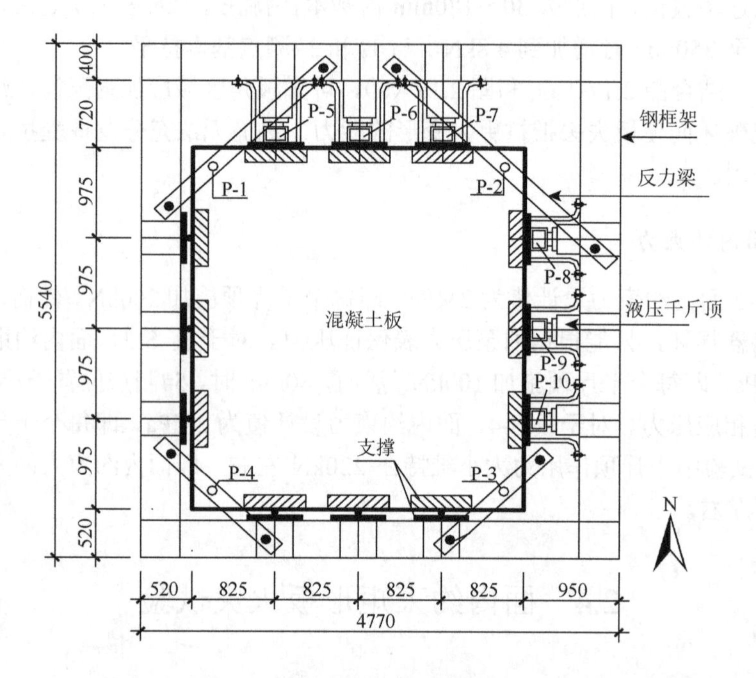

图 2.28　加载平面图（单位：mm）

表 2.1　四板面内约束力工况　　（单位：MPa）

板	R1	R2	R3	R4
x	0	2	2	2
y	0	0	1	2

如图 2.28 所示，反力梁对四个板角施加平面外约束，在反力梁与混凝土板之间设置压力传感器，编号分别为 P-1～P-4，压力数据由静态电阻应变仪（DH3818）采集。

3．测量方案

采用安捷伦数据采集仪（34980A）对炉温和板各测点温度进行测量；两炉温热电偶测点（F-1 和 F-2）分别布置在西侧和南侧炉墙中部，且距试验板底面 100mm。采用安捷伦数据采集仪对板各测点的温度进行测量。试验混凝土板内共布置 9 组测点，编号为 T1～T9。每组测点共有 8 个热电偶测点，其中编号 1～6 为混凝土温度测点，编号 R-1、R-2 为钢筋温度测点。采集温度时间间隔为 15s。平面外和平面内位移采用差动式位移传感器进行测量。

2.4.2　试验结果及分析

1. 主要试验现象

1）简支板 R1

受火 15min 左右，板底接连传来几声爆裂响声；如图 2.29（a）和（b）所示，20min 时板顶东南角首先出现斜裂缝①，并出现水蒸气；42min 时试验板板顶出现裂缝②，随后板底出现几次爆裂；56min 时试验板板顶出现裂缝③，开始向外冒水；80～100min 时板顶裂缝④、⑤和⑥相继出现，同时其他裂缝宽度逐渐增大；240min 时板中心点处位移达到最大值，此时停火并通风降温。停火后，试验板变形有所恢复。

试验后，绘制试验板裂缝，如图 2.29（c）和（d）所示。可见，对于板顶，四个板角均存在多条弧形斜裂缝，且短跨方向出现通长裂缝，这一点与简支板裂缝情况相似。对于板底，板角附近区域出现斜裂缝，板底爆裂（阴影）较为严重，致使部分钢筋可见。值得指出的是，板底爆裂面积和最大爆裂深度分别为 2.6m^2 和 70mm。

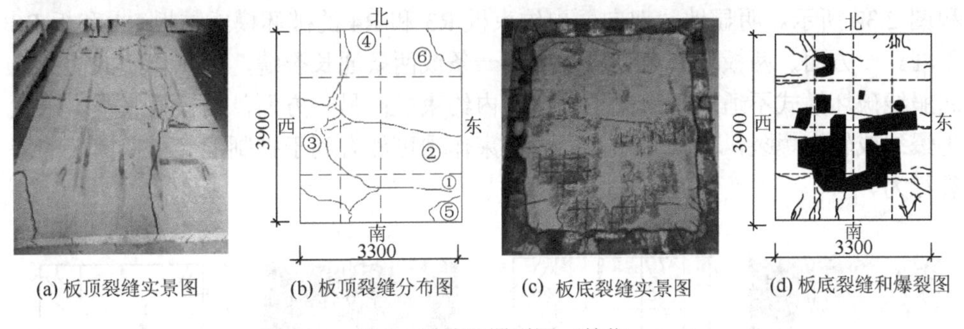

(a) 板顶裂缝实景图　(b) 板顶裂缝分布图　(c) 板底裂缝实景图　(d) 板底裂缝和爆裂图

图 2.29　板 R1 裂缝和爆裂图（单位：mm）

2）单向面内约束板 R2

如图 2.30（a）和（b）所示，14min 时板顶出现跨中裂缝①；20min 时板底接连传来爆裂响声；20～40min 时板顶出现水渍和水蒸气；40min 时板顶东北角出现裂缝②；45min 时东北角断裂，裂缝②宽度增大；随后，板底出现几次爆裂，西北角和西南角相继出现裂缝③和④；64min 时西北角断裂，裂缝③宽度增加；180min 时板中心点处位移达到最大值，此时停火并通风降温。停火后，试验板变形有所恢复。

试验后，绘制试验板裂缝，如图 2.30（c）和（d）所示。一方面，对于板顶，与板 R1 相似，板 R2 板角均存在弧形斜裂缝和出现通长裂缝；另一方面，对于板底，板角出现 45° 短斜裂缝；然而，与板 R1 不同，板底出现平行约束力方向的长裂缝。这一点与前面单向面内约束方板相同。此外，板 R2 爆裂面积和最大爆裂深度分别为 $0.45m^2$ 和 90mm。

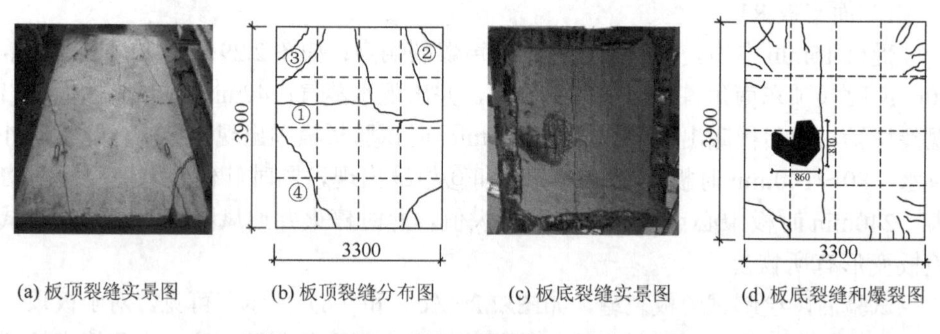

(a) 板顶裂缝实景图　(b) 板顶裂缝分布图　(c) 板底裂缝实景图　(d) 板底裂缝和爆裂图

图 2.30　板 R2 裂缝和爆裂图（单位：mm）

3）双向面内约束板 R3 和板 R4

板 R3 和板 R4 的裂缝开展、爆裂和水分蒸发等与板 R1 和板 R2 相似，此处不再详述。双向面内约束板 R3 和板 R4 的板底（顶）裂缝和爆裂行为如图 2.31 和图 2.32 所示。明显地，双向面内约束板 R3 和 R4 的破坏模式与板 R1 和板 R2 不同。一方面，两板在两个方向均出现一条或两条通长裂缝，可见传统的简支板屈服线破坏模式不适用于火灾下双向面内约束板；另一方面，两板板底基本未发生爆裂或轻微爆裂，可推知双向面内约束作用可能有利于抑制混凝土双向板的爆裂行为。

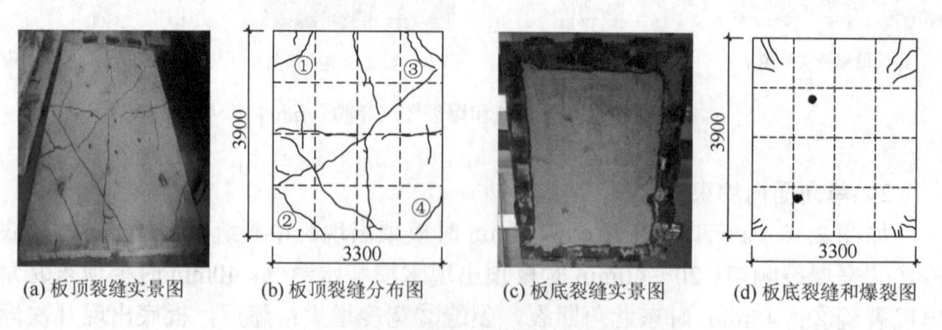

(a) 板顶裂缝实景图　(b) 板顶裂缝分布图　(c) 板底裂缝实景图　(d) 板底裂缝和爆裂图

图 2.31　板 R3 裂缝和爆裂图（单位：mm）

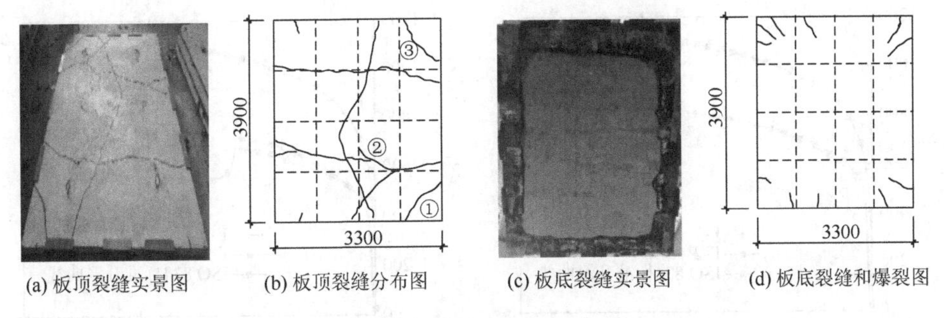

(a) 板顶裂缝实景图　(b) 板顶裂缝分布图　(c) 板底裂缝实景图　(d) 板底裂缝和爆裂图

图 2.32　板 R4 裂缝和爆裂图（单位：mm）

由上述可知，面内约束作用对双向板的裂缝、爆裂和破坏模式有重要影响。对于单向约束混凝土方板，其易出现平行约束力方向的裂缝和完整性破坏，板 R2 进一步证实了这一破坏模式。对于双向面内约束板，其裂缝模式与简支板和单向约束板不同。因此，上述对比表明，在建立火灾下混凝土双向板破坏模式或破坏准则时，应考虑面内约束作用。相比于无面内约束和单向面内约束，双向面内约束可能有助于降低板底爆裂行为。然而，由于试验数据有限，影响爆裂行为因素较多（如含水率、受火工况和约束条件等），面内约束作用对爆裂的影响有待深入研究。

2. 炉温

四板炉温-时间曲线如图 2.33 所示。由图 2.33（d）可知，120min 时，由于炉内喷火装置出现故障，板 R4 炉温下降明显。四板在升温初期，炉温迅速升高；随后，由于炉内空间较大以及炉墙、混凝土板吸收大量热量，炉温经历较长的升温发展期，但两测点炉温较为一致。最终，停火时板 R1～R4 的平均炉温为 829℃（240min）、809℃（180min）、833℃（190min）和 559℃（180min）。总之，炉温曲线变化趋势与 ISO 834 标准升温曲线和其他试验变化趋势大体一致。

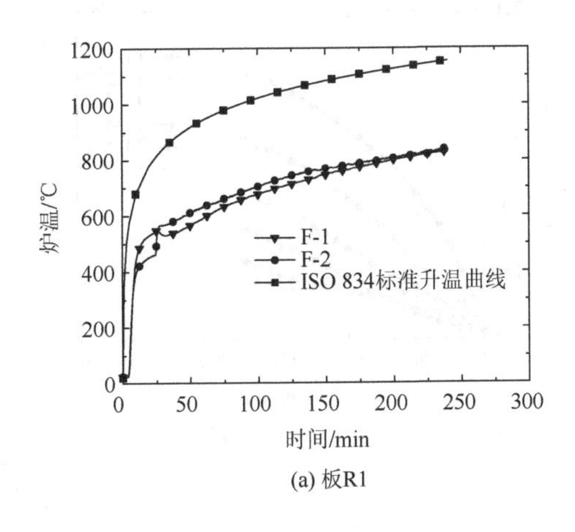

(a) 板R1

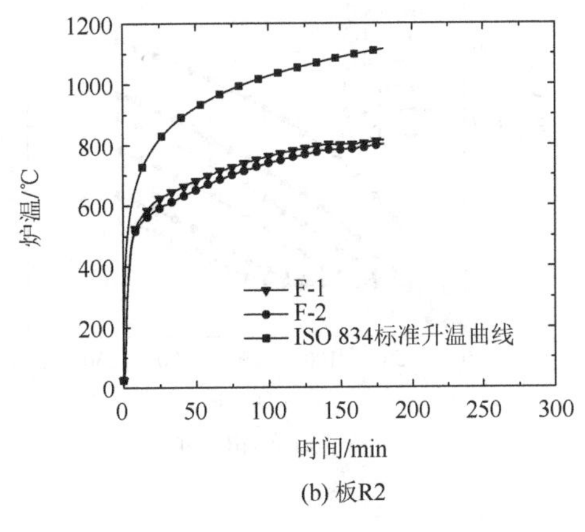

(b) 板R2

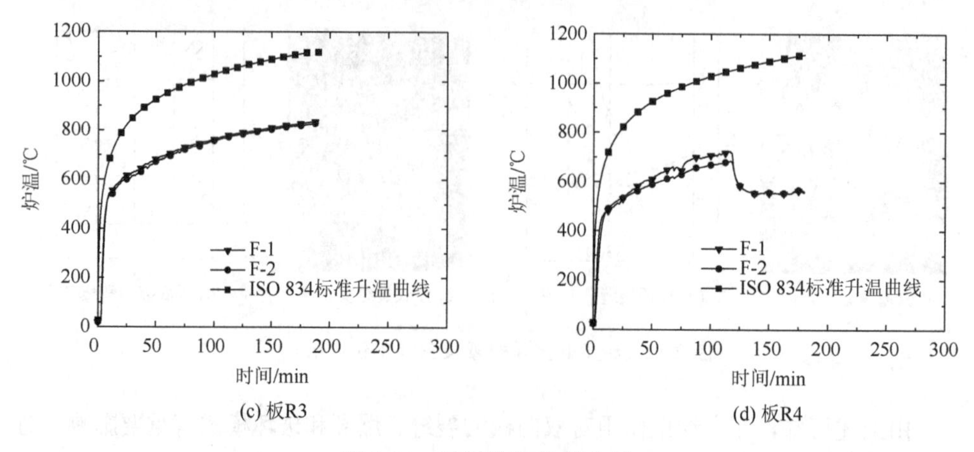

图 2.33　四板炉温-时间曲线

3. 板温

图 2.34 为四板混凝土温度-时间曲线。由图可知，板 R1～R3 温度变化趋势相近；然而，板 R4 与前三板截面温度及其梯度不同，主要原因是该板升温系统出现问题，停火时该板混凝土温度较低。例如，停火时，板 R1～R4 的板底（板顶）测点温度分别为 633℃（249℃）、616℃（147℃）、674℃（184℃）和 380℃（142℃）。其中，板 R4 板底最高温度为 415℃（120min）。此外，根据非受火面温度破坏准则，可知板 R1 和板 R3 出现隔热性破坏，相应耐火极限分别是 184min 和 188min。此外，由于水分迁移和蒸发作用，混凝土板热量大量散失，非受火面附近出现一显著的温度平台段，且越接近板非受火面平台段越长。总之，对比可知约束作用对板截面温度分布影响相对较小，进一步证明边界约束作用对板截面温度分布的影响可忽略。

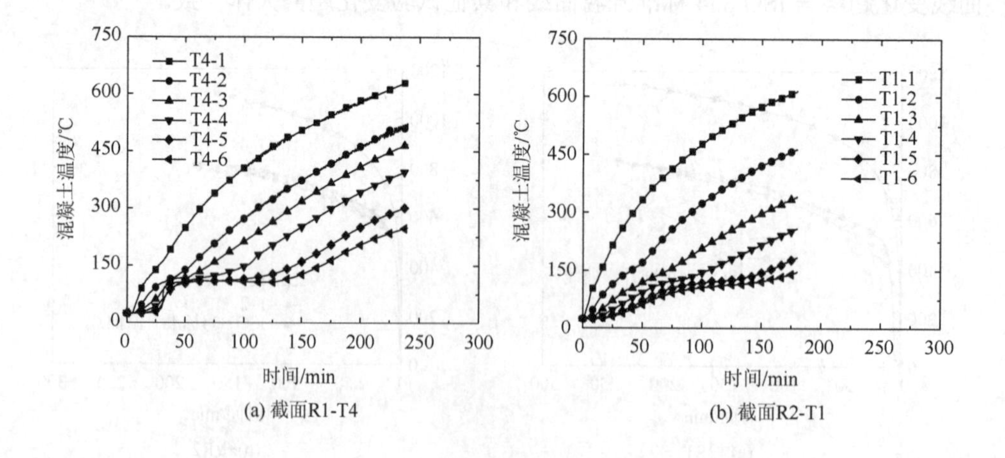

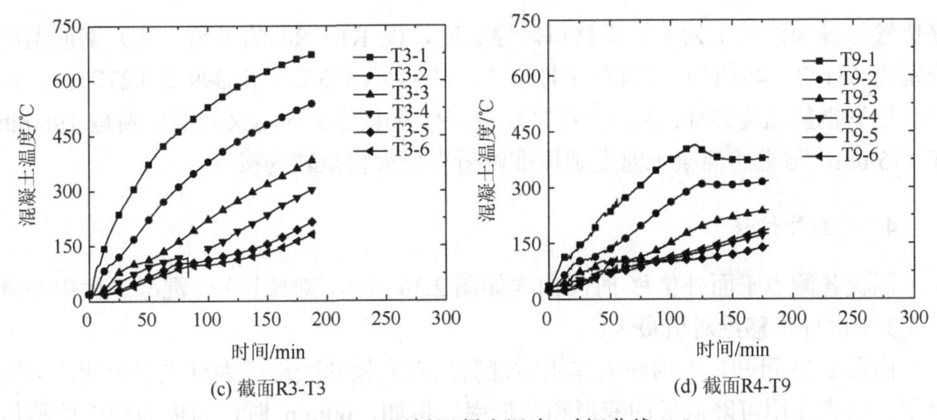

(c) 截面R3-T3　　(d) 截面R4-T9

图 2.34　四板混凝土温度-时间曲线

图2.35为四板钢筋温度-时间曲线。由图可知，升温初始阶段各测点钢筋温度较为接近；然而，随着时间发展，各测点钢筋温度存在一定差别，原因可能是钢

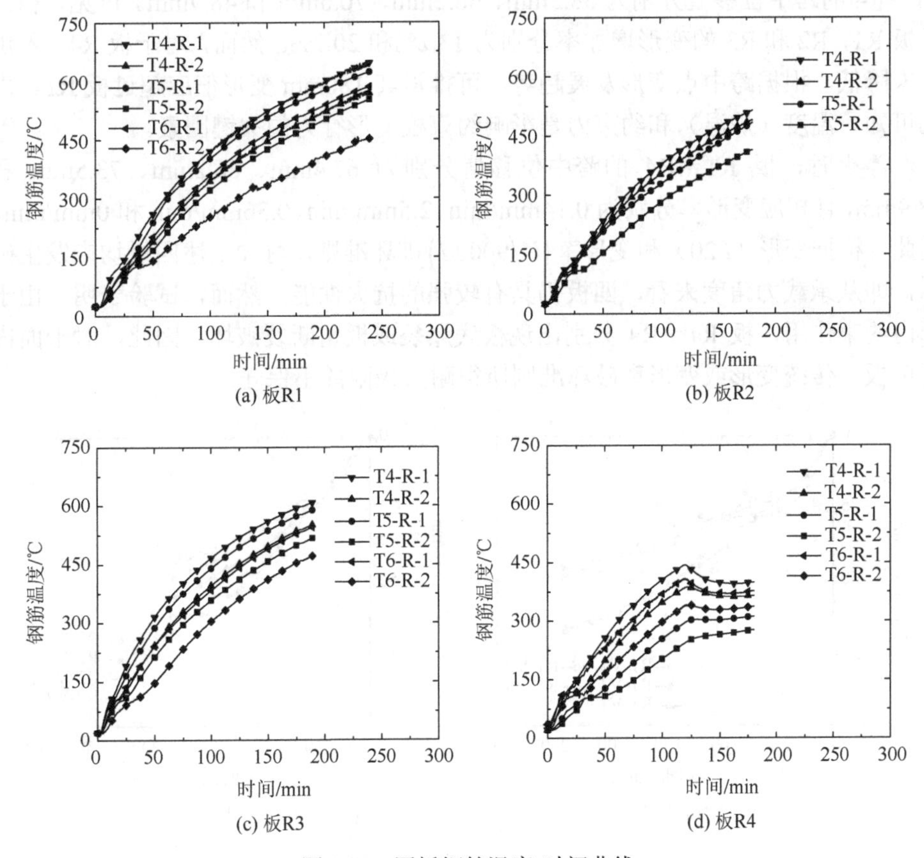

(a) 板R1　　(b) 板R2

(c) 板R3　　(d) 板R4

图 2.35　四板钢筋温度-时间曲线

筋位置差异和混凝土为非均质材料。停火时，板 R1～R4 的最高（低）钢筋温度分别为 651℃（451℃）、514℃（414℃）、609℃（473℃）和 399℃（277℃）。此外，根据钢筋温度破坏准则（593℃），板 R1 和板 R3 的耐火极限分别是 198min 和 175min，与上述混凝土温度破坏准则所得耐火极限较为接近。

4. 平面外位移

四板各测点平面外位移-时间曲线如图 2.36 所示。对比可知，混凝土板中心测点 V3 平面外位移绝对值最大。

由图 2.36 可知，面内约束作用对混凝土双向板的变形行为有重要影响。早期阶段，约束作用可降低板的变形和变形率。例如，60min 时，四板的跨中位移值分别为 27.5mm、24.8mm、17.2mm 和 21.3mm，相应的该阶段变形率分别为 0.46mm/min、0.41mm/min、0.29mm/min 和 0.36mm/min。随着温度的增加，由于挠曲效应、裂缝增多和刚度降低，约束板变形逐渐增大；例如，180min 时，板 R1～R4 的跨中位移值分别为 58.5mm、66.2mm、70.6mm 和 48.9mm。可见，相比于板 R1，R2 和 R3 的变形增加率分别为 13.2%和 20.7%。然而，对于板 R4，若炉温未降低，根据跨中点变形发展趋势，可推得其 180min 变形值应超过板 R1。由此可知，温度（炉温）和约束力是影响约束板变形行为的关键因素。

停火时，板 R1～R4 的跨中位移值分别为 67.4mm、66.2mm、73.5mm 和 48.9mm，且相应变形率分别为 0.14mm/min、2.5mm/min、0.36mm/min 和 0mm/min。因此，根据变形（$l/20$）和变形率 $\left(l^2/9000d\right)$ 破坏准则，可知上述四板均未发生破坏，即从承载力角度来看，四板仍具有较强的抗火性能。然而，试验表明，由于面内约束作用，板 R1～R4 分别出现板底爆裂或板角断裂破坏。因此，对于面内约束板，传统变形或变形率破坏准则所得耐火极限并不保守。

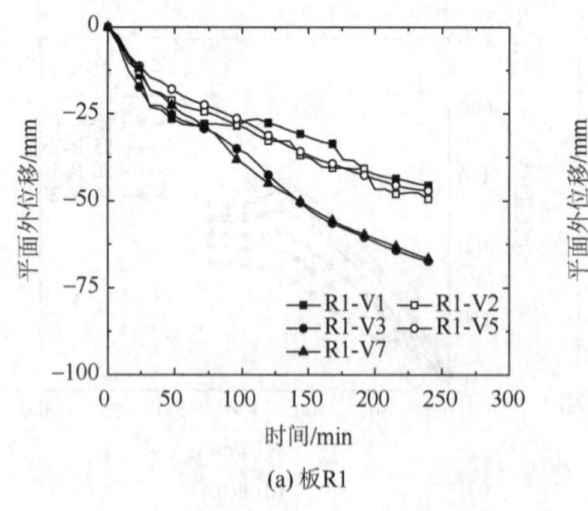

(a) 板R1

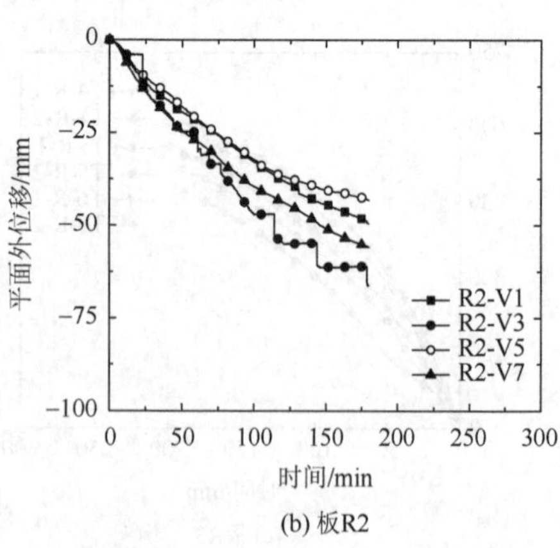

(b) 板R2

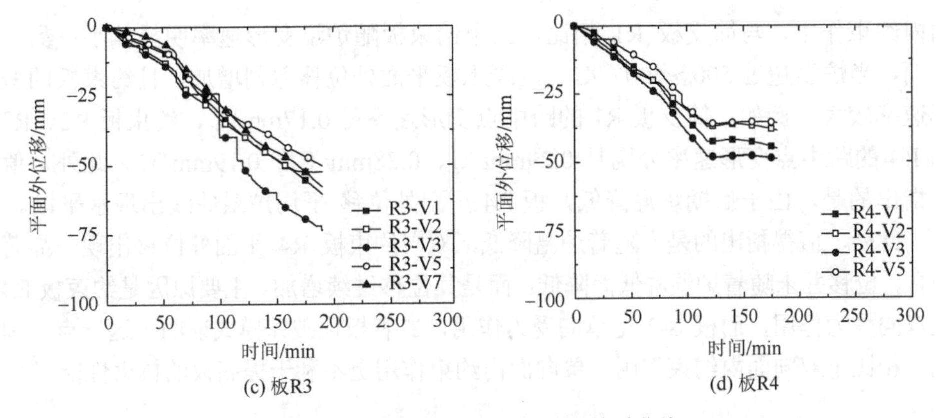

图 2.36　四板平面外位移-时间关系曲线

图 2.37 为四板平面外位移-平均炉温关系曲线。对于任一板，平面外位移-平均炉温曲线均分为两个阶段，且两阶段具有明显不同的变化规律。一方面，由于

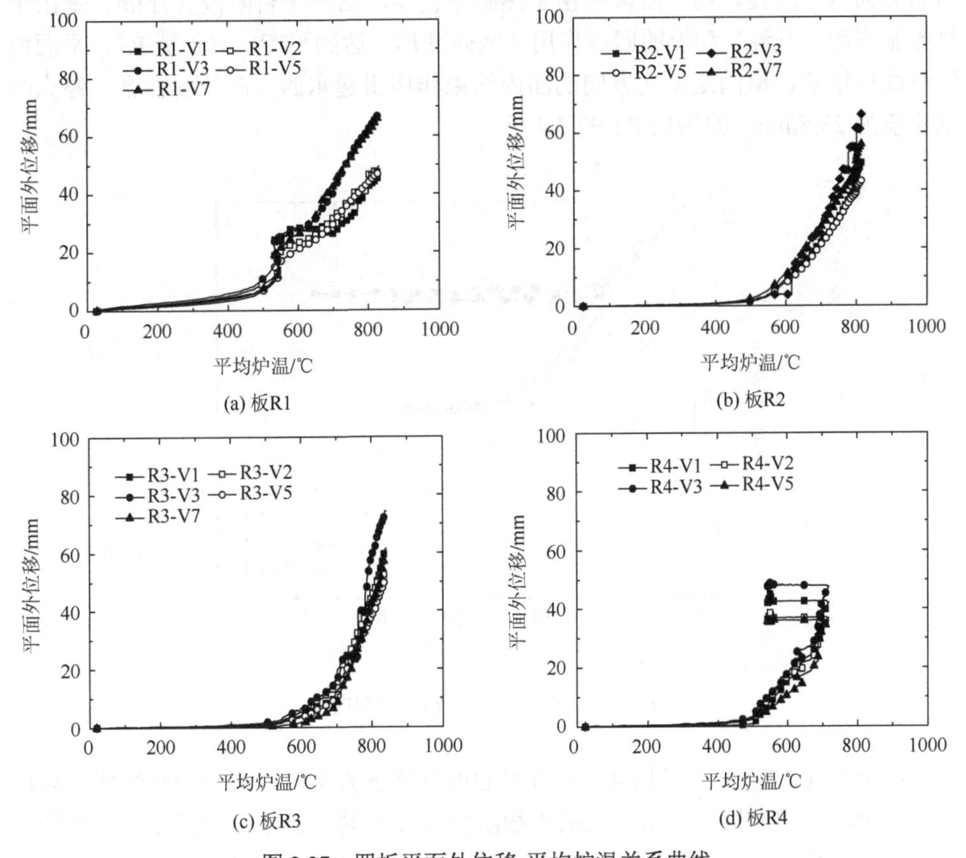

图 2.37　四板平面外位移-平均炉温关系曲线

面内约束作用，与简支板 R1 相比，三个约束板随炉温变形速率明显偏小；另一方面，当炉温超过 500～600℃时，混凝土板平面外位移急剧增加，且约束板的变形速率较大。例如，简支板 R1 的跨中点变形速率是 0.17mm/℃，约束板 R2、R3 和 R4 的跨中点变形速率分别是 0.29mm/℃、0.28mm/℃和 0.19mm/℃。此外，值得指出的是，由于后期炉温降低，板 R4 平面外位移-平均炉温曲线出现水平段。

此外，值得指出的是，随着炉温降低，双向约束板 R4 平面外位移出现一显著平台，位移并未随着炉温降低而降低，而是其位移继续增加。主要原因是约束板 R4 是双向受力作用，而板 S-2 是单向受力作用，二者板顶破坏模式证明了这一点。因此，相比于双向面内约束作用，单向面内约束作用更不利于提高板的抗火性能。

5. 平面内位移

四板平面内位移-时间曲线如图 2.38 所示，其中负值代表膨胀。由图可知，面内约束力对混凝土板的平面内位移变化趋势有重要影响。对于板 R1，平面内位移明显分为两个阶段，前一阶段是由于热膨胀作用，后一平台阶段（7mm）是由于热膨胀作用（升温）和板的回缩作用（竖向变形）达到平衡。对于板 R2，平面内位移线性增长，原因是南北方向的面内约束作用引起东西方向持续膨胀，停火时位移值为 23.5mm，约为板 R1 的 3.4 倍。

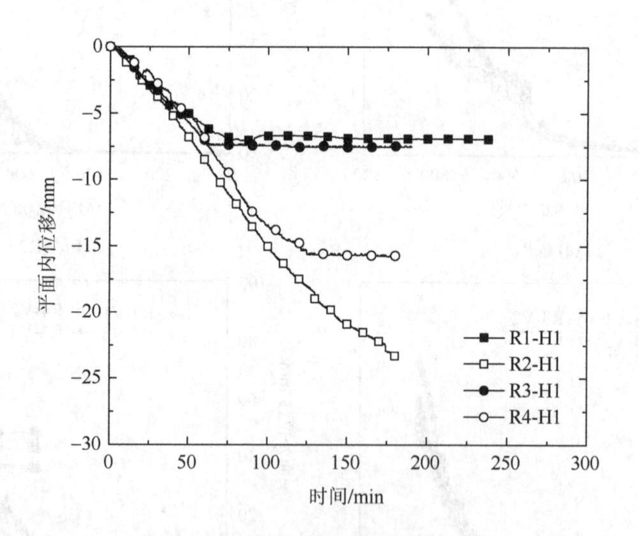

图 2.38 四板平面内位移-时间曲线

对于双向约束板 R3 和 R4，两者平面内位移行为类似，即分为线性增加阶段和平稳阶段。明显地，两约束板的平稳阶段机理不同，前者是膨胀作用、约束作用和板的回缩作用达到平衡，后者是降温作用和约束作用达到平衡。

6. 板角约束力

四板板角约束力-时间曲线如图 2.39 所示。由图 2.39（a）可知，由于对称性，板 R1 中四板角约束力基本一致，即先增大随后趋于平稳，且最大约束力约为 3.0kN。由图 2.39（b）可知，与板 R1 总体变化规律较为一致，即板角约束力先增大再减小；然而，一方面板 R2 约束力相对较大，最大值约为 9.1kN；另一方面，板角易出现脆性断裂破坏，致使板角约束力突然降低。由此可知，面内约束力对板角约束力变化规律及其最大值有重要影响。

由图 2.39（c）和（d）可知，与板 R1 和板 R2 对比，双向面内约束作用对板角约束力影响较大。一方面，双向面内约束作用对板角约束力初始值和最大值有较大影响，例如，板 R3 和板 R4 板角约束力初始值均不为零，且试验中最大板角约束力分别为 10.5kN 和 15.5kN；另一方面，双向面内约束作用对板角约束力变化趋势有重要影响，例如，板 R3 板角约束力开始是稳定平台随后减小，板 R4 板角约束力是先增大后突然减小（脆性破坏）或趋于稳定。

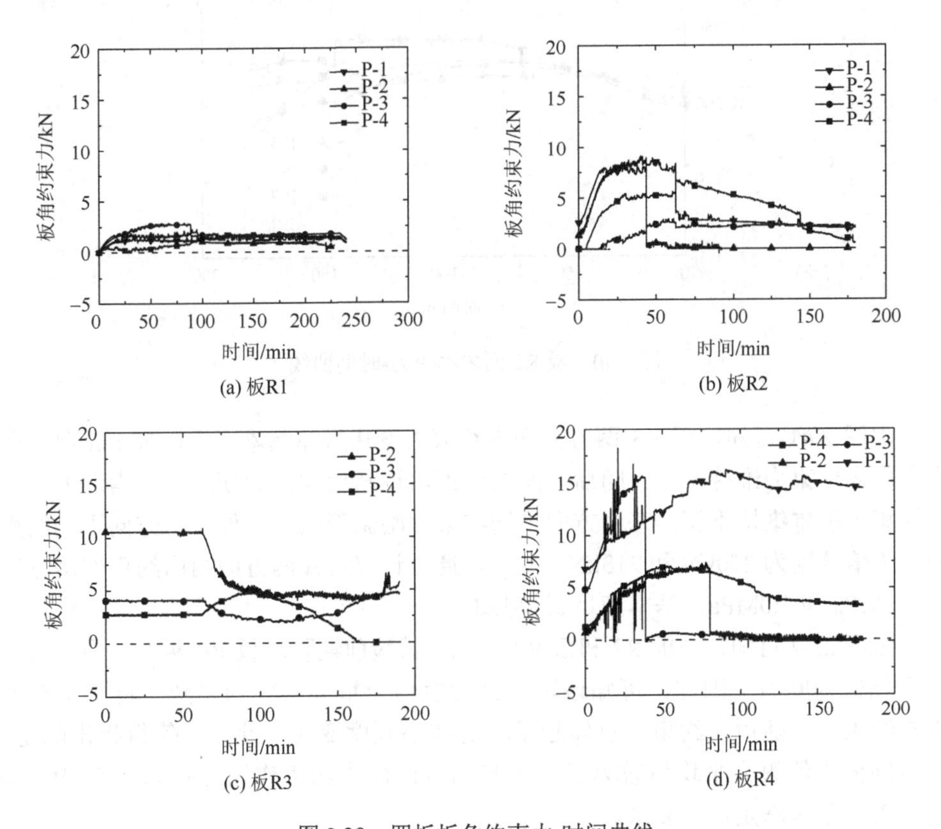

(a) 板R1

(b) 板R2

(c) 板R3

(d) 板R4

图 2.39　四板板角约束力-时间曲线

总之，面内约束作用有利于提高板角承载力，但易导致板角发生脆性破坏，即突然断裂。因此，板角应加强配筋，防止其过早出现脆性破坏。同时，板角裂缝分布情况对其约束力的发展规律有重要影响。

7. 面内约束力

试验中所测三约束板 R2、R3 和 R4 面内约束力及其相应平均约束力分别如图 2.40～图 2.42 所示。

由图 2.39 可知，由于热膨胀作用，板 R2 的板角约束力逐渐增大随后减小；此外，平均约束力也有相似规律，且平均约束力最大值为 230kN。通过平均约束力（221kN），可知面内约束作用约为 2.0MPa，基本满足试验要求。

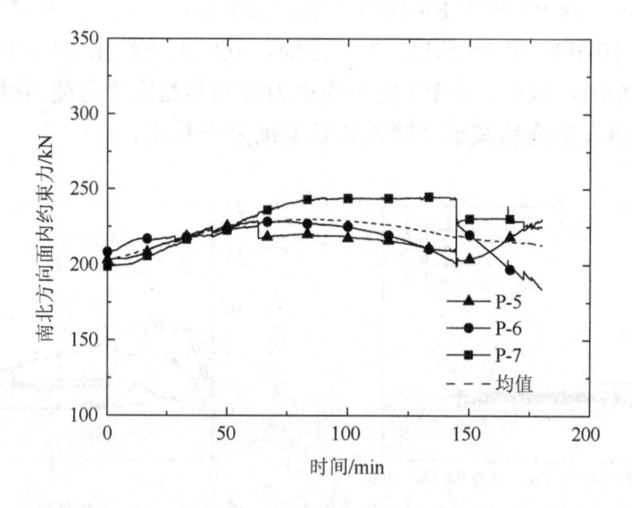

图 2.40　板 R2 面内约束力-时间曲线

由图 2.41 可知，板 R3 两方向面内约束力变化规律基本一致。60min 前，两方向面内约束力维持不变；随后，面内约束力逐渐增大；后期阶段，南北方向平均约束力基本维持不变，东西方向平均约束力略微降低。此外，两方向平均约束力最大值分别为 270kN 和 213kN。此外，通过计算可知两方向面内约束作用分别为 2.2MPa 和 1.0MPa，基本满足试验要求。

由图 2.42 可知，与板 R2 和板 R3 不同，试验前期阶段板 R4 两方向面内约束力变化较为剧烈。因此，可知该阶段试验板内力重分布较为剧烈，特别是东西方向约束力。随后，约束力总体趋于稳定或小幅度变化。此外，值得指出的是，两方向面内约束力平均值较为稳定，且两方向面内约束作用分别为 2.0MPa 和 1.6MPa，基本满足试验要求。

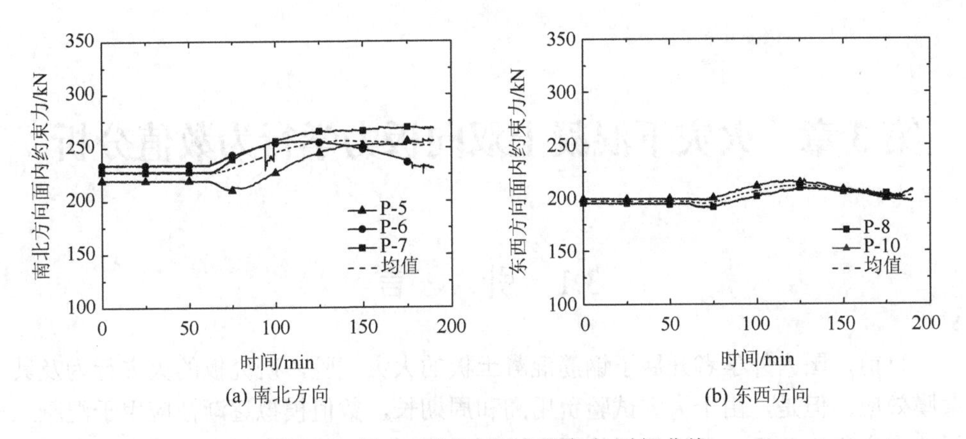

(a) 南北方向　(b) 东西方向

图 2.41　板 R3 两方向面内约束力-时间曲线

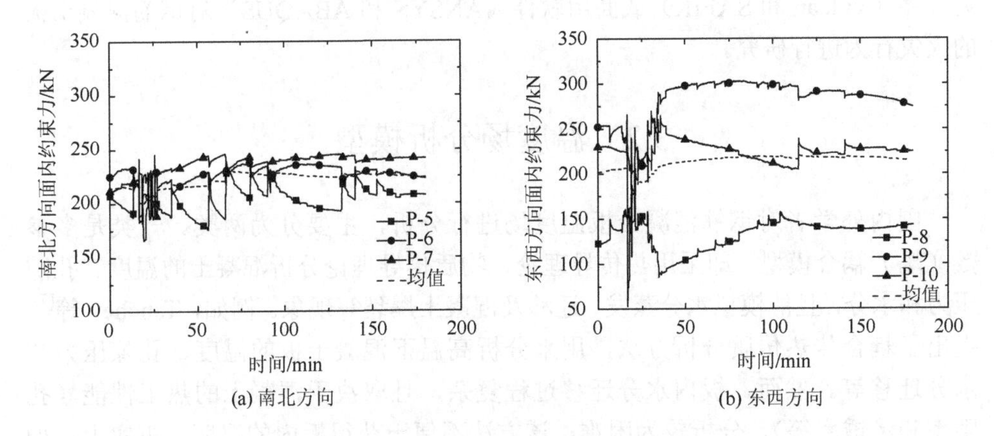

(a) 南北方向　(b) 东西方向

图 2.42　板 R4 两方向面内约束力-时间曲线

第3章 火灾下混凝土双向板力学行为数值分析

3.1 引　　言

目前，国内外学者开展了钢筋混凝土板的火灾试验，研究板的火灾行为及其薄膜效应。但是，由于火灾试验费用高和周期长，数值模拟逐渐被应用于混凝土板的火灾行为分析，即计算板的温度、变形和耐火极限等，国内外学者多利用自编程序（Vulcan 和 SAFIR）或商用软件（ANSYS 和 ABAQUS）对钢筋混凝土板的火灾行为进行研究。

3.2 温度场分析模型

国内外学者对钢筋混凝土板温度场进行分析，主要分为两类。一类是多参数（场）耦合模型，即采用热传导理论、物质传导理论分析混凝土的温度、孔隙压力和水分，且能模拟水分蒸发、迁移及混凝土爆裂等现象。例如，Tenchev 等[71]提出了耦合传热传质分析方法，用来分析高温下混凝土板的温度、孔隙压力和水分迁移等。然而，板内水分迁移过程复杂，且取决于混凝土的热工性能（孔隙率和渗透率等），分析较为困难，该方法不便于获得板内的温度。事实上，如果力学分析过程中仅仅用到温度，不考虑爆裂的影响，可以采用简化方法计算混凝土板温度。另一类是单一参数（场）计算模型，即不考虑孔隙压力、温度和水分的耦合作用，仅以温度作为未知量，采用热传导理论计算构件温度场。例如，唐贵和等[38]利用有限元软件 ABAQUS 对混凝土双向板温度场进行分析，通过对热容进行修正考虑水分蒸发对温度场的影响，由于未考虑水分迁移引起的湿阻效应，温度计算曲线未能反映板非受火面区域的温度平台。值得指出的是，蒸发带走大量热量，导致相应区域（如板非受火面附近）升温停滞或变缓现象发生，在温度-时间曲线上表现为长短不一的水平或平缓段。熊伟等[72]编制程序分析火灾下混凝土梁的温度场，热工性能参数采用欧洲规范，然而由于未考虑水分蒸发作用对温度的影响，后期计算温度均高于试验温度；Di Capua 等[73]提出考虑水分蒸发作用的温度模型，对钢筋混凝土构件的温度场进行模拟；计算时仅采用构件初始含水率，未考虑水分迁移和聚集作用引起的局部含水率增加（湿阻）现象，计算结果偏于保守。以钢筋混凝土板为例，受火时板内自由水持续快速蒸发，形成了一个高蒸汽压力峰值区域，引起水蒸气流向加热面和板内部，板内方向迁移的水蒸气在混凝土低温区域凝结，致使含水率升高（超过初始含水率），大大降低水分迁移速率，进而产生湿阻效应，直至该区域水分蒸发完毕。

3.2.1　模型介绍

对于普通钢筋混凝土板，其温度场计算属于非线性瞬态问题。为了便于分析，进行以下假设：①混凝土为各向同性材料；②温度场不受应力场的影响；③不考虑混凝土爆裂对温度场的影响；④考虑水分蒸发作用和湿阻效应。

1. 热传导方程

根据傅里叶定律和能量守恒定律，考虑水分蒸发作用和湿阻效应，可得温度场控制方程为

$$\frac{\partial}{\partial x}\left(\lambda_c T\frac{\partial T}{\partial x}\right)+\frac{\partial}{\partial y}\left(\lambda_c T\frac{\partial T}{\partial y}\right)+\frac{\partial}{\partial z}\left(\lambda_c T\frac{\partial T}{\partial z}\right)=c_c T\rho_c T\frac{\partial T}{\partial t}+\frac{\partial L_w}{\partial t} \tag{3.1}$$

$$L_w(T)=\rho_c m_w w_{20} l_{h20}(T) f_{wg}(T) \tag{3.2}$$

式中，T 为温度（℃）；λ_c 为导热系数（W/(m·℃)）；c_c 为比热（kJ/(kg·℃)）；ρ_c 为混凝土密度（kg/m^3）；x、y 和 z 为坐标（m）；L_w 为自由水潜在能函数；t 为时间（s）；w_{20} 为 20℃时混凝土板的自由水含量（%）；l_{h20} 为潜在热函数；m_w 为考虑水分湿阻效应的修正系数；$f_{wg}(T)$为蒸发函数。

自由水蒸发函数为

$$f_{wg}(T)=\begin{cases}0, & T<T_0\\ g_{wg}(T), & T_0\leqslant T\leqslant T_1\\ 1, & T>T_1\end{cases} \tag{3.3}$$

式中，$g_{wg}(T)$为温度变化的线性函数；T_0 为自由水起始蒸发温度（100℃）；T_1 为自由水蒸发完毕温度。

混凝土板受火时，板内自由水持续快速蒸发，形成了一个高蒸汽压力峰值区域，引起水蒸气流向加热面和板内部，板内方向迁移的水蒸气在混凝土低温区域凝结，致使含水率升高（超过初始含水率），降低水分迁移速率，产生湿阻效应，直至该区域水分蒸发完毕。蒸发带走大量热量，导致该区域升温停滞或变缓现象发生，在温度-时间曲线上表现为长短不一的水平或平缓段。因此，根据上述湿阻效应，本书提出两个水分修正模型（蒸发阶段），称为模型 1 和模型 2。

当温度为 20℃时，假设含水率修正系数为 2，当温度为 200℃时，含水率修正系数为 0，含水率与温度之间为线性关系，建立含水率模型 1，即

$$
m_{\mathrm{w},1}(T)=\begin{cases}\dfrac{2T}{T_1-T_0}+\dfrac{T_1-3T_0}{T_1-T_0}, & T_0 \leqslant T \leqslant (T_0+T_1)/2 \\ \dfrac{4T}{T_0-T_1}+\dfrac{4T_1}{T_1-T_0}, & (T_0+T_1)/2 < T \leqslant T_1\end{cases} \tag{3.4}
$$

此外，本书提出含水率模型 2，即

$$
m_{\mathrm{w},2}(T)=\begin{cases}2, & T_0 \leqslant T \leqslant T_1' \\ 0, & T > T_1'\end{cases} \tag{3.5}
$$

式中，T_1' 为水分蒸发完毕温度，取值 140℃。

参照 Di Capua 模型，本书建立模型 1（2）的自由水蒸发函数，即

$$
f_{\mathrm{wg}}(T)=\begin{cases}0, & T < T_0 \\ g_{\mathrm{wg}}(T), & T_0 \leqslant T \leqslant T_1(T_1') \\ 2.0(1.0), & T > T_1(T_1')\end{cases} \tag{3.6}
$$

水分潜在热函数为

$$
l_{\mathrm{h20}}=\begin{cases}2.8\times 10^5 \times (374-T)^{0.368}, & T \leqslant 374℃ \\ 0, & T > 374℃\end{cases} \tag{3.7}
$$

$L_{\mathrm{w}}(T)$ 对时间 t 的导数为

$$
\frac{\partial L_{\mathrm{w}}(T)}{\partial t}=\rho_{\mathrm{c}}(20)c'(T)\frac{\partial T}{\partial t} \tag{3.8}
$$

其中，

$$
c'(T)=w_{20}\left[\frac{\partial m_{\mathrm{w}}(T)}{\partial T}l_{\mathrm{h20}}(T)g_{\mathrm{wg}}(T)+m_{\mathrm{w}}(T)l_{\mathrm{h20}}(T)\frac{\partial g_{\mathrm{wg}}(T)}{\partial T}+m_{\mathrm{w}}(T)g_{\mathrm{wg}}(T)\frac{\partial l_{\mathrm{h20}}(T)}{\partial T}\right] \tag{3.9}
$$

将式（3.6）、式（3.7）代入式（3.8），得到

$$
\frac{\partial L_{\mathrm{w}}(T)}{\partial t}=\begin{cases}0, & T < T_0 \\ \rho_{\mathrm{c}} m_{\mathrm{w}} w_{20}\left[l_{\mathrm{h20}}(T)\dfrac{\partial g_{\mathrm{wg}}(T)}{\partial T}+g_{\mathrm{wg}}(T)\dfrac{\partial l_{\mathrm{h20}}(T)}{\partial T}\right]\dfrac{\partial T}{\partial t}, & T_0 \leqslant T \leqslant T_1 \\ 0, & T > T_1\end{cases} \tag{3.10}
$$

2. 定解条件

热传导微分方程建立了温度与时间、空间的关系，但满足热传导微分方程的解有无数多个，为了确定温度场，需要初始条件和边界条件。

初始条件是结构在初始时刻温度分布规律，即

$$T = T(x, y, z, t = 0) \tag{3.11}$$

在实际计算中，通常初始温度取 20℃。

边界条件是结构与周围介质相互作用的规律，主要有三类边界条件，具体如下。

（1）第一类边界条件（Γ_1），结构表面温度是时间 t 的已知函数，即

$$T\big|_{\Gamma_1} = T(x, y, z, t) \tag{3.12}$$

（2）第二类边界条件（Γ_2），表面热流密度已知，即

$$q_n\big|_{\Gamma_2} = -\lambda_c \frac{\partial T}{\partial n} \tag{3.13}$$

（3）第三类边界条件（Γ_3），结构在边界上对流换热和辐射换热条件已知，即

①对流换热条件为

$$\lambda_c \frac{\partial T}{\partial n}\bigg|_{\Gamma_3} = h_c (T_a - T_b) \tag{3.14}$$

式中，h_c 为对流换热系数（W/(m^2·℃)）；T_a 为周围介质温度；T_b 为边界温度；值得指出的是，T_a、T_b 的单位为 K。

②辐射换热条件为

$$\lambda_c \frac{\partial T}{\partial n}\bigg|_{\Gamma_3} = \varepsilon_r \sigma \left(T_a^4 - T_b^4\right) \tag{3.15}$$

式中，ε_r 为辐射系数；n 为边界外法线方向；σ 为斯特藩-玻尔兹曼（Stefan-Boltzmann）常数，取值 5.78×10^{-8}W/(m^2·K^4)。

值得指出的是，受火面、非受火面均按第三类边界条件考虑，与周围环境的换热过程包括对流和辐射作用；其中，受火面介质温度由 ISO 834 标准升温曲线或实际炉温曲线确定，非受火面介质温度取 20℃。

3. 单元模型

在温度场分析中，沿厚度采用四节点矩形单元划分钢筋混凝土板，节点自由度为温度，单元具体信息参见文献[74]。

4. 方程求解

经过简单推导，可得温度场整体方程为

$$K_t \left[T(t)\right]_t + C_t \frac{\partial}{\partial t}\left[T(t)\right]_t = P_t \tag{3.16}$$

式中，K_t、C_t、P_t和$\left[T(t)\right]_t$分别为t时刻整体导热矩阵、整体热容矩阵、整体热荷载向量和整体节点温度向量。

根据向后差分方法，可得

$$\left(\frac{\partial T}{\partial t}\right)_t = \frac{1}{\Delta t}(T_t - T_{t-\Delta t}) \tag{3.17}$$

式中，Δt为时间步长；$T_{t-\Delta t}$为$t-\Delta t$时刻温度场向量；T_t为t时刻的温度场向量。

将式（3.16）代入式（3.17），可得瞬态温度场方程为

$$(\Delta t K_t + C_t)T_t = \Delta t P_t + C_t T_{t-\Delta t} \tag{3.18}$$

采用迭代方法求解式（3.18），迭代方程为

$$T_t^i = \left(\Delta t K_t^{i-1} + C_t^{i-1}\right)^{-1}\left(\Delta t P_t^{i-1} + C_t^{i-1} T_{t-\Delta t}\right) \tag{3.19}$$

式中，i为迭代次数。

收敛准则为

$$\left\| T_t^i - T_t^{i-1} \right\| \leqslant e, \quad i = n_{\max} \tag{3.20}$$

式中，$\|\bullet\|$为取范数；e为收敛容差（1×10^{-3}）；$n_{\max}$为最大迭代次数，取值为10。直至相邻两次迭代所得温度差值的范数小于预先给定的数值或达到规定最大迭代次数$n_{\max}$，才可进行下一时刻温度计算。

3.2.2 模型验证

选取两块钢筋混凝土板温度场试验数据进行模拟，分析修正系数m_w对温度场的影响，在此基础上，将本书模型结果与Lie模型、EC2模型结果进行对比分析。在分析中，采用四节点矩形单元将板沿厚度划分为20层。构件初始温度取20℃；受火边界介质温度采用实测炉温，非受火面介质温度取20℃；此外，T_1取140℃。根据上述理论模型，编制非线性分析程序，将程序计算值和试验数据进行对比研究，验证模型的有效性。

边界对流换热系数和辐射系数如表3.1所示。

表3.1 钢筋混凝土板热工参数

板	厚度/mm	受火面 h_c/(W/(m^2·℃))	辐射系数	非受火面 h_c/(W/(m^2·℃))	辐射系数
D147	100	30.0	0.3	10.0	0.2
4ES-2	120	15.0	0.3	5.0	0.1

图 3.1 是程序温度计算结果和试验结果比较，其中修正系数 m_w 分别为 0、1 和 2，即假定试件含水率分别为 0%、3%和 6%。

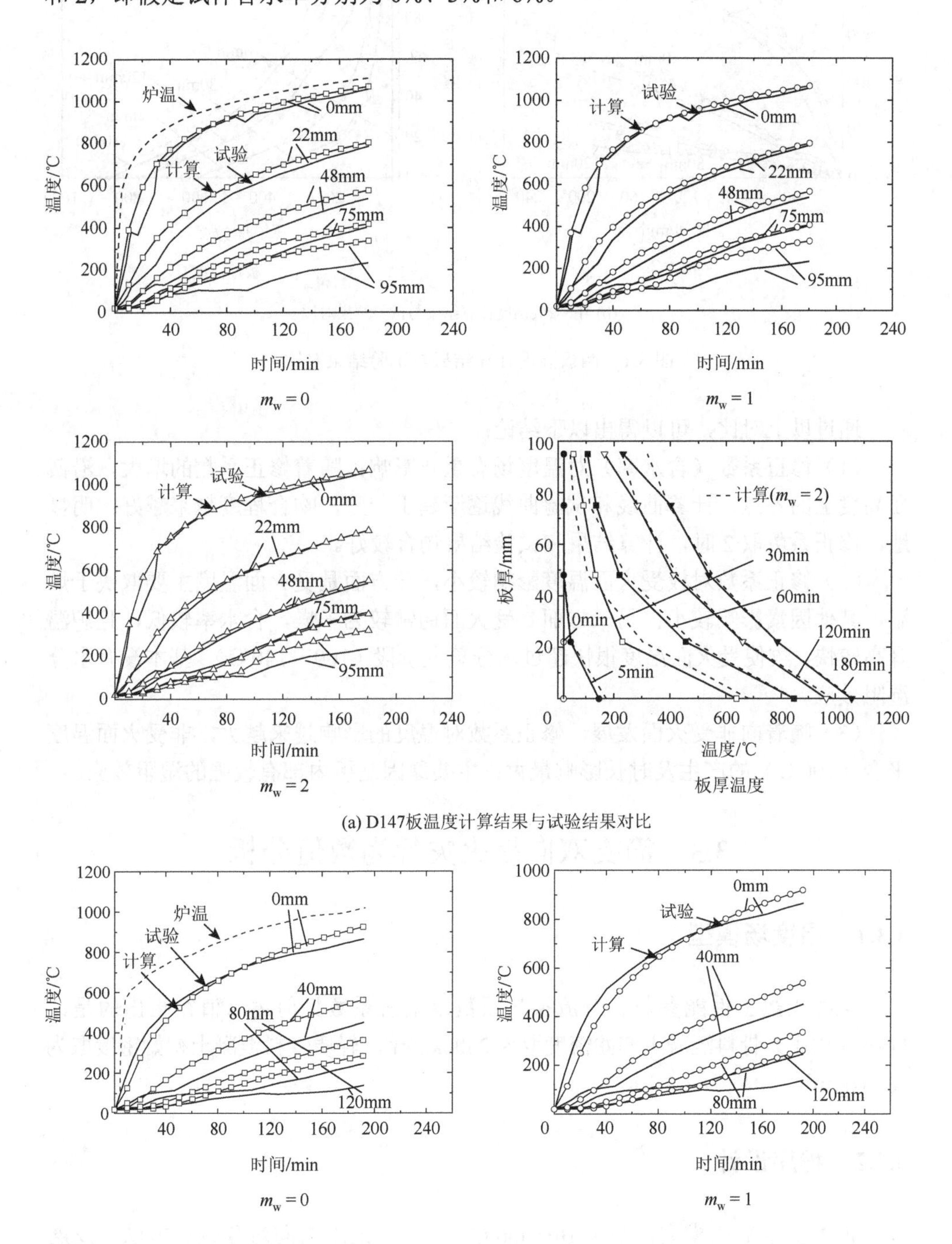

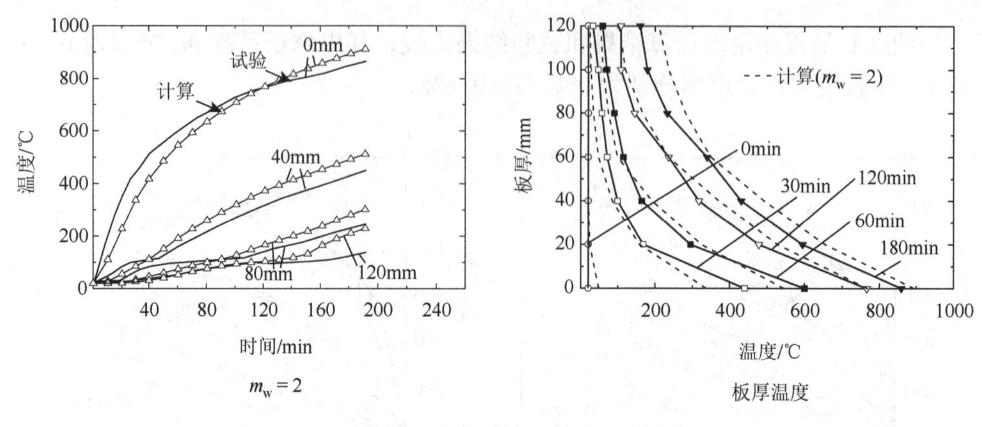

(b) 4ES-2板温度计算结果与试验结果对比

图 3.1 两板温度计算结果与试验结果对比

通过以上对比，可以得出以下结论：

（1）修正系数（含水率）对温度场有重要影响；随着修正系数的增大，沿截面高度上的各点，计算曲线和试验曲线逐渐趋于一致，吻合程度越来越好；明显地，修正系数取 2 时，计算结果和试验结果吻合较好。

（2）修正系数对板受火面温度影响较小，一方面是受火面温度主要取决于炉温，其他因素影响较小；另一方面是受火面通常较为干燥，含水率较低，且炉温升高较快，致使受火面温度很快超过水分蒸发阶段（100～140℃），基本没有水分湿阻效应。

（3）随着向非受火面发展，修正系数对温度的影响越来越大，非受火面温度平台（100℃）的产生及时长影响最大；主要原因是板内部有较强的湿阻效应。

3.3 简支双向板火灾行为数值分析

3.3.1 温度场模型

混凝土热工性能参数、对流换热系数及辐射系数见前述。值得指出的是，硅质（钙质）骨料混凝土初始密度取为 $2300kg/m^3$，轻质骨料混凝土初始密度取为 $1800kg/m^3$。

3.3.2 程序设计

根据上述数值模型，基于 Borland C ++ 6.0，采用面向对象设计方法，发展了现有分析程序，用以求解混凝土双向板变形行为和耐火极限。具体方法如下：①将时间划分为若干增量步，前期时间步长设置为 0.15～0.3min，后期时间步长设置为 1.5～2.0min；②$t=0$ 时刻在常温下对双向板进行加载，直至外荷载达到设定荷载 q；③荷载保持恒定，读取 t 时刻截面不同层的温度和温度增量数据，迭代求解方程组，获得该温度时刻板的应力、应变和变形等参数；④重复第③步，直到构件达到极限状态，相应时刻即为板的耐火极限。为了获得混凝土双向板的全过程时间-变形曲线，首先采用修正牛顿拉夫逊增量迭代法进行求解，采用位移收敛准则控制迭代过程，收敛容差取 5×10^{-3}，同时规定最大迭代次数为 20。在板变形行为分析的后期，结构刚度矩阵接近奇异，此时需采用弧长法进行计算，值得强调的是外荷载不再保持常值。

3.3.3　模型验证

为验证模型，选用一双向简支试验板进行分析[8]，尺寸为 4300mm×3300mm×100mm，均布活荷载为 3kPa。常温下混凝土抗压强度为 37MPa，抗拉强度为 3MPa；板底部布置直径为 8.7mm 的两层钢筋，间距为 300mm，保护层厚度为 25mm，常温屈服强度为 565MPa。由于荷载和边界条件的对称性，取四分之一板进行计算，单元网格为 8×6，厚度方向分为 11 层。

在进行温度分析中，采用四节点矩形单元将板沿厚度方向划分为 20 层。初始含水率 w_{20} 取 3%，受（非受）火面对流换热系数 h_c 为 30（10）W/(m^2·℃)，受（非受）火面辐射系数 ε_r 为 0.3（0.2）。骨料类型为硅质。导热系数取为文献[57]中的上限值。炉温曲线为 ISO 834 标准升温曲线，采用三模型进行分析。三模型温度场计算结果（虚线）与试验结果（实线）如图 3.2 所示。其中，试验温度曲线是一组测点（五个）沿板厚方向的温度情况，该组测点距离板边 450mm（短跨方向）。

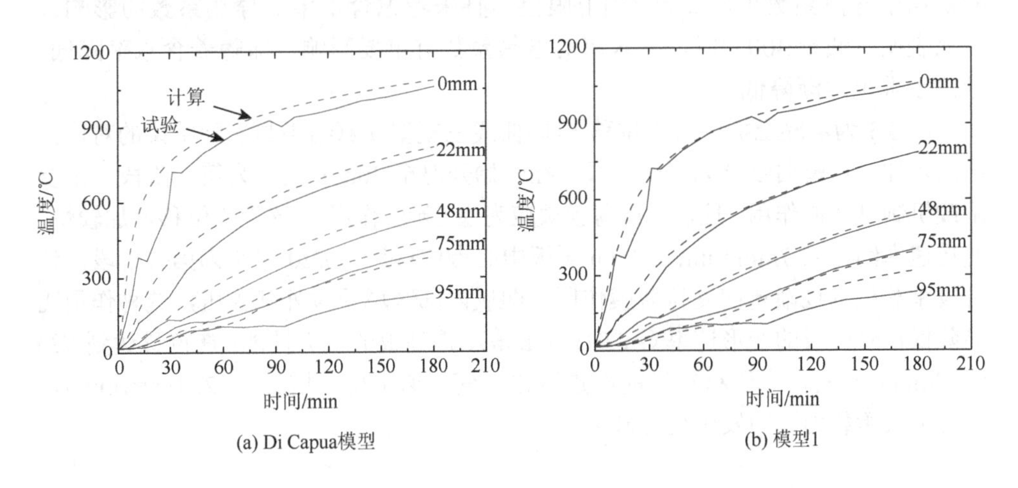

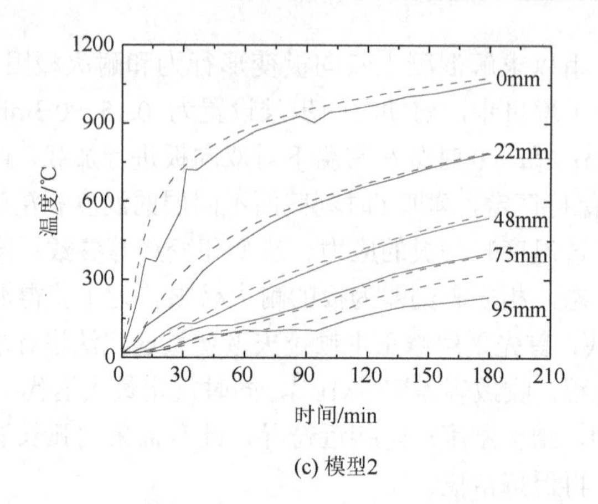

(c) 模型2

图 3.2　不同模型温度计算结果与试验结果的对比

由图 3.2（a）可知，Di Capua 模型截面温度计算结果偏高，且随着向非受火面发展，计算误差逐渐增大，尤其是非受火面附近。例如，180min 时，95mm 测点计算温度为 381℃，试验温度为 233℃，相对误差达 63.5%。此外，该模型未能合理地反映非受火面附近 100℃左右出现的温度平台；一方面是由于该模型的受火面辐射系数偏高（0.8），另一方面是由于板内含水率取常温值，未考虑湿阻效应引起局部含水率的增加。

由图 3.2（b）和（c）可知，相比于 Di Capua 模型，本书两模型计算结果与试验结果总体吻合较好，且合理反映了板截面温升情况及非受火面附近温度平台。同样，以 95mm 测点为例，180min 时模型 1、2 计算温度均为 319℃，相对误差为36.9%。此外，该点 100℃温度平台试验持续时间约 30min（60～90min），模型 1、2 计算持续时间分别为 20min（60～80min）和 15min（60～75min），计算结果略有保守。一方面可能是由于非受火面附近实际含水率较高；另一方面是由于导热系数采用文献[57]上限值，且未考虑含水率对导热系数的影响。研究表明，低于 400℃时，含水率对导热系数有重要影响，即随着含水率降低，导热系数也逐渐降低。

图 3.3 为混凝土板中心点位移-时间曲线三模型计算结果与试验结果的对比。由图可知，试验曲线分为三个阶段，在开始升温至 30min 左右为第一阶段，主要承载机制是弯曲作用，且以受压薄膜效应为主（膨胀作用），该阶段位移增加较快，变形速率约为–2.7mm/min；30min 至板中心点位移达到 $l/20$ 左右为第二阶段，该阶段承载机制逐渐转向受拉薄膜作用，即板内部区域受拉外部受压，这种作用明显降低该阶段板的变形速率（–0.91mm/min），提高板的抗火性能；在位移达到 $l/20$（140min）左右，由于材料性能严重退化，变形速率再次增加（–2.40mm/min），最终失去承载力，即发生延性破坏。

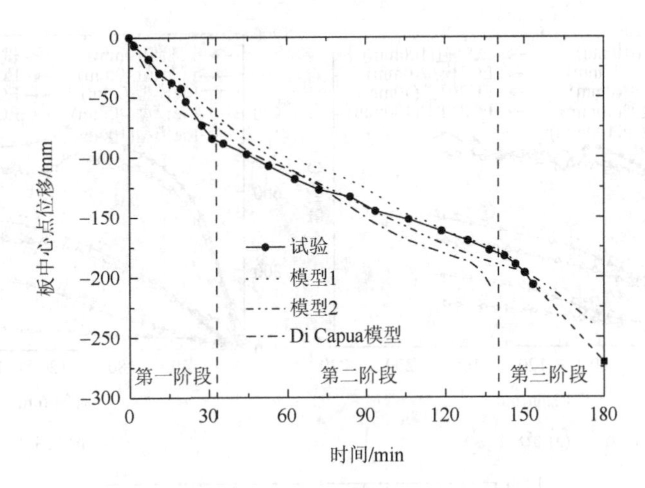

图 3.3　三模型板中心点位移计算结果与试验结果的对比

对于 Di Capua 模型，由于计算温度偏高（图 3.2（a）），75min 时计算曲线开始偏离试验值，125min 位移急剧增加，135min 板破坏，耐火极限计算值偏于保守。由图可知，模型 1、2 的计算曲线均合理地反映了板试验曲线的三阶段变化趋势，两模型耐火极限分别为 165min 和 176min，与试验停止时间（180min）较为接近。

3.4　单向面内约束板火灾行为数值分析

在试验基础上，对简支板 S-1 和本书板（S-2 和 S-3）升温阶段温度场、变形行为和力学机理进行数值分析，与简支板 S-1 相关结果进行对比。

3.4.1　温度场分析

在温度场分析中，采用四节点矩形单元将板沿厚度均匀划分为 20 层，每层为 5mm。构件初始温度取为 20℃。受火面介质温度采用实测炉温，对流换热系数和辐射系数分别为 20W/(m^2·℃)和 0.2；非受火面介质温度取 20℃，对流换热系数和辐射系数分别为 10W/(m^2·℃)和 0.1。此外，导热系数、比热和密度等分别采用 EC2 模型[57]和 Lie 模型[58]，具体参见第 1 章。混凝土为硅质骨料。EC2 模型和 Lie 模型所得混凝土板温度-时间计算结果和试验结果的对比如图 3.4 所示。

由图 3.4 可知，计算结果和试验结果总体吻合较好，但偏于保守。此外，对比可知 Lie 模型所得温度值略高于 EC2 模型计算值。

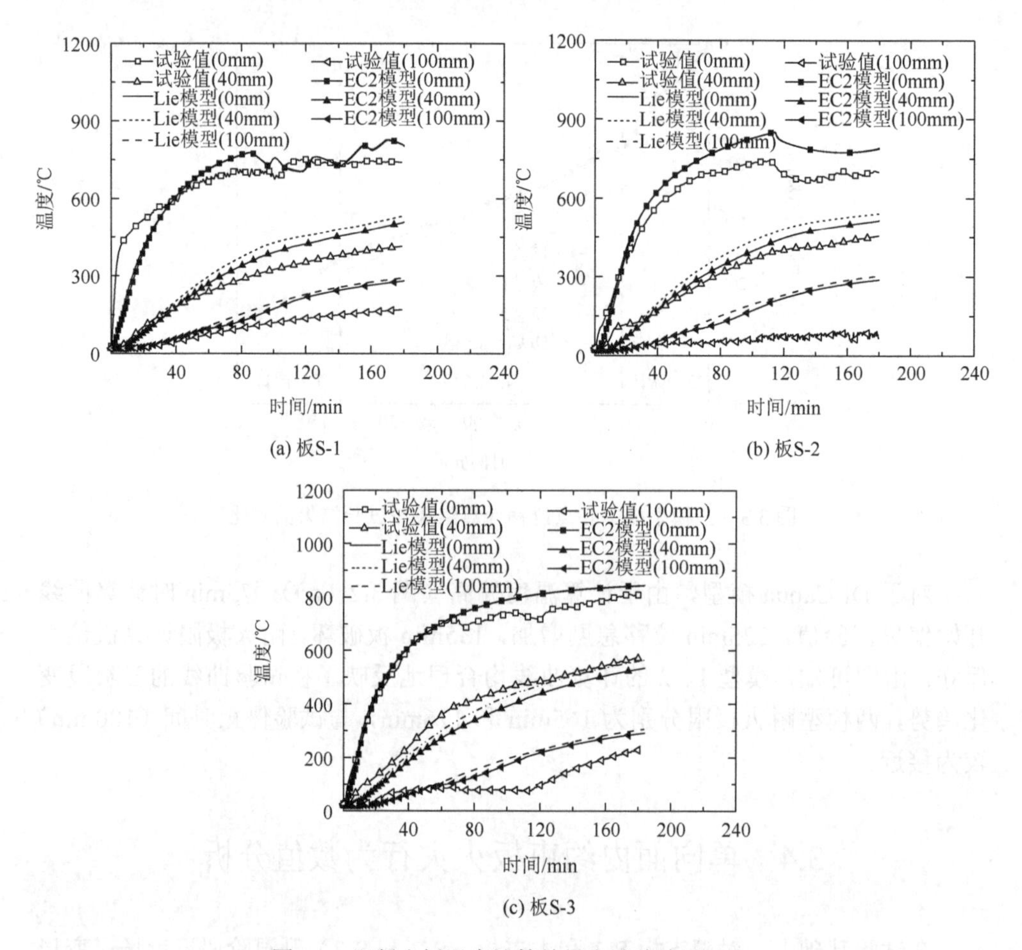

(a) 板S-1　　(b) 板S-2

(c) 板S-3

图 3.4　混凝土板温度计算结果和试验结果对比

3.4.2　变形和机理分析

国内外学者已经提出不同高温下混凝土本构模型，其中广泛使用的是 EC2 模型和 Lie 模型。因此，本节采用两模型进行分析。此外，高温下钢筋模型采用 EC2 模型。由于荷载和边界条件的非对称性，取整板进行计算，单元网格为 5×5，厚度方向分为 11 层。单元模型及分层等可参考文献[75]。

1. 变形分析

混凝土板的跨中变形-时间计算结果和试验结果对比如图 3.5 所示，两模型计算结果总体反映了试验板跨中变形的变化规律。

对比可知，混凝土本构模型对板变形影响较大，尤其单向约束板中后期阶段的变形行为，即随着温度增加，两模型计算值差别逐渐增大。此外，对于任一板，相比于 Lie 模型，EC2 模型计算变形值较大，可知 EC2 模型是偏于保守的，主要原因是 EC2 模型中混凝土膨胀系数较大，导致较大的应力（增量）。

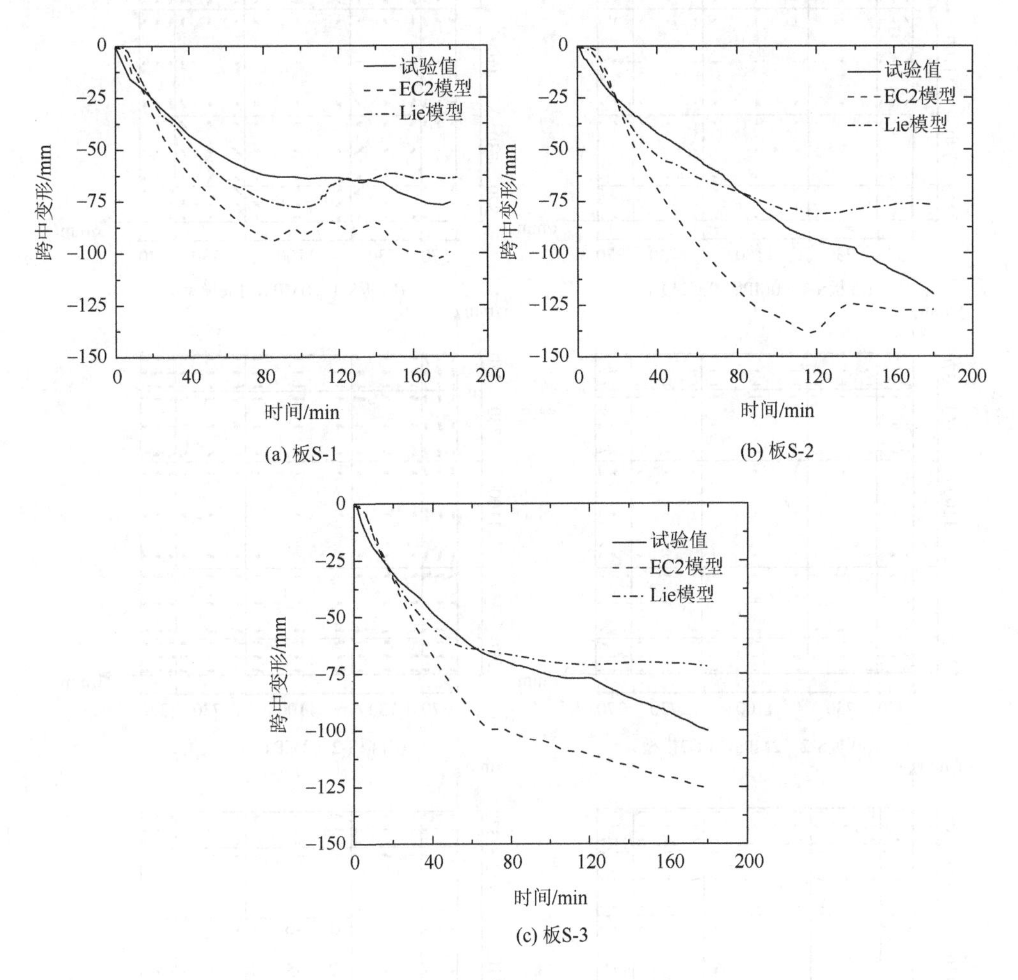

图 3.5　混凝土板跨中变形计算结果和试验结果对比

2. 力学机理

1）薄膜机理

基于 EC2 模型和 Lie 模型，所得三试验板 180min 时薄膜力分布如图 3.6 所示。对于板 S-2 和板 S-3，x 方向施加单向面内约束力。其中，单元网格为 5×5（25 个单元），每个单元包括 9 个高斯点，粗（细）线表示受压（拉）薄膜力。

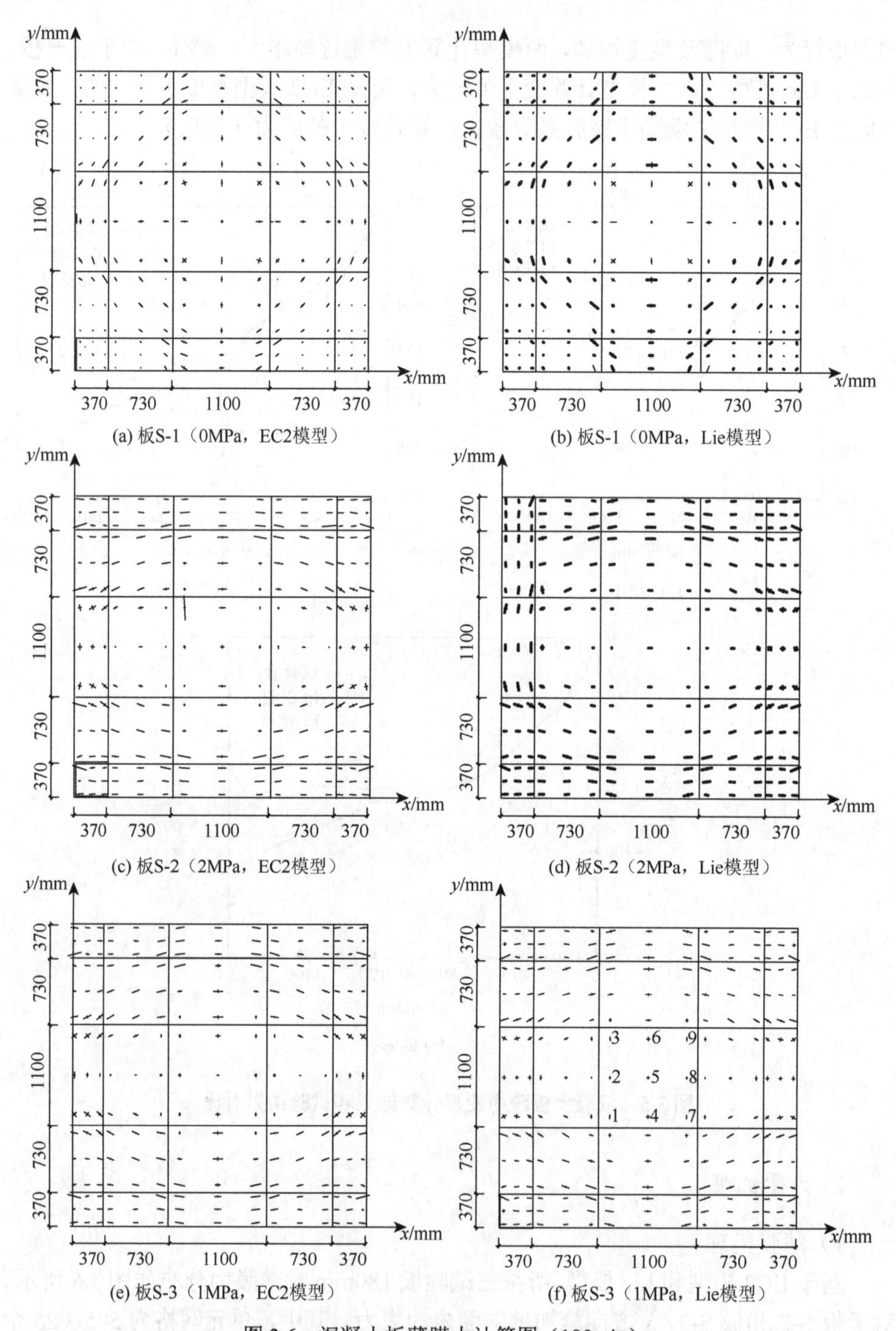

(a) 板S-1（0MPa，EC2模型）

(b) 板S-1（0MPa，Lie模型）

(c) 板S-2（2MPa，EC2模型）

(d) 板S-2（2MPa，Lie模型）

(e) 板S-3（1MPa，EC2模型）

(f) 板S-3（1MPa，Lie模型）

图 3.6　混凝土板薄膜力计算图（180min）

由图 3.6 可知，对于任一模型，简支板 S-1 和单向面内约束板（板 S-2 和 S-3）呈现不同的薄膜机理。对于板 S-1，中心区域受拉四周受压，即为典型的简支板大变形阶段薄膜作用，有利于提高板的极限承载力。然而，与板 S-1 不同，S-2 和 S-3 两板具有相似的薄膜作用机理，即以受压薄膜效应为主，且多数高斯点薄膜压力方向基本与 x 方向平行，仅中心单元少数高斯点受拉，且受拉薄膜力多为 y 方向，很明显该薄膜机理不利于充分发挥混凝土板的承载力。值得指出的是，对于同一混凝土板，相比于 EC2 模型，Lie 模型所得受拉薄膜区域相对较小，原因是 Lie 模型所得变形较小，受拉薄膜效应不明显。

此外，除了薄膜力分布不同，简支板和约束板的薄膜力大小存在较大差别。以 EC2 模型结果为例，对于板 S-1，中心区域受拉薄膜力范围为 9.72～70kN/m，均值约为 44.9kN/m；四周受压薄膜力范围为 15.3～97.1kN/m，均值约为 51.5kN/m。对于板 S-2（S-3），中心区域受拉薄膜力范围为 34.81～90.1kN/m（40.2～66.0kN/m），均值约为 68.0kN/m（61.6kN/m），四周受压薄膜力范围为 7.19～470kN/m（24.7～279kN/m），均值约为 212kN/m（131kN/m）。明显地，板 S-2 和板 S-3 受拉（受压）薄膜力均值分别为板 S-1 的 1.5 倍（4.1 倍）和 1.4 倍（2.5 倍）。对比可知，单向面内约束力不利于火灾下混凝土板大变形阶段受拉薄膜效应（分布区域和大小）的发展。

同时，可见板 S-1 中心区域（高斯点）基本为拉拉状态，四周区域基本为压压状态，该状态有利于充分发挥钢筋抗拉和混凝土抗压性能，进而提高板的抗火性能。然而，对于板 S-2 和板 S-3，由于四周区域高斯点多处于拉压状态，且平行 x 方向压力较大，混凝土 y 方向抗拉性能大大降低，从而导致混凝土板易出现平行 x 方向的贯穿板厚裂缝，即混凝土板过早发生完整性破坏。

2）内力分析

在薄膜机理基础上，本节对混凝土板内力随时间变化规律进行了对比分析。限于篇幅，仅对板 S-1 和板 S-3 进行分析。两模型所得板中心单元（高斯点）x 和 y 方向轴力随时间变化规律如图 3.7 和图 3.8 所示。其中，中心单元 9 个高斯点编号参见图 3.6（f）。

由图 3.7 可知，对于板 S-1，两模型所得 N_x 和 N_y 基本上是对称的，相应方向轴力变化规律基本一致。此外，可见早期阶段轴力快速增加（膨胀作用），随后轴力基本上趋于稳定。值得指出的是，各高斯点间轴力差别较大。例如，对于 EC2 模型，180min 时 N_{x1}～N_{x4} 约为 6.6kN/m，N_{x5}、N_{x7} 和 N_{x9} 约为 0kN/m，N_{x6} 和 N_{x8} 约为 33kN/m。

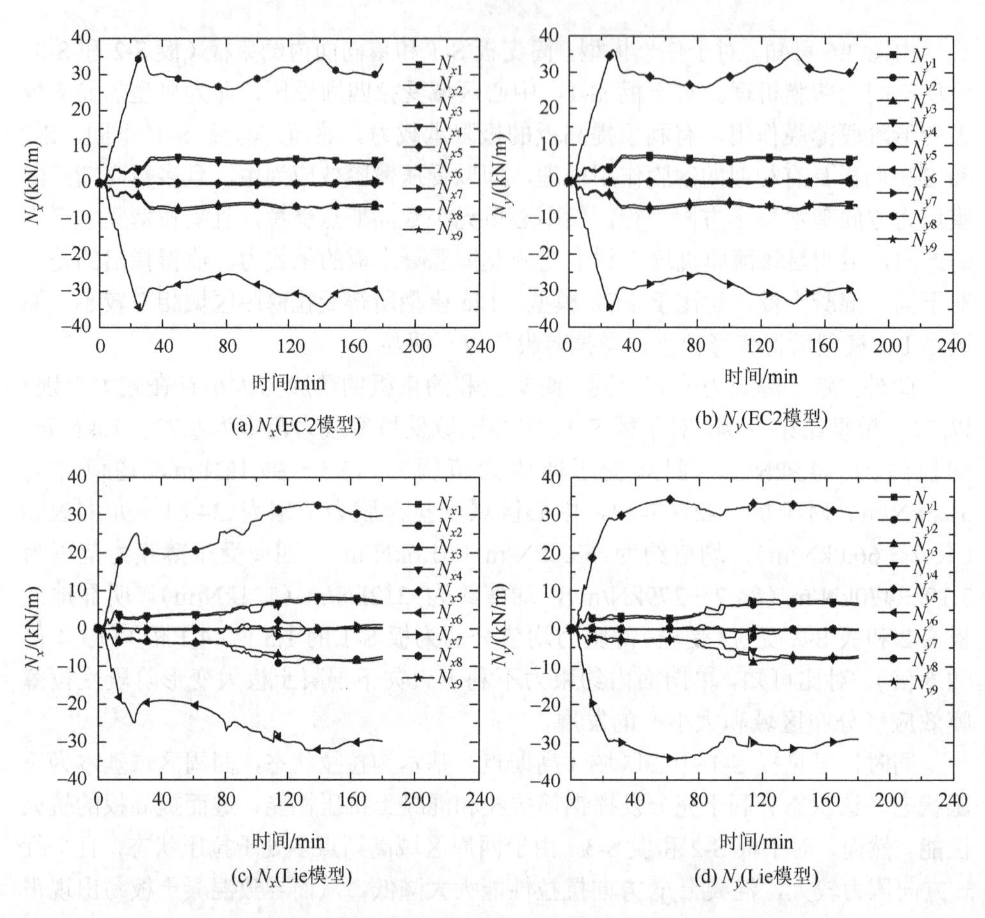

(a) N_x(EC2模型)　　(b) N_y(EC2模型)

(c) N_x(Lie模型)　　(d) N_y(Lie模型)

图 3.7　混凝土板 S-1 中心单元高斯点处轴力-时间图

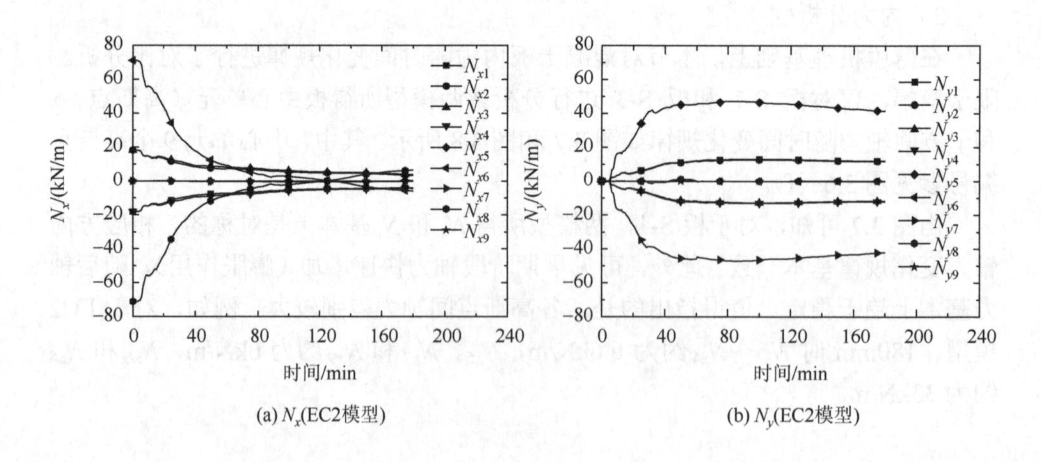

(a) N_x(EC2模型)　　(b) N_y(EC2模型)

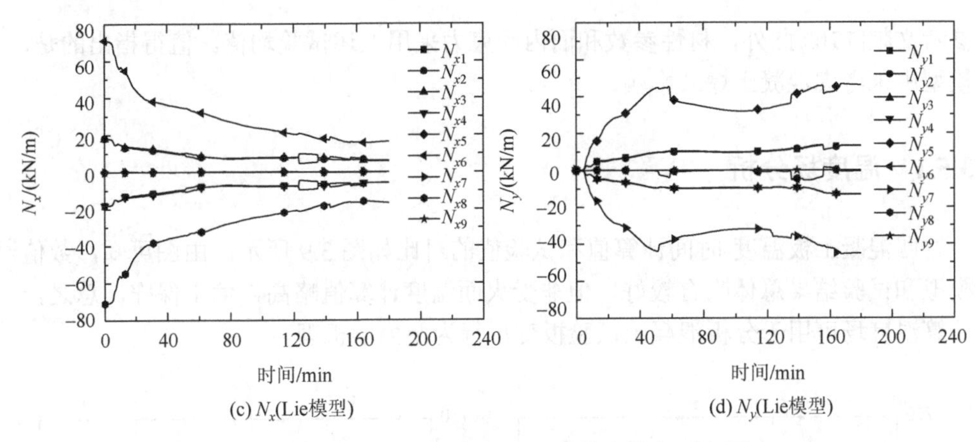

(c) N_x(Lie模型)　(d) N_y(Lie模型)

图 3.8　混凝土板 S-3 中心单元高斯点轴力-时间图

由图 3.7 和图 3.8 对比可知，约束作用对混凝土板轴力变化规律影响较大。一方面，与板 S-1 中 N_x 变化规律完全不同，两模型所得板 S-3 中 N_x 早期阶段随着温度增加而逐渐降低，且 EC2 模型所得 N_x 降低速率较快，趋于稳定后 N_x 偏小，原因是 EC2 模型中混凝土膨胀系数较大，应力增量较大，内力降低较快。例如，对于 EC2 模型（Lie 模型），180min 时 N_{x1}～N_{x4} 约为 3.9kN/m（6.1kN/m），N_{x5}、N_{x7} 和 N_{x9} 约为 0kN/m（0kN/m），N_{x6} 和 N_{x8} 约为 6.7kN/m（16.5kN/m）。另一方面，约束作用对 N_y 变化规律有一定影响。例如，对于 EC2 模型（Lie 模型），180min 时 N_{y1}～N_{y4} 约为 12kN/m（13.3kN/m），N_{y5} 和 N_{y7} 约为 41.5kN/m（46kN/m），N_{y6}、N_{y8} 和 N_{y9} 约为 0kN/m（0kN/m）。这一点与板 S-1 中 N_y 分布规律明显不同。

总之，面内约束作用对火灾下混凝土双向板的轴力变化规律有重要影响，特别是约束方向的轴力发展趋势和大小分布。因此，基于上述对比分析，可知火灾下面内约束板的破坏机理不同于简支板。

3.5　双向面内约束板火灾行为数值分析

在试验基础上，对本章四试验板（板 R1～R4）的温度场、变形行为和薄膜机理进行数值模拟和对比分析。在温度场分析中，采用四节点矩形单元将板沿厚度方向均匀划分为 20 层，每层为 5mm。构件初始温度取 20℃。受火面介质温度采用实测炉温，对流换热系数和辐射系数分别为 20W/(m^2·℃)和 0.2；非受火面介质温度取 20℃，对流换热系数和辐射系数分别为 10W/(m^2·℃)和 0.1。导热系数、比热和密度采用 EC2 模型，其中混凝土为硅质骨料。

混凝土采用 EC2 模型进行分析。此外，高温下钢筋模型采用 EC2 模型。分析时取整板进行计算，单元网格为 5×5，厚度方向分为 11 层，单元模型及分层等可参考文献[75]。此外，材性参数和面内约束力采用上述试验均值。值得指出的是，模型中未考虑混凝土爆裂影响。

3.5.1　温度场分析

四混凝土板温度-时间计算值和试验值的对比如图 3.9 所示。由图可知，数值模拟和试验结果总体吻合较好，但非受火面温度计算值略高，偏于保守。总之，计算温度场可用于分析混凝土试验板变形行为及力学机理。

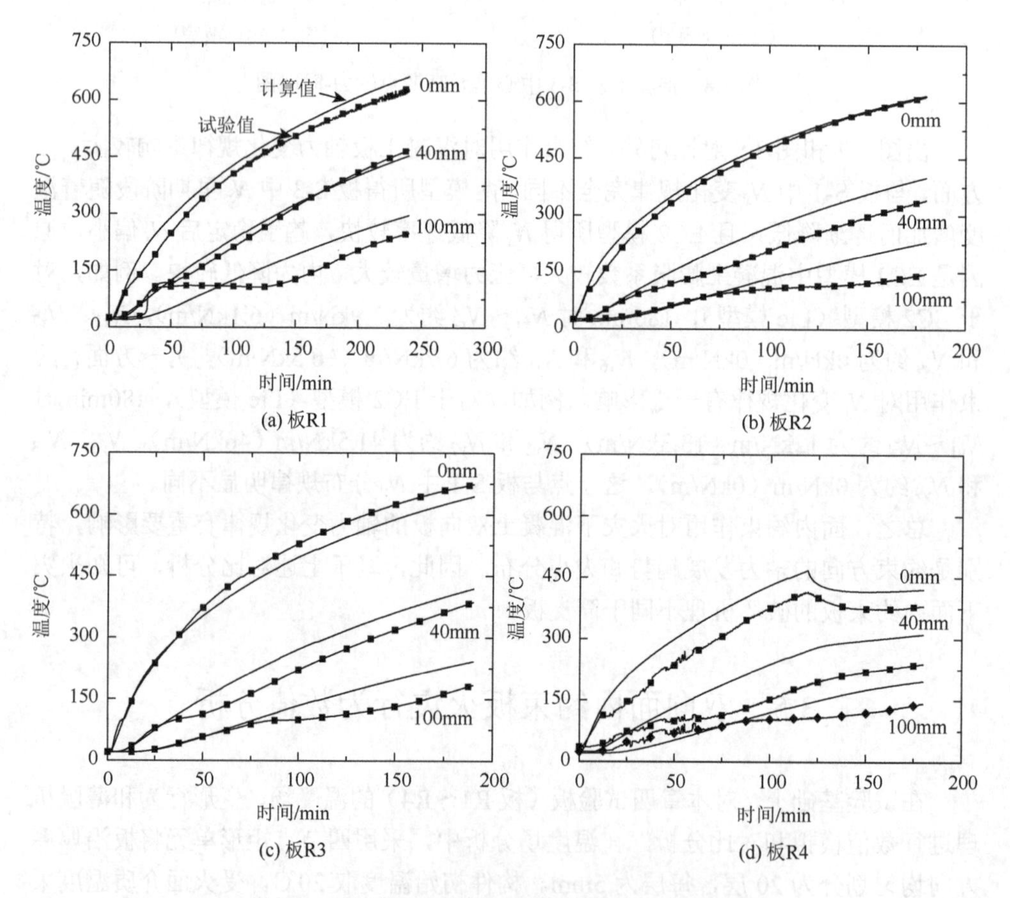

图 3.9　四混凝土板温度-时间计算值和试验值对比

3.5.2　变形和机理分析

采用约束力试验值（平均值）进行分析，即将面内（板角）约束力等效为节点力，施加在板边（板角）相应节点。考虑到爆裂机理较为复杂，试验板爆裂面积相对较小，未考虑爆裂对变形及力学机理的影响，但这点有待后续深入研究。

1. 变形分析

四混凝土板平面外位移-时间计算值和试验值对比如图 3.10 所示，可见计算结果反映了试验板跨中变形变化规律。同时，从数值角度看，温度场变化对板跨中变形行为影响较大，尤其是板 R4 后期阶段，计算值明显略低。

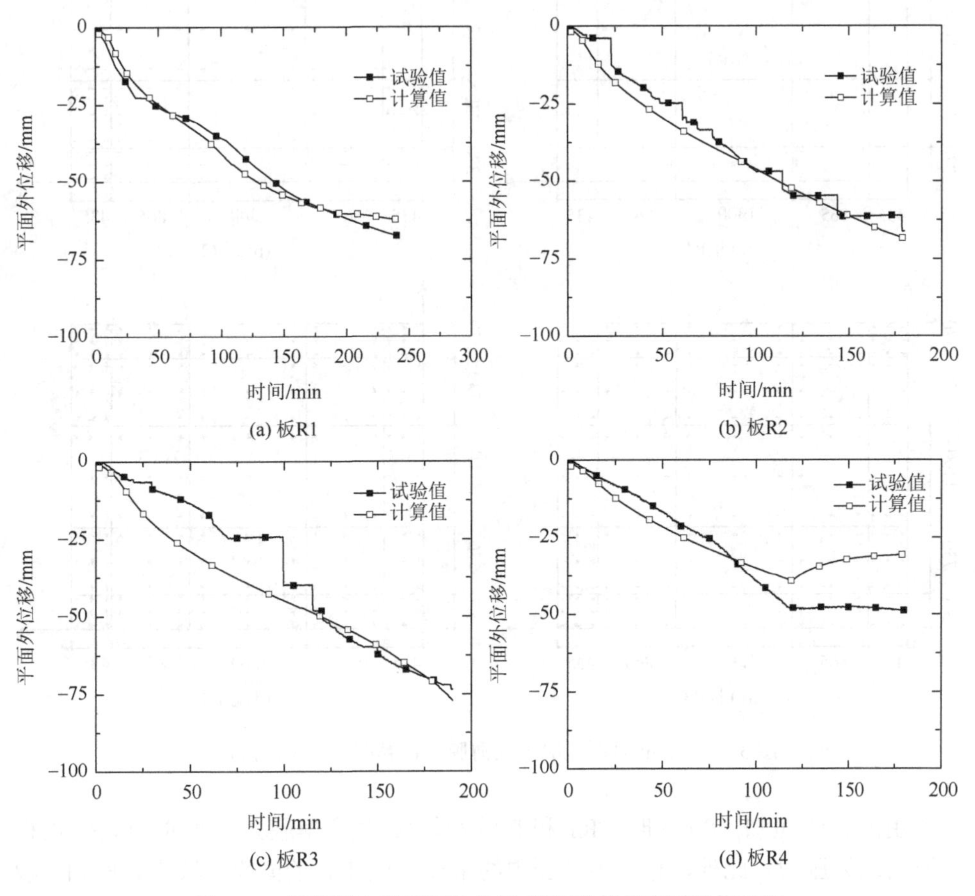

图 3.10　四混凝土板平面外位移-时间计算值和试验值对比

2. 薄膜机理

四混凝土板在 0min、60min、120min 和 180min 时薄膜力分布如图 3.11～图 3.14 所示。其中，单元网格为 5×5（25 个单元），每个单元包括 9 个高斯点，粗（细）线表示压（拉）薄膜力。值得指出的是，薄膜力单位均为 kN/m。

对比可知，面内约束力对火灾下板的薄膜效应分布情况有重要影响，四板具有不同的薄膜机理；此外，随着温度升高，四板薄膜机理差别（分布和大小）逐渐增大。

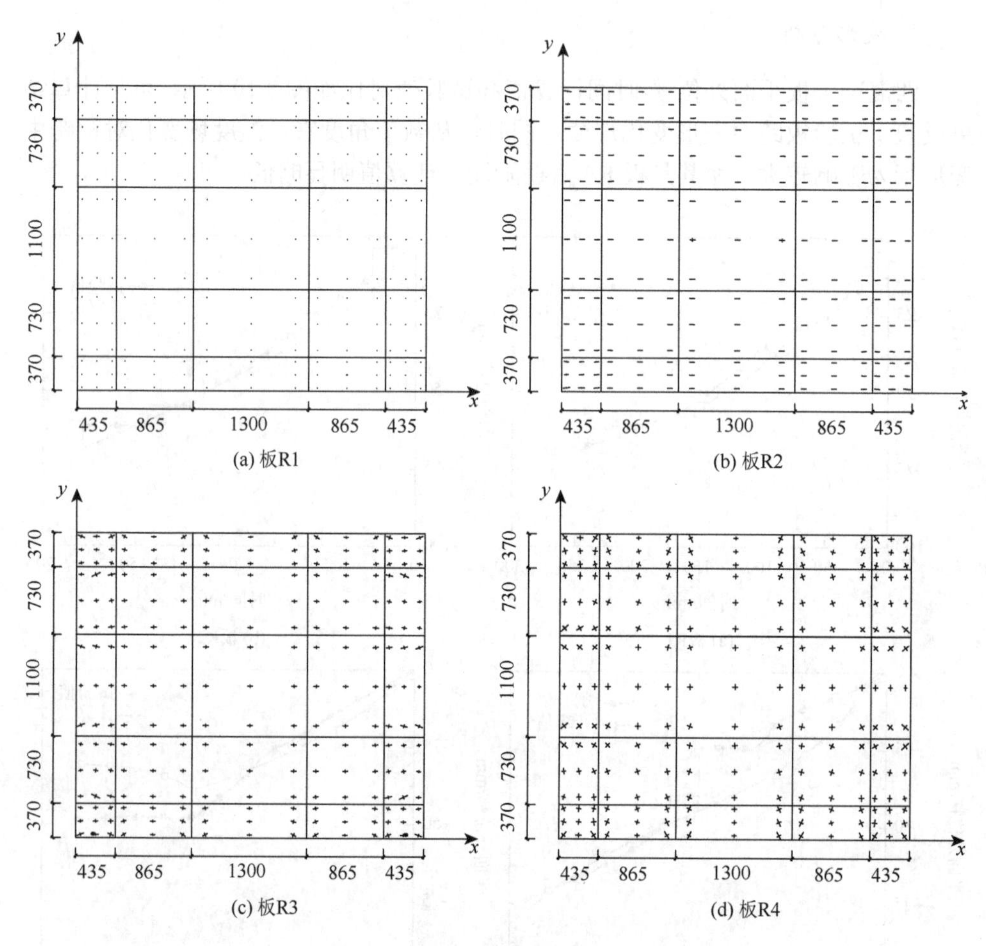

图 3.11　0min 时四混凝土板薄膜力计算图（单位：mm）

由图 3.11 可知，0min 时，R1 和 R2 两板存在拉压薄膜力，而 R3 和 R4 两板薄膜力均为压力。此外，相比于三面内约束板，板 R1 的薄膜力较小。例如，板 R1 最大（小）薄膜压力及均值分别为 0.85kN/m（0.001kN/m）和 0.26kN/m，其最大（小）薄膜拉力和均值分别为 0.54kN/m（0.0002kN/m）和 0.16kN/m。同理，对于板 R2（板 R3、R4），最大、最小薄膜压力及其均值分别为 312.7kN/m（325.2kN/m、354.5kN/m）、0.02kN/m（49.1kN/m、98.1kN/m）和 131.9kN/m（143.6kN/m、195.1kN/m），最大、最小薄膜拉力及其均值分别为 40.9kN/m（0kN/m、0kN/m）、0.01kN/m（0kN/m、0kN/m）和 6.02kN/m（0kN/m、0kN/m）。明显地，上述数据

表明板 R1 处于弯曲受力状态，且拉压应力分布均匀；板 R2 处于拉压状态，且压应力较大；相反，板 R3 和板 R4 处于双向受压状态。

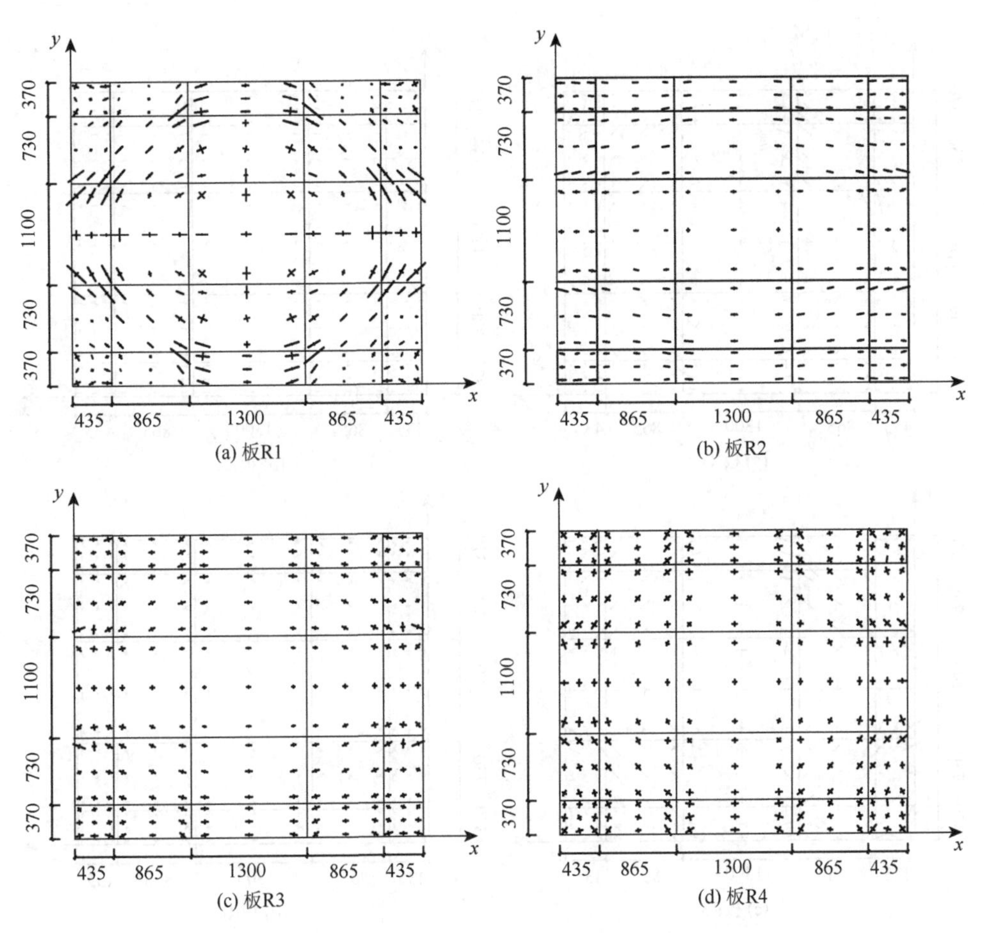

图 3.12　60min 时四混凝土板薄膜力计算图（单位：mm）

由图 3.12 可知，与 0min 相比，60min 时四板薄膜力分布状态和大小发生明显变化。一方面，对于板 R1，中心区域受拉四周受压，即为典型的简支板大变形阶段薄膜作用；此外，板 R1 中心薄膜拉力范围为 2.95～41.6kN/m，均值为 29.0kN/m；四周薄膜压力范围为 12.7～92kN/m，均值为 38.2kN/m；相比于 0min 时薄膜力状态，板 R1 薄膜拉压力得到较大幅度提高。另一方面，板 R2 处于拉压状态，由于温度升高和膨胀作用，其薄膜压力得到较大幅度提高，最大、最小薄膜压力及其均值分别为 456.6kN/m、0.13kN/m 和 132.9kN/m，同时相比于 0min 时刻薄膜拉力增大，如最大、最小及其均值分别为 53.5kN/m、0.5kN/m 和 18.8kN/m。对于板 R3（板 R4），均处于双向受压状态，最大、最小薄膜压力及其均值分别为

457.4kN/m（428.2kN/m）、28.3kN/m（88.4kN/m）和 149.7kN/m（203.5kN/m）。同样，可见由于膨胀作用受到抑制，双向约束板的薄膜压力总体趋于增大。

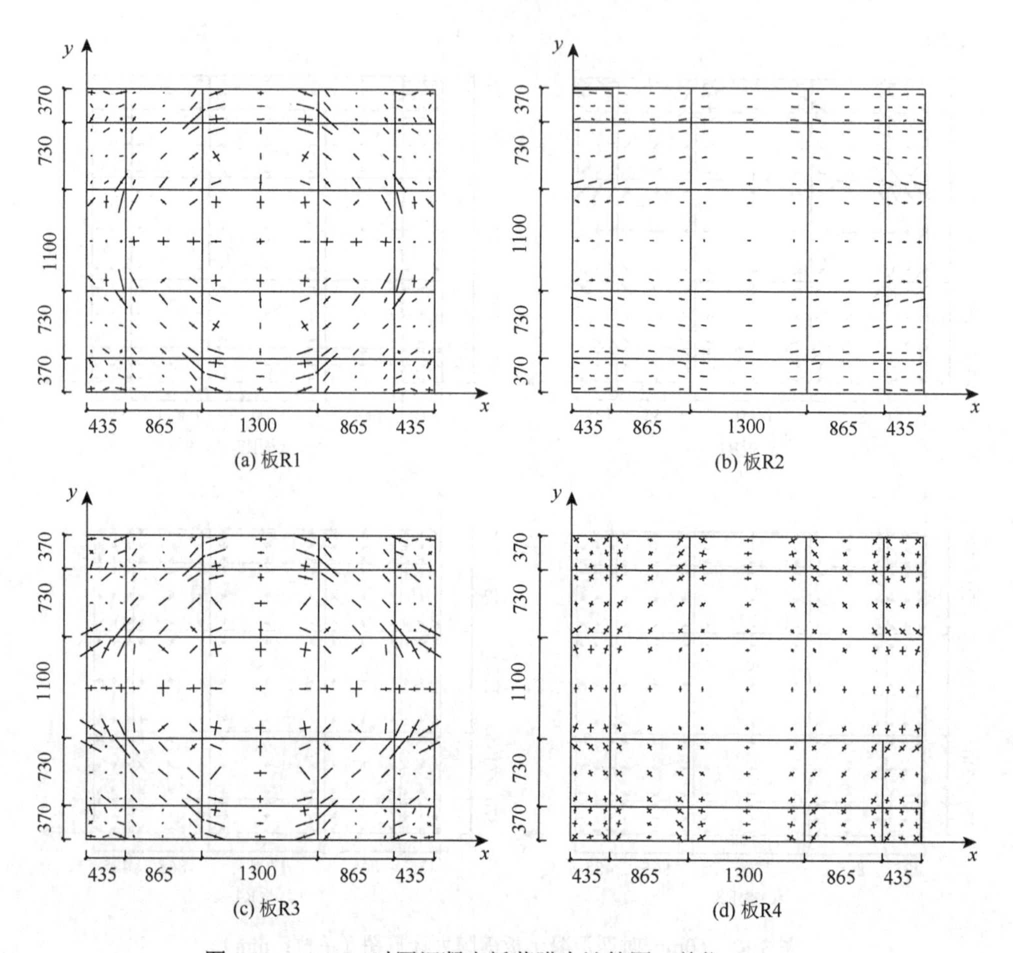

(a) 板R1　(b) 板R2　(c) 板R3　(d) 板R4

图 3.13　120min 时四混凝土板薄膜力计算图（单位：mm）

由图 3.13 和图 3.14 可知，对于板 R1，中心受拉四周受压的薄膜机理未发生变化，仅薄膜力大小发生变化。例如，120min（180min）中心区域薄膜拉力值为 7.75～44.7kN/m（7.0～52.4kN/m），均值为 33kN/m（37.8kN/m）；同时，周边薄膜压力值为 9.8～121.6kN/m（10.5～120.5kN/m），均值为 37.4kN/m（43.6kN/m），可知拉压薄膜效应进一步增强。同样，板 R2 和板 R4 的薄膜分布并未发生根本性变化，仅仅相应的薄膜力值略微变化。例如，180min 时，板 R2 的最大薄膜压（拉）力分别为 449.1kN/m（87.8kN/m）；此外，对于板 R4，180min 时最大（小）薄膜压力为 389.2kN/m（63.9kN/m），由于炉温降低，其薄膜力值略有降低。然而，板 R3 中心区域开始出现受拉薄膜效应，如板 R3 最大薄膜压（拉）力为 426.6kN/m（23.5kN/m）。可知，随着变形增加和材料性能降低，双向约束板中部可出现受拉薄膜效应，但仍以受压薄膜作用为主。

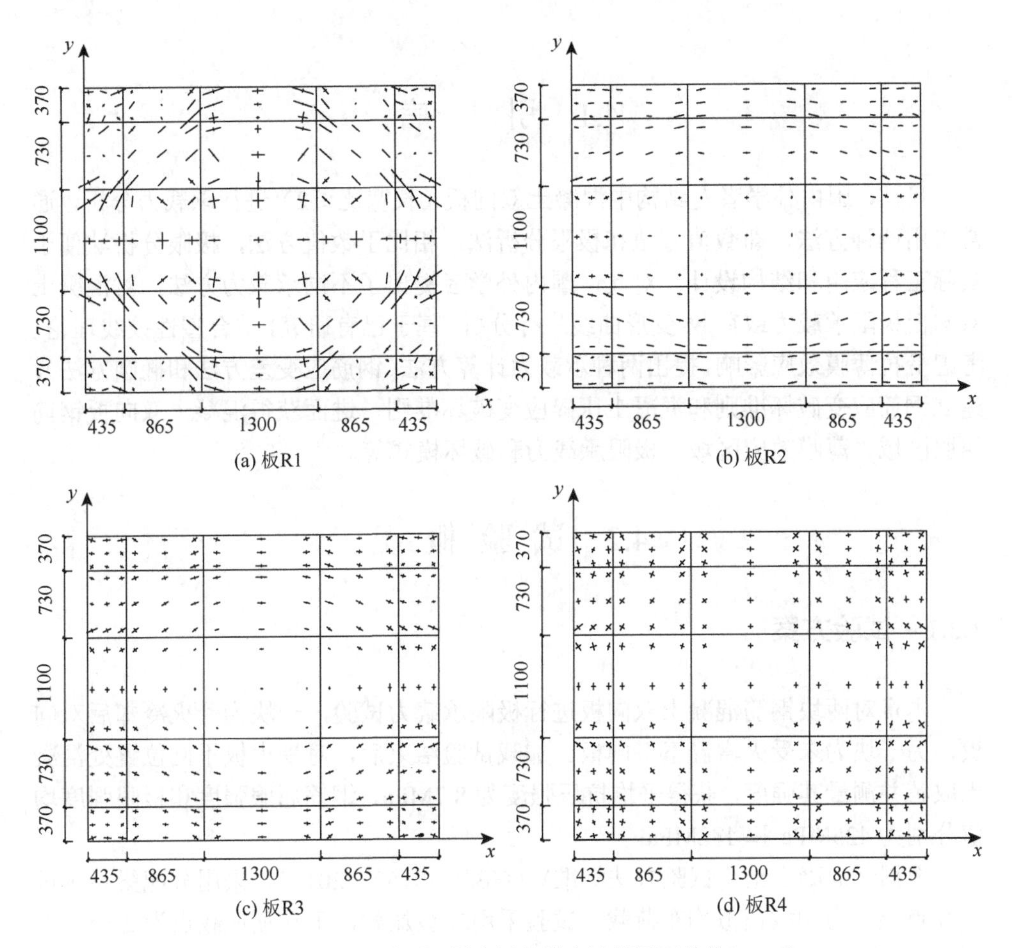

图 3.14　180min 时四混凝土板薄膜力计算图（单位：mm）

总之，根据上述对比分析可知以下几个方面：①面内约束力作用工况对板的薄膜机理有重要影响，即无面内约束、单向面内约束、双向面内约束下具有完全不同的薄膜力分布，具有不同的破坏机理；②火灾下面内约束板的薄膜力分布基本维持不变，但约束力对薄膜力的大小有重要影响，即约束力越大，薄膜压力越大；③双向面内约束力不利于受拉薄膜效应的发展，即不能充分发挥受拉薄膜效应的有利作用。通过上述分析，可见在分析火灾下板极限承载力时，应考虑面内约束作用的不利影响。

第 4 章　火灾后混凝土双向板极限承载力分析

4.1　引　　言

目前，国内外学者对结构中混凝土双向板（长宽比≤2）进行承载力分析，通常采用两种方法，即数值方法和极限分析法。相比于数值方法，极限分析法便于实际工程应用和结构设计。对此，国内外学者提出了不同承载力方法，对混凝土双向板极限承载力或荷载-变形曲线进行分析。基于已有研究，结合塑性铰线理论，考虑受拉薄膜效应影响，提出两种承载力计算方法（钢筋应变差方法和椭圆方法），建立钢筋应变破坏准则和混凝土压碎应变破坏准则，进而获得混凝土双向板钢筋屈服区域、薄膜效应区域、极限承载力和破坏模式等。

4.2　试 验 概 况

4.2.1　试验方案

本章对两块钢筋混凝土双向板进行极限承载力试验，一块为受火冷却后双向板，另一块为未受火常温下双向板。加载试验结束后，对受火板不同位置处混凝土取芯并测量其强度，获得平均抗压强度为 8.7MPa，钢筋屈服强度和极限强度均值分别为 425MPa 和 482MPa。

根据《混凝土结构试验方法标准》（GB/T 50152—2012），采用分配梁系统进行 8 点集中力加载模拟均布荷载。试验采用二级加载，千斤顶加载点为 2 个，如图 4.1 所示。反力架与千斤顶之间布置压力传感器。分配梁与钢垫块间布置钢滚轴，钢滚轴直径为 40mm。钢垫块尺寸为 250mm×250mm×20mm。此外，采用反力梁对板角进行约束。

1）位移测量

如图 4.2 所示，采用 YHD-50 差动式位移传感器对板竖向挠度（平面外位移）和平面内位移进行测量。其中，V1～V9 为竖向挠度（平面外位移）测点，H1～H4 为平面内位移测点。

2）钢筋应变测量

采用钢筋应变片对板底两方向钢筋应变进行测量。

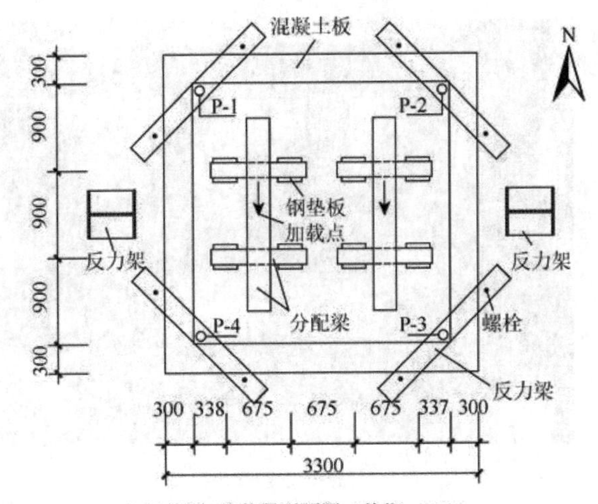

(a) 试验加载装置平面图（单位：mm）

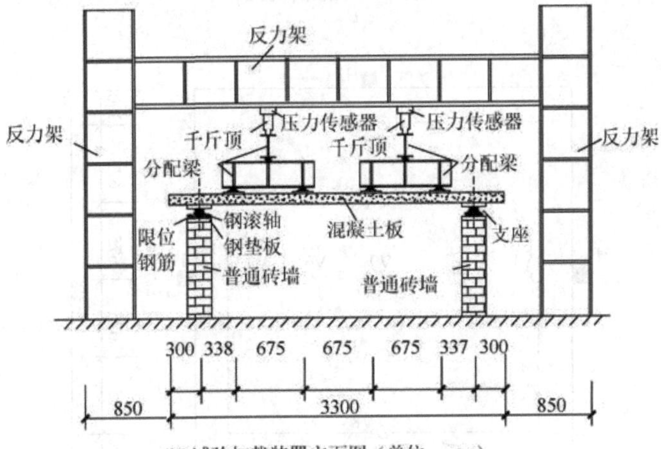

(b) 试验加载装置立面图（单位：mm）

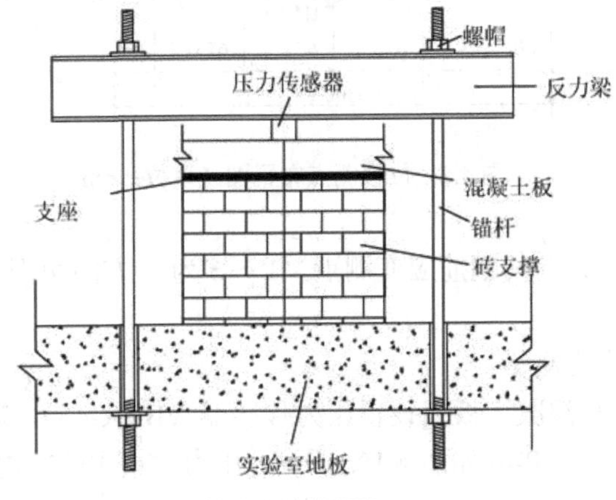

(c) 角部约束剖面图

(d) 加载装置原图

图 4.1　加载装置

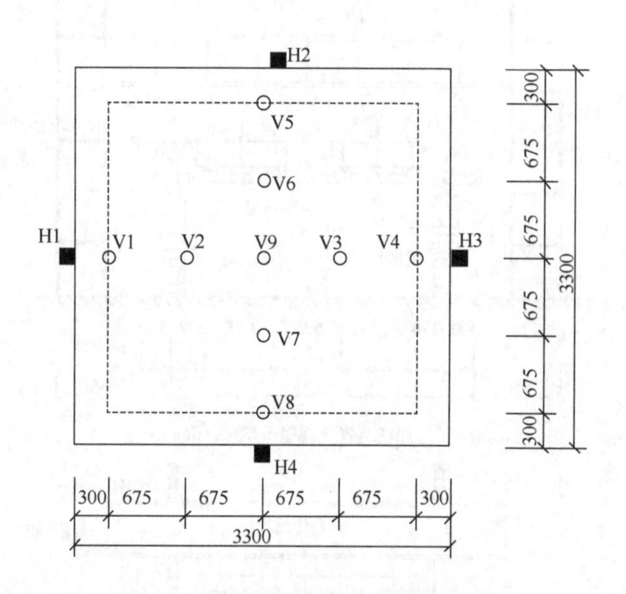

图 4.2　位移测点布置图（单位：mm）

其中，1～6 为 x 方向两钢筋应变测点，1′～6′为 y 方向两钢筋应变测点，测点布置如图 4.3 所示。

3）板角约束力测量

板角反力梁与混凝土板间设置压力传感器（BHR-46），对四板角约束力进行测量，即测点为 P-1～P-4，如图 4.1(a)所示。压力数据由静态电阻应变仪(DH3818)采集。

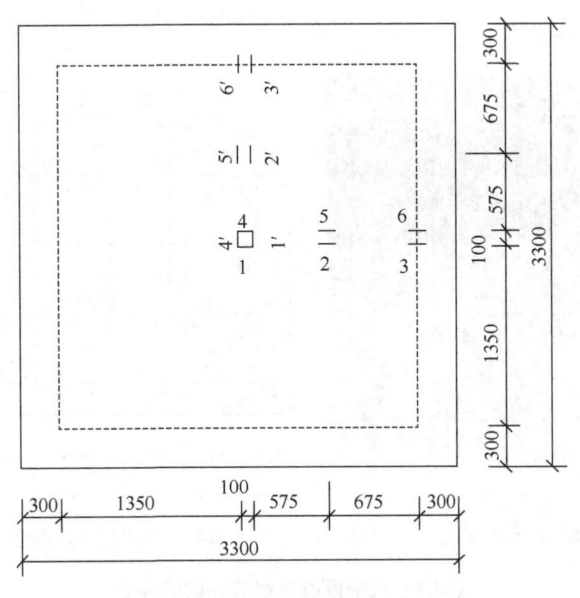

图 4.3　钢筋应变片布置图（单位：mm）

4.2.2　试验现象

试验过程中对试验板裂缝发展及破坏模式进行观测，如图 4.4 和图 4.5 所示。

1）未受火板

开始时，对试验板进行预加载，板角出现微裂缝，裂缝宽度约为 0.2mm。当竖向荷载为 18.8kPa 时，与板角成 45°的裂缝①数量增加，最大宽度达到 0.8mm。随着荷载增大，裂缝①向板边延伸，逐渐贯穿板厚（图 4.4（b））。加载到 72.4kPa 时，板边形成裂缝③。随后，板顶裂缝数量基本稳定，主要表现为裂缝宽度持续增加，如板角最大裂缝宽度达到 3.0mm。荷载为 92.7kPa 时，混凝土出现压碎现象④（图 4.4（c）），且板挠度快速增加，试验板破坏，停止试验，裂缝及压碎破坏模式见图 4.4（d）。

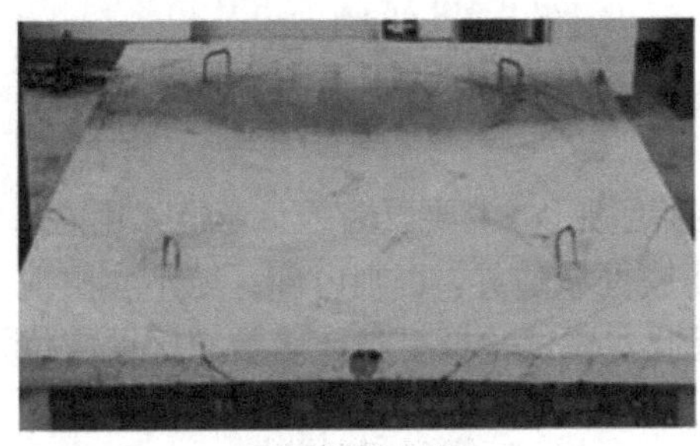
(a) 板顶裂缝实景图

(b) 板角裂缝贯穿板厚

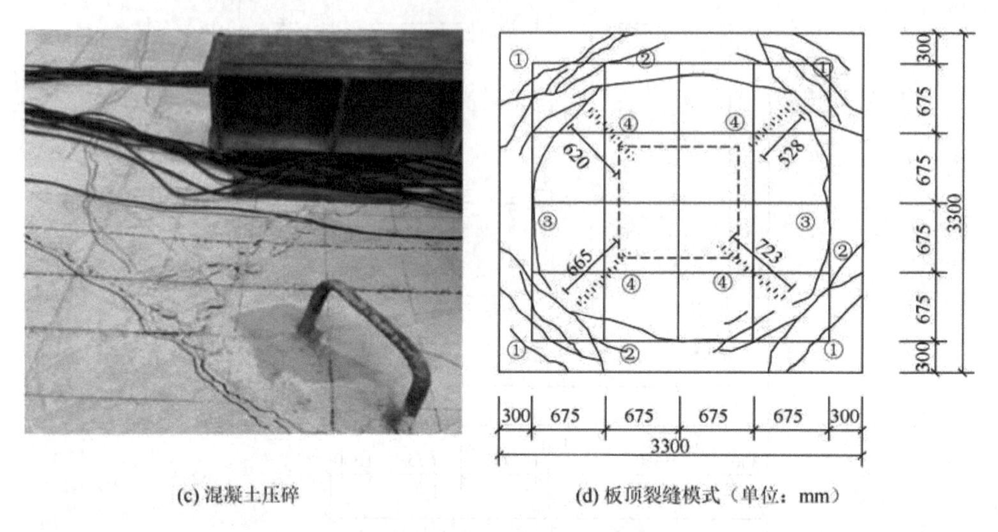

(c) 混凝土压碎　　(d) 板顶裂缝模式（单位：mm）

图 4.4　试验板板顶裂缝和破坏模式

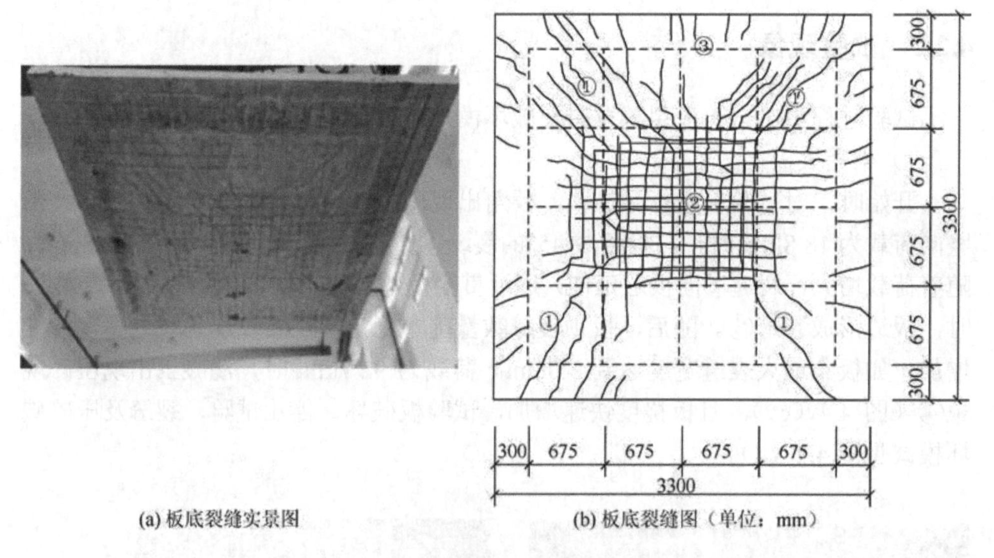

(a) 板底裂缝实景图　　(b) 板底裂缝图（单位：mm）

图 4.5　试验板板底裂缝和破坏模式

值得指出的是，试验板板顶最外侧裂缝接近圆形，主要原因是负弯矩作用（板角约束），但并不意味着该边界区域为受拉薄膜区域边界，否则内部区域不应出现45°压碎破坏行为（图 4.4（d）中的④）。因此，该试验板受拉薄膜效应区域应位于粗虚线方框内，而周边为受压薄膜效应区域（图 4.4（d））。试验时对板底裂缝发展及破坏模式进行观测，如图 4.5 所示。

荷载为 18.8kPa 时，板底跨中位置出现第一条裂缝，方向与板边平行。随着继续加载，板底相继出现若干条裂缝①，其宽度基本在 0.1mm。荷载为 54.5kPa 时，板底跨中出现大量网状裂缝②，裂缝间距约为 100mm，此时最大裂缝宽度约为 0.2mm。荷载为 63.5kPa 时，板边中部位置出现裂缝③，且裂缝①延伸至板边。随后继续加载，板底裂缝数量基本不变，主要表现为裂缝宽度持续增加，直至试验结束，板底裂缝最大宽度约为 3.0mm，板底裂缝及破坏模式见图 4.5。此外，由图 4.5（a）可知，板底混凝土未出现明显脱落，且钢筋未出现拉断现象。

2）火灾后板

板顶裂缝分布如图 4.6 所示，黑色线条为加载前火灾后板裂缝，加粗线条为加载后新增裂缝。由图可知，新增裂缝位置基本沿受火后裂缝发展，形状呈圆形。与未受火板一样，圆形裂缝将试验板分成两个区域，即中心主要受拉区和周边受压区。随着荷载增大，板角裂缝总体数量稍有增加，裂缝宽度持续增大。荷载加载到 81.3kPa 时，板中心点挠度快速增加，试验结束。此时，除板角外，板顶最大裂缝宽度达到 3.5mm。与未受火板不同，板边跨中位置出现裂缝④。

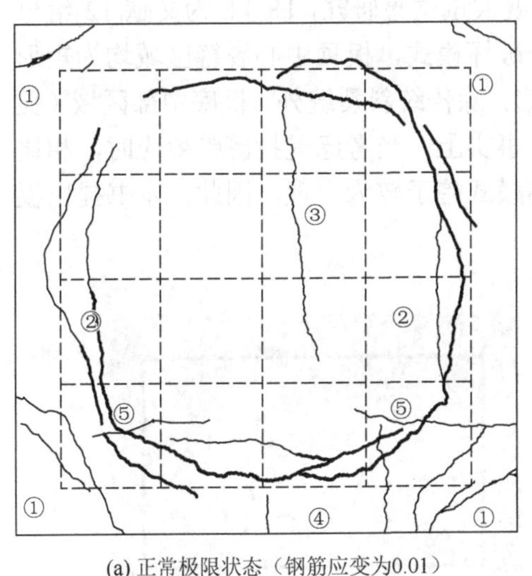

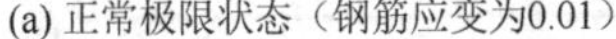
(a) 正常极限状态（钢筋应变为0.01）

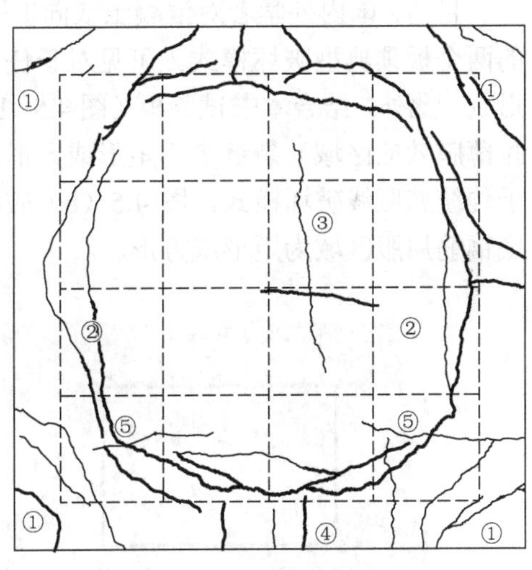

(b) 试验结束（挠度持续增加）

图 4.6　板顶裂缝图

板底裂缝分布如图 4.7 所示，试验加载到 38.0kPa 时，板底 1/3 跨中出现第一条裂缝①。荷载为 40.7kPa 时，板底出现多条细小裂缝。随后，沿 45°方向形成斜长裂缝②。荷载为 42.0kPa 时，板底中心位置处出现较长裂缝③。继续加载，裂缝②向板角方向延伸。荷载为 63.4kPa 时，裂缝①宽度达到 1.5mm。此时板底裂缝数量基本不变，裂缝宽度随施加荷载增大而持续增加。荷载达到极限荷载 81.3kPa 时，板底最大裂缝宽度达到 4.0mm。

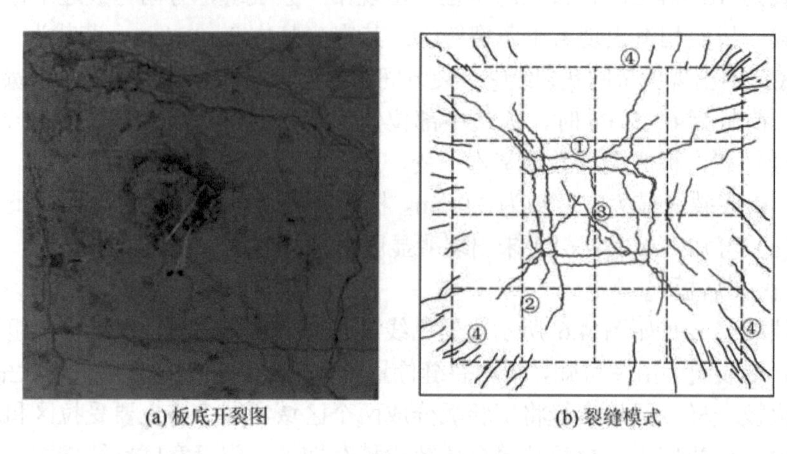

(a) 板底开裂图　(b) 裂缝模式

图 4.7　板底裂缝图

3）对比分析

目前，国内外学者对混凝土双向板开展大量试验研究，图 4.8 为文献[12]给出的两个板顶典型破坏模式。可见对于任一破坏模式，板顶中心裂缝区域均为矩形形状。此外，结合本书试验板（图 4.5（b）），除传统斜裂缝外，板底中部区域（受拉薄膜效应区域）裂缝多为矩形或方形。事实上，当考虑受拉薄膜效应时，相比于传统屈服线破坏模式，图 4.5（b）破坏模式趋于较为合理。因此，本书提出板底钢筋屈服区域为矩形或方形。

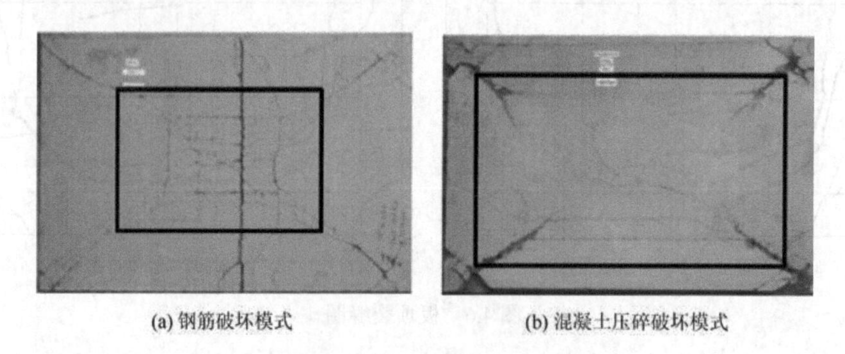

(a) 钢筋破坏模式　(b) 混凝土压碎破坏模式

图 4.8　板顶典型破坏模式

与未受火板不同，灾后板顶圆弧状裂缝数量较多，而板角裂缝数量较少，但宽度较大，且板边跨中位置有较多垂直于板边短裂缝。此外，灾后板底裂缝数量比未受火板少，板底跨中位置未呈现明显网状。加载初期，灾后板底混凝土出现脱落，伴随有声响，原因是混凝土抗拉强度和黏结强度降低。

4.2.3 试验结果

对试验板位移、应变和板角约束力等进行整理，具体结果如下。

1）平面内位移

未受火板荷载-平面内位移曲线如图4.9所示，板边向外（内）为负（正）值。由图可知，试验板两测点主要为向内收缩，达到试验极限荷载时，H1和H4测点平面内位移分别为6.8mm和3.3mm。可见，与跨中平面外位移相比，平面内位移相对较小。

与未受火板相比，火灾后板平面内位移较小，如图4.10所示。例如，H1测点最大平面内位移为2.0mm，约为未受火板的1/3。因此，承载力分析时可假设板边平面内位移为零。

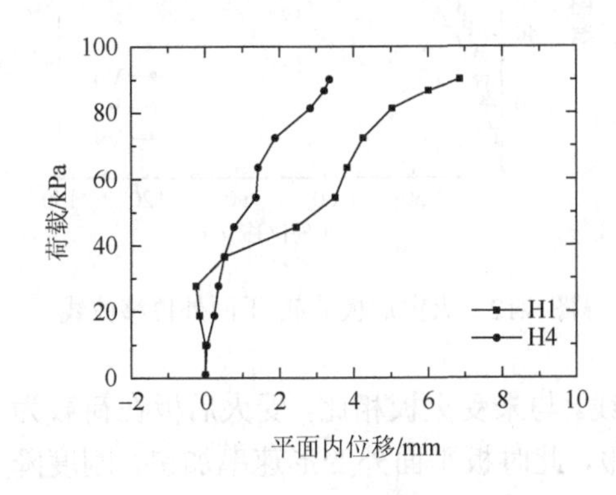

图4.9 未受火板荷载-平面内位移曲线

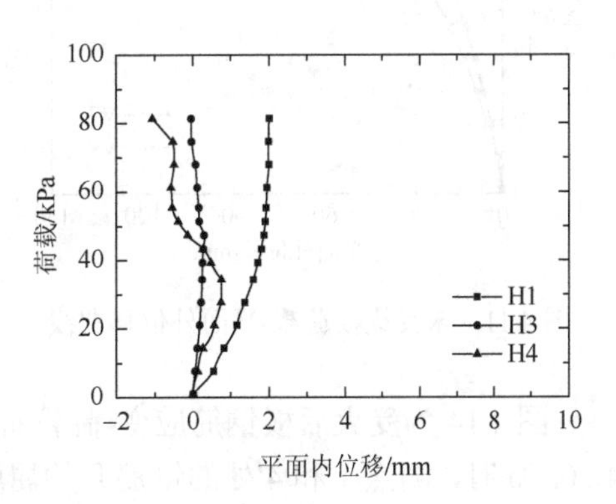

图4.10 火灾后板荷载-平面内位移曲线

2）平面外位移

未受火板的荷载-平面外位移曲线如图4.11所示。由图可知，加载初期，试验板刚度较大，平面外位移随荷载呈线性发展；随着裂缝开展和钢筋屈服，荷载-平面外位移逐渐呈现为曲线关系。值得指出的是，按照塑性铰线理论，试验板极限承载力为52.8kPa。然而，由于受拉薄膜效应，试验板仍具有较强刚度和承载力，随着荷载增加，位移逐渐增加，但曲线斜率逐渐降低，即板刚度逐渐降低。当荷载达到92.7kPa时，试验板出现压碎破坏，相应平面外位移为136mm。

火灾后板荷载-平面外位移曲线如图4.12所示。荷载-平面外位移变化规律与未受火板类似，不同之处在于受火板曲线斜率整体较小。板平面外位移为72.7mm时，挠度持续增加，达到极限状态，相应荷载为81.3kPa。

3）钢筋应变

图 4.13 为试验板不同测点位置钢筋应变与荷载关系曲线。由图可知，钢筋应变总体与荷载-位移曲线变化规律一致。加载初期，钢筋应变较小，其随荷载线性增加；随后，钢筋应变逐渐表现为非线性变化，斜率逐渐变小。试验停止时，跨中点（1 和 4′）钢筋应变值分别为 3002με 和 5764με，即平均值为 4383με；1/4 跨处测点（5 和 2′）分别为 1304με 和 2075με，平均值为 1690με。根据钢筋屈服应变值（约为 2000με），可知跨中和 1/4 跨处钢筋均已出现屈服，且存在钢筋应变差，约为 2693με。

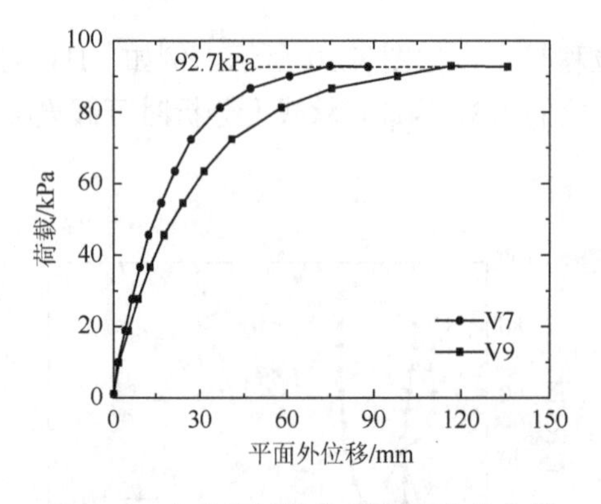

图 4.11　未受火板荷载-平面外位移曲线

图 4.12　火灾后板荷载-平面外位移曲线

图 4.14 为受火后板钢筋应变-荷载曲线。与未受火板相比，受火后板在荷载为 42.0kPa 时，测点 1 和 4′处的钢筋开始屈服，此时板平面外变形速率加快，刚度降低。相应测点 4′钢筋应变超过 0.01。72.4kPa 时，测点 2 和 2′处钢筋开始屈服。

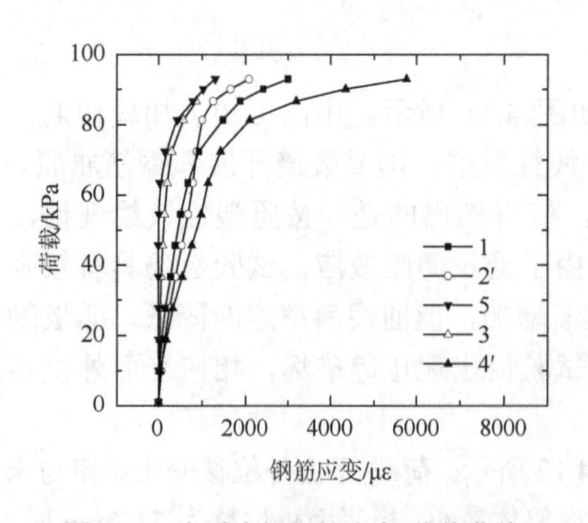

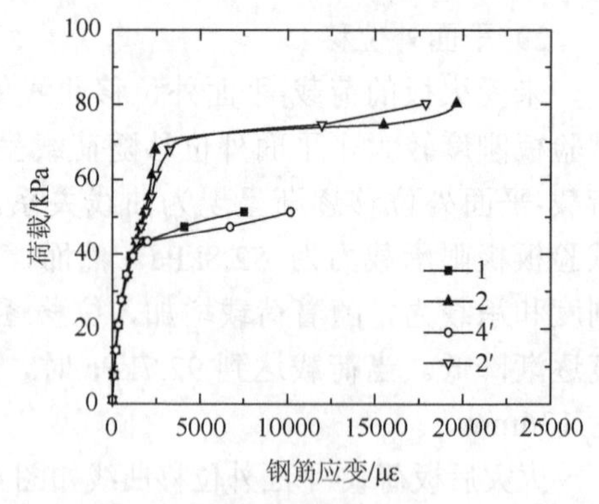

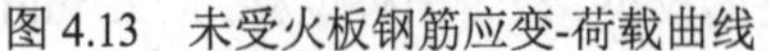

图 4.13　未受火板钢筋应变-荷载曲线　　图 4.14　火灾后板钢筋应变-荷载曲线

4）板角约束力

未受火板角约束力随荷载的变化规律如图 4.15 所示。由图可知，加载初期，随着荷载增大，四板角约束力逐渐增大，且最大值分别为 8.1kN、9.5kN、8.4kN 和 7.7kN。随后，由于板角裂缝发展，各板角约束力总体趋于降低，试验后期各板角约束力总体趋于稳定。值得指出的是，由于设备问题，未获得后期压力数据，但板角处于约束状态。此外，火灾后板角约束力随荷载变化曲线见图 4.16。板角约束力随荷载增加逐渐增大。达到极限荷载 81.3kPa 时，测点 P1、P2、P3 和 P4 板角约束力分别为 11.0kN、6.3kN、12.0kN 和 10.5kN。

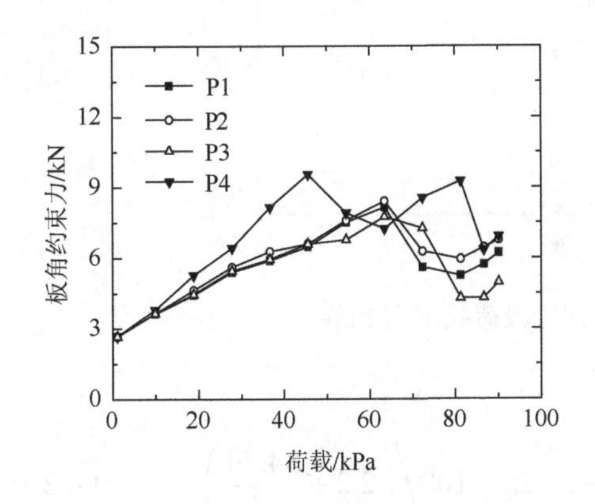

图 4.15　未受火板角约束力变化

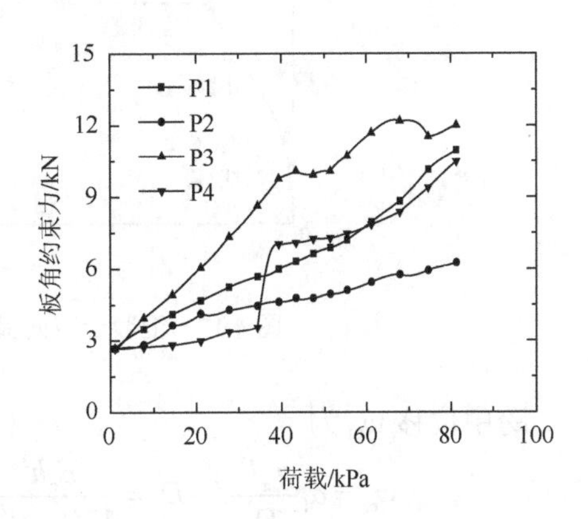

图 4.16　火灾后板角约束力变化

4.3　钢筋应变差方法

4.3.1　计算方法

如图 4.17 所示，本书提出钢筋应变差方法，即四阶段模型，建立混凝土双向板荷载-位移曲线计算方法。

1. 弹性阶段

由文献[76]可知，开裂时板的开裂弯矩 M_{cr} 为

$$M_{cr} = f_r I_g/(h/2), \quad f_r = 0.62\sqrt{f_c} \tag{4.1}$$

式中，f_c 为混凝土轴心抗压强度；I_g 为弹性阶段总截面惯性矩；h 为混凝土板厚。

开裂荷载 q_{cr} 为

$$q_{cr} = \min\left(\frac{-M_{cr}}{l^2(\alpha_2 + \nu\alpha_3)}, \frac{-M_{cr}}{l^2(\alpha_3 + \nu\alpha_2)}\right) \tag{4.2}$$

式中，l 为混凝土板短跨长度；参数 α_2 和 α_3 可由表 4.1 查得。

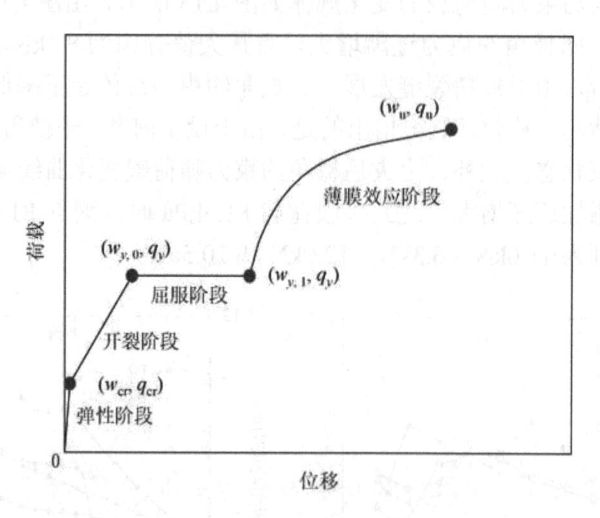

图 4.17　混凝土双向板四阶段荷载-位移曲线

跨中位移 w_{cr} 为

$$w_{cr}=\alpha_1\frac{q_{cr}l^4}{D_e},\quad D_e=\frac{E_ch^3}{12(1-\nu^2)},\quad E_c=10^{11}\Big/\left(2.2+\frac{34.74}{f_{cu}}\right) \tag{4.3}$$

式中，α_1 可由表 4.1 查得；E_c 为混凝土弹性模量；f_{cu} 为混凝土立方体抗压强度；ν 为混凝土泊松比，一般取 0.2。

表 4.1　α_1、α_2 和 α_3 取值

长宽比	α_1	α_2	α_3
1	0.00406	−0.03684	−0.03685
1.1	0.00485	−0.04462	−0.03591
1.2	0.00564	−0.05238	−0.03438
1.3	0.00638	−0.05968	−0.03240
1.4	0.00705	−0.06641	−0.03027
1.5	0.00772	−0.07281	−0.02796
1.6	0.0083	−0.07850	−0.02565
1.7	0.00883	−0.08375	−0.02347
1.8	0.00931	−0.08838	−0.02138
1.9	0.00974	−0.09271	−0.01929
2	0.01013	−0.09646	−0.01746

2. 开裂阶段

由文献[54]可知，x 方向开裂时抗弯刚度 $D_{\mathrm{cr},x}$ 为

$$D_{\mathrm{cr},x}=\frac{E_{\mathrm{c}}}{b(1-\nu^2)}I_{\mathrm{cr},x} \tag{4.4a}$$

$$I_{\mathrm{cr},x}=\frac{bz_{\mathrm{cr},x}^3}{3}+\alpha_E A_{\mathrm{sx}}(h_{\mathrm{c},x}-z_{\mathrm{cr},x})^2,\quad \alpha_E=E_{\mathrm{s}}/E_{\mathrm{c}} \tag{4.4b}$$

$$z_{\mathrm{cr},x}=\frac{\alpha_E A_{\mathrm{sx}}}{b}\left(\sqrt{1+\frac{2bh_{\mathrm{c},x}}{\alpha_E A_{\mathrm{sx}}}}-1\right) \tag{4.4c}$$

式中，$I_{\mathrm{cr},x}$ 为 x 方向惯性矩；$h_{\mathrm{c},x}$ 为 x 方向有效厚度；E_{s} 为钢筋弹性模量；α_E 为钢筋与混凝土弹性模量之比；A_{sx} 为 x 方向上单位长度钢筋面积。

同理，可求得 y 方向开裂时的抗弯刚度 $D_{\mathrm{cr},y}$，进而 $D_{\mathrm{cr,min}}$ 为

$$D_{\mathrm{cr,min}}=\min(D_{\mathrm{cr},x},D_{\mathrm{cr},y}) \tag{4.5}$$

开裂时有效刚度 D_{eff} 为

$$D_{\mathrm{eff}}=D_{\mathrm{e}}\left(\frac{M_{\mathrm{cr}}}{M_{\mathrm{u}}}\right)^3+D_{\mathrm{cr,min}}\left[1-\left(\frac{M_{\mathrm{cr}}}{M_{\mathrm{u}}}\right)^3\right],\quad D_{\mathrm{eff}}\leqslant D_{\mathrm{e}} \tag{4.6a}$$

$$M_{\mathrm{u}}=\left(M'_{\mathrm{ux}}+M'_{\mathrm{uy}}\right)/2 \tag{4.6b}$$

$$M'_{\mathrm{ux}}=A_{\mathrm{sy}}f_y\left(h_{\mathrm{c},x}-\frac{0.59f_y}{f_{\mathrm{c}}}A_{\mathrm{sy}}\right),\quad M'_{\mathrm{uy}}=A_{\mathrm{sx}}f_y\left(h_{\mathrm{c},y}-\frac{0.59f_y}{f_{\mathrm{c}}}A_{\mathrm{sx}}\right) \tag{4.6c}$$

式中，M'_{ux}、M'_{uy} 为截面抵抗矩；M_{u} 为截面抵抗矩平均值。

开裂阶段最大荷载为屈服线理论所得荷载，进而板跨中位移 $w_{y,0}$ 为

$$w_{y,0}=\alpha_1\frac{q_y l^4}{D_{\mathrm{eff}}} \tag{4.7}$$

式中，q_y 为屈服线荷载。

3. 屈服阶段

从弹性阶段结束到薄膜效应开始，出现纯塑性行为。为简化计算，假定纯塑性阶段（屈服阶段）荷载-位移曲线斜率为零。具体地，假设纯塑性阶段 q_y 不随着

位移增加而改变，$w_{y,1}$ 坐标对应于受拉薄膜作用开始时的位移。因此，对于受拉薄膜效应阶段，初始承载力定义为 q_y，通过反推法可得到相应的位移 $w_{y,1}$。

4. 薄膜效应阶段

1）基本假设

基于经典塑性铰线（屈服线）理论和试验结果，提出本书模型，其适用于混凝土板长宽比≤2，且四边为简支的情况。模型包含几条基本假设，具体如下：

（1）如图 4.18（a）所示，在极限状态下，混凝土板分为周边 4 个刚性板块①～④（梯形形状）和一中心矩形钢筋网板块⑤（四棱锥形状）。其中，x_0 和 y_0 为刚性板块和中心矩形钢筋网板块交点坐标值；L 和 l 为板长和板宽；α为经典屈服线理论中屈服线与板长边夹角[77]。上述假设基于经典屈服线理论和受拉薄膜效应机理，其中薄膜效应机理即为混凝土板中心受拉薄膜效应区域和四周受压薄膜效应区域。

（2）试验结果和数值分析表明，中心薄膜效应区域边界形状可假设为矩形或方形。因此，为了简单起见，提出该假设。图 4.18（b）为混凝土板 1/4 板块位移情况。其中，d 为周边刚性板块旋转引起的位移；w 为中部矩形钢筋网位移；θ_x 为刚性板块①（②）绕 x 轴的转角；θ_y 为刚性板块③（④）绕 y 轴的转角。

（3）图 4.18（c）为极限状态下板的内力情况，T_{xh} 和 T_{yh} 分别为 x 方向、y 方向钢筋拉力 T_x、T_y 的水平分力（N）；q 为混凝土板均布外荷载（kPa）；C 为刚性板块间的压力（N）；S 为刚性板块间在 xy 平面内剪力（N）。明显地，对于方板，其平面内剪力 S 为零。

（4）采用钢筋应变破坏准则（短跨方向）和混凝土压碎应变破坏准则（板角区域），确定混凝土双向板极限承载力和极限位移。

（5）不考虑钢筋应变硬化和钢筋与混凝土间的黏结滑移作用。

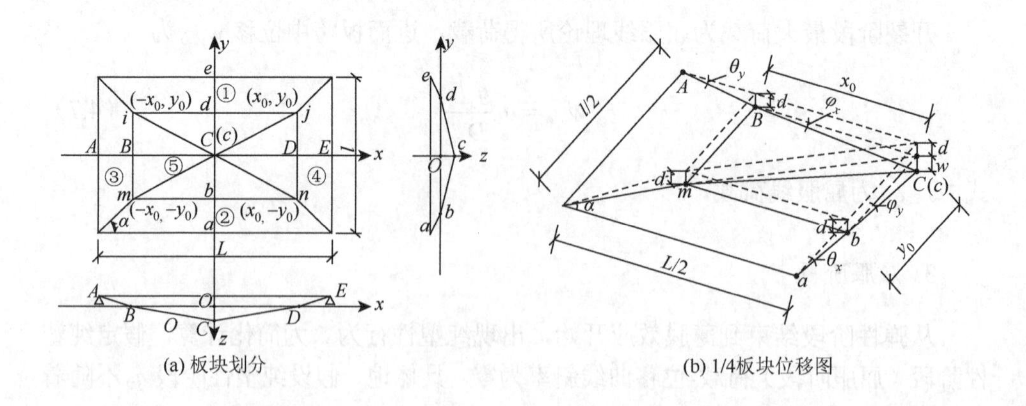

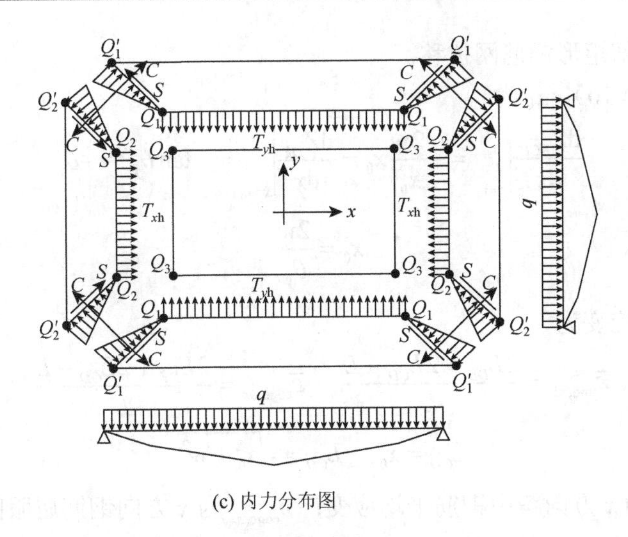

(c) 内力分布图

图 4.18　薄膜效应阶段分析模型

2）钢筋应变差和转角关系

如图 4.19 所示，θ_y 为

$$\theta_y = \arctan\left[\frac{\left(\frac{l}{2}-y_0\right)\tan\theta_x}{\frac{L}{2}-x_0}\right] \tag{4.8}$$

式中，θ_y 为刚性板块绕 y 轴的转角；θ_x 为刚性板块绕 x 轴转角，见图 4.18（b）。

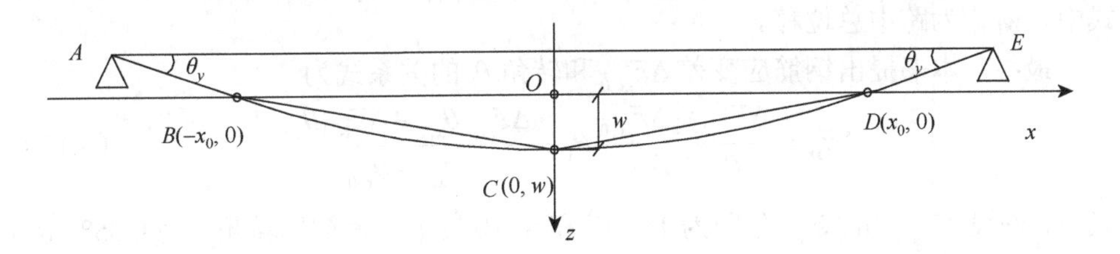

图 4.19　截面示意图

进而，y_0 和 d 为

$$y_0 = \left(x_0 - \frac{L}{2}\right)\tan\alpha + \frac{l}{2}, \quad d = \left(\frac{L}{2} - x_0\right)\theta_y \tag{4.9}$$

如图 4.19 所示，线 Z_{DE} 和曲线 Z_{BCD} 方程为

$$Z_{DE} = -\tan\theta_y \cdot x + x_0\tan\theta_y, \quad Z_{BCD} = \left(-\frac{x^2}{x_0^2}+1\right)w \tag{4.10}$$

式中，w 为中部矩形钢筋网位移。

根据式（4.10），x_0 为

$$\left.\frac{\mathrm{d}Z_{BCD}}{\mathrm{d}x}\right|_{x=x_0}=-\frac{2w}{x_0^2}x_0=\left.\frac{\mathrm{d}Z_{DE}}{\mathrm{d}x}\right|_{x=x_0}=-\tan\theta_y\approx-\theta_y \tag{4.11}$$

$$x_0=\frac{2w}{\theta_y} \tag{4.12}$$

钢筋平均应变为

$$\overline{\varepsilon}_{\mathrm{mid},sx}=\frac{2L_{DE}+2L_{CD}-L}{L},\quad \overline{\varepsilon}_{\mathrm{edge},sx}=\frac{2L_{DE}+2L_{OD}-L}{L} \tag{4.13}$$

$$L_{OD}=x_0,\quad L_{CD}=\sqrt{x_0^2+w^2} \tag{4.14}$$

式中，$\overline{\varepsilon}_{\mathrm{mid},sx}$ 为 x 方向跨中钢筋平均应变；$\overline{\varepsilon}_{\mathrm{edge},sx}$ 为 x 方向钢筋屈服区域边缘钢筋平均应变。

根据式（4.13）和式（4.14）可得

$$L_{CD}-L_{OD}=\frac{L\Delta\overline{\varepsilon}_{sx}}{2},\quad \Delta\overline{\varepsilon}_{sx}=\overline{\varepsilon}_{\mathrm{mid},sx}-\overline{\varepsilon}_{\mathrm{edge},sx} \tag{4.15}$$

式中，$\Delta\overline{\varepsilon}_{sx}$ 为钢筋应变差。

综上，w 和 w_{total} 分别为

$$w=\frac{L\Delta\overline{\varepsilon}_{sx}}{2\left(\sqrt{\dfrac{4}{\theta_y^2}+1}-\dfrac{2}{\theta_y}\right)},\quad w_{\mathrm{total}}=w+d=\frac{L\Delta\overline{\varepsilon}_{sx}}{2\left(\sqrt{\dfrac{4}{\theta_y^2}+1}-\dfrac{2}{\theta_y}\right)}+\left(\frac{L}{2}-x_0\right)\theta_y \tag{4.16}$$

式中，w_{total} 为跨中总位移。

最终，本书提出钢筋应变差 $\Delta\overline{\varepsilon}_{sx,0}$ 和转角 θ_x 的关系式为

$$\Delta\overline{\varepsilon}_{sx}=\frac{\Delta\overline{\varepsilon}_{sx,1}-\Delta\overline{\varepsilon}_{sx,0}}{\theta_{x,1}-\theta_{x,0}}\theta_x+\frac{\Delta\overline{\varepsilon}_{sx,0}\theta_{x,1}-\Delta\overline{\varepsilon}_{sx,1}\theta_{x,0}}{\theta_{x,1}-\theta_{x,0}} \tag{4.17}$$

式中，假设 $\Delta\overline{\varepsilon}_{sx,0}$ 和 $\Delta\overline{\varepsilon}_{sx,1}$ 分别为 1×10^{-5} 和 8×10^{-4}；$\theta_{x,0}$ 为初始转角，为 0.05°；$\theta_{x,1}$ 为最终转角，为 0.15°。

3）平衡方程

（1）力的平衡方程。

根据图 4.20，φ_x 和 φ_y 分别为

$$\varphi_x=\arctan\frac{w}{x_0}=\arctan\frac{\theta_y}{2},\quad \sin\varphi_x\approx\frac{\theta_y}{2},\quad \cos\varphi_x=\sqrt{1-\frac{\theta_y^2}{4}} \tag{4.18}$$

$$\varphi_y=\arctan\frac{w}{y_0} \tag{4.19}$$

根据图 4.20，x 方向上钢筋水平力 T_{xh} 和竖直力 T_{xv} 分别为

$$T_{xh}=T_x\cos\varphi_x=T_x\sqrt{1-\frac{\theta_y^2}{4}},\quad T_{xv}=T_x\sin\varphi_x=T_x\frac{\theta_y}{2},\quad T_x=f_yA_{sx}\tag{4.20}$$

式中，T_x 为 x 方向上钢筋拉力；f_y 为钢筋屈服强度；φ_x 为钢筋拉力和水平方向的夹角 A_{sx} 为 x 方向上单位长度钢筋面积；A_{sy} 为 y 方向上单位长度钢筋面积。

同理，y 方向上钢筋水平力 T_{yh} 和竖直力 T_{yv} 分别为

$$T_{yh}=T_y\cos\varphi_y,\quad T_{yv}=T_y\sin\varphi_y,\quad T_y=f_yA_{sy}\tag{4.21}$$

式中，T_y 为 y 方向上的钢筋拉力。

由图 4.18（c）知，x 和 y 方向面内力平衡方程为

$$2C\sin\alpha=2S\cos\alpha+2y_0T_{xh},\quad 2C\cos\alpha+2S\sin\alpha=2x_0T_{yh}\tag{4.22}$$

式中，α 为经典屈服线理论中屈服线与板长边夹角；（x_0，y_0）为屈服线理论和跨中矩形区域交点坐标。

由式（4.22）可得

$$C=x_0T_{yh}\cos\alpha+y_0T_{xh}\sin\alpha,\quad S=x_0T_{yh}\sin\alpha-y_0T_{xh}\cos\alpha\tag{4.23}$$

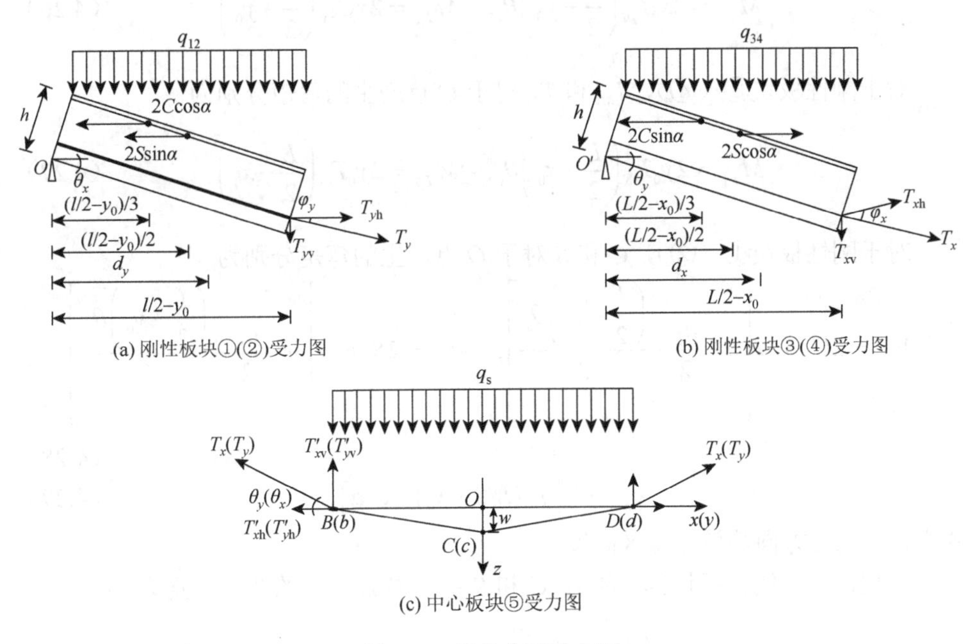

(a) 刚性板块①(②)受力图　(b) 刚性板块③(④)受力图

(c) 中心板块⑤受力图

图 4.20　板块分隔受力图

（2）弯矩平衡方程。

由图 4.20（a）可知，刚性板块①（②）由 q_{12} 产生的弯矩为

$$M_{q_{12}} = q_{12}\, A_{12}\, d_y, \quad A_{12} = \frac{(2x_0 + L)\left(\dfrac{l}{2} - y_0\right)}{2}, \quad d_y = \frac{\left(\dfrac{l}{2} - y_0\right)(4x_0 + L)}{3(2x_0 + L)} \tag{4.24}$$

式中，A_{12}为刚性板块①（②）的面积；d_y为刚性板块形心到支座O的距离；$M_{q_{12}}$为荷载q_{12}产生的弯矩；q_{12}为板块①（②）承担荷载。

同理，对于刚性板块③（④），由q_{34}产生的弯矩为

$$M_{q_{34}} = q_{34}\, A_{34}\, d_x, \quad A_{34} = \frac{(2y_0 + l)\left(\dfrac{L}{2} - x_0\right)}{2}, \quad d_x = \frac{\left(\dfrac{L}{2} - x_0\right)(4y_0 + l)}{3(2y_0 + l)} \tag{4.25}$$

式中，A_{34}为刚性板块③（④）的面积；d_x为刚性板块形心到支座O'的距离；Mq_{34}为荷载q_{34}产生的弯矩。

对于刚性板块①（②），T_{yh}和T_{yv}对于O点产生的弯矩分别为

$$M_{T_{\text{yh}}} = 2x_0 T_{\text{yh}}\left(\frac{l}{2} - y_0\right)\theta_x, \quad M_{T_{\text{yv}}} = 2x_0 T_{\text{yv}}\left(\frac{l}{2} - y_0\right) \tag{4.26}$$

对于刚性板块③（④），T_{xh}和T_{xv}对于O'点产生的弯矩分别为

$$M_{T_{\text{xh}}} = 2y_0 T_{\text{xh}}\left(\frac{L}{2} - x_0\right)\theta_y, \quad M_{T_{\text{xv}}} = 2y_0 T_{\text{xv}}\left(\frac{L}{2} - x_0\right) \tag{4.27}$$

对于刚性板块①（②），C和S对于O点产生的弯矩分别为

$$M_{cx} = 2C\cos\alpha\left[h - \frac{a_x}{2} - \frac{\left(\dfrac{l}{2} - y_0\right)\theta_x}{3}\right], \quad M_{sx} = 2S\sin\alpha\left[h - \frac{a_x}{2} - \frac{\left(\dfrac{l}{2} - y_0\right)\theta_x}{2}\right] \tag{4.28}$$

$$a_x = C\big/\left[f_{\text{c}}\,(L/2 - x_0)/\cos\alpha\right] \tag{4.29}$$

式中，a_x为x方向等效受压区高度。

同理，对于刚性板块③（④），C和S对于O'点产生的弯矩分别为

$$M_{cy} = 2C\sin\alpha\left[h - \frac{a_y}{2} - \frac{\left(\dfrac{L}{2} - x_0\right)\theta_y}{3}\right], \quad M_{sy} = 2S\cos\alpha\left[h - \frac{a_y}{2} - \frac{\left(\dfrac{L}{2} - x_0\right)\theta_y}{2}\right] \tag{4.30}$$

$$a_y = C/[f_c(l/2-y_0)/\sin\alpha] \tag{4.31}$$

式中，a_y为y方向等效受压区高度。

由图 4.18（c）可知，对于刚性板块①（②），Q_1产生的弯矩为

$$M_{Q_1} = 2Q_1(l/2-y_0) \tag{4.32}$$

式中，Q_1为刚性板块①（②）（竖向）等效节点剪力。

同理，对于刚性板块③（④），Q_2产生的弯矩为

$$M_{Q_2} = 2Q_2(L/2-x_0) \tag{4.33}$$

式中，Q_2为钢筋板块③（④）（竖向）等效节点剪力。

刚性板块的截面抵抗矩M_{ux}和M_{uy}分别为

$$M_{ux} = M'_{ux}(L-2x_0) \tag{4.34a}$$

$$M_{uy} = M'_{uy}(l-2y_0) \tag{4.34b}$$

综上，刚性板块①（②）平衡方程为

$$M_{q_{12}} + M_{T_{yv}} - M_{T_{yh}} - M_{cx} - M_{sx} - M_{ux} \pm M_{Q_1} = 0 \tag{4.35a}$$

$$q_{12} = \left(M_{ux} + M_{cx} + M_{sx} + M_{T_{yh}} - M_{T_{yv}} \pm M_{Q_1}\right)\Big/(A_{12}\times d_{12}) = q'_{12} \pm q_{12}\left(M_{Q_1}\right) \tag{4.35b}$$

$$q'_{12} = q_{12}(M_{ux}) + q_{12}(M_{cx}) + q_{12}(M_{sx}) + q_{12}\left(M_{T_{yh}}\right) - q_{12}\left(M_{T_{yv}}\right) \tag{4.35c}$$

刚性板块③（④）平衡方程为

$$M_{q_{34}} + M_{T_{xv}} - M_{T_{xh}} - M_{cy} - M_{sy} - M_{uy} \pm M_{Q_2} = 0 \tag{4.36a}$$

$$q_{34} = \left(M_{uy} + M_{cy} + M_{sy} + M_{T_{xh}} - M_{T_{xv}} \pm M_{Q_2}\right)\Big/(A_{34}\times d_{34}) = q'_{34} \pm q_{34}(M_{Q_2}) \tag{4.36b}$$

$$q'_{34} = q_{34}(M_{uy}) + q_{34}(M_{cy}) + q_{34}(M_{sy}) + q_{34}\left(M_{T_{xh}}\right) - q_{34}\left(M_{T_{xv}}\right) \tag{4.36c}$$

对于刚性板块⑤，由图 4.20（c）可知，x和y方向钢筋竖向分力分别为

$$T'_{xv} = T_x\sin\theta_y,\quad T'_{yv} = T_y\sin\theta_x \tag{4.37}$$

进而，中部钢筋网承载力q_s为

$$q_{\mathrm{s}}=\frac{4\left[x_0T'_{yv}+y_0T'_{xv}\right]\pm 4Q_3}{4x_0\ y_0}=\frac{x_0T'_{yv}+y_0T'_{xv}\pm Q_3}{x_0\ y_0}=q'_{\mathrm{s}}\pm q_{\mathrm{s}}(Q_3) \tag{4.38a}$$

$$q'_{\mathrm{s}}=\frac{x_0T'_{yv}+y_0T'_{xv}}{x_0y_0} \tag{4.38b}$$

式中，q'_{s}为未考虑剪切影响承载力；Q_3为中间区域⑤等效节点剪力。

4）承载力

（1）方法一（M1）。

根据五部分板块极限承载力相同，可知

$$q_{\mathrm{M1}}=q_{\mathrm{s}}=q_{12}=q_{34} \tag{4.39}$$

式中，q_{M1}为按照方法一确定的极限承载力。

（2）方法二（M2）。

忽略Q_1、Q_2、Q_3的影响，假设$Q_1=Q_2=Q_3=0$，据此，可以根据式（4.40）求得q_{M2}，即

$$q_{\mathrm{M2}}=\frac{2q'_{12}A_{12}+2q'_{34}A_{34}+4\cdot q'_{\mathrm{s}}x_0y_0}{Ll} \tag{4.40}$$

式中，q_{M2}为按照方法二确定的承载力；q'_{12}、q'_{34}和q'_{s}分别由式（4.35c）、式（4.36c）和式（4.38b）求得。

5）破坏准则

本书提出两种破坏准则，分别为板角混凝土压碎破坏准则和钢筋应变破坏准则，具体如下。

（1）板角混凝土压碎破坏准则。

混凝土的极限压应变为0.0033～0.0038，板角混凝土的极限压应变计算公式为

$$\varepsilon_{\mathrm{corner}}=k\left(\frac{C}{AE_{\mathrm{c}}}+a_x\frac{M_C}{E_{\mathrm{c}}I_{\mathrm{eff}}}\right)=k\left[\frac{f_{\mathrm{c}}}{E_{\mathrm{c}}}+a_x\frac{C\times[h_0-(a_x/2)]}{E_{\mathrm{c}}I_{\mathrm{eff}}}\right] \tag{4.41a}$$

$$I_{\mathrm{eff}}=\frac{I_{\mathrm{cr}}}{2}\times\left(1+\frac{w_{y,1}}{w_{\mathrm{total}}}\right) \tag{4.41b}$$

$$I_{\mathrm{cr}}=\frac{[(L/2-x_0)/\cos\alpha]a_x^3}{3}+\frac{E_{\mathrm{s}}}{E_{\mathrm{c}}}A_{\mathrm{s}}(h_0-a_x)^2 \tag{4.41c}$$

式中，A_{s}为混凝土受压区域面积；I_{eff}为截面惯性矩；I_{cr}为裂缝处惯性矩；$w_{y,1}$为屈服线荷载时跨中位移；w_{total}为跨中总位移；k为修正系数，取4.0。

（2）钢筋应变破坏准则。

破坏时，板跨中的极限位移为$l/20$。

4.3.2 方法验证

1. 模型对比

如图 4.21、表 4.2 和表 4.3 所示，将本书模型计算结果与试验值、Omer 模型[51]和数值结果进行对比，得到如下结论：

（1）本书模型可以模拟试验板全过程荷载-位移曲线，较好地反映了薄膜效应阶段刚度降低的现象，而采用 Omer 理论计算结果是线性的，不符合刚度变化规律。Omer 模型计算的曲线与试验数据相差较大，Omer 方法计算出的 q_u/q_{test}、w_u/w_{test} 分别是 1.33 和 1.52。相比之下，本书方法 M1 和 M2 计算出的 q_u/q_{test} 分别为 1.09 和 1.05，w_u/w_{test} 为 0.94。

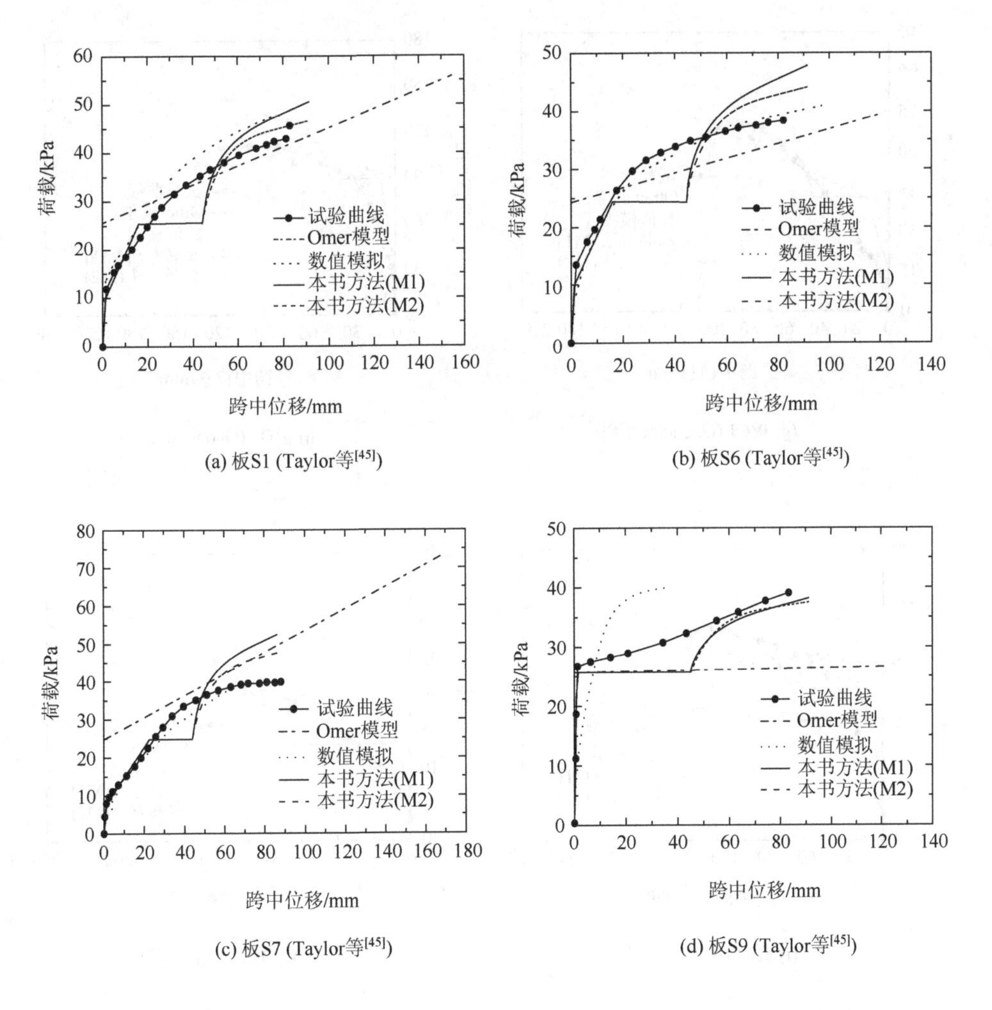

(a) 板S1 (Taylor等[45])

(b) 板S6 (Taylor等[45])

(c) 板S7 (Taylor等[45])

(d) 板S9 (Taylor等[45])

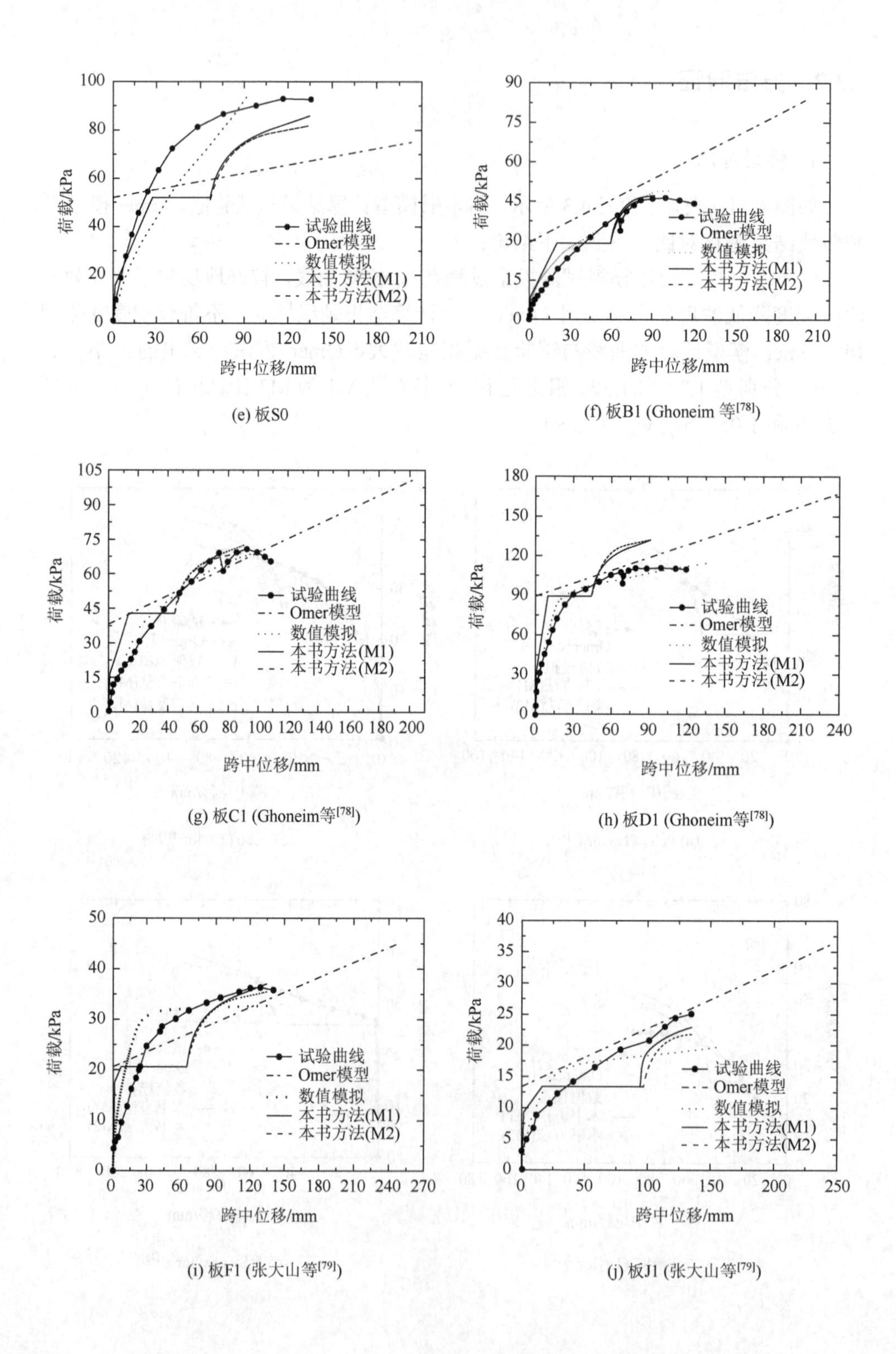

(e) 板S0

(f) 板B1 (Ghoneim 等[78])

(g) 板C1 (Ghoneim等[78])

(h) 板D1 (Ghoneim等[78])

(i) 板F1 (张大山等[79])

(j) 板J1 (张大山等[79])

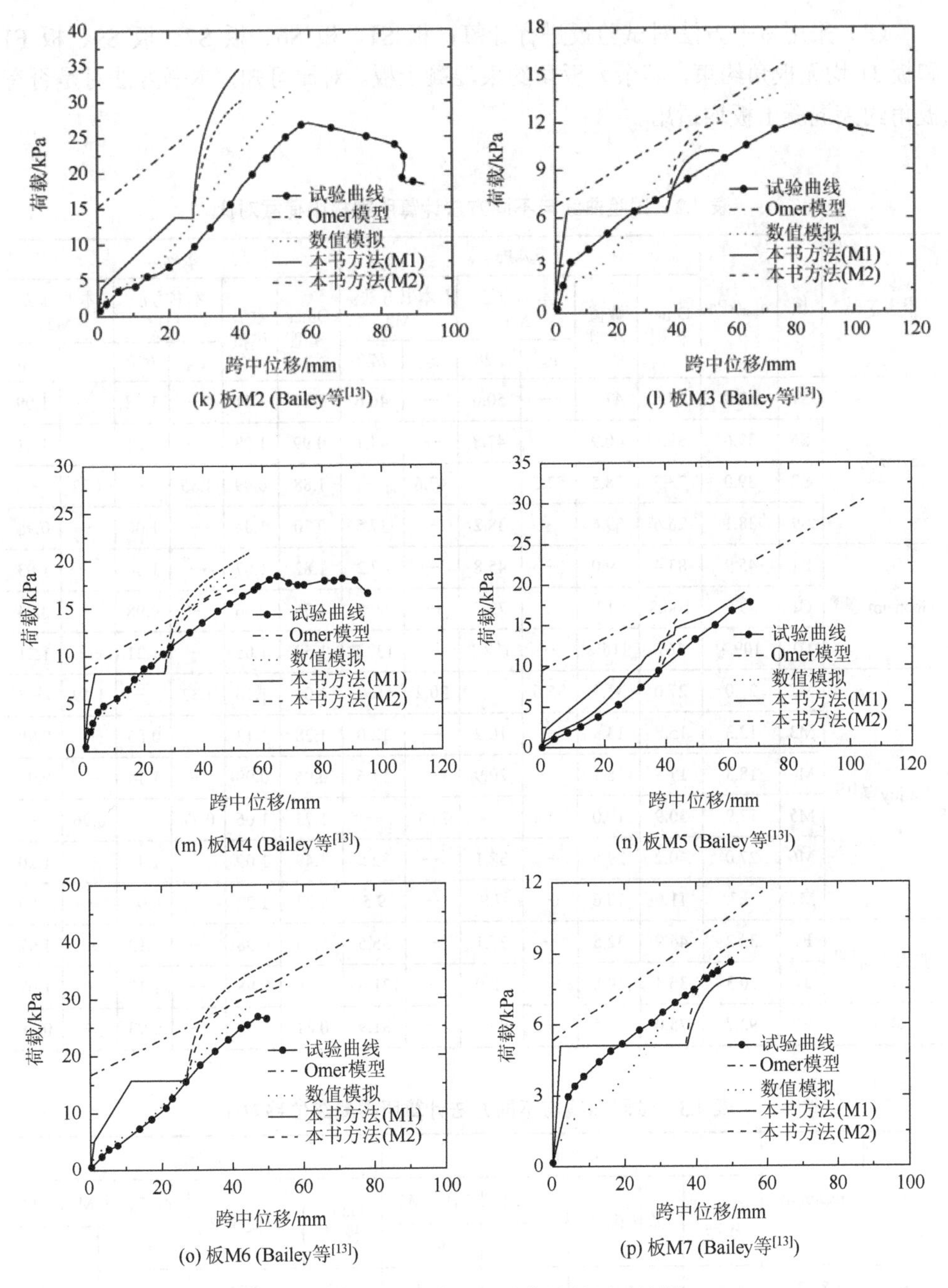

(k) 板M2 (Bailey等[13])　(l) 板M3 (Bailey等[13])

(m) 板M4 (Bailey等[13])　(n) 板M5 (Bailey等[13])

(o) 板M6 (Bailey等[13])　(p) 板M7 (Bailey等[13])

图 4.21　不同方法与试验曲线结果对比图

（2）竖向剪力对缩尺板（M1）荷载-位移曲线有重要影响，主要原因是缩尺板跨厚比较大。

（3）采用本书方法对试验板进行计算，板 S1、板 S6、板 S7、板 S9、板 F1 和板 J1 均无板角约束，其余为板角约束混凝土板。对比可知，本书方法对是否有板角约束混凝土板均适用。

表 4.2　试验曲线与不同方法计算所得极限荷载对比

参考文献	板	q_{test}/kPa	q_u/kPa						q_u/q_{test}					
			Omer模型	数值模拟	本书方法M1		本书方法M2		Omer模型	数值模拟	本书方法M1		本书方法M2	
					ε_{cu}	$l/20$	ε_{cu}	$l/20$			ε_{cu}	$l/20$	ε_{cu}	$l/20$
Taylor 等[45]	S1	42.9	55.8	47.7	—	50.6	—	46.6	1.30	1.11	—	1.18	—	1.09
	S6	39.6	39.4	40.9	—	47.8	—	44.1	0.99	1.03	—	1.21	—	1.11
	S7	39.0	73.3	38.5	52.5	—	47.6	—	1.88	0.99	1.35	—	1.22	—
	S9	38.1	26.6	39.6	—	38.2	—	37.5	0.70	1.04	—	1.00	—	0.98
Ghoneim 等[78]	B1	45.9	83.4	49.0	—	45.8	—	47.2	1.82	1.07	—	1.00	—	1.03
	C1	73.9	100.8	71.0	—	72.7	—	69.8	1.36	0.96	—	0.98	—	0.94
	D1	109.4	167	115.2	—	132.1	—	132.2	1.53	1.05	—	1.21	—	1.21
Bailey 等[13]	M2	27.0	27.0	31.3	35.6	—	30.2	—	1.00	1.16	1.32	—	1.19	—
	M3	12.3	15.8	13.9	—	10.2	—	12.0	1.28	1.13	—	0.83	—	0.98
	M4	18.3	17.5	18.1	—	20.9	—	17.6	0.96	0.99	—	1.14	—	0.96
	M5	17.9	30.9	19.0	13.8	—	17.1	—	1.73	1.06	0.77	—	0.96	—
	M6	27.0	40.2	29.5	—	38.1	—	32.5	1.49	1.09	—	1.41	—	1.20
	M7	8.7	11.6	10.6	—	7.9	—	9.5	1.33	1.22	—	0.91	—	1.09
张大山等[79]	F1	33.2	44.9	32.5	—	37.1	—	35.5	1.35	0.98	—	1.12	—	1.07
	J1	20.3	36.4	19.8	—	22.9	—	21.8	1.79	0.98	—	1.13	—	1.07
本书	S0	92.7	75.0	91.5	—	85.8	—	81.9	0.81	0.99	—	0.93	—	0.88

表 4.3　试验曲线与不同方法计算所得最终位移对比

板	w_{test}/mm	w_u/mm				w_u/w_{test}			
		Omer模型	数值模拟	本书方法 M1、M2		Omer模型	数值模拟	本书方法 M1、M2	
				ε_{cu}	$l/20$			ε_{cu}	ε_{su}
S1	81.3	154.8	76.4	—	91.4	1.90	0.94	—	1.12
S6	81.3	120.0	96.9	—	91.4	1.48	1.19	—	1.12
S7	97.9	169.0	75.7	86.3	—	1.73	0.77	0.88	—
S9	83.8	121.0	35.9	—	91.4	1.44	0.43	—	1.09

续表

板	w_{test}/mm	w_u/mm				w_u/w_{test}			
		Omer模型	数值模拟	本书方法 M1、M2		Omer模型	数值模拟	本书方法 M1、M2	
				ε_{cu}	$l/20$			ε_{cu}	ε_{cu}
B1	101.2	202.0	105	—	91.4	2.00	1.04	—	0.90
C1	91.2	202.0	120.9	—	91.4	2.21	1.33	—	1.00
D1	101.7	239.0	114.6	—	91.4	2.35	1.13	—	0.90
F1	141.0	247.0	139.3	—	135.0	1.75	0.99	—	0.96
J1	152.0	247.0	158.0	—	135.0	1.63	1.04	—	0.89
M2	60.4	29.2	54.7	40.2	—	0.48	0.91	0.67	—
M3	85.4	76.8	76.4	—	55.4	0.90	0.89	—	0.65
M4	65.2	47.9	49.6	—	55.4	0.73	0.76	—	0.85
M5	68.1	106.5	65.4	47.3	—	1.56	0.96	0.69	—
M6	48.0	72.9	47.8	—	55.4	1.52	1.00	—	1.15
M7	49.7	58.8	69.4	—	55.4	1.18	1.40	—	1.11
S0	136.0	203.0	93.5	—	135.0	1.49	0.69	—	0.99

（4）图 4.22 为板 B1、板 C1 和板 M4 的单元网格（5×5）和高斯点（9 个，虚线矩形区域）及钢筋应变示意图。如图 4.22（b）所示，屈服钢筋位置在薄膜效应作用阶段初期随着荷载增加而发生变化，后期基本保持不变。

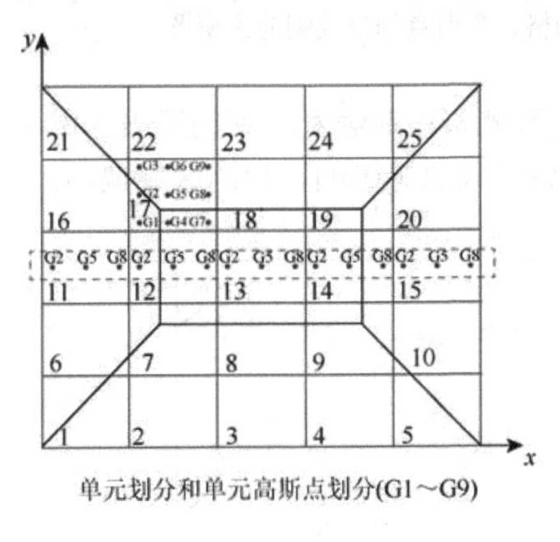

单元划分和单元高斯点划分(G1～G9)

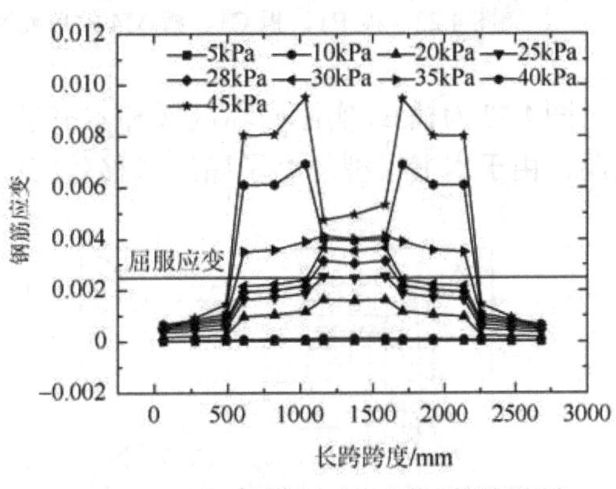

11～15单元上不同高斯点的钢筋应变

(a) 板B1

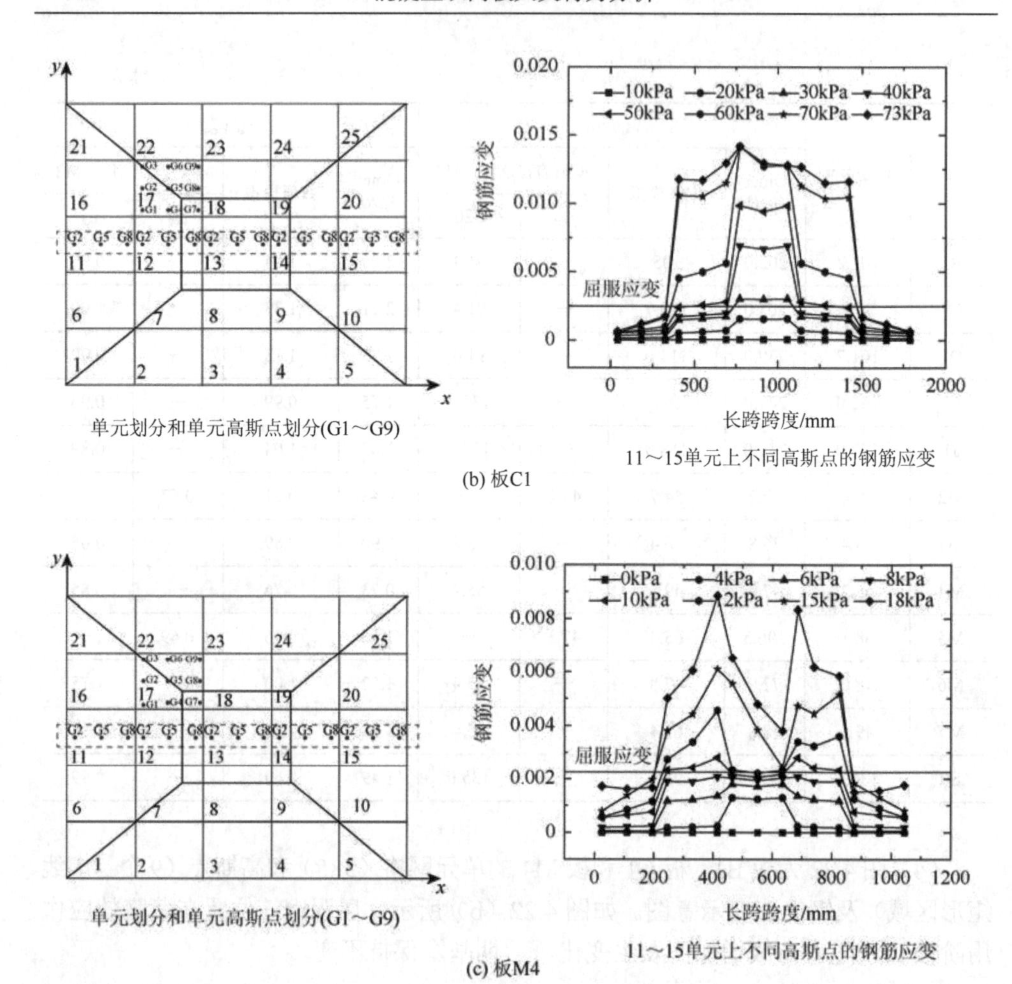

(b) 板C1

(c) 板M4

图 4.22　板 B1、板 C1、板 M4 的单元网格、高斯点划分及钢筋应变图

图4.23为板B1实际破坏区域和本书模型预测极限荷载对应钢筋屈服区域示意图，由于本书模型忽略了黏结滑移效应和钢筋硬化等影响，预测区域偏小。

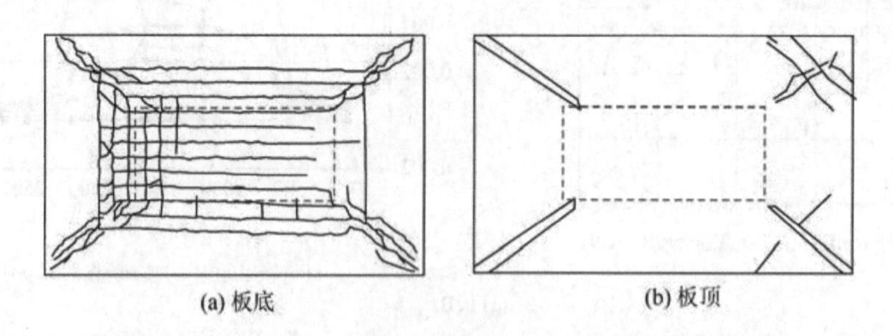

(a) 板底　(b) 板顶

图 4.23　板 B1 板顶（底）破坏区域与试验裂缝区域对比图

图 4.24 为采用数值模拟预测的 17 单元高斯点竖向剪力和理论计算值。由图可知，高斯点竖向剪力在薄膜效应阶段始终保持在−4～4kN，节点竖向剪力始终保持在−6～6kN，这说明本书模型预测竖向剪力是合理的。

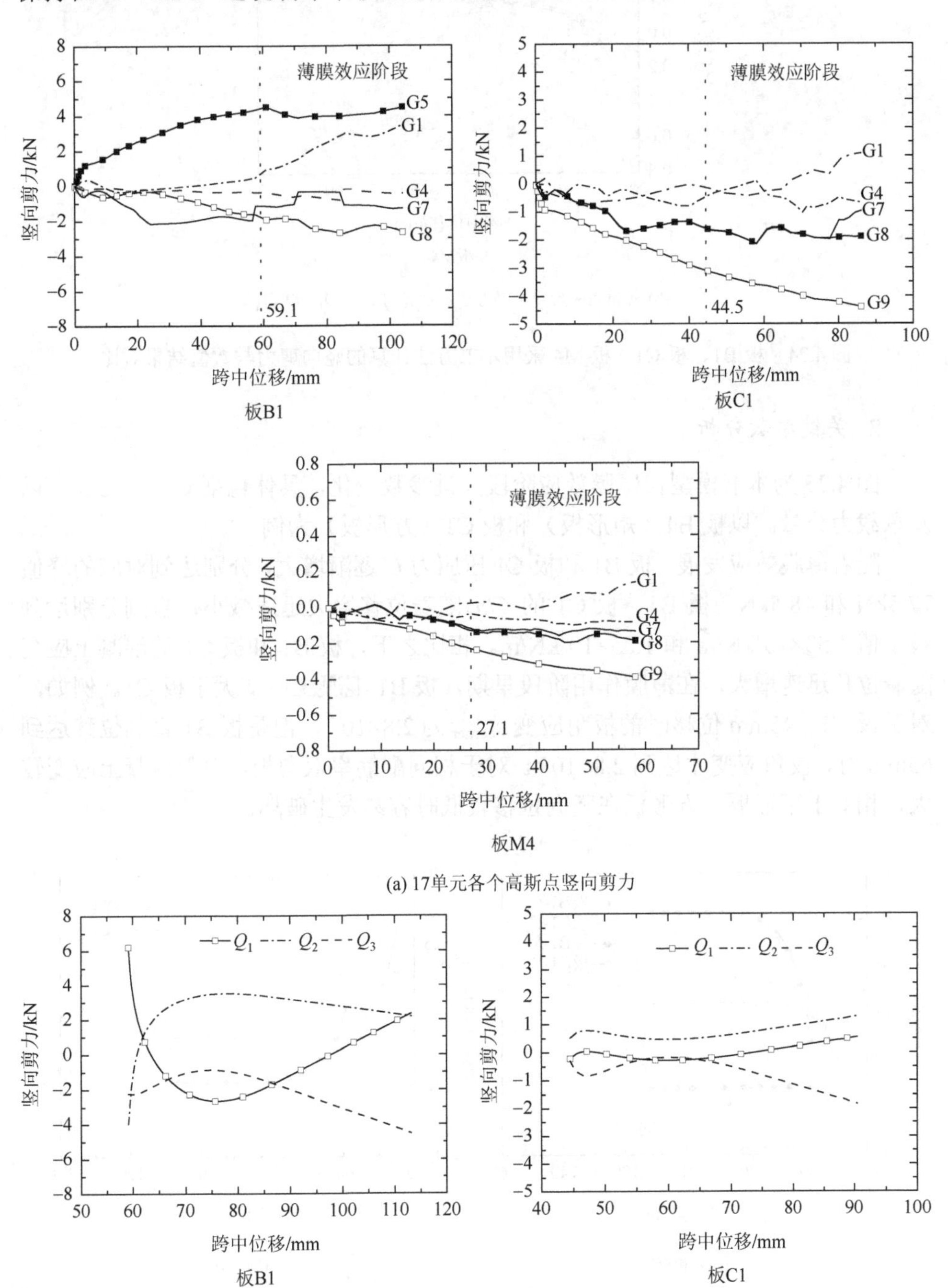

(a) 17单元各个高斯点竖向剪力

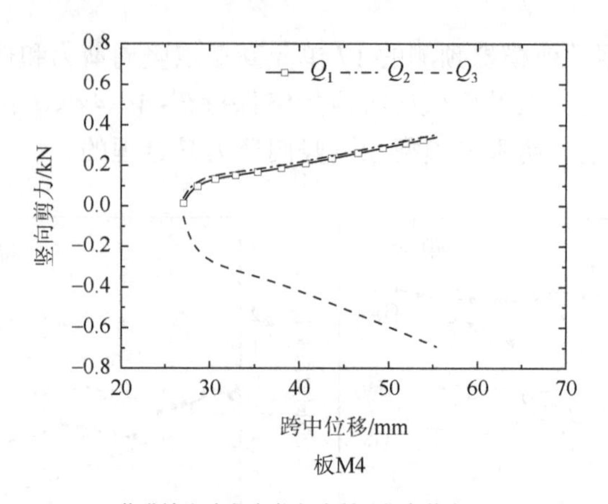

(b) 薄膜效应阶段本书方法所示竖向剪力(Q_1、Q_2、Q_3)

图 4.24　板 B1、板 C1、板 M4 采用本书方法计算的竖向剪力与数值结果对比

2. 关键参数分析

图 4.25 为本书模型在薄膜效应阶段关键参数变化，具体包括 C、S、C/a_x，以及承载力分量。以板 B1（矩形板）和板 C1（方形板）为例。

随着薄膜效应发展，板 B1 和板 C1 压应力 C 逐渐增大，分别达到对应的峰值 77.5kN 和 48.5kN。板 B1、板 C1 的 C/a_x 随着位移增大迅速减小，直到分别达到最小值 1.53×10^4kN/m 和 1.85×10^4kN/m。相比之下，板 B1 和板 C1 的混凝土应变随着位移迅速增大，在薄膜作用阶段早期，板 B1 混凝土应变大于板 C1。例如，对于板 C1，45mm 位移时的板角应变 $\varepsilon_{\mathrm{corner}}$ 为 2.8×10^{-3}，但是板 B1 直到位移达到 65mm 时，板角应变才达到 2.8×10^{-3}。对于相同配筋率双向板，由于混凝土应变较大，相对于矩形板，方形板在竖向位移较低时容易发生破坏。

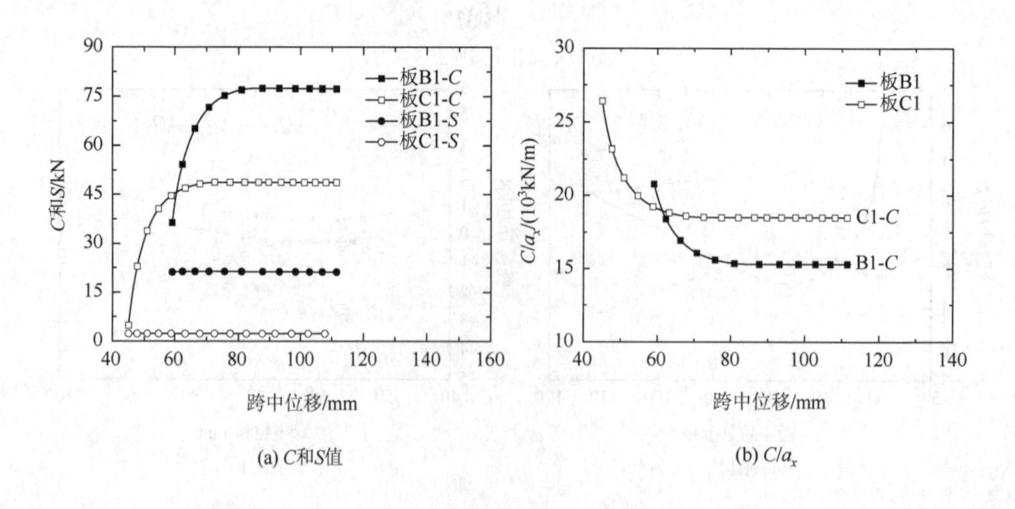

(a) C和S值　　(b) C/a_x

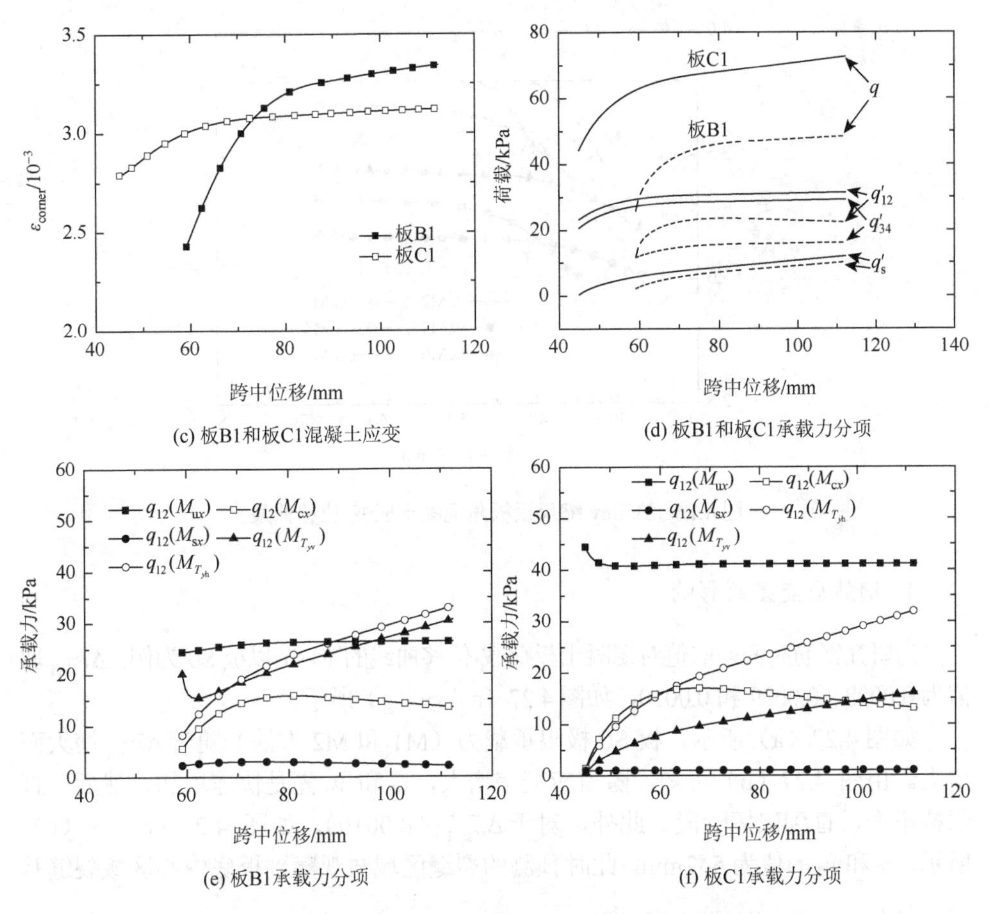

(c) 板B1和板C1混凝土应变　(d) 板B1和板C1承载力分项

(e) 板B1承载力分项　(f) 板C1承载力分项

图 4.25　板 B1 和板 C1 关键参数随跨中位移变化规律

图 4.25（d）为根据本书模型所得板 B1、板 C1 的 q'_{12}、q'_{34}、q'_s。如图 4.25（e）和（f）所示，相比于板 B1 和板 C1，承载力分项数值较大，板 C1 承载力高于板 B1，这一结论与试验现象一致。

综上，本书可解释相比于矩形板，方形板在给定的荷载下具有更大的刚度，但其易在更小位移下破坏。

3. 破坏模式

图 4.26 为 Bailey 缩尺板板角混凝土应变-位移曲线。试验结果表明，板 M3、板 M4、板 M6 和板 M7 表现为钢筋应变（跨中位移）破坏，板 M2 和板 M5 表现为板角混凝土压碎破坏。当板角混凝土压碎时，板在较小位移下突然破坏，表现为脆性破坏。此外，钢筋应变破坏模式板具有较好的延性。对比可知，本书所提极限状态下破坏准则是合理有效的。

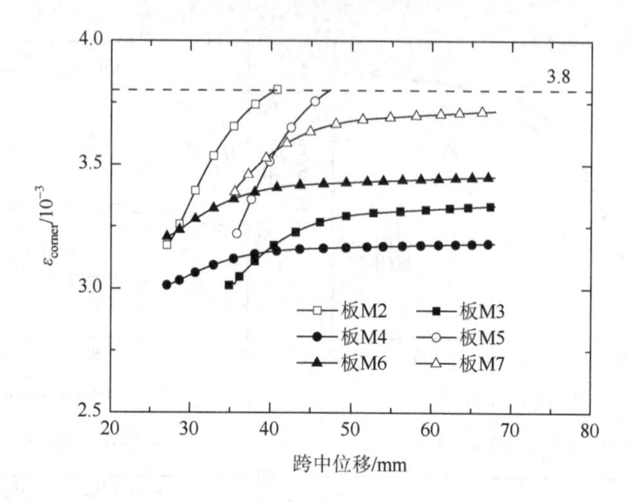

图 4.26　Bailey 缩尺板板角混凝土应变-位移曲线

4. 钢筋应变差的影响

为研究钢筋应变差取值对混凝土板荷载-位移曲线的影响，以板 S0 为例，$\Delta\bar{\varepsilon}_{sx,1}$ 取值为 0.0008、0.0009 和 0.0010，如图 4.27（a）～（g）所示。

如图 4.27（a）所示，板 S0 极限承载力（M1 和 M2 方法）随着 $\Delta\bar{\varepsilon}_{sx,1}$ 增大而增大。由图 4.27（b）可知，随着应变差增大，x_0 和 y_0 先是快速增加，然后一直保持不变，直到破坏阶段。此外，对于 $\Delta\bar{\varepsilon}_{sx,1}$（0.0010），如图 4.27（c）～（e）所示，x_0 和 y_0 的值为 542mm，此时预测的裂缝区域与观察到板底中心区域裂缝基本一致。

如图 4.27（e）所示，板角应变随着 $\Delta\bar{\varepsilon}_{sx,1}$ 增大而逐渐增大。当跨中位移达到 103mm 时，三个 $\Delta\bar{\varepsilon}_{sx,1}$ 取值混凝土板角应变分别为 3.07×10^{-3}、3.26×10^{-3} 和 3.5×10^{-3}。

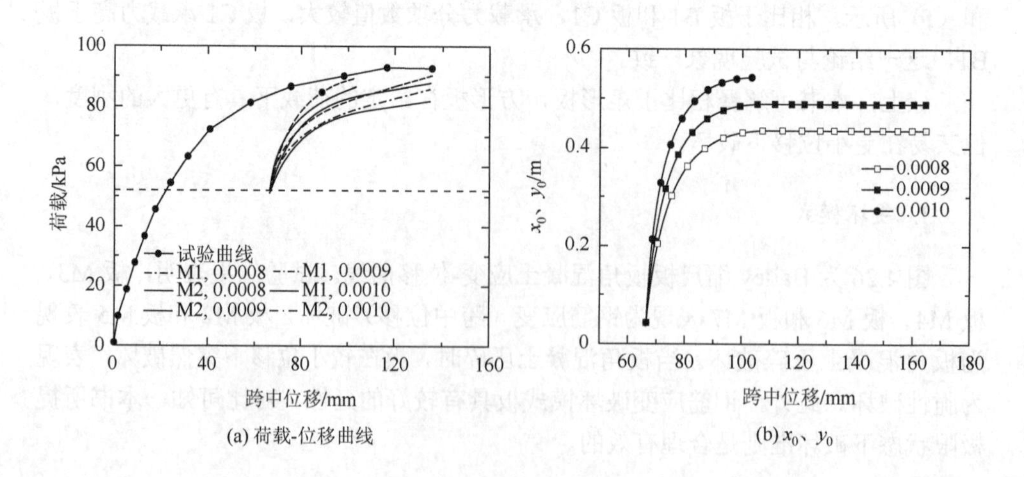

(a) 荷载-位移曲线　　(b) x_0、y_0

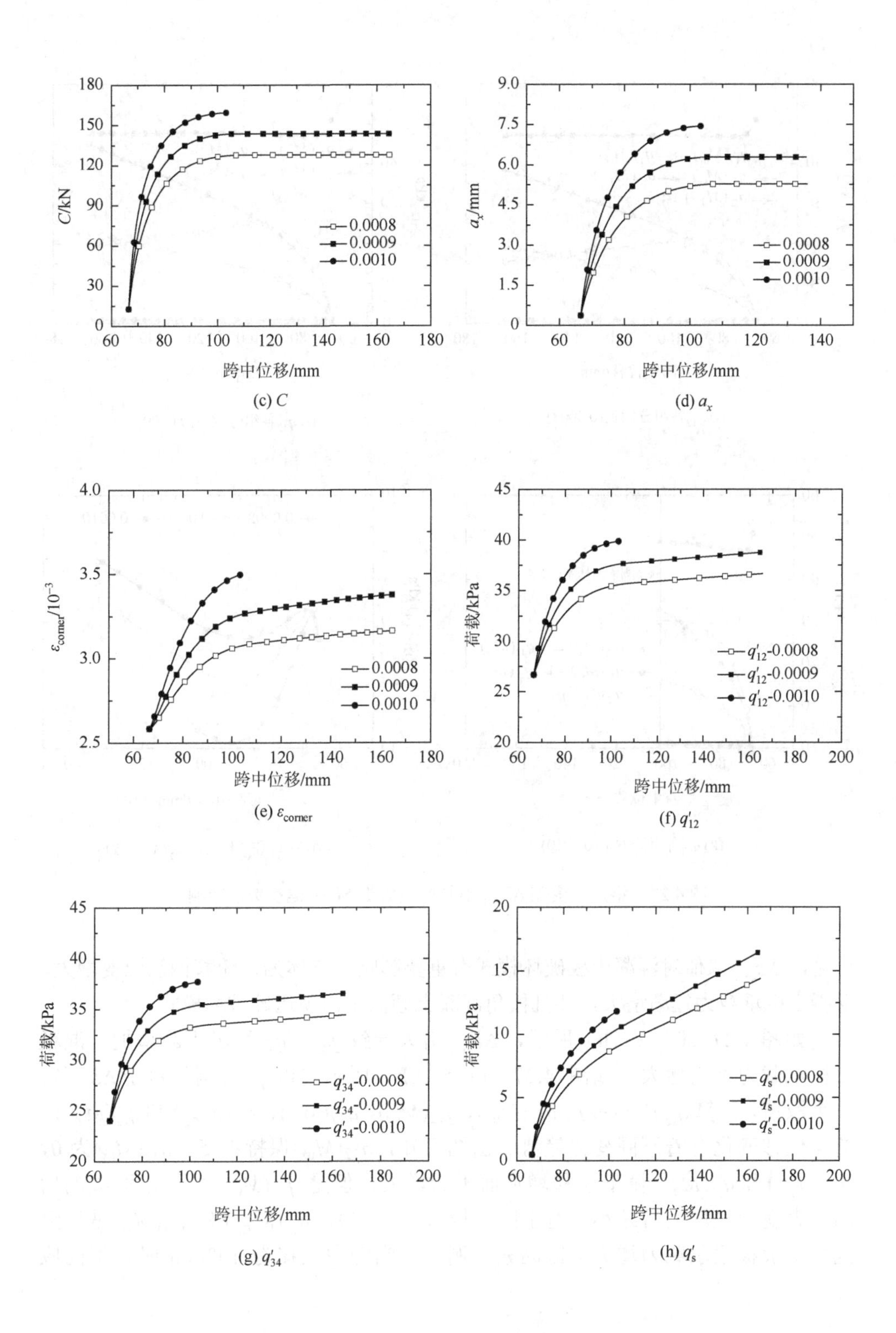

(c) C

(d) a_x

(e) $\varepsilon_{\text{corner}}$

(f) q'_{12}

(g) q'_{34}

(h) q'_s

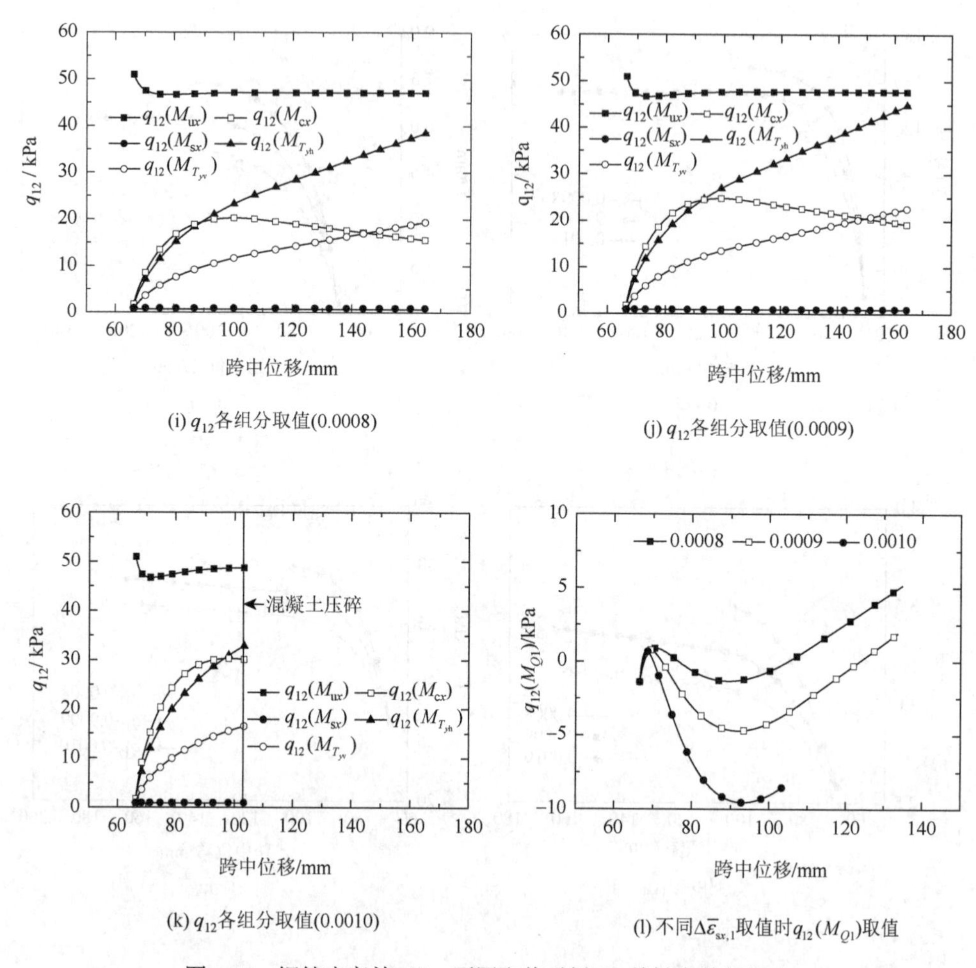

图 4.27　钢筋应变差 $\Delta\bar{\varepsilon}_{sx,1}$ 不同取值对板 S0 关键参数的影响

可见，$\Delta\bar{\varepsilon}_{sx,1}$ 取值对混凝土板破坏模式有重要影响。具体为，随着钢筋应变增大，混凝土板承载力逐渐增大，并且板角混凝土倾向于出现压碎破坏模式。

如图 4.27（f）～（h）所示，$\Delta\bar{\varepsilon}_{sx,1}$ 增大导致 q'_{12}、q'_{34} 和 q'_{s} 不断增加，混凝土板承载力不断增大。如图 4.27（i）～（k）所示，以 q'_{12} 为例，对于 $\Delta\bar{\varepsilon}_{sx,1}$ 每一个取值，计算 q'_{12} 所需参数 $q_{12}(M_{ux})$、$q_{12}(M_{cx})$、$q_{12}(M_{sx})$、$q_{12}(M_{T_{yh}})$ 和 $q_{12}(M_{T_{yv}})$，随着位移变化有着不同变化趋势。由图可知，$q_{12}(M_{ux})$保持不变，$q_{12}(M_{sx})$为 0，$q_{12}(M_{T_{yh}})$ 和 $q_{12}(M_{T_{yv}})$ 随着位移增加而不断增大，但是 $q_{12}(M_{cx})$由于 a_x 和 θ_x 的增加，表现为先增大后减小。对于刚性板块①（②），$q_{12}(M_{T_{yh}})$ 和 $q_{12}(M_{cx})$是导致混凝土板极限承载力增大关键因素。例如，当跨中位移为 100mm 时，不同应

变差取值对应 $q_{12}(M_{T_{yh}})$ 分别为 24.1kPa、28.1kPa 和 32.8kPa，$q_{12}(M_{cx})$分别为 20.2kPa、24.8kPa 和 30.3kPa。

与 $q_{12}(M_{T_{yh}})$ 和 $q_{12}(M_{cx})$相比，在薄膜效应阶段早期，钢筋应变差对 $q_{12}(M_{T_{yv}})$ 影响相对较小。例如，当跨中位移达到 103mm 时，三种应变差情况下 $q_{12}(M_{T_{yv}})$ 值分别为 11.7kPa、13.8kPa 和 16.0kPa。但随着位移增大，$q_{12}(M_{T_{yv}})$ 逐渐增大，对混凝土板承载力影响不断增大。

如图 4.27（k）所示，随着钢筋应变差增大，对 $q_{12}(M_{Q1})$早期影响较小，后期影响较大。

4.4 椭圆方法

4.4.1 计算方法

1. 基本假设

根据上述试验结果，提出新的混凝土双向板破坏模式和计算假设，具体如下：

（1）如图 4.28 所示，在极限状态下，混凝土板分成四块。其中，周围大箭头代表受压（混凝土）薄膜效应，中间小箭头代表受拉（钢筋网）薄膜效应。跨中裂缝象征试验板密集裂缝区域；斜虚线代表正塑性铰线，即板底裂缝。该模型适用于长宽比≤2，且四边简支混凝土薄板。

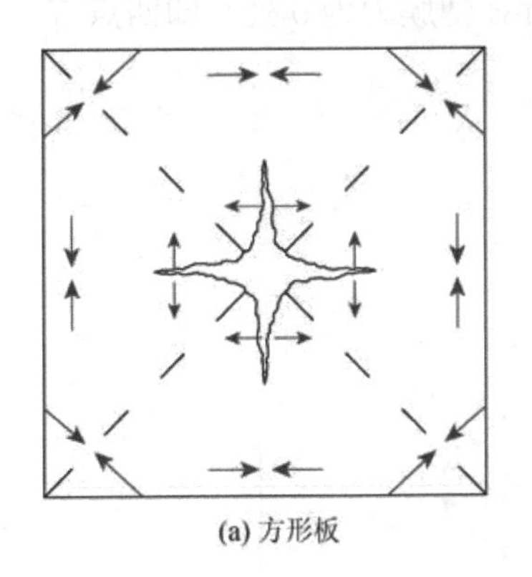
(a) 方形板

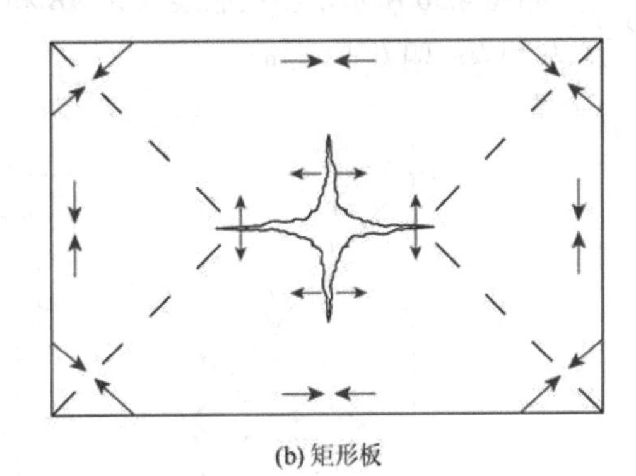
(b) 矩形板

图 4.28　本书混凝土板破坏模式图

（2）以矩形板为例，梯形 $ABCD$ 和三角形 ABA'板块编号分别为①和②，其中板块①一半定义为板块③（$ABFE$），如图 4.29（c）所示。参考文献[12]和文献[13]，确定每板块内力分布，其中 C_1、C_2 和 T_1、T_2 分别为混凝土压力和钢筋拉力在屈

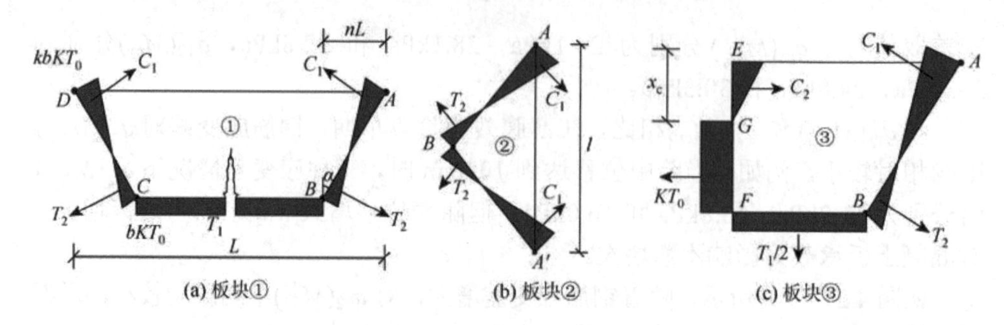

图 4.29　混凝土板块和内力分布

服线处合力；K 为 y 方向单位宽度钢筋屈服力与 x 方向单位宽度钢筋屈服力比值；T_0 为单位宽度钢筋屈服力。

2. 模型参数

1）夹角

根据经典屈服线理论，图 4.29（a）中 α 为

$$\sin\alpha = nL\Big/\sqrt{(nL)^2+\frac{l^2}{4}},\quad n=\frac{1}{2\mu a^2}\left(\sqrt{1+3\mu a^2}-1\right) \tag{4.42}$$

式中，n 为位置参数；μ为正交参数；a 为长宽比（L/l）。

2）x_0 和 y_0 计算

如图 4.30 所示，斜屈服线（如 AB 和 CD）上存在薄膜力为 0 处，即四点 I_1、I_2、I_3 和 I_4，如 I_1（x_0, y_0）。

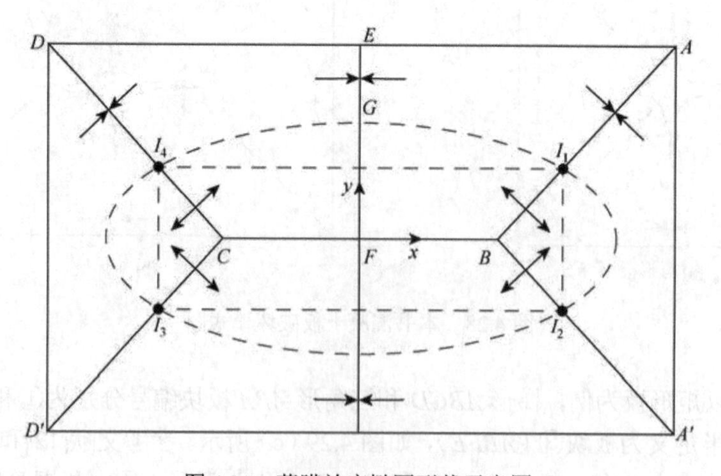

图 4.30　薄膜效应椭圆形状示意图

对于板块①，列内力平衡方程，可得

$$(T_1/2)\sin\alpha = C_1 - T_2 \tag{4.43a}$$

式中，

$$T_1 = bKT_0(L - 2nL) \tag{4.43b}$$

$$C_1 = \frac{kbKT_0}{2}\frac{k}{1+k}\sqrt{(nL)^2 + \frac{l^2}{4}} \tag{4.43c}$$

$$T_2 = \frac{bKT_0}{2}\frac{1}{1+k}\sqrt{(nL)^2 + \frac{l^2}{4}} \tag{4.43d}$$

由式（4.43a）～式（4.43d）可知，k 为

$$k = \frac{4na^2 1 - 2n}{4n^2a^2 + 1} + 1 \tag{4.44}$$

式中，k、b 为定义薄膜力参数。

如图 4.30 所示，以板中心 F 为原点，进而可得

$$x_0 = \frac{L}{2} - \frac{knL}{1+k},\quad y_0 = \frac{l}{2(1+k)} \tag{4.45}$$

由式（4.42）和式（4.45）可知，x_0 和 y_0 取决于两方向配筋和长宽比。值得指出的是，对于上节钢筋应变差方法，x_0 和 y_0 是钢筋屈服边缘位置。

3）确定 EG

下面提出三种方法，建立椭圆方程，进而确定拉压薄膜区域及板边受压薄膜效应宽度 EG，如图 4.30 所示。

（1）方法一。

如图 4.30 所示，即过点 I_1（x_0，y_0），以 L 为实轴长，可得椭圆方程为

$$\frac{4x_0^2}{L^2} + \frac{y_0^2}{(L_{FG})^2} = 1 \tag{4.46}$$

式中，L_{FG} 为短轴长度。

（2）方法二。

如图 4.30 所示，以 B 和 C 点为椭圆焦点，经过点 I_1，进而建立椭圆方程，即

$$\sqrt{\left[x_0 - \left(\frac{L}{2} - nL\right)\right]^2 + {y_0}^2} + \sqrt{\left[x_0 + \left(\frac{L}{2} - nL\right)\right]^2 + {y_0}^2} = 2\varphi \tag{4.47}$$

式中，2φ 为实轴长度。根据实轴长度和 I_1（x_0，y_0），可得椭圆方程。

由图 4.29 可知，依据椭圆方程，可确定板边受压薄膜效应宽度 EG，定义为 x_c。

（3）方法三。

除了上述两种方法，还有简化方法，即板边受压薄膜效应宽度 EG 为 $x_c = l/2 - y_0$。

3. 内力方程

1）内力及弯矩

如图 4.29（c）所示，对于板块③，假设受压薄膜区域 $EG(x_c)$为三角形分布，且其最大值为 N，进而可得内力平衡方程为

$$C_2 = \frac{Nx_c}{2} = KT_0\left(\frac{l}{2} - x_c\right) + C_1\cos\alpha - T_2\cos\alpha \tag{4.48}$$

式中，N 为 E 点位置薄膜力。

根据式（4.43a）～式（4.43d），化简可得

$$C_2 = \frac{Nx_c}{2} = \frac{KT_0}{4}\left(2l - 4x_c + \frac{k^2bl}{1+k} - \frac{bl}{1+k}\right) \tag{4.49}$$

此外，对板块③内 E 点求力矩，可得

$$T_2\left[\left(\frac{\cos\alpha\times L}{2} - \frac{\frac{L}{2} - nL}{\cos\alpha}\right)\frac{1}{\tan\alpha} - \frac{\sqrt{(nL)^2 + \frac{l^2}{4}}}{3(1+k)}\right] - KT_0\left(\frac{l}{2} - x_c\right)\left(\frac{l}{4} + \frac{x_c}{2}\right) + \frac{1}{3}C_2x_c$$
$$-\frac{T_1}{4}\left(\frac{L}{2} - nL\right) + C_1\left[\frac{\sin\alpha\, L}{2} - \frac{k\sqrt{(nL)^2 + \frac{l^2}{4}}}{3(l+k)}\right] = 0 \tag{4.50}$$

可得

$$b = \frac{\left(\frac{l}{2} - x_c\right)\left(\frac{l}{4} + \frac{x_c}{2}\right) - \frac{x_c(l - 2x_c)}{6}}{A - B + C + D} \tag{4.51}$$

其中，

$$A = \frac{x_c(k^2l - l)}{12(1+k)},\quad B = \frac{1}{2}\left(\frac{L}{2} - nL\right)^2,\quad C = \frac{1}{2(1+k)}\left[\frac{l^2}{8n} - \frac{L - 2nL}{2nL}\left((nL)^2 + \frac{l^2}{4}\right) - \frac{(nL)^2 + \frac{l^2}{4}}{3(1+k)}\right],$$
$$D = \frac{k^2}{2(1+k)}\left[\frac{nL^2}{2} - \frac{k}{3(1+k)}\left((nL)^2 + \frac{l^2}{4}\right)\right] \tag{4.52}$$

2）承载力提高系数 e_{1m} 和 e_{2m}

楼板薄膜效应承载力系数包括薄膜力引起的承载力提高系数（e_{1m} 和 e_{2m}）和弯矩作用引起的承载力增大系数（e_{1b} 和 e_{2b}）。当不考虑薄膜效应影响时，弯矩抵抗矩 M_{01} 和 M_{02} 分别为

$$M_{01} = KT_0 d_1 \frac{3+g_1}{4}, \quad M_{02} = T_0 d_2 \frac{3+g_2}{4} \tag{4.53a}$$

$$g_1 = \left(\frac{d_1}{2} - \frac{2KT_0}{f_{cu}}\right) \Big/ \frac{d_1}{2}, \quad g_2 = \left(\frac{d_2}{2} - \frac{2T_0}{f_{cu}}\right) \Big/ \frac{d_2}{2} \tag{4.53b}$$

式中，d_1 和 d_2 分别为板底钢筋两方向有效高度；f_{cu} 为混凝土抗压强度。

如图 4.31 所示，极限状态时，假设板跨中位移为 w，将板块①和板块②中的薄膜力，对竖向位移求矩，进而得到 M_{1m} 和 M_{2m}，即

$$M_{1m} = KT_0 Lbw\left[(1-2n) + \frac{n(3k+2)}{3(1+k)^2} - \frac{nk^3}{3(1+k)^2}\right] \tag{4.54}$$

$$M_{2m} = KT_0 lbw\left[\frac{2+3k}{6(1+k)^2} - \frac{k^3}{6(1+k)^2}\right] \tag{4.55}$$

根据 M_{01} 和 M_{02}，可得提高系数 e_{1m} 和 e_{2m}，即

$$e_{1m} = \frac{M_{1m}}{M_{01}L} = \frac{4b}{3+g_1}\frac{w}{d_1}\left(1-2n+\frac{n(2-k)}{3}\right) \tag{4.56}$$

$$e_{2m} = \frac{M_{2m}}{M_{02}l} = \frac{2bk}{3+g_2}\frac{w}{d_2}\frac{2-k}{3} \tag{4.57}$$

式中，g_1、g_2 为中间参数。

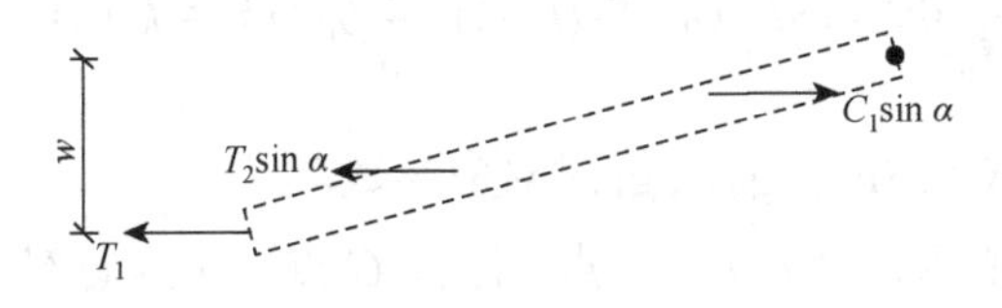

图 4.31　板块内力图

3）承载力增大系数 e_{1b} 和 e_{2b}

根据文献[12]和文献[13]，在轴力作用下，板屈服线承载力计算公式为

$$\frac{M}{M_0}=1+\alpha\frac{N}{T_0}-\beta\frac{N^2}{T_0} \tag{4.58a}$$

$$\alpha=\frac{2g_0}{3+g_0},\quad \beta=\frac{1-g_0}{3+g_0} \tag{4.58b}$$

式中，g_0为混凝土压应力区域比例（图 4.32）。

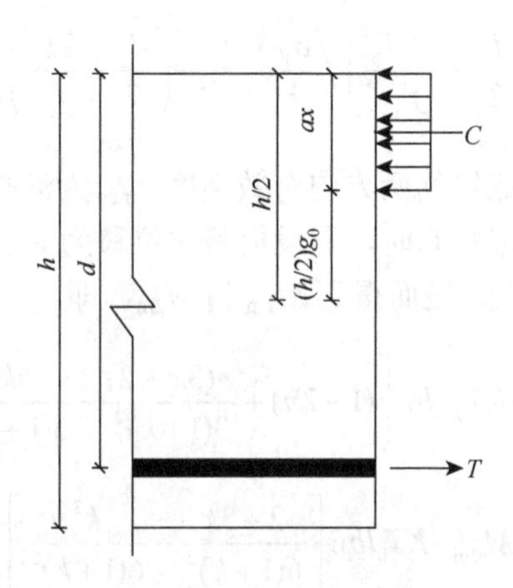

图 4.32　板截面内力图

如图 4.33（a）所示，对于板块①，在AB边上，设一点在x轴上投影距离B点（作为局部坐标原点）距离为x'，则$N_{x'}$为

$$N_{x'}=bKT_0\left[\frac{x'(k+1)}{nL}-1\right] \tag{4.59}$$

可得

$$2\int_0^{nL}\frac{M}{M_0}\mathrm{d}x'=2nL\left[1+\frac{\alpha_1 b}{2}(k-1)-\frac{1}{3}\beta_1 b^2(k^2-k+1)\right]=Z \tag{4.60}$$

式中，α_1和β_1见式（4.58b）；g_0取g_1时对应参数。

如图 4.33（b）所示，设EG上一点，距离G点（作为局部坐标原点）距离为y'，则$N_{y'}$为

$$N_{y'}=\frac{y'}{x_c}N \tag{4.61}$$

式中，$N_{y'}$为对应距离y'处力值；N见式（4.48）。

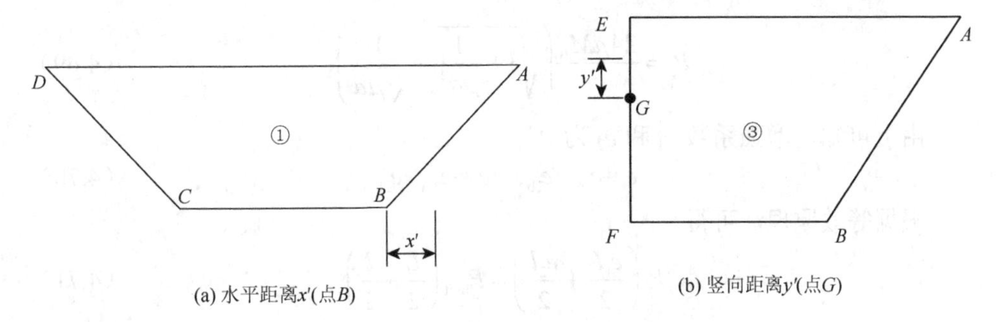

(a) 水平距离x'(点B)　(b) 竖向距离y'(点G)

图 4.33　板格局部坐标和关键参数

可得

$$\int_0^{x_c} \frac{M}{M_0} dy' = x_c + \alpha_2 \frac{x_c N}{2T_0} - \beta_2 \frac{x_c N^2}{3T_0^2} = Q \tag{4.62}$$

式中，α_2和β_2见式（4.58b）；g_0取g_2时对应参数。

对于BC段，$N_{BC}=-bKT_0$，代入式（4.58a），可得

$$\frac{M}{M_0} = (L - 2nL)(1 - \alpha_1 b - \beta_1 b^2) = Y \tag{4.63}$$

对于GF段，$N_{GF}=-KT_0$，代入式（4.58a），可得

$$\frac{M}{M_0} = 1 - K\alpha_2 - \beta_2 K^2 \tag{4.64}$$

最终，根据式（4.60）、式（4.62）、式（4.63）和式（4.64），可知

$$e_{1b} = \frac{Z}{L} + \frac{Y}{L} + \frac{2}{l}(1 - K\alpha_2 - K^2\beta_2)\left(\frac{l}{2} - x_c\right) + \frac{2Qx_c}{l} \tag{4.65}$$

对于板块②，设AB上一点在y轴上，投影距离A点为y，可得

$$N_y = bKT_0\left[\frac{2y(k+1)}{l} - 1\right] \tag{4.66}$$

将式（4.66）代入式（4.58a），积分可得

$$2\int_0^{l/2} \frac{M}{M_0} dy = l\left[1 + \frac{\alpha_2 bK}{2}(k-1) - \frac{\beta_2 b^2 K^2}{3}(k^2 - k + 1)\right] \tag{4.67}$$

增大系数e_{2b}为

$$e_{2b} = \frac{M}{M_0 l} = 1 + \frac{\alpha_2 bK}{2}(k-1) - \frac{\beta_2 b^2 K^2}{3}(k^2 - k - 1) \tag{4.68}$$

4. 极限承载力

根据屈服线理论，可知双向板屈服荷载为

$$P_y = \frac{24\mu M_0}{l^2}\left(\sqrt{3+\frac{1}{\mu a^2}}-\frac{1}{\sqrt{\mu}a}\right)^{-2} \tag{4.69}$$

由上可知，增强系数 e_1 和 e_2 为

$$e_1=e_{1\mathrm{m}}+e_{1\mathrm{b}},\quad e_2=e_{2\mathrm{m}}+e_{2\mathrm{b}} \tag{4.70}$$

根据等效原理，可得

$$P_y\left(\frac{e_1 L}{2}+\frac{e_2 l}{2}\right)=P_{\mathrm{limit}}\left(\frac{L}{2}+\frac{l}{2}\right) \tag{4.71}$$

即

$$\frac{P_{\mathrm{limit}}}{P_y}=e=e_1\left(\frac{L}{L+l}\right)+e_2\left(\frac{l}{L+l}\right) \tag{4.72}$$

可得极限承载力 P_{limit} 为

$$P_{\mathrm{limit}}=eP_y \tag{4.73}$$

5. 破坏模式

（1）钢筋破坏模式。

根据混凝土结构设计规范，可知钢筋极限应变为 0.01。因此，本书采用该破坏准则，极限状态下，短跨方向钢筋应变达到 0.01，即跨中变形约为 $l/20$。

（2）混凝土压碎破坏模式。

目前有两种混凝土压碎破坏模式，即板角压碎破坏和板边中间区域压碎破坏。其中，板角压碎破坏为常见破坏模式，而板边中间区域压碎破坏模式较少。本书模型能够预测这两种压碎破坏模式。板角混凝土压应变 ε_1 具体表达式见钢筋应变差方法。

对于板边中间区域，混凝土压应变 ε_2 为

$$\varepsilon_2=k_2\left[\frac{2C_2}{3hx_{\mathrm{c}}E_{\mathrm{c}}}+a_x\frac{M_{\mathrm{c}}}{I_{\mathrm{eff}}}\right]=k_2\left[\frac{f_{\mathrm{c}}}{E_{\mathrm{c}}}+a_x\frac{2C_2(d_1-a_x/2)}{3E_{\mathrm{c}}I_{\mathrm{eff}}}\right] \tag{4.74}$$

式中，k_2 为修正系数，鉴于该位置应力和应变较为简单（轴力），取值为 2。其中，混凝土极限压应变为 0.0033～0.0038，本书取值为 0.0033。

4.4.2　方法验证

1. 试验板

选取本书试验板和文献[12]和文献[13]中混凝土简支双向板验证所提模型，材性参数见表 4.4。采用经典屈服线理论、Bailey 理论、有限元理论和本书椭圆方法对试验板荷载-位移关系、极限承载力和薄膜机理等进行对比分析。

表 4.4　钢筋混凝土板材性参数

板	尺寸 $L×l×h$/mm	钢筋参数						f_{cu}/MPa	d_1/mm	d_2/mm
		E_s/GPa	$f_{y,x}$/MPa	$f_{y,y}$/MPa	A_{sx} /(mm^2/m)	A_{sy} /(mm^2/m)	直径 /mm			
M1	1700×1100×18.2	205	732.0	757.0	90.5	90.5	2.42	41.3	9.57	12.0
M3	1700×1100×22	205	451.0	454.0	68.6	72.4	1.53	35.3	14.7	16.2
M5	1700×1100×18.9	205	406.0	435.0	135.5	133.6	1.47	37.9	11.7	13.2
M7	1700×1100×20.4	205	599.0	604.0	44.7	43.6	0.84	41.6	14.1	15.0
M9	1700×1100×22	205	450.0	402.0	57.2	53.9	0.66	37.6	16.0	16.7
M2	1100×1100×19.1	205	732.0	757.0	90.5	90.5	2.42	38.0	10.4	12.9
M4	1100×1100×20.1	205	451.0	454.0	68.6	72.4	1.53	35.3	12.8	14.3
M6	1100×1100×21.6	205	406.0	435.0	135.5	133.6	1.47	38.6	14.4	15.9
M8	1100×1100×19	205	599.0	604.0	44.7	43.6	0.84	42.9	12.7	13.6
M10	1100×1100×19.4	205	450.0	402.0	57.2	53.9	0.66	37.3	13.7	14.4

结合面向对象程序设计方法，采用大挠度薄板单元，发展混凝土板壳有限元程序，分析混凝土双向试验板变形和薄膜机理等，用于验证相关假设合理性。

2. 对比分析

采用有限元理论所得试验板荷载-位移关系，如图 4.34（a）～（g）所示，图中还给出 Bailey 方法和本书方法所得极限荷载。图中“●”“○”分别代表方法一中混凝土压碎破坏和钢筋破坏；“■”“□”分别代表方法二中混凝土压碎破坏和钢筋破坏；“▽”“▼”分别代表方法三中混凝土压碎破坏和钢筋破坏。此外，不同理论所得极限荷载与试验极限荷载的对比如表 4.5 和表 4.6 所示。

1）极限荷载

由图 4.34（a）～（g）、表 4.5 和表 4.6 可知，相比于屈服线理论和 Bailey 理论，本书方法所得极限承载力和跨中位移与试验值和有限元结果总体吻合较好。

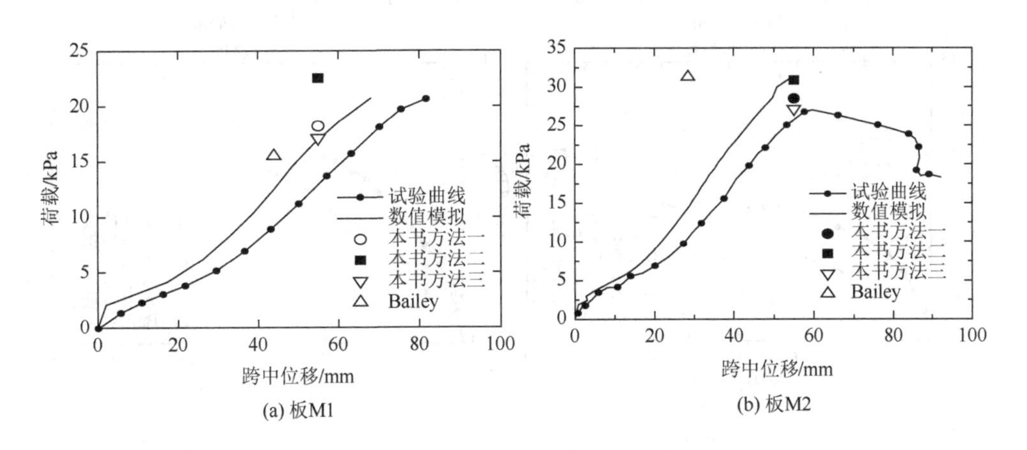

(a) 板M1　　(b) 板M2

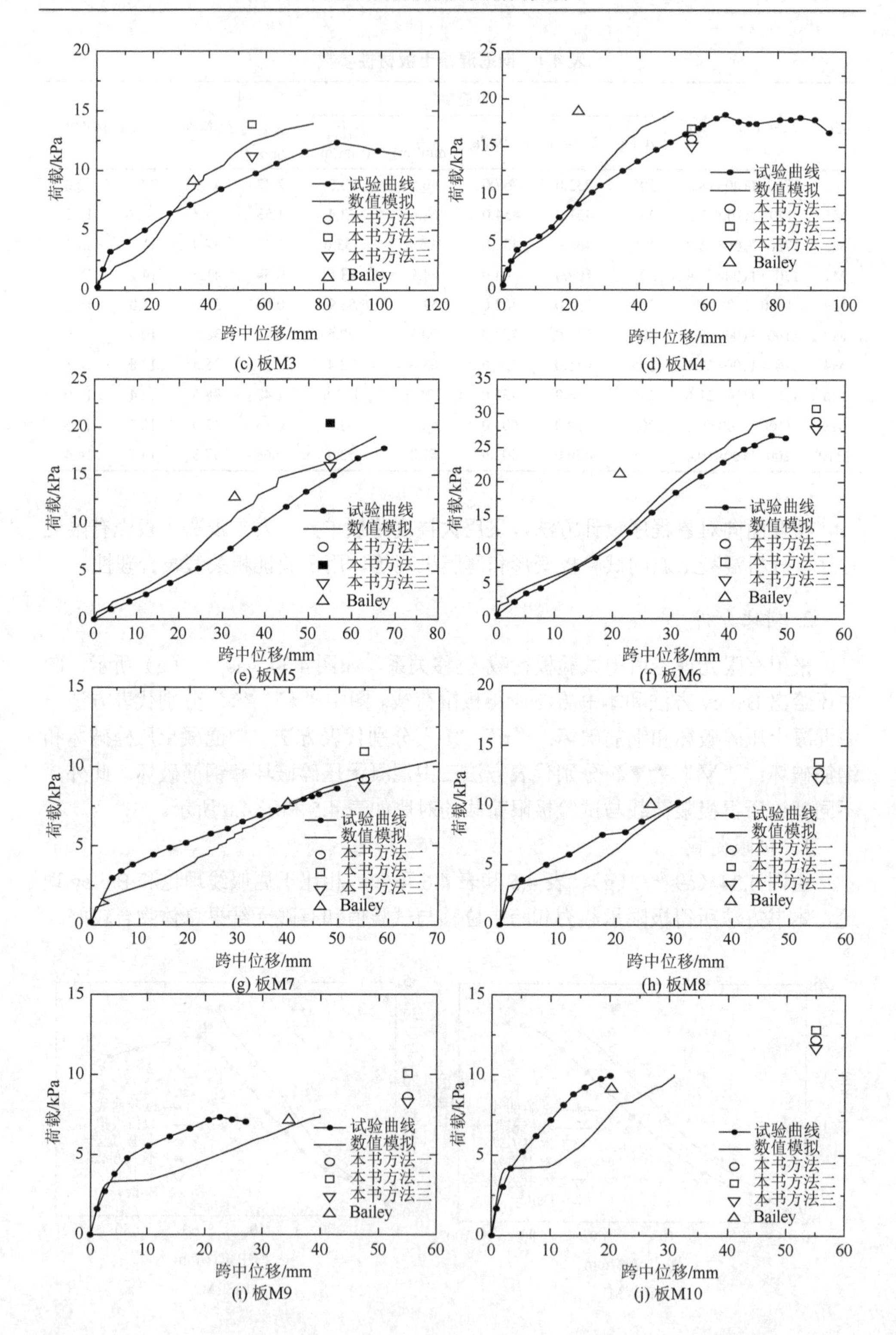

(c) 板M3　(d) 板M4

(e) 板M5　(f) 板M6

(g) 板M7　(h) 板M8

(i) 板M9　(j) 板M10

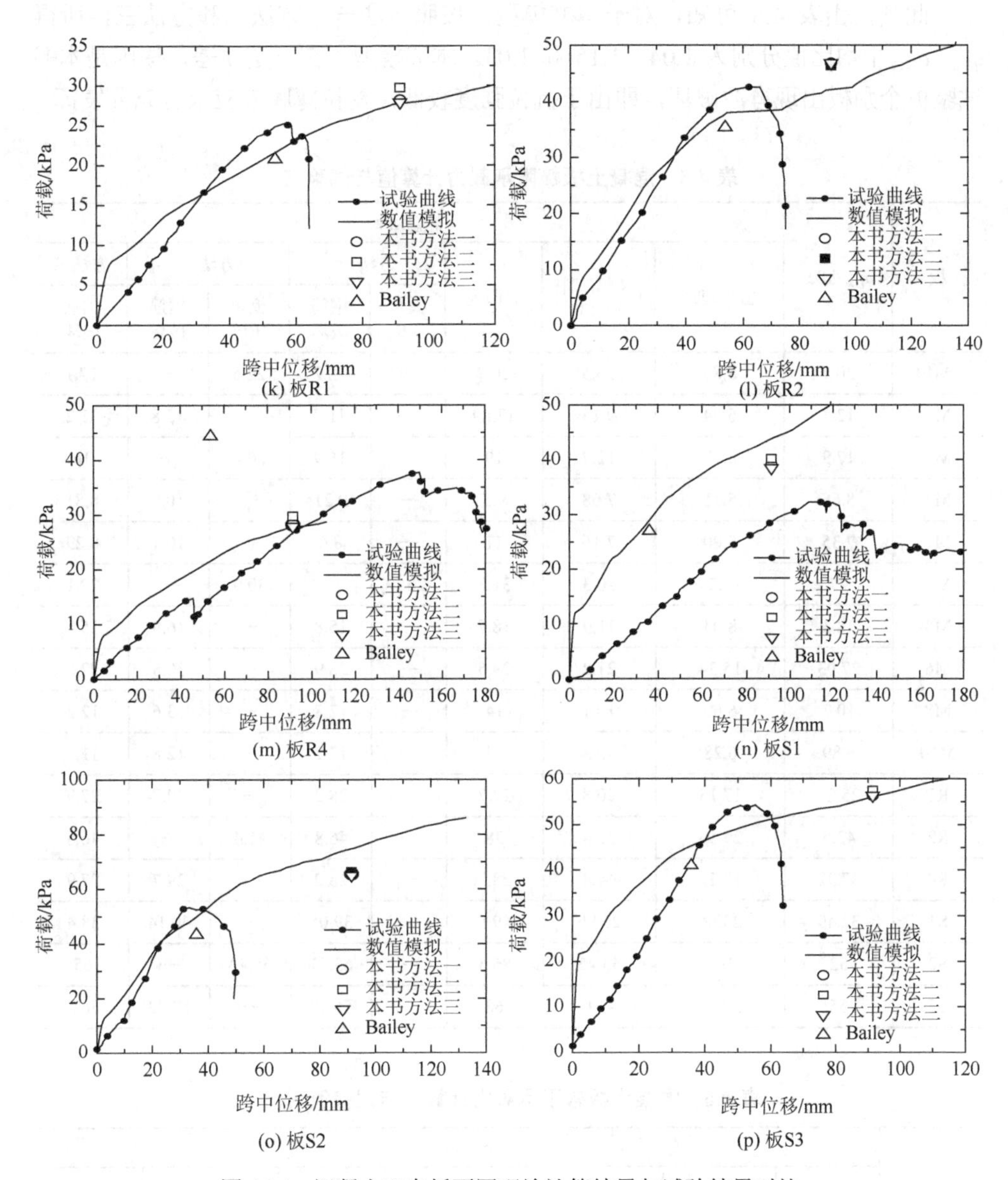

图 4.34　混凝土双向板不同理论计算结果与试验结果对比

由表 4.6 可知，采用屈服线理论，极限承载力计算值与试验值的比值 q_{limit}/q_{test} 最大值为 0.69，最小值为 0.43，平均比值为 0.57，原因是未考虑受拉薄膜效应。对于 Bailey 理论，q_{limit}/q_{test} 平均比值为 0.85。可见两模型计算结果明显偏于保守。特别是 Bailey 理论倾向于低估极限变形值。事实上，受拉薄膜效应是在混凝土双向板大变形时产生的，特别是极限状态。

此外，由表 4.6 可知，对于本书模型，按照方法一、方法二和方法三，所得 q_{limit}/q_{test} 平均比值分别为 1.04、1.15 和 1.03。本书模型存在一定误差，原因是本书试验板个别板出现弯冲破坏，即由于抗拉强度较低，受拉薄膜效应未能充分发挥。

表 4.5　混凝土板极限承载力计算值与试验值

板	q_{test}/kPa	q_{limit}/kPa							
		屈服理论	文献[12]和[13]	有限元	方法一		方法二		方法三
					板角压碎	钢筋破坏	板角压碎	钢筋破坏	钢筋破坏
M1	20.7	8.83	15.5	20.7	—	18.2	22.5	—	17.1
M3	12.3	6.54	9.13	13.89	—	11.7	—	13.8	11.2
M5	17.9	8.73	12.7	19	—	16.9	20.4	—	16
M7	8.65	5.11	7.68	9.5	—	9.21	—	10.9	8.81
M9	7.35	5.00	7.16	11	—	8.6	—	10.1	8.29
M2	27	13.24	20.3	31.3	28.5	—	30.9	—	27.1
M4	18.3	8.03	11.9	18.7	—	15.8	—	16.9	15.1
M6	27.03	15.34	21.2	29.5	—	28.9	—	30.8	27.8
M8	10.7	6.60	10.1	14	—	12.8	—	13.6	12.2
M10	9.89	6.28	9.13	14	—	12.2	—	12.8	11.7
R1	25.27	17.13	20.8	27.7	—	28.2	—	29.7	27.9
R2	42.5	29.53	35.4	38	—	46.8	46.4	—	46.8
R4	37.32	17.13	44.4	28.7	—	28.2	—	29.7	27.9
S1	32.49	23.66	26.96	49.8	—	39.05	—	40.14	38.4
S2	52	40.61	43.45	86.3	—	65.57	66.44	—	65
S3	55	37.53	41.0	60	—	56.29	—	57.43	56.3

表 4.6　混凝土板极限承载力计算值与试验值对比

板	q_{limit}/q_{test}							
	屈服理论	文献[12]和[13]	有限元	方法一		方法二		方法三
				板角压碎	钢筋破坏	板角压碎	钢筋破坏	钢筋破坏
M1	0.43	0.74	1	—	0.88	1.09	—	0.83
M3	0.53	0.74	1.13	—	0.95	—	1.13	0.91
M5	0.49	0.71	1.06	—	0.94	1.14	—	0.89
M7	0.59	0.89	1.10	—	1.06	—	1.26	1.02

续表

板	q_{limit}/q_{test}							
	屈服理论	文献[12]和[13]	有限元	方法一		方法二		方法三
				板角压碎	钢筋破坏	板角压碎	钢筋破坏	钢筋破坏
M9	0.68	0.97	1.5	—	1.17	—	1.37	1.13
M2	0.49	0.75	1.15	1.05	—	1.14	—	1
M4	0.44	0.65	1.02	—	0.86	—	0.92	0.82
M6	0.57	0.78	1.09	—	1.06	—	1.13	1.02
M8	0.62	0.94	1.42	—	1.19	—	1.27	1.14
M10	0.63	0.92	1.42	—	1.23	—	1.29	1.18
R1	0.68	0.82	1.09	—	1.11	—	1.18	1.11
R2	0.69	0.83	0.90	—	1.10	1.09	—	1.1
R4	0.58	1.49	0.77	—	0.95	—	1	0.94
S1	0.72	0.83	1.51	—	1.2	—	1.24	1.18
S2	0.78	0.84	1.66	—	1.26	1.28	—	1.24
S3	0.68	0.75	1.09	—	1.02	—	1.04	1.02

2）薄膜效应区域

表 4.7 给出了本书方法所得各板 I_1 点坐标。由表可知，长度和宽度对该点坐标有关键性影响，这一点与钢筋应变差方法所得结论相似。然而，相比于钢筋应变差方法，本书方法所得 x_0 和 y_0 相对较大些。例如，对于板 R1，x_0 和 y_0 分别为 0.78m 和 0.38m，而前面钢筋应变差方法所得为 0.65m 和 0.30m。

由图 4.35 可知，本书方法所得椭圆区域基本与有限元模拟所得薄膜效应区域相吻合，进一步验证本书方法的有效性，特别是方法二。以板 M2、板 M3、板 M4 和板 M5 为例，将本书方法计算结果（椭圆区域）与有限元所得拉压薄膜效应区域（红色为拉，蓝色为压）进行对比，如图 4.35 所示。其中，红色椭圆为方法一所得，黑色椭圆为方法二所得，黑色框为方法三所得。由图可知，方法二所得拉压薄膜效应区域与有限元计算结果吻合较好。值得提出的是，Bailey 方法无法精确求解受拉薄膜效应区域，特别是周围压力环，即假设 $x_c = 0$。

3）破坏模式

与其他模型不同，本书模型能够合理计算混凝土双向板破坏模式，即短跨钢筋破坏和混凝土（板角和板边中部）压碎破坏。表 4.7 为本书三种方法所得各板破坏时混凝土压应变 $\varepsilon_i(i = 1$ 和 $2)$ 和 $I_1(x_0, y_0)$。

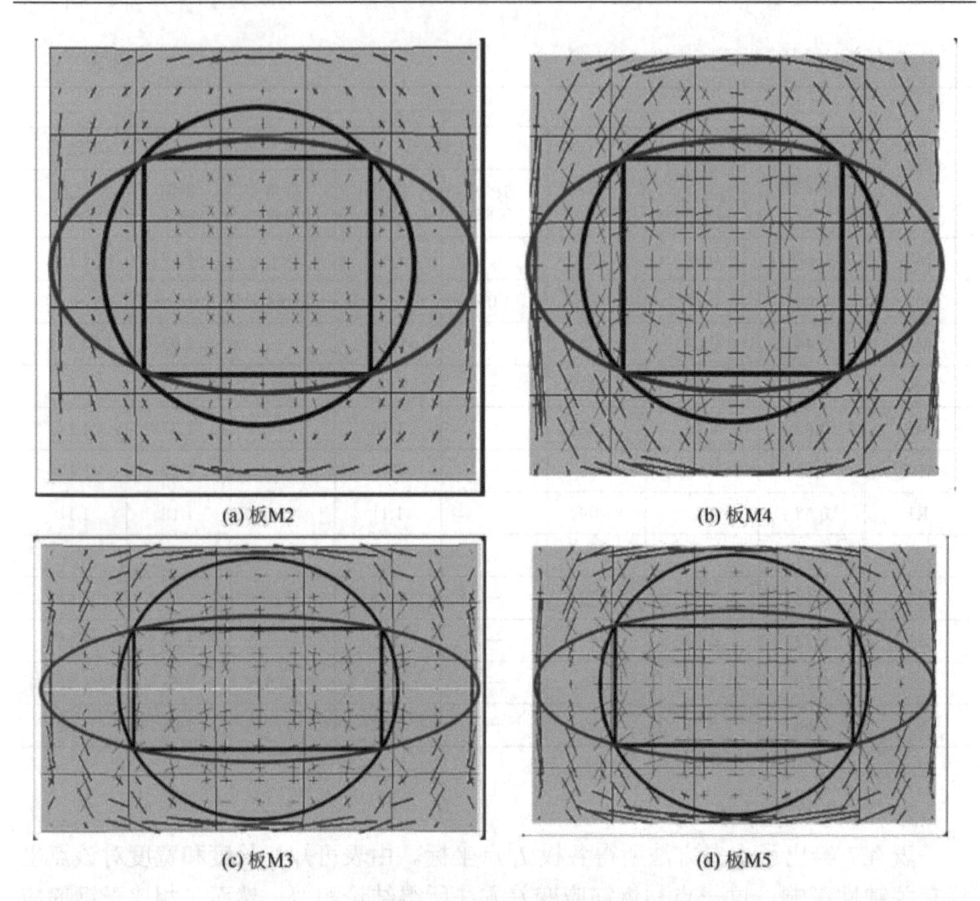

图 4.35　本书方法和其他方法所得薄膜效应区对比图

表 4.7　三种方法所得双向板坐标点 $I_1(x_0, y_0)$和压应变

板	x_0/m	y_0/m	方法一		方法二		方法三	
			$\varepsilon_1/10^{-3}$	$\varepsilon_2/10^{-3}$	$\varepsilon_1/10^{-3}$	$\varepsilon_2/10^{-3}$	$\varepsilon_1/10^{-3}$	$\varepsilon_2/10^{-3}$
M1	0.495	0.224	3.25	0.36	5.55	2.99	2.67	0.25
M3	0.484	0.228	1.33	0.18	2.24	1.59	1.11	0.13
M5	0.485	0.228	1.95	0.33	3.29	2.73	1.62	0.23
M7	0.475	0.233	1.36	0.15	2.26	1.34	1.15	0.1
M9	0.462	0.24	1.05	0.12	1.72	1.13	0.9	0.08
M2	0.285	0.265	3.4	0.39	4.06	0.72	2.92	0.28
M4	0.281	0.269	1.61	0.2	1.94	0.37	1.41	0.15
M6	0.28	0.269	1.92	0.34	2.31	0.61	1.67	0.25
M8	0.273	0.276	1.67	0.16	1.98	0.29	1.47	0.12
M10	0.279	0.271	1.68	0.17	1.87	0.28	1.47	0.12

续表

板	x_0/m	y_0/m	方法一		方法二		方法三	
			$\varepsilon_1/10^{-3}$	$\varepsilon_2/10^{-3}$	$\varepsilon_1/10^{-3}$	$\varepsilon_2/10^{-3}$	$\varepsilon_1/10^{-3}$	$\varepsilon_2/10^{-3}$
R1	0.777	0.384	1.47	0.21	2.45	1.54	1.22	0.15
R2	0.781	0.383	2.7	0.42	4.47	2.92	2.21	2.94
R4	0.777	0.384	1.47	0.21	2.45	1.54	1.22	0.15
S1	0.47	0.45	1.57	0.23	1.9	0.41	1.36	0.17
S2	0.47	0.45	2.83	0.45	3.45	0.81	2.46	0.33
S3	0.46	0.45	1.2	0.2	1.45	0.35	1.05	0.14

一方面，对于任一方法，相比于板边中间位置 E 点 ε_2，板角压应变 ε_1（C_1 位置）相对较大，因此板角位置易出现压碎破坏。另一方面，相比于方法一和方法三，方法二所得两位置压应变（ε_1 和 ε_2）偏大，原因是板边受压宽度差别较大，图 4.34（a）～（d）可解释这一点。

第5章　火灾下混凝土连续板力学性能试验研究

5.1　引　　言

目前，国内外学者对混凝土板抗火性能开展大量研究，但大多集中在混凝土单个简支板或连续板整个空间受火工况，对不同跨升降温相互作用或火灾蔓延工况等研究较少。实际上，从空间上来说，火灾可以发生在不同房间，且一房间燃料燃尽后会进入降温阶段，而相邻房间由于烟气或其他原因（防火墙失效）也会引发火灾。因此，有必要研究不同火灾蔓延工况对多跨混凝土连续板力学行为和破坏特征等影响规律。

5.2　连续板静止火灾工况试验

5.2.1　试验方案

1. 试验炉设计

如图5.1所示，试验炉长×宽×高尺寸为4400mm×1900mm×2570mm，分为三个炉腔。

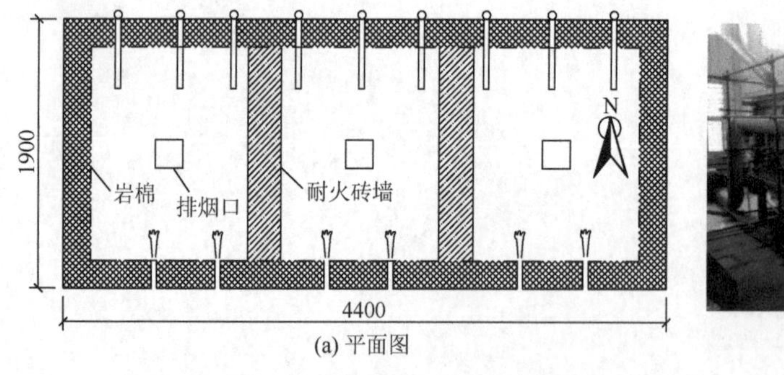

(a) 平面图

(b) 实景图

图5.1　试验炉（单位：mm）

2. 试件设计

根据混凝土结构设计规范，设计5块混凝土连续双向板试件（编号分别为S1、S2、S3、S4和S5），试件分组如表5.1所示。

表5.1 试件分组

试件编号	受火跨	尺寸/mm	配筋	配筋方式	保护层厚度/mm	龄期/天	抗压强度/MPa	含水率/%
S1	边跨受火	4700×2100×80	Φ6@200	双层双向	10	189	41.0	—
S2	中跨受火	4700×2100×80	Φ6@200	双层双向	10	198	—	—
S3	两边跨受火	4700×2100×80	Φ6@200	双层双向	10	218	—	2.6
S4	边中两跨受火	4700×2100×80	Φ6@200	双层双向	10	225	49.0	—
S5	三跨受火	4700×2100×80	Φ6@200	双层双向	10	236	43.3	2.2

试验板尺寸均为4700mm×2100mm×80mm。试件采用C30商品混凝土，配合比为水泥：砂：石子：水：掺合料＝1：3.24：4.2：0.68：0.48。试验时混凝土立方体抗压强度和含水率的测量值如表5.1所示。板内双层双向钢筋均采用HRB400，钢筋直径为6mm，钢筋间距为200mm。实测屈服强度和抗拉强度平均值分别为452MPa和656MPa。混凝土保护层厚度均为10mm。

按照《混凝土结构试验方法标准》和《建筑构件耐火试验方法 第1部分：通用要求》进行火灾试验，板外边支座采用钢滚轴和角钢，如图5.2（a）和（b）所示。炉内支座采用耐火球，如图5.2（c）所示。

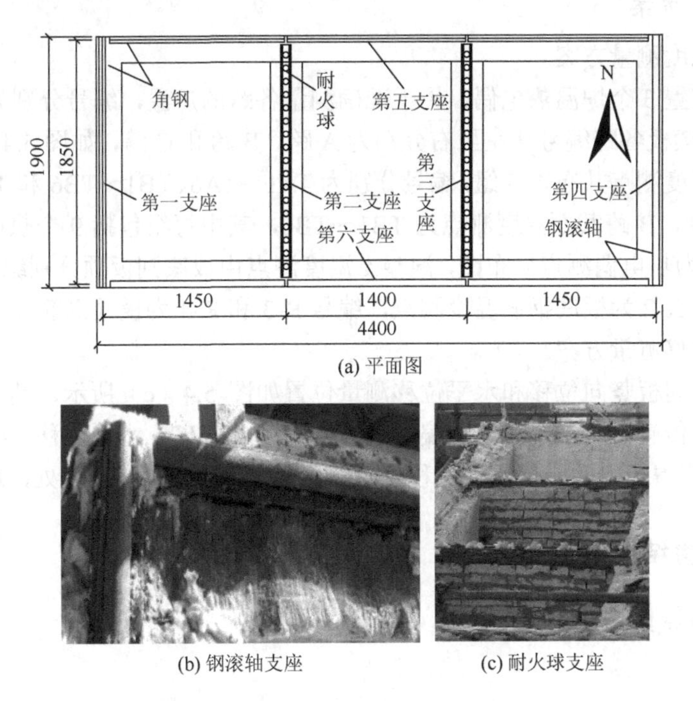

(a) 平面图

(b) 钢滚轴支座

(c) 耐火球支座

图5.2 连续板支座布置（单位：mm）

3. 加载方案

如图 5.3（a）所示，将反力梁放置在火灾试验炉四角，并用高强螺栓将其固定，从而对板角施加平面外约束，将压力传感器（P-1～P-4）放置在反力梁与试验板之间，以测得板角约束力。

如图 5.3（b）所示，为模拟楼面均布荷载（2kPa），在试验板上布置配重块。

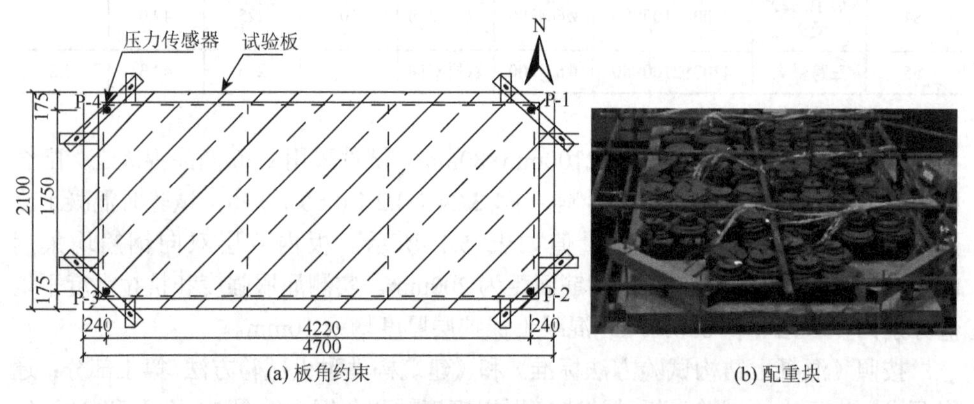

图 5.3　加载装置布置图（单位：mm）

4. 测量方案

（1）温度测量方案。

每跨布置 3 个炉温热电偶，用于准确测量各跨的炉温，编号分别为 L-1、L-2 和 L-3。连续板各跨编号从左至右分别为 A 跨、B 跨和 C 跨，如图 5.4（a）所示，每跨截面温度测点共布置 6 组，编号分别为 TA1～TA6、TB1～TB6 和 TC1～TC6。以 B 跨为例，B 跨截面温度测点为 TB1～TB6，其中每组包括 9 个热电偶测点，图 5.4（b）为热电偶测点分布图，混凝土温度测点由板底到板顶分别编号为 1～5，编号 R-1 和 R-2 为板底钢筋温度测点，编号 R-3 和 R-4 为板顶钢筋温度测点。

（2）位移测量方案。

连续双向板竖向位移和水平位移测量位置如图 5.4（c）所示，其中试验板跨中竖向位移传感器从左至右依次编号为 VA、VB 和 VC，水平位移传感器编号为 H1～H4。值得指出的是，水平位移传感器测点均布置在 $h/2$ 高度处，h 为板厚。

5.2.2　试验结果及分析

1. 主要试验现象

1）板 S1

试验中对板 S1 试验现象进行了观测，板 S1 为边跨 A 受火。试验现象如下。

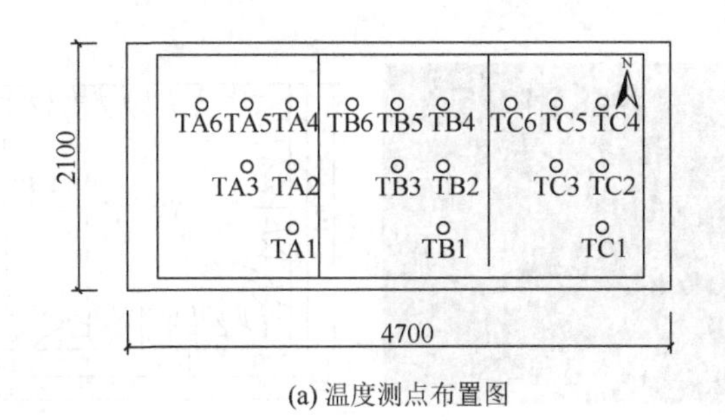

(a) 温度测点布置图

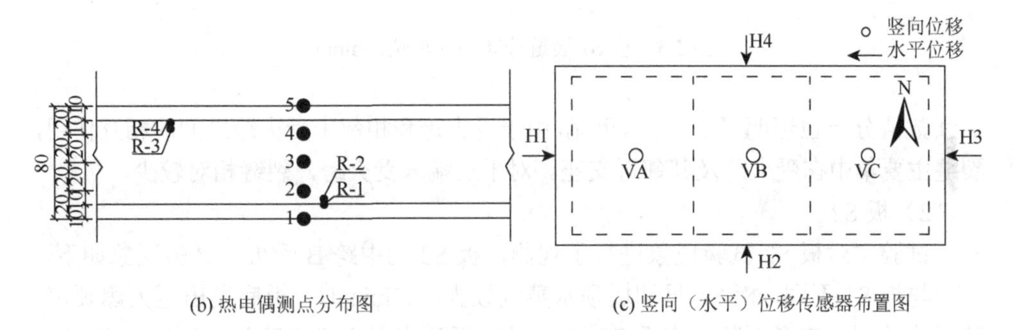

(b) 热电偶测点分布图　　(c) 竖向（水平）位移传感器布置图

图 5.4　热电偶和位移传感器布置图（单位：mm）

0min 时，跨 A 点火，21min 时跨 A 跨中出现水蒸气，随后其逐渐增多直至 45min。对于未受火跨 B 和 C，没有水蒸气。190min 停火，板顶和板底裂缝如图 5.5 所示。值得指出的是，裂缝①、②和③是在吊板过程中产生的。

由图 5.5（a）可知，板顶裂缝主要集中在受火跨 A，即第二支座附近负弯矩区域。同时，非受火跨 B 出现少许弧形裂缝。然而，对于远端未受火跨 C，板顶未出现任何裂缝。

由图 5.5（b）可知，板底裂缝主要集中在受火跨 A 和非受火跨 B，特别是垂直板边短向裂缝，原因是板边缘未直接受火（温度较低），板跨中区域直接受火（温度较高），板边缘和跨中区域混凝土膨胀作用不同，板边产生拉应力而出现裂缝，

(a) 板顶裂缝原图

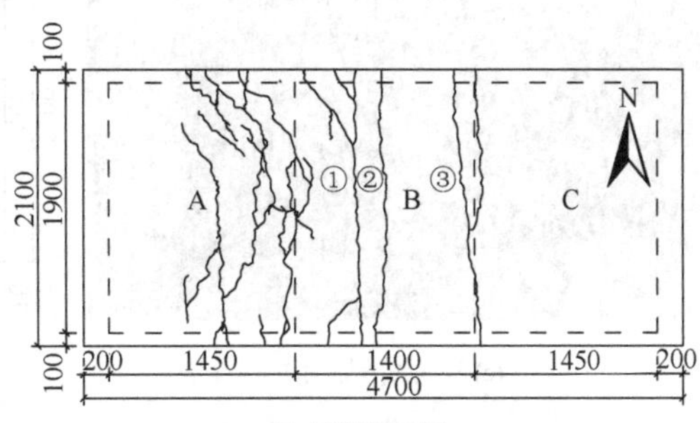

(b) 板顶裂缝图

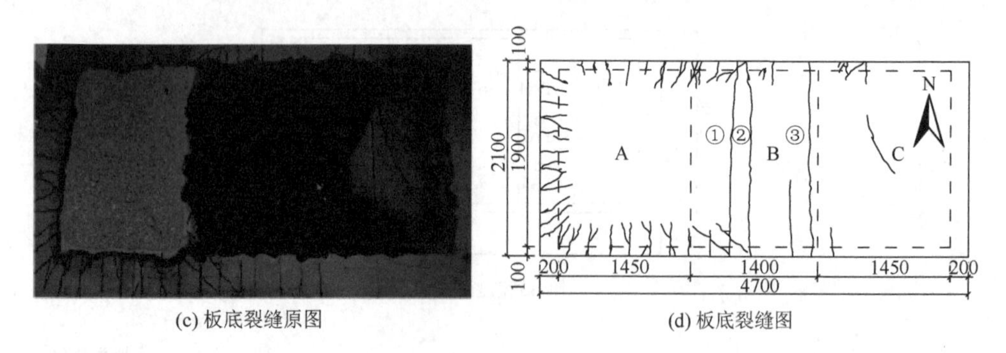

(c) 板底裂缝原图　　　　　　　　　　(d) 板底裂缝图

图 5.5　板 S1 裂缝分布图（单位：mm）

后续数值分析也证明了这一点。可见，由于受火跨和相邻未受火跨之间的相互作用，裂缝主要集中在受火跨及其邻近支座。对于远端未受火跨，裂缝相对较少。

2）板 S2

试验中对板 S2 试验现象进行了观测，板 S2 为中跨 B 受火。试验现象如下。

与板 S1 不同，板 S2 早期板顶水蒸气较少。45min 时，板底发出巨大爆裂声，随后连续剥落声音不断，直至 75min，其间板顶出现少量水蒸气。200min 时跨 B 熄火，板顶（底）裂缝情况如图 5.6 所示。

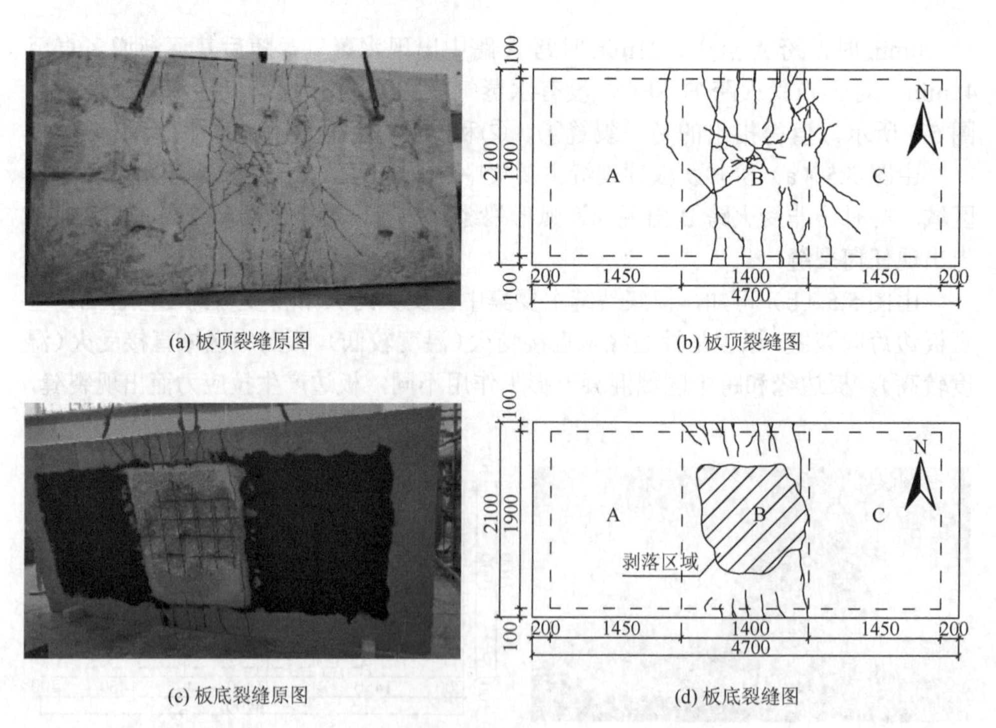

(a) 板顶裂缝原图　　　　　　　　　　(b) 板顶裂缝图

(c) 板底裂缝原图　　　　　　　　　　(d) 板底裂缝图

图 5.6　板 S2 裂缝分布图（单位：mm）

由图 5.6（a）和（b）可知，板顶裂缝主要在跨 B 区域和两内部支座处，但两未受火边跨区域裂缝较少。原因是跨 B 发生严重爆裂，其与邻跨相互作用减弱。此外，板边裂缝间距约为 200mm，板中裂缝多为网状裂缝（爆裂作用）。由图 5.6（c）和（d）可知，短向裂缝和爆裂主要集中在跨 B，而两边跨板底未出现裂缝。此外，爆裂面积约为 1.14m^2，且爆裂最大深度约为 60mm，致使板顶和板底钢筋露出，结构刚度严重降低。然而，由于结构连续性，该跨并未出现坍塌。

3）板 S3

试验中对板 S3 试验现象进行了观测，板 S3 为跨 A 和跨 C 同时受火。试验现象如下。

0min 时，跨 A 和跨 C 点火。30min 左右，跨 A 和跨 C 出现水蒸气，随后两跨水蒸气逐渐增多，约 60min 时，跨 A 和跨 C 水蒸气消失。130min 时，跨 A、跨 C 跨中下沉，跨 B 往上凸较为明显。160min 时，跨 A 和跨 C 停火。最终板顶和板底裂缝如图 5.7 所示。

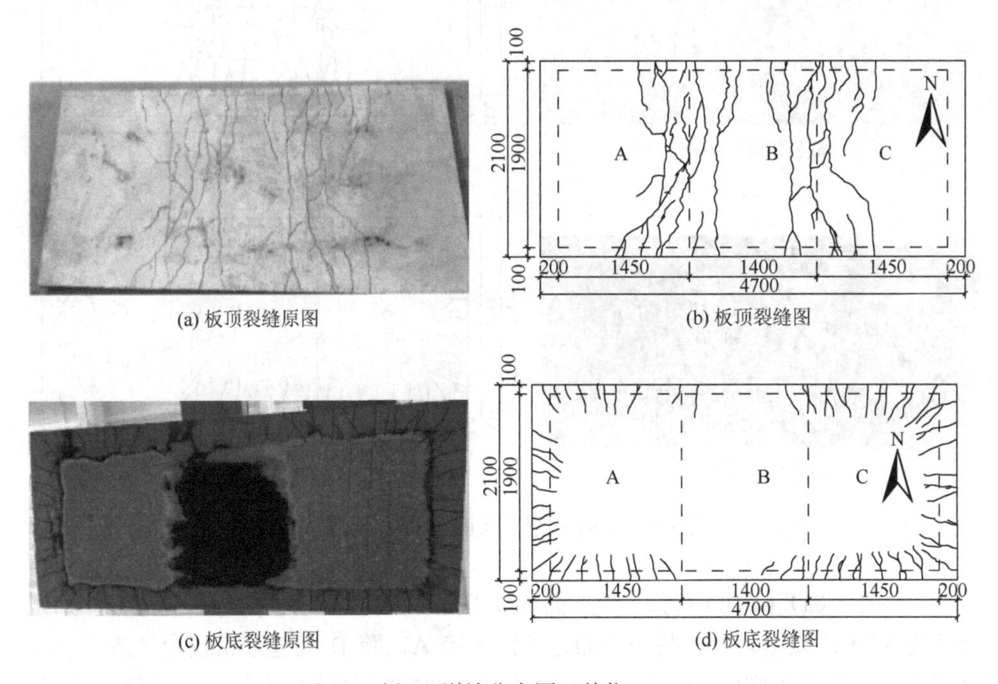

图 5.7　板 S3 裂缝分布图（单位：mm）

由图 5.7（a）和（b）可知，由于负弯矩作用，板顶裂缝主要集中在两内部支座处，裂缝样式基本对称。此外，裂缝基本相互平行，其间距与钢筋间距类似。

由图 5.7（c）和（d）可知，两受火边跨存在轻微爆裂，跨 C 少量钢筋露出。

此外，与板 S1 和板 S2 类似，受火两边跨板底周边存在大量短裂缝，而未受火跨 B 板底裂缝相对较少。

4）板 S4

试验中对板 S4 试验现象进行了观测，板 S4 为边跨 A 和中跨 B 同时受火。试验现象如下。

0min 时，跨 A 和跨 B 点火，20min 左右，跨 B 跨中和跨 A 跨中及第二支座处出现裂缝。约在 30min 时，跨 A 和跨 B 开始出现水蒸气，随后水蒸气逐渐增多，约在 60min 时，两受火跨水蒸气基本消失。180min 时，跨 A 和跨 B 停火，板顶和板底裂缝情况如图 5.8 所示。

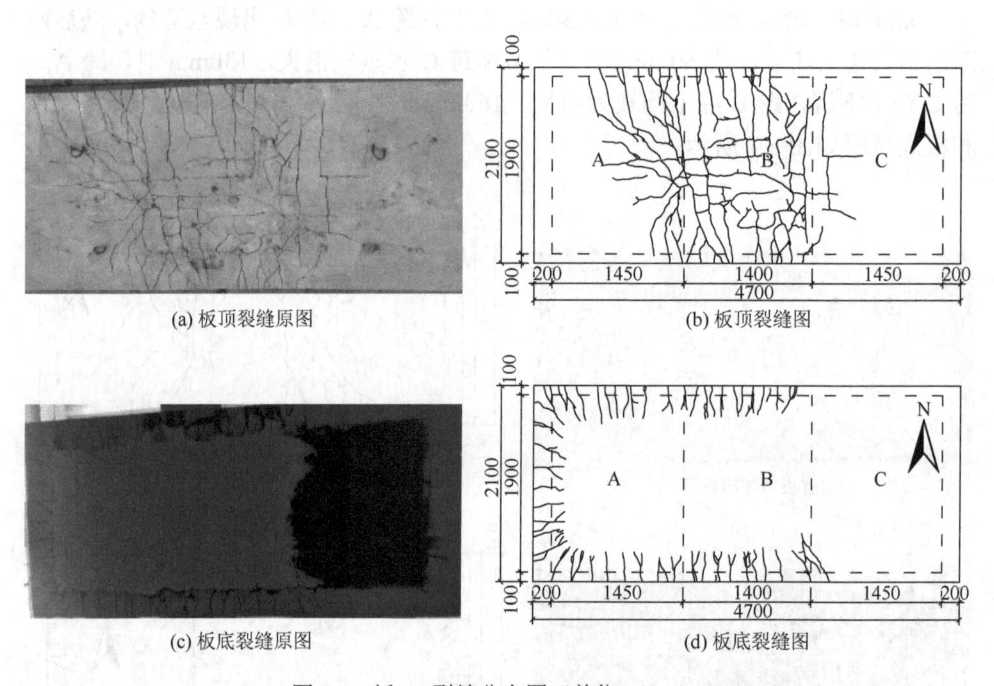

(a) 板顶裂缝原图　　(b) 板顶裂缝图

(c) 板底裂缝原图　　(d) 板底裂缝图

图 5.8　板 S4 裂缝分布图（单位：mm）

由图 5.8（a）和（b）可知，一方面板顶裂缝主要集中在两受火跨，特别是跨 B，而非受火跨 C 裂缝较少。另一方面，相比于跨 A，跨 B 裂缝分布较为复杂，形成网状分布，即除了南北方向裂缝，还有少量东西方向裂缝。对比板 S1 可知，随着受火跨增多，裂缝数量增加。由图 5.8（c）和（d）可知，受火跨两板底出现轻微剥落，少量钢筋露出。此外，板边短裂缝主要集中在跨 A 和跨 B，跨 C 板底未出现裂缝。

5）板 S5

试验中对板 S5 试验现象进行了观测，板 S5 为三跨同时受火。试验现象如下。

0min 时，三跨同时点火。与上述两板类似，30～60min 为各跨水蒸气蒸发阶段。因此，可依据水蒸气情况，判断混凝土板火灾阶段、板顶混凝土温度和板顶裂缝开展情况。180min 时，三跨停火。板顶和板底裂缝情况如图 5.9 所示。

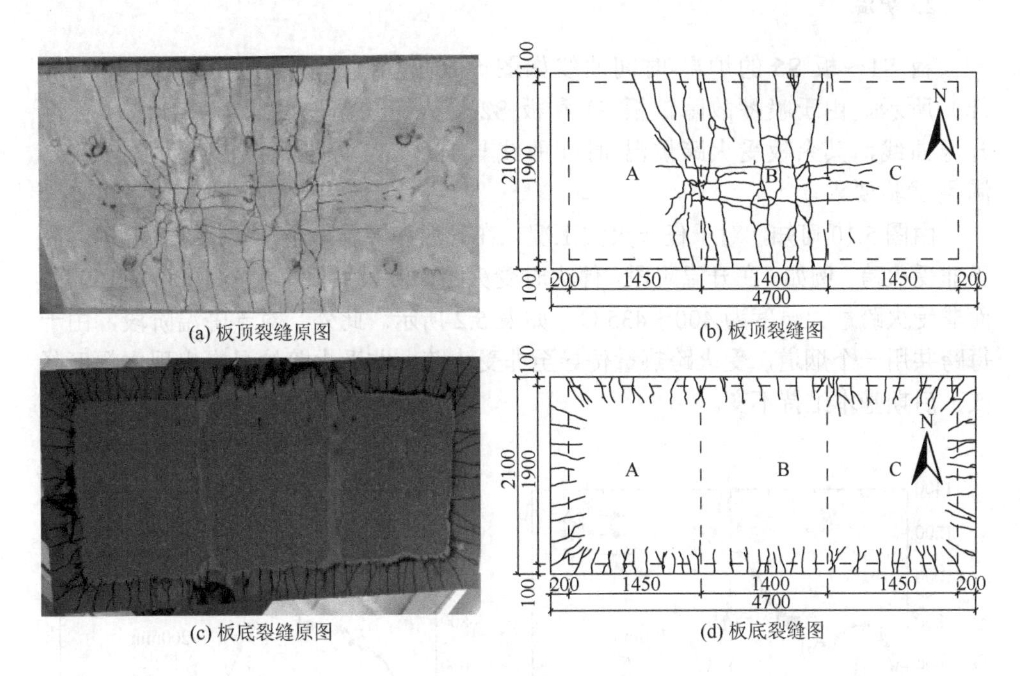

图 5.9　板 S5 裂缝分布图（单位：mm）

6）对比分析

通过对板 S1～板 S5 水蒸气、爆裂和裂缝等对比可知，受火跨数量和位置对连续板裂缝分布和破坏模式具有决定性影响。

对于板顶，裂缝多为平行短跨方向，集中分布于受火跨及其邻近内支座附近，而边跨外边缘区域裂缝相对较少，特别是板角区域。值得指出的是，板顶裂缝主要是在升温阶段出现。这一点与单个简支板、约束板和整体结构楼板裂缝分布样式不同，原因是本书试验板（跨厚比小）跨中变形较小，即板角竖向变形较小，进而板角竖向翘曲作用相对较弱。对于板底，裂缝多集中在受火跨外边缘，且垂直于板边。然而，板底两内支座未出现裂缝，原因是该区域受压。

通过以上对比分析，可知混凝土连续双向板内支座板顶位置是结构薄弱区域，裂缝相对较多，应加强该区域抗火设计，防止过早破坏。同时，相比于两边跨，中间跨区域裂缝相对较为复杂，特别是该跨板顶区域，可知该跨灾后性能严重降低。因此，对于跨厚比较小的混凝土连续板，以支座和中跨出现短跨通长裂缝破坏模式为主，进而易发生完整性和隔热性破坏，应加强其中间跨的抗火设计，且不宜采用分离式配筋方式。

2. 炉温

板 S1～板 S5 的炉温-时间曲线如图 5.10 所示。其中，如图 5.10（a）和（b）所示，由于喷嘴故障，板 S1 和板 S2 受火跨炉温曲线低于 ISO 834 标准升温曲线，其余板受火跨炉温-时间曲线与 ISO 834 标准升温曲线大体一致，满足试验要求。

由图 5.10 可知，对于任一火灾工况，在升温和降温阶段，受火跨炉温远远高于非受火跨。例如，在升温阶段，停火时受火跨炉温最大值集中在 1000～1150℃，而非受火跨最大温度为 400～435℃，如表 5.2 所示。此外，对于降温阶段，由于每跨共用一个烟道，受火跨热量传导至非受火跨，非受火跨炉温未出现大幅度降低，后期基本维持不变。

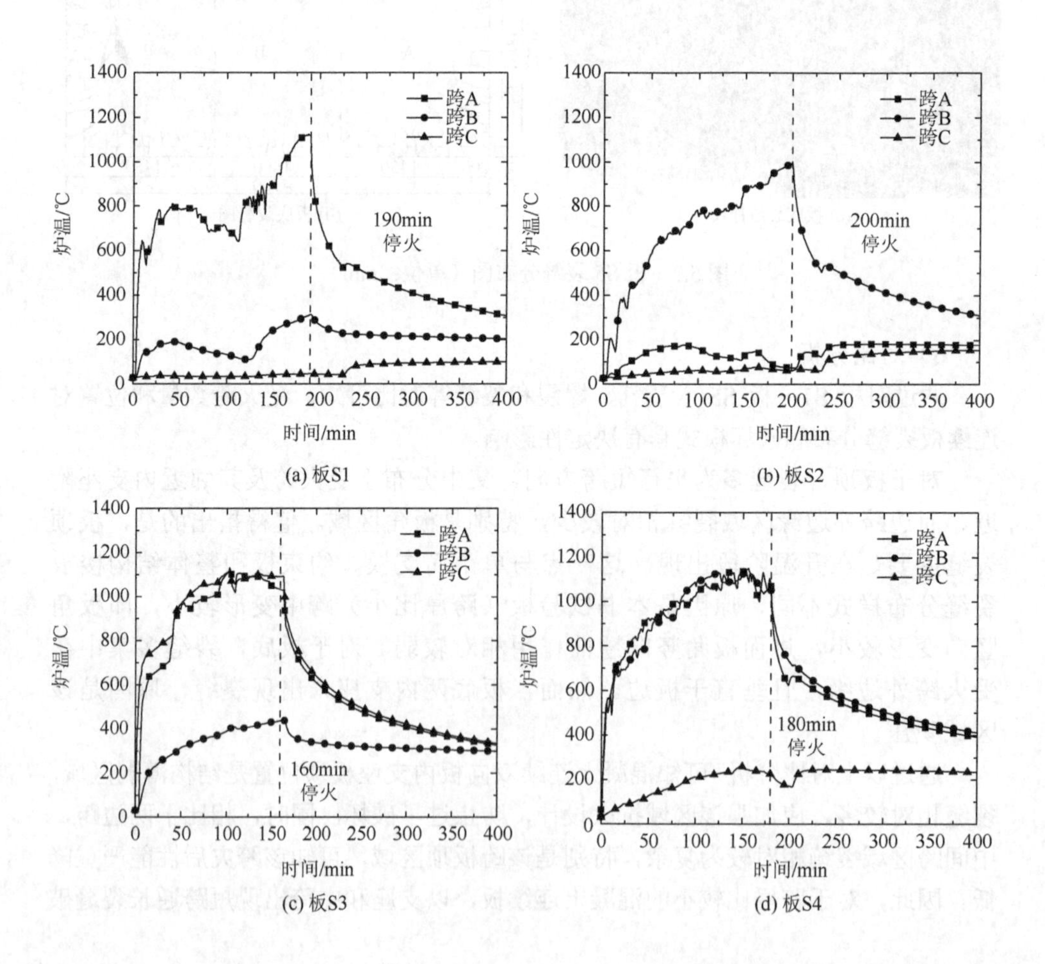

(a) 板S1

(b) 板S2

(c) 板S3

(d) 板S4

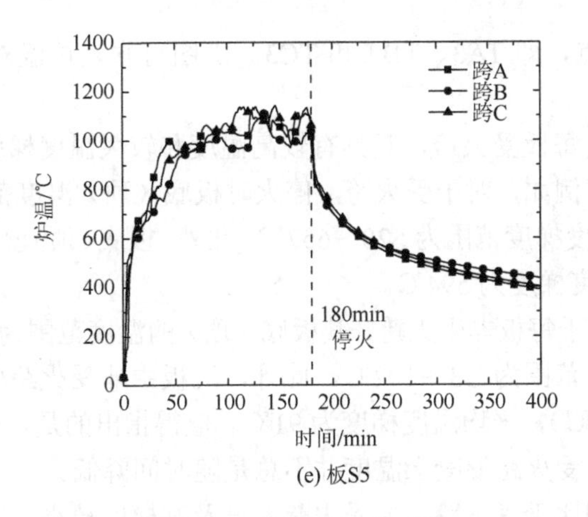

(e) 板S5

图 5.10　五板炉温-时间曲线

表 5.2　各试验板炉温情况

板	跨	平均炉温/℃		
		最高	停火时	结束时
S1	A	1118	1110	311
	B	307	318	206
	C	105	49	105
S2	A	150	52	150
	B	1002	1002	311
	C	163	66	163
S3	A	1146	1042	327
	B	433	431	298
	C	1110	1089	341
S4	A	1147	1063	391
	B	141	1042	414
	C	267	231	240
S5	A	1149	1031	387
	B	1137	1051	435
	C	1145	1064	400

3. 板温

1）混凝土温度

图 5.11～图 5.15 为连续板每跨沿截面的混凝土温度-时间曲线，试验温度

测点均为跨中测点，即 TA3、TB3 和 TC3。由图可知，炉温对板截面温度分布起决定性作用。

一方面，对于每板受火跨，其具有较高温度和较大温度梯度，非受火跨温度及温度梯度较低。例如，对于受火跨，停火时板底（顶）温度范围为 729～903℃（138～261℃），温度梯度范围为 520～657℃。此外，板底（顶）温度平均值为 819℃（225℃），平均温度梯度为 594℃。

另一方面，对于每板非受火跨，其板底（顶）的温度范围为 50～390℃（37～118℃），温度梯度范围为 13～102℃。此外，五板中非受火跨板底（顶）温度平均值为 160℃（69℃），平均温度梯度为 91℃。值得指出的是，在降温阶段，与受火跨不同的是，未受火跨混凝土温度并不总是随时间降低。

对比可知，相比于受火跨，非受火跨温度及其梯度较小，进而材料性能变化和热弯曲作用较小，具有较强的结构刚度，最终其跨中变形较小。

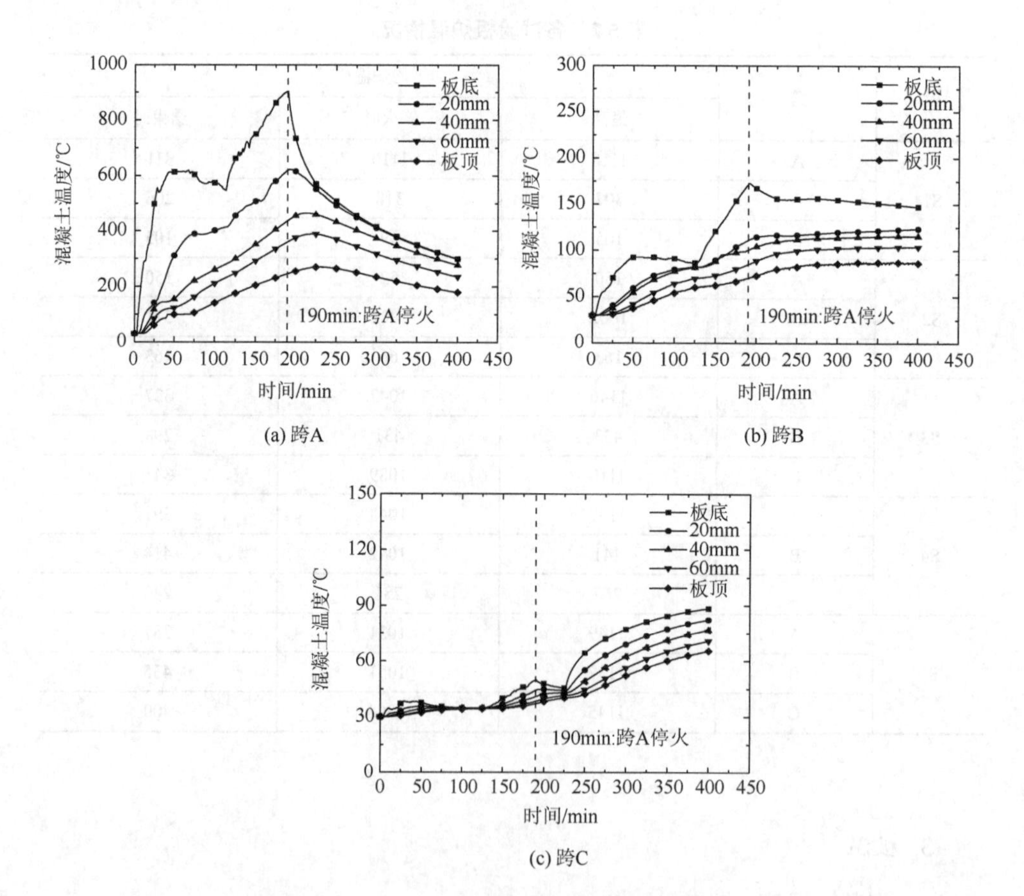

图 5.11　板 S1 三跨混凝土测点温度-时间曲线

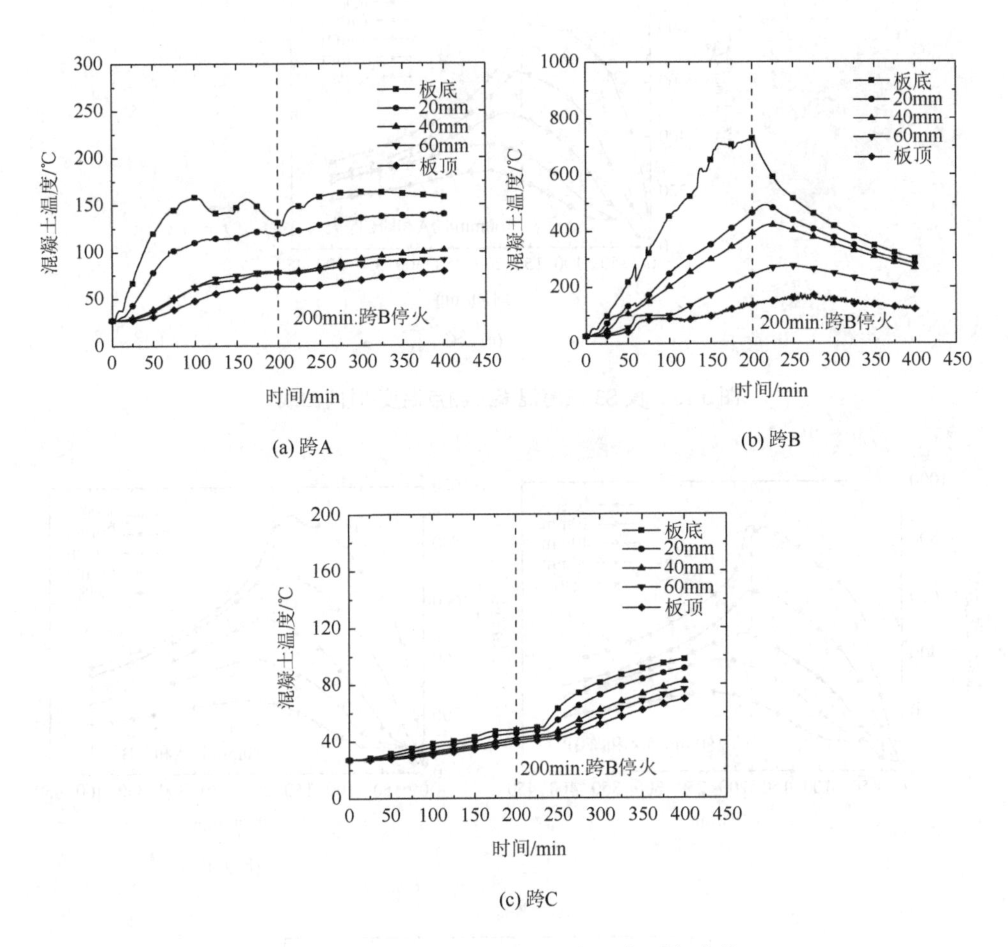

(a) 跨A　(b) 跨B

(c) 跨C

图 5.12　板 S2 三跨混凝土测点温度-时间曲线

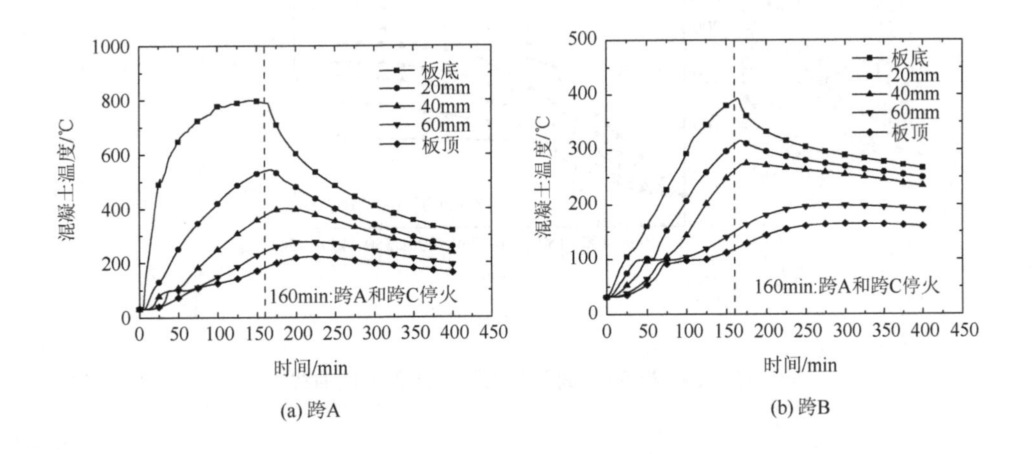

(a) 跨A　(b) 跨B

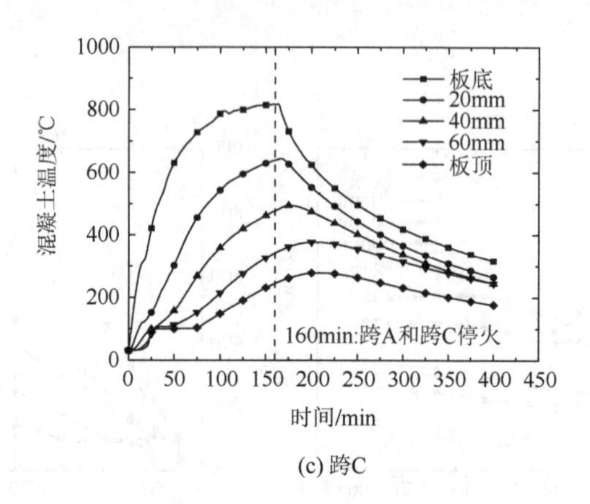

(c) 跨C

图 5.13　板 S3 三跨混凝土测点温度-时间曲线

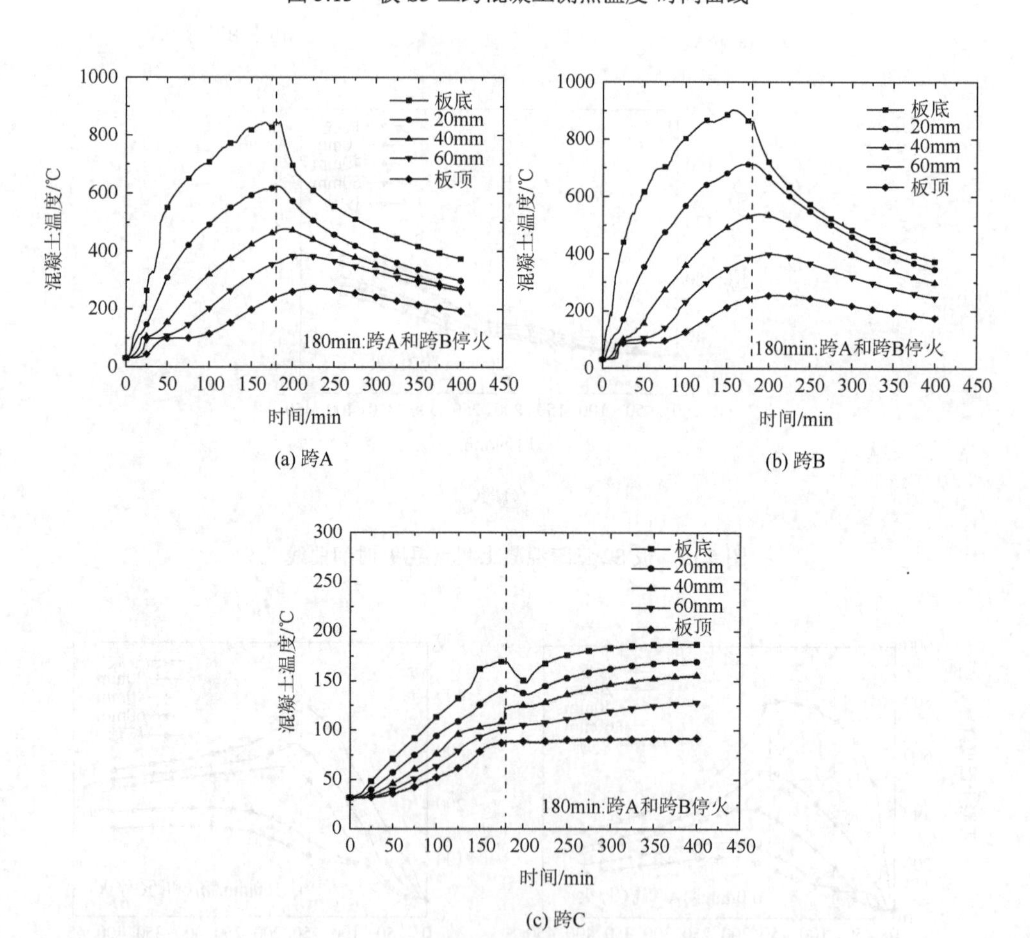

(c) 跨C

图 5.14　板 S4 三跨混凝土测点温度-时间曲线

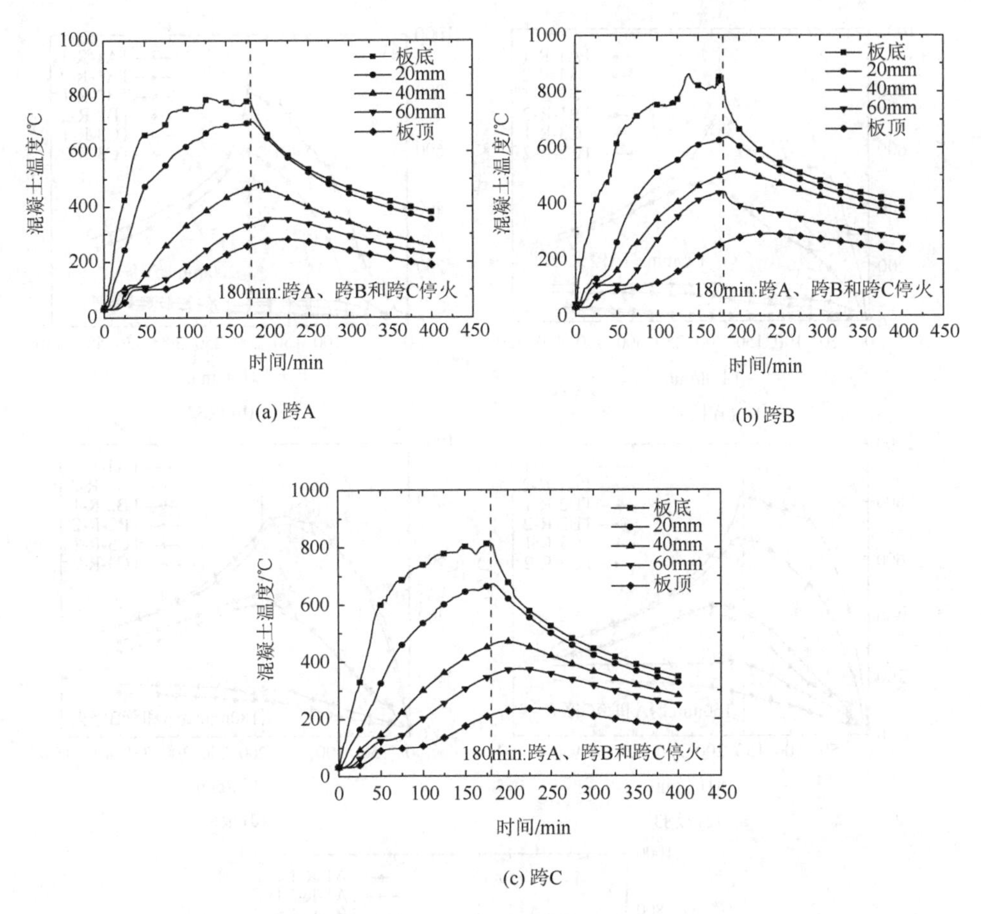

图 5.15　板 S5 三跨混凝土测点温度-时间曲线

2）钢筋温度

五块板各跨板顶和板底钢筋温度-时间曲线如图 5.16 所示。由图可知，受火跨和非受火跨钢筋温度总体发展趋势与混凝土温度分布类似，即受火跨钢筋温度较高，非受火跨温度较低。

例如，对于板底钢筋，停火时 R-1（R-2）测点钢筋温度范围为 708～872℃（587～790℃），平均温度为 771℃（701℃）。可见，钢筋温度远大于文献[80]所提破坏准则（593℃），且其力学性能严重降低，但连续板未出现结构破坏。因此，从连续板承载力角度出发，单一参数温度破坏准则倾向偏于保守。

此外，停火时 R-3（R-4）测点的钢筋温度范围为 365～709℃（327～496℃），平均温度为 476℃（421℃）。此外，对于板 S2 中跨 B，两测点 R-1 和 R-2 之间温差较大，这主要是由初期混凝土爆裂剥落导致的。同时，板底钢筋温度变化情况可用来判断该位置混凝土爆裂时刻。

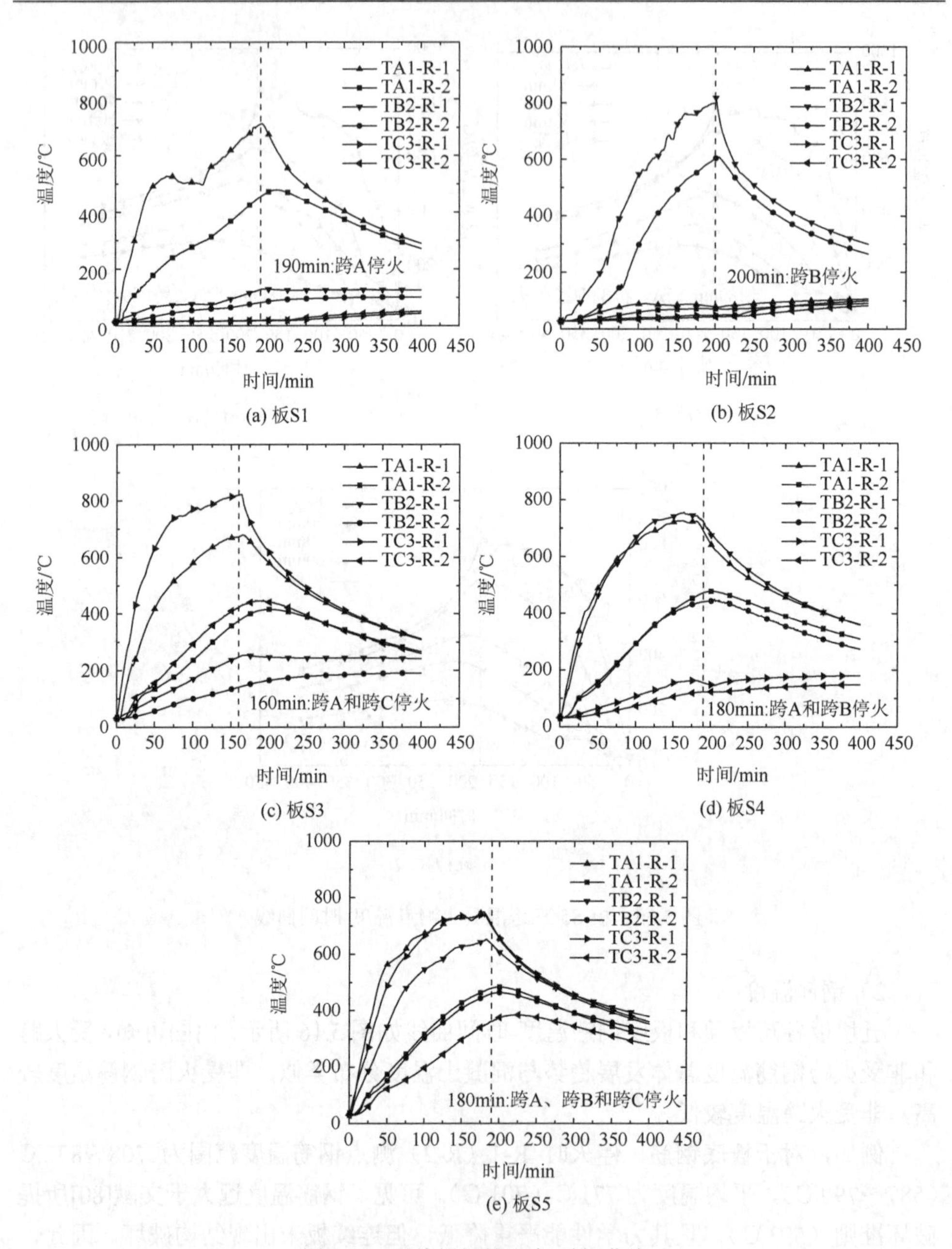

图 5.16 五块板钢筋温度-时间曲线

4. 平面外位移

板 S1～板 S5 各跨平面外位移曲线如图 5.17～图 5.21 所示。其中，负值代表向下，正值代表向上。

1）板 S1

板 S1 三跨平面外位移-时间曲线如图 5.17 所示。由图可知，相比于跨 A，非受火跨位移相对较小。

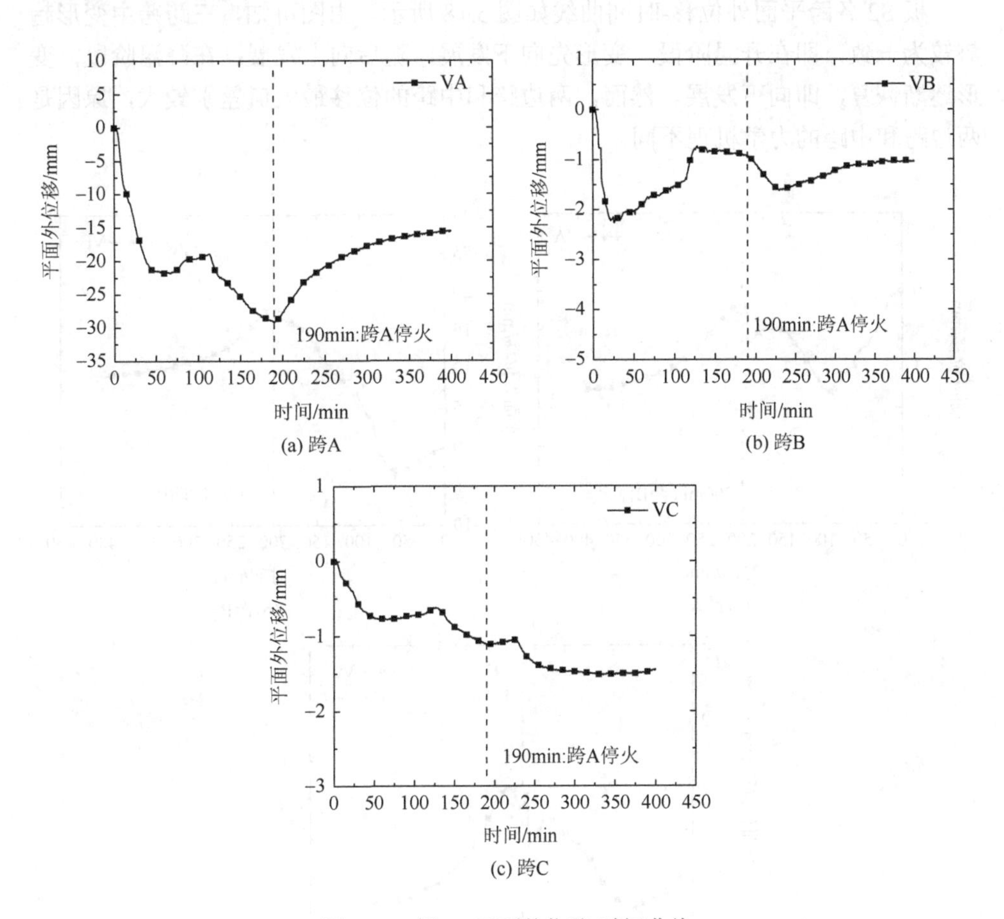

(a) 跨A

(b) 跨B

(c) 跨C

图 5.17　板 S1 平面外位移-时间曲线

一方面，对于跨 A，由于较大温度梯度和材性性质降低，50min 时，其平面外位移达到–22mm。随后，由于炉温降低（图 5.10（a）），跨 A 跨中变形略微恢复。由于跨 A 变形恢复，非受火跨 B 变形逐渐恢复，而跨 C 基本维持不变。

120min 时，随着炉温增加，跨 A 平面外位移增加直至停火，190min 时位移已达到–29mm（l/48）。同时，对于跨 B 和跨 C，该阶段位移趋势略有不同，190min 时，平面外位移分别为–0.8mm 和–1.2mm。对比可知，炉温是影响连续板各跨变形行为的关键因素。

另一方面，在降温阶段，跨 A 停火时，其变形逐渐恢复，直到试验结束，

400min 时位移为–15.6mm。而对于跨 B 和跨 C，变形基本维持不变，最终位移分别为–1.1mm 和–1.4mm。总之，在降温阶段，各跨变形趋势明显不同。

2）板 S2

板 S2 各跨平面外位移-时间曲线如图 5.18 所示。由图可知，三跨跨中变形趋势较为一致，即在升温阶段，变形先向下发展，随后向上发展；在降温阶段，变形逐渐恢复，即向下发展。然而，两边跨和中跨的位移最大值差别较大，原因是两边跨和中跨的力学机理不同。

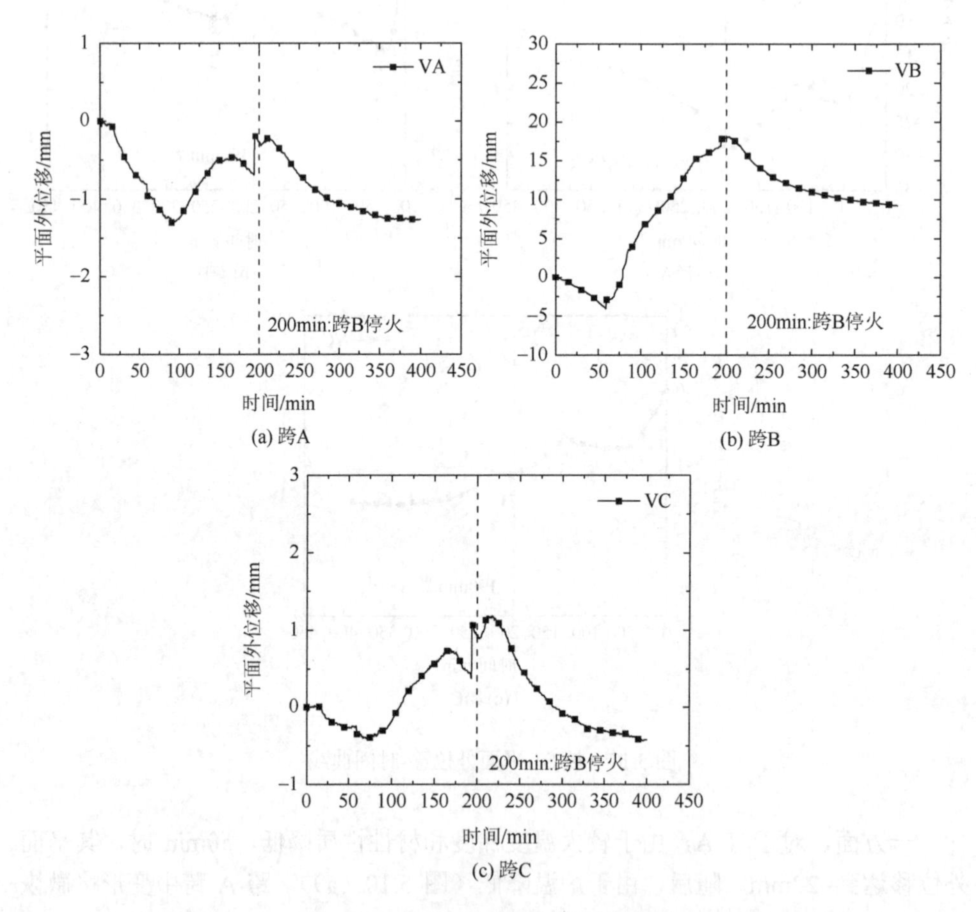

图 5.18　板 S2 平面外位移-时间曲线

对于跨 A 和跨 C 两边跨，50min 时，两跨位移达到–0.74mm 和–0.26mm。其中，由于跨 A 炉温较高（图 5.10（b）），其位移值较大。可知，两者变形在于热弯曲作用。同时，由于跨 B 直接受火，变形快速向下发展，59min 时位移值为–4.03mm。

一方面，与板 S1 的受火跨 A 进行对比，板 S2 的跨 B 位移明显较小，尽管跨 B 该阶段出现严重爆裂行为。可知对于连续板板格，在早期阶段，边界条件比爆裂对板格位移值有决定性影响。另一方面，对比板 S1 和板 S2 非受火跨，早期阶段位移值较接近，进一步表明炉温是影响连续板各跨变形的关键因素之一。

59min 后，非受火跨 A 和跨 C 继续向下变形，而跨 B 变形开始向上发展。原因是两边跨温度较低，而中跨温度较高，即中跨膨胀作用受到两边跨的约束，进而产生拱效应。随后，跨 B 跨中一直向上发展直至 200min 停火。同时，随着跨 B 变形增大，95min 后，跨 A 和跨 C 两跨跨中也出现反转直至停火。最终，停火时，A、B 和 C 三跨位移值分别为−0.26mm、18.02mm 和 0.92mm。总之，与板 S1 类似，相比于受火跨，非受火跨位移较小，基本可忽略。因此，由于连续作用和拱效应，跨 B 变形出现向上发展和严重爆裂行为，但连续板未出现结构破坏。这一点与混凝土双向板简支板和单（双）向面内约束板的火灾行为不同。在结构连续板抗火设计时，应考虑板格位置，并采用措施，防止位于楼层中间区域的板格出现严重爆裂的现象。

在降温阶段，三跨跨中变形逐渐向下发展，且随着时间发展变形速率逐渐降低，400min 时，A、B 和 C 三跨跨中位移分别为−1.26mm、10mm 和−0.42mm。对比板 S1 可知，受火跨位置对连续板各跨变形发展趋势有重要影响，特别是自身受火跨。

3）板 S3 和板 S4

如上所述，两板为两跨受火工况，其中板 S3 为跨 A 和 C 受火，板 S4 为跨 A 和 B 受火。两板各跨平面外位移-时间曲线如图 5.19 和图 5.20 所示。

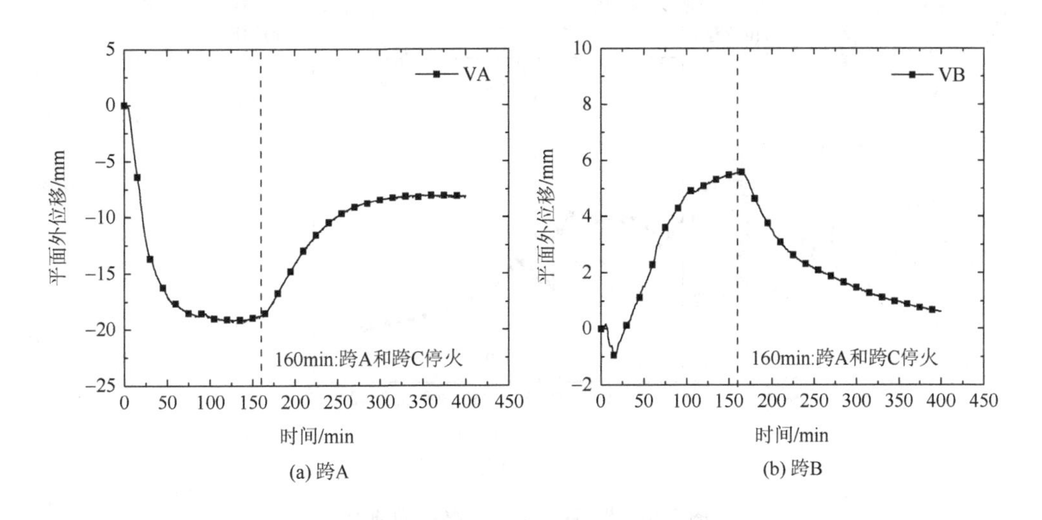

(a) 跨A　　(b) 跨B

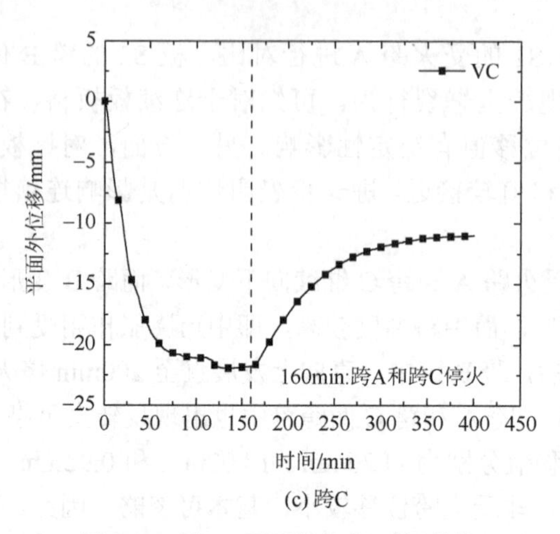

(c) 跨C

图 5.19　板 S3 平面外位移-时间曲线

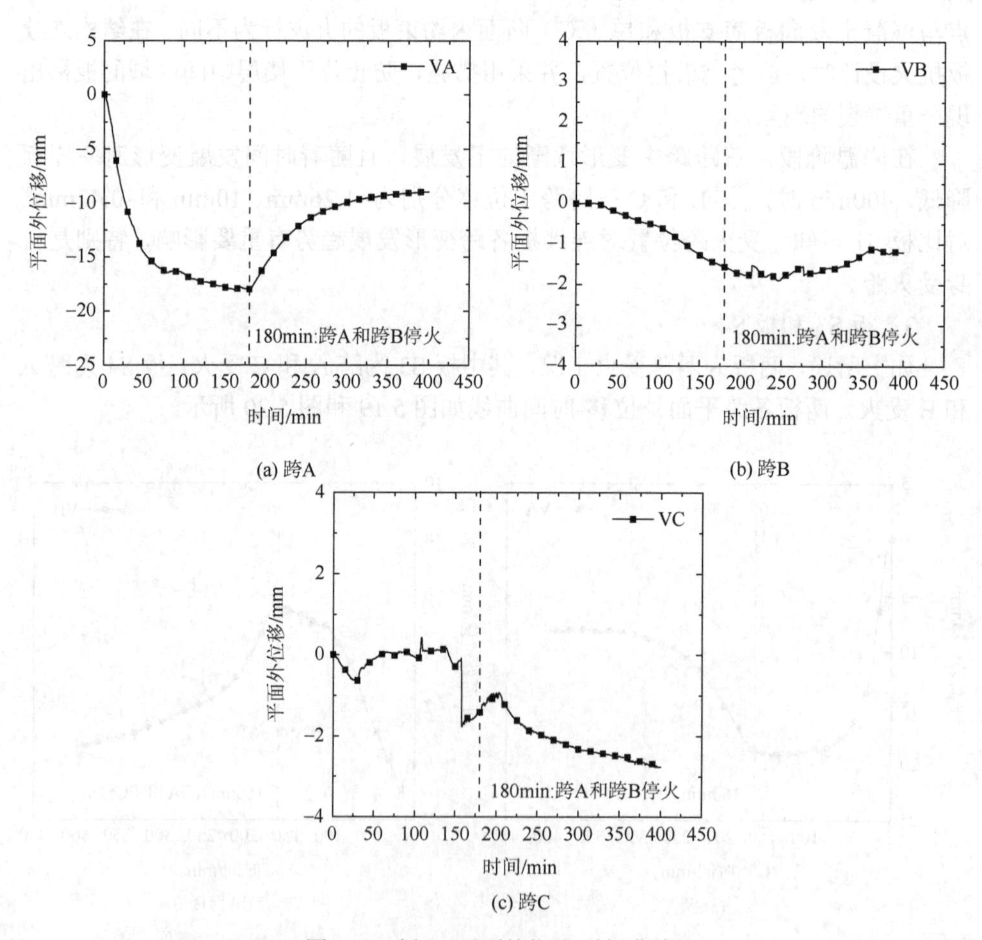

(a) 跨A

(b) 跨B

(c) 跨C

图 5.20　板 S4 平面外位移-时间曲线

一方面，由图 5.19 可知，由于炉温和荷载对称，两边跨位移趋势较为一致。首先，随着炉温增加，跨 A 和跨 C 跨中位移快速增加，120min 时分别达到最大值–19.22mm 和–21.70mm。与两边跨不同，未受火跨 B 主要向上变形。

随后，尽管炉温持续升高，但两边跨位移基本维持不变直至停火，跨 B 向上位移先增加后缓慢发展。最终，160min 停火时，跨 A、B 和 C 跨中位移分别为–18.73mm、5.56mm 和–21.80mm。停火后，三跨位移逐渐恢复，但变化趋势明显不同。400min 时三跨残余位移依次为–8.09mm、0.61mm 和–11.01mm。可见两受火边跨残余位移较大。

另一方面，由图 5.20 可知，对于边跨 A，75min 前位移随温度增加，随后位移速率急剧降低，位移缓慢增加直至 180min 停火，位移数值达到–17.89mm(l/77)。在降温阶段，其位移逐渐恢复，400min 残余位移值为–8.94mm。可见，该跨位移趋势和最大值基本与板 S3 中跨 A 和 C 类似。因此，对比可知，连续板边跨位移趋势主要取决于自身炉温发展情况。

同时，由图 5.20（b）可知，与边跨不同，板 S4 中跨 B 变形趋势与板 S1、S2 和 S3 的中跨 B 变形趋势均不同，且停火时，其位移仅为–1.89mm。同时，在降温阶段，其变形缓慢恢复。对比可知，连续板中跨位移主要取决于相邻跨的火灾工况，自身受火情况是次要因素。因此，在进行混凝土连续板抗火设计时，应考虑边界条件对各板格抗火性能的影响，特别是中间板格。明显地，忽略边界条件影响，可能会严重低估连续板中间板格的抗火性能。值得指出的是，目前现有理论多采用简支边界条件，是相对偏于保守的。

此外，由图 5.20（c）可知，未受火跨 C 位移相对较小，且最大位移值出现在降温阶段。这一点与板 S1 和 S2 中未受火跨 C 位移值较为接近，进一步表明炉温是影响连续板边跨位移的关键因素。

4）板 S5

图 5.21 为板 S5 三跨平面外位移-时间曲线。由图可知，板 S5 三跨跨中变形趋势基本与板 S3 类似，即两边跨向下变形，中跨向上变形。

一方面，对于边跨 A 和 C，其跨中位移快速增加，50min 时，跨中位移分别达到–19.54mm 和–16.62mm。随后，变形速率快速降低，180min 时，两边跨中最大位移分别为–22.95mm 和–24.92mm。同样，在降温阶段，两边跨变形逐渐恢复，残余跨中位移分别为–13.89mm 和–14.43mm。

另一方面，对于跨 B，受火初期，变形向下，原因是活荷载和自身跨温度梯度作用。30min 后，其跨中变形向上发展，直至停火，原因是两内支座处负弯矩作用。180min 时，跨 B 跨中变形为 2.68mm，降温阶段变形逐渐恢复。可见，虽然该跨 B 直接受火，但其变形值明显较小。同时，对比板 S2 和板 S4 的中跨，进一步表明连续板跨中变形规律主要取决于所有相邻跨火灾工况，而自身炉温情况

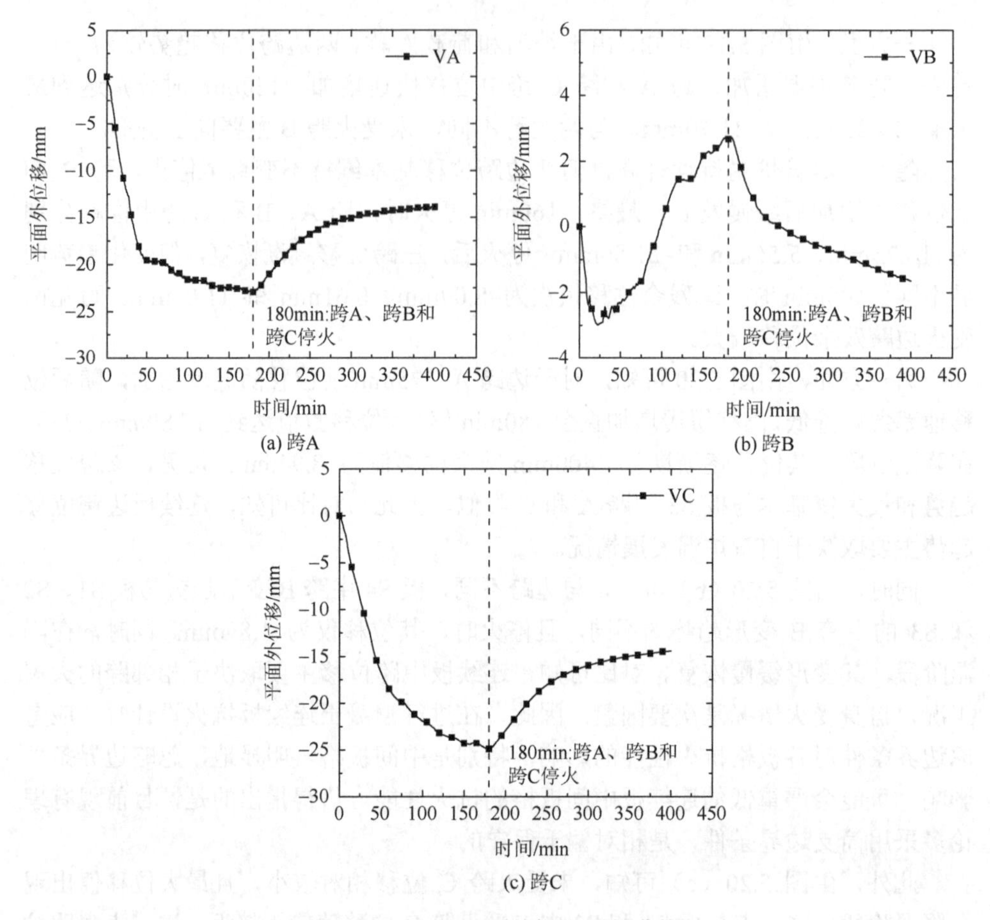

(a) 跨A　(b) 跨B　(c) 跨C

图 5.21　板 S5 平面外位移-时间曲线

并不是关键因素。然而，大量单一混凝土双向板火灾试验表明，炉温是影响其变形行为的关键因素，可见这一规律可能并不适用于连续板中跨（跨厚比较小）。

总之，由于边界条件不同，连续板中边跨和中跨具有完全不同的力学行为和变形规律，在结构抗火设计中，应考虑边界条件和跨厚比的不利或有利影响。

5）对比分析

通过以上分析可知，相比于边跨，受火跨位置和数量对中跨变形行为较为复杂，其向上或向下变形趋势主要取决于边界条件和相邻跨的火灾工况。然而，对于边跨，其变形趋势主要取决于自身炉温情况，随着自身炉温升高，向下变形倾向于增加。可见，对于边跨和中跨，其最不利火灾工况是不同的，应考虑边界条件和各跨受火工况相互影响，特别是中跨。明显地，忽略边界条件影响，可能会严重低估连续板中跨的抗火性能或错估变形趋势。值得指出的是，目前现有承载力理论多采用简支边界条件，有待改进。

此外，本书试验结果与三跨单向连续板、无黏结预应力连续单向板、三跨连续双向板和整体结构板破坏模式进行定性对比分析。研究表明，连续单向板出现贯穿板厚裂缝，易分成单独块体[6, 7]；预应力板底出现爆裂、板折断、板洞和预应力筋断裂等[9]；整体结构楼板（跨厚比为 45）裂缝多集中在板角和内支座附近区域，且边界条件对裂缝样式有决定性影响[24-26]。因此，从承载力和完整性角度出发，相比于预应力混凝土连续板和普通混凝土单向连续板，混凝土连续双向板具有较好抗火性能。此外，在连续板抗火设计时，中间跨建议采用双层双向通长钢筋，特别是跨厚比小的连续板。

5. 平面内位移

板 S1～板 S5 平面内位移-时间曲线如图 5.22 所示。其中，正值代表膨胀，负值代表收缩。由图可知，对于任一火灾工况，在升温阶段，平面内位移测点均发展热膨胀变形。一方面，测点距离受火跨越近，其平面内位移值越大。另一方面，

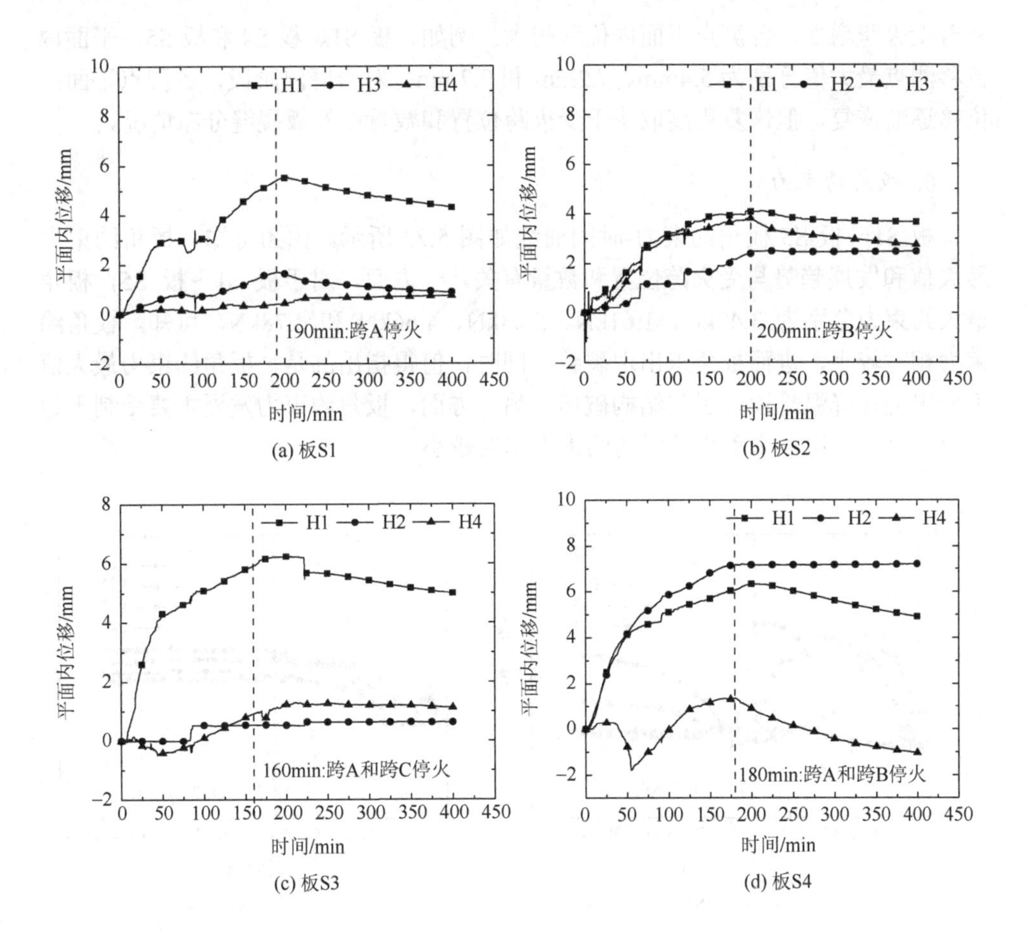

(a) 板S1　(b) 板S2

(c) 板S3　(d) 板S4

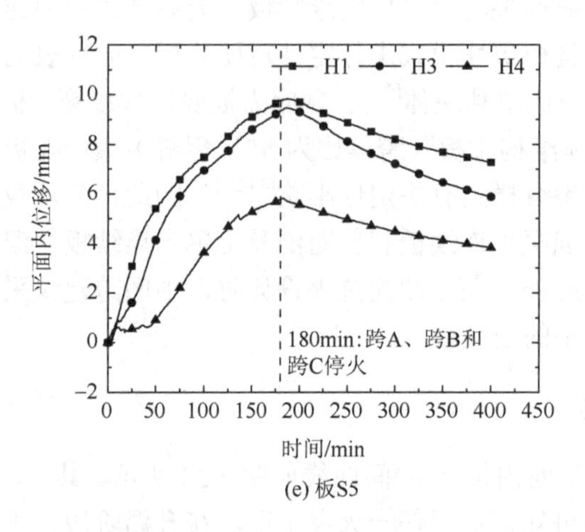

(e) 板S5

图 5.22　五块试验板平面内位移-时间曲线

随着受火跨增多，各测点平面内位移越大。例如，板 S1、板 S4 和板 S5，平面内位移测点最大值分别为 5.4mm、7.2mm 和 9.7mm。对于降温阶段，各测点平面内位移逐渐恢复，但恢复程度取决于受火跨位置和数量以及板裂缝分布情况。

6. 板角约束力

板 S1～板 S5 板角约束力-时间曲线如图 5.23 所示。由图可知，板角约束力最大值和发展趋势与受火跨位置和数量有关。一方面，对于板 S1～板 S5，板角最大约束力分别为 3.48kN、1.61kN、5.28kN、4.66kN 和 4.78kN。可知，板角约束力相对较小，进而板角未出现裂缝。同时，值得指出的是，板角约束力最大值可能出现在降温阶段，引起结构破坏。另一方面，板角约束力发展主要受制于边跨自身火灾工况，未受火跨板角约束力相对较小。

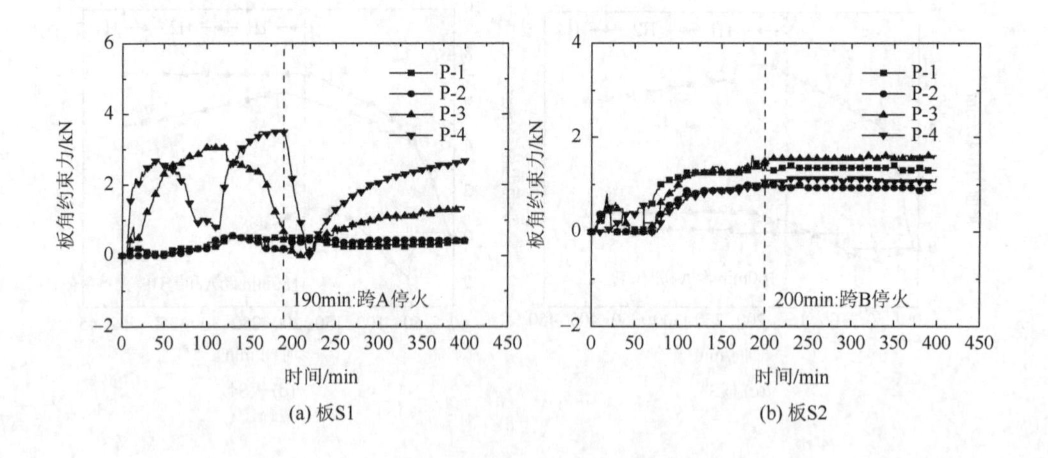

(a) 板S1　　(b) 板S2

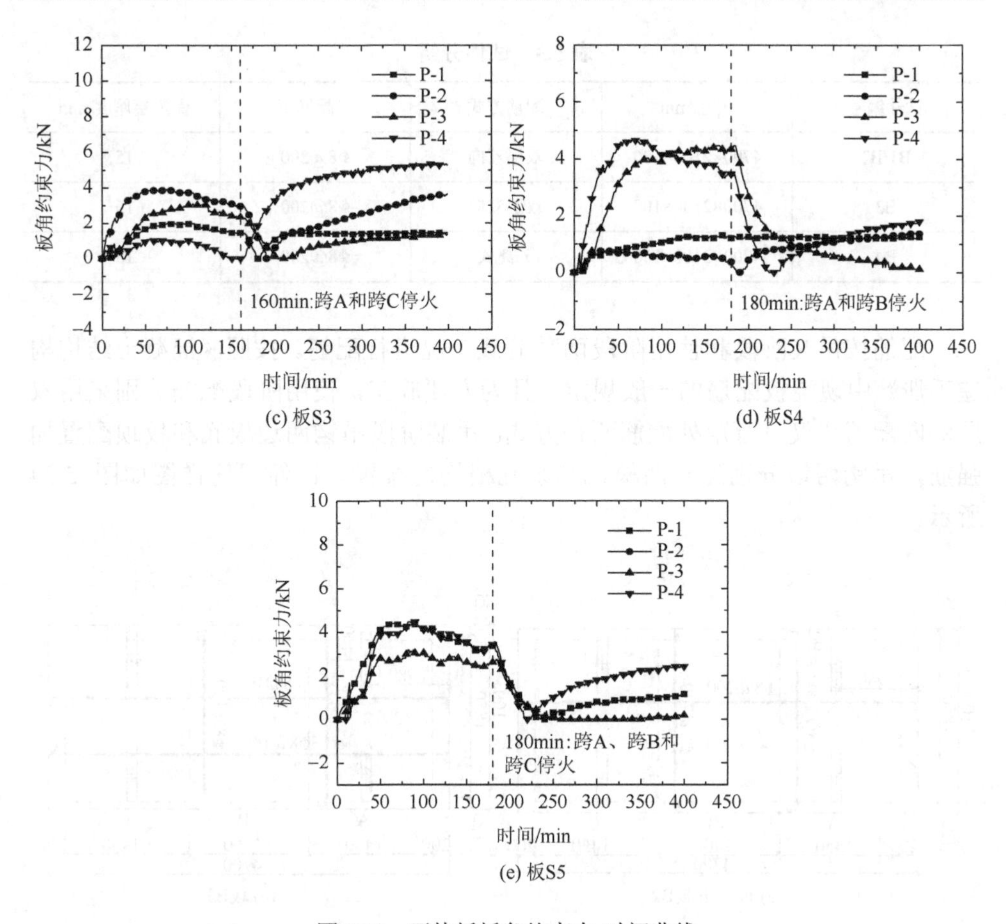

(c) 板S3

(d) 板S4

(e) 板S5

图 5.23　五块板板角约束力-时间曲线

5.3　连续厚板火灾蔓延工况试验

5.3.1　试验方案

混凝土连续双向板的制作按照《混凝土结构设计标准》(GB/T 50010—2010)和《混凝土结构构造手册》设计，混凝土采用 C30 商品混凝土，钢筋一律采用 HRB400，直径为 8mm，板厚为 100mm，保护层厚度取 15mm。板的轴线尺寸取 4200mm×1850mm，考虑到试验过程中钢筋混凝土板的变形和滑移，两长边沿短跨方向伸出轴线 125mm，两短边沿长跨方向伸出轴线 200mm，板的最终尺寸为 4700mm×2100mm×100mm。吊钩采用 HRB400 钢筋，直径为 22mm。试件的分组如表 5.3 所示。

表 5.3 试件分组

试件编号	尺寸/mm	配筋方式	配筋	保护层厚度/mm
B1/B2	4700×2100×100	双层双向	Φ8@200	15
B3	4700×2100×100	双层双向	Φ8@200	15
B4	4700×2100×100	分离式	Φ8@200	15

配筋按吊装阶段和使用阶段两种荷载工况进行配筋。按照《混凝土结构构造手册》中现浇板配筋的一般规定，且为方便施工，使用阶段配筋分别采用双层双向配筋和仅负弯矩处配筋两种方式。吊装阶段吊钩两边板底和板顶配置加强筋，吊钩两边分别配置两根，其余几根均匀布置。试件配筋详图如图 5.24 所示。

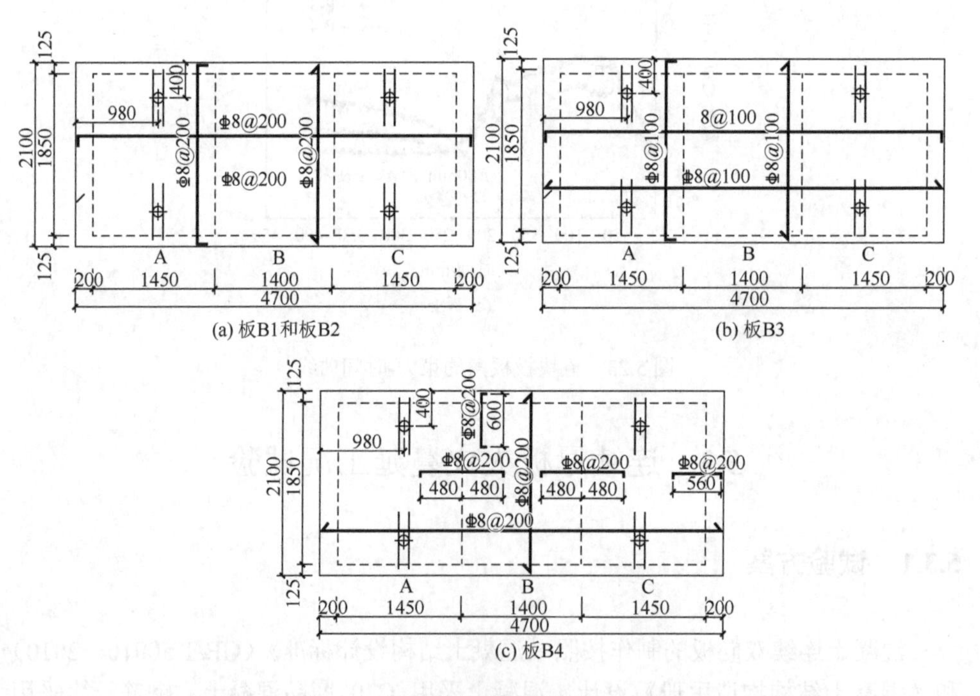

图 5.24 试件配筋详图（单位：mm）

利用上述四块试验板，模拟火灾蔓延工况对连续板裂缝、爆裂、温度、变形和板角约束力等影响规律。各试验板火灾蔓延工况如下。B1：中间跨 B 先受火，60min 后跨 A 和跨 C 同时受火；B2：跨 B 先受火，30min 后跨 A 和跨 C 同时受火；B3：A、B 和 C 三跨依次受火，时间间隔均为 60min；B4：跨 A 先受火，60min

后跨 C 开始受火，再次间隔 60min，跨 B 开始受火。值得指出的是，对于板 B1、板 B3 和板 B4，时间从第一跨点火开始进行计时，每跨拟受火 180min，而板 B2 从点火开始到结束的时间为 160min。

5.3.2　试验结果及分析

1. 主要试验现象

限于试验条件，试验中主要观测了试验板板底和板顶裂缝情况，其间观察水蒸气发展规律。具体如下。

1）板 B1

首先，跨 B 受火约 27min 时，板面出现水蒸气，随着试验的进行，该板面水蒸气逐渐增多；受火时间进行到 44min 时，跨 B 跨中和两支座处（第二支座和第三支座）依次出现裂缝，且此时水蒸气仍较多。60min 时，跨 A 和跨 C 同时点火，此时跨 B 基本无水蒸气；由于喷嘴，在 72min 时，跨 A 点火完成；80min 时，跨 C 出现水蒸气，并观察到其跨中出现多条裂缝；90min 时，跨 A 出现水蒸气，观察发现水蒸气大多是从裂缝中溢出的，且水蒸气逐渐增多，裂缝宽度逐渐增大；约 120min 时，跨 A、跨 C 板面无水蒸气；180min 时，跨 B 熄火，235min 后，跨 A、跨 C 熄火。试验升温阶段结束，绘制板顶和板底裂缝，如图 5.25 所示。

由图 5.25（a）和（b）可知，相比于两边跨 A 和 C，中间跨 B 板顶裂缝较多，特别是沿南北短跨通长方向。由于边界相同，跨 A 和跨 C 最终裂缝形式基本相同，且主要是沿南北短跨方向。此外，对于任一跨，裂缝间距约为 200mm，即钢筋间距。由图 5.25（c）和（d）可知，与板顶裂缝分布区域不同，试验后板底短裂缝多集中在板边区域，且板角区域多为斜裂缝。试验后，发现板底受火区域混凝土表层脱落较为严重（脱落厚度约为 5mm），但板底钢筋并未露出。

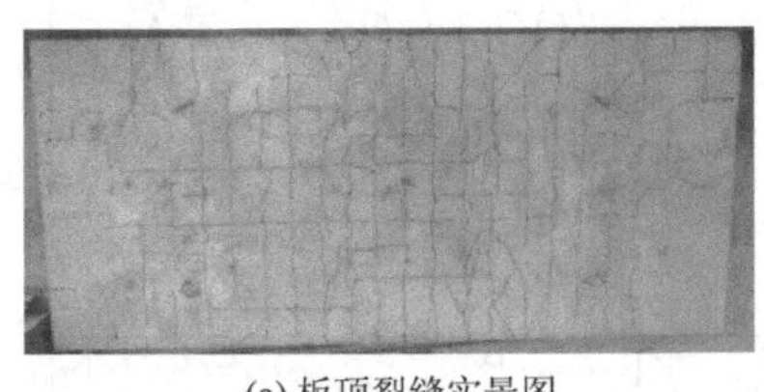

(a) 板顶裂缝实景图

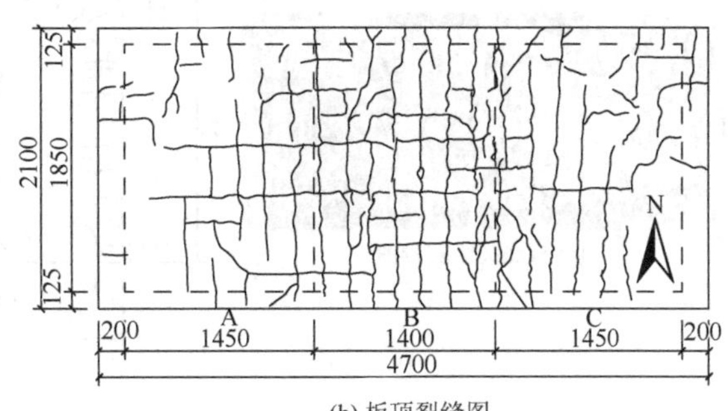

(b) 板顶裂缝图

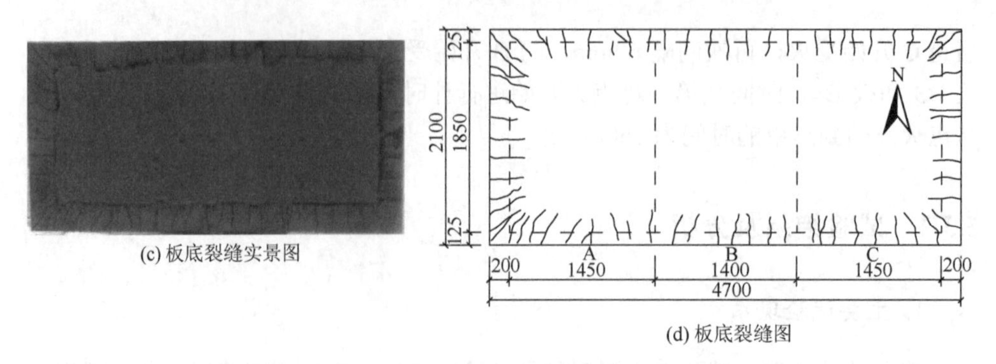

(c) 板底裂缝实景图

(d) 板底裂缝图

图 5.25　板 B1 板顶和板底裂缝分布图（单位：mm）

2）板 B2

图 5.26 为板 B2 板顶和板底裂缝分布图。板 B2 的火灾工况与板 B1 相似。跨 B 首先点火，受火 20min 时，该板顶面开始出现水蒸气，蒸气量随着炉温的增加而增加；约 30min 时，跨 A 和跨 C 同时点火；约受火 40min 时，两边跨板顶表面逐渐出现水蒸气，但对比于跨 B 较少；约 50min 时，观察到跨 B 向上轻微翘曲，并且跨 A、C 板顶上方出现大量水蒸气；之后，由于支座处负弯矩效应，在第一支座、跨中以及第二支座（将跨 A、B 之间的支座称为第一支座，跨 B、

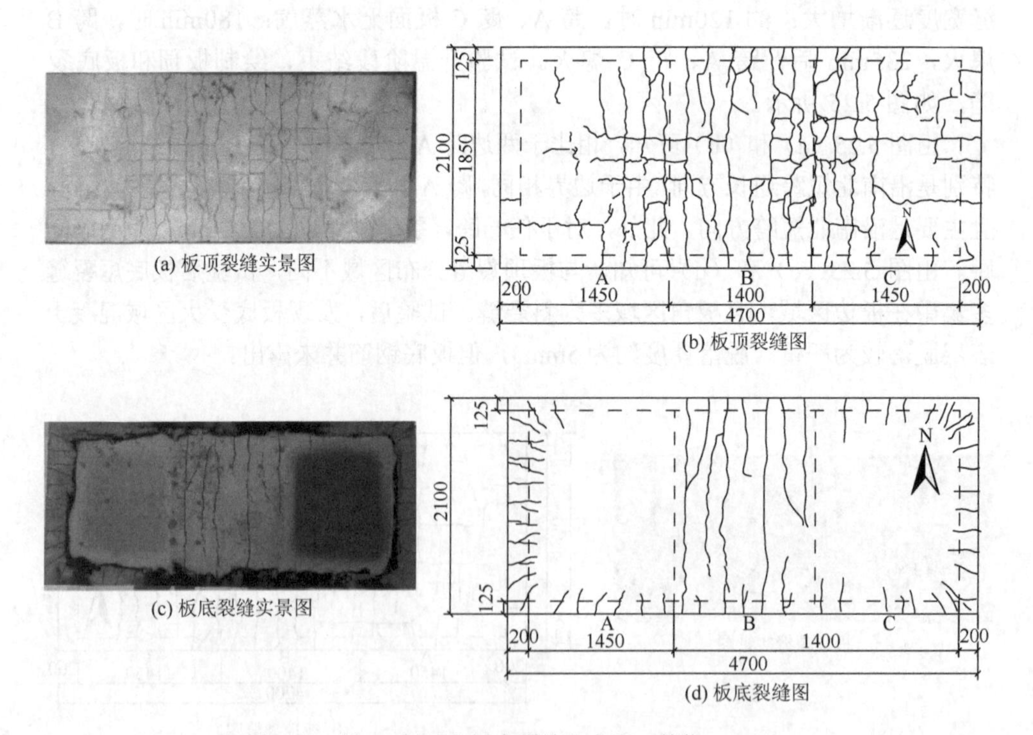

(a) 板顶裂缝实景图

(b) 板顶裂缝图

(c) 板底裂缝实景图

(d) 板底裂缝图

图 5.26　板 B2 板顶和板底裂缝分布图（单位：mm）

C之间的支座称为第二支座，详见图5.21（a））出现了通长裂缝，尤其是第一支座、跨B跨中及第二支座附近；随着炉温的增加，未受火部分裂缝由中间支座处向中间区域发展，裂缝宽度变宽；约90min时，跨B水蒸气逐渐减少，但跨A、C仍有大量水蒸气出现；受火125min时，每跨板面均无水蒸气；约160min时，为了试验安全，试验终止。此外，试验期间没有听到混凝土剥落的声音。

试验后板B2板顶和板底裂缝情况如图5.26（a）和（c）所示。通过板B1、板B2对比分析，其两板表面对应跨裂缝开裂形式相似。但是，两试验板板底裂缝有明显差异。与板B1相比，板B2板底没有明显的混凝土剥落。同时，板B2板底中跨出现了贯穿整个短跨的南北方向的裂缝，这表明在跨B底板上形成了贯穿层裂缝，并发生了完整性破坏。

3）板B3

图5.27为板B3板顶和板底裂缝分布图。如上所述，板B3为A、B和C三跨顺次点火，时间间隔为1h。首先，A跨受火30min时，板面出现水蒸气，在A跨简支座处（第二支座）板侧面出现少量细小裂缝。40min时，A跨板面水蒸气增多，且在A和B跨中间第二支座处出现裂缝。

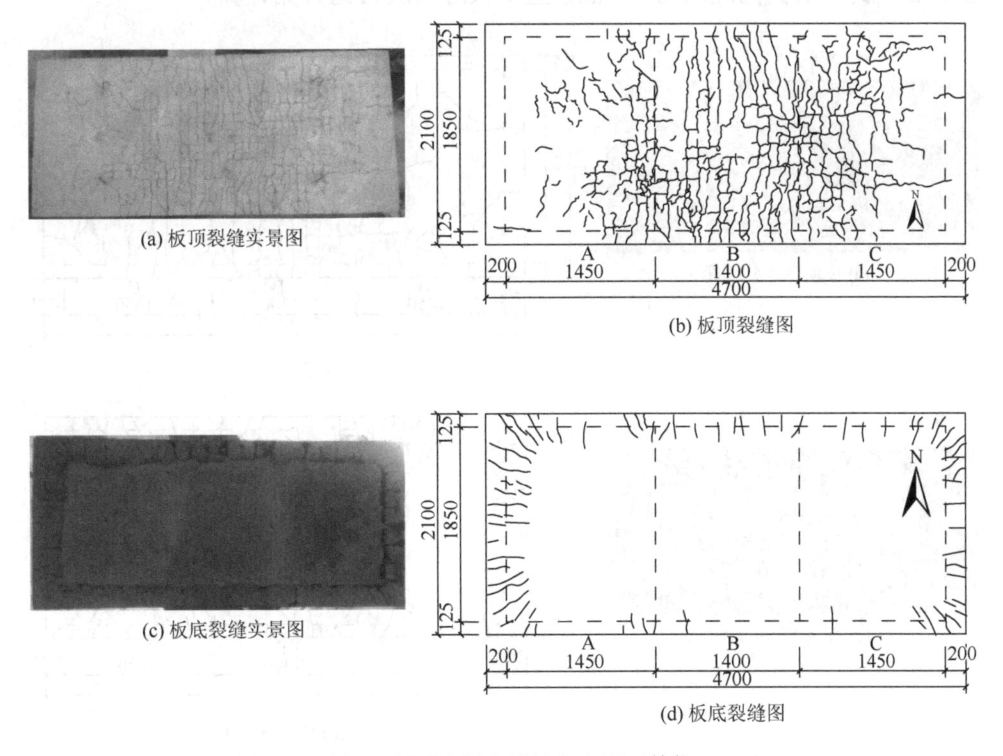

(a) 板顶裂缝实景图

(b) 板顶裂缝图

(c) 板底裂缝实景图

(d) 板底裂缝图

图5.27　板B3板顶和板底裂缝分布图（单位：mm）

60min 时，B 跨点火；80min 时，B 跨板面裂缝增多；100min 时，B 跨板面裂缝宽度增大，伴随着出现大量水蒸气，而此时 A 跨水蒸气明显减少，且 B 跨和 C 跨中间支座（第三支座）产生裂缝。110min 时，B 跨仍有大量水蒸气，A 跨无水蒸气。120min 时，C 跨点火；150min 时，C 跨产生大量水蒸气，B 跨水蒸气蒸发完毕。180min 时，C 跨裂缝宽度增大，数量增多。此时，A 跨熄火，之后每隔 1h，B 跨和 C 跨依次熄火。

火灾试验后，板 B3 板顶和板底裂缝情况如图 5.27（a）和（c）所示。与板 B1 和板 B2 不同，板 B3 板顶裂缝多为沿短跨方向密集裂缝，即裂缝间距较小，且多为细小裂缝，原因是板 B3 钢筋间距较小。与板 B1 和板 B2 类似之处在于，板 B3 中 B 跨裂缝较多，A 跨和 C 跨裂缝偏少。

如图 5.27（c）和（d）所示，与前两块试验板类似，板底裂缝多集中在板边和板角区域，且靠近板角区域为斜裂缝，远离板角多为垂直裂缝，在板底中心区域未见明显裂缝。此外，相比于 A 跨和 B 跨，C 跨板底混凝土脱落较为严重。

4）板B4

图 5.28 为板 B4 板顶和板底裂缝分布图。如上所述，板 B4 依次受火顺序为 A、C 和 B 三跨，时间间隔均为 60min，且受火时间从 A 跨开始计算。

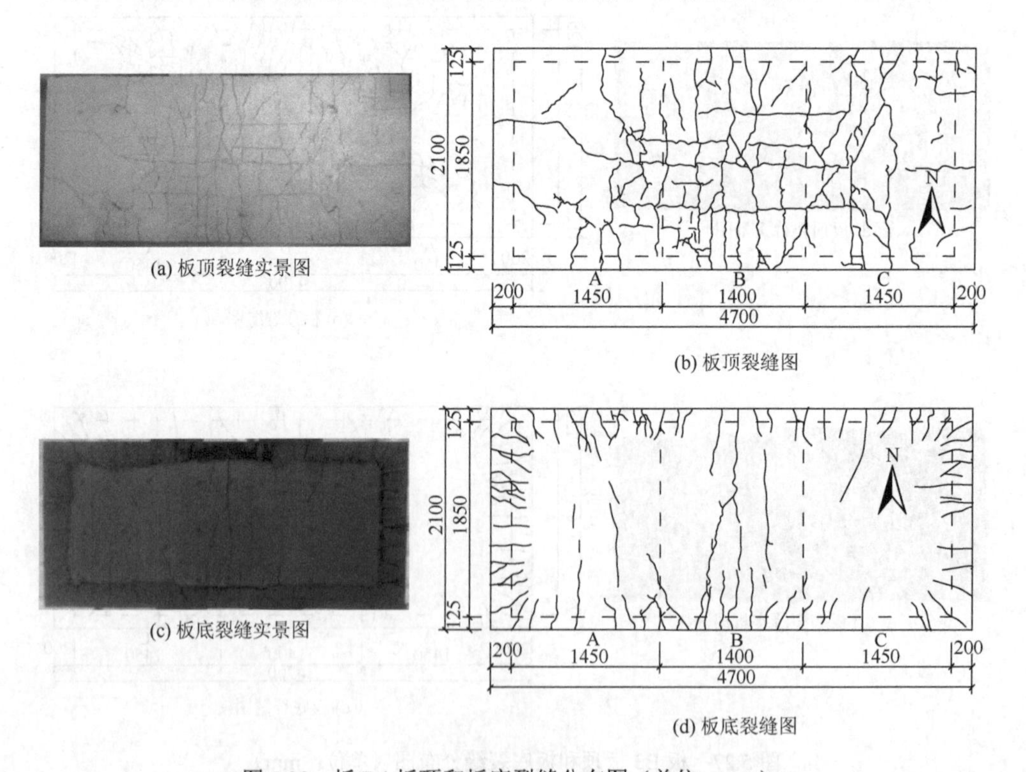

(a) 板顶裂缝实景图

(b) 板顶裂缝图

(c) 板底裂缝实景图

(d) 板底裂缝图

图 5.28　板 B4 板顶和板底裂缝分布图（单位：mm）

与板 B1 和板 B3 类似，板 B4 A 跨受火约 30min 时，板面出现水蒸气，跨中和第二支座处产生裂缝。44min 时，水蒸气增多，第一支座处裂缝宽度加大。60min 时，C 跨点火；70min 时，C 跨跨中出现裂缝；90min 时，C 跨板面产生水蒸气，且 B 跨板面出现少量水蒸气。约 105min 时，A 跨板面水蒸气蒸发完毕，C 跨仍存在大量水蒸气。

值得指出的是，120min 前（见下述）A 和 C 跨板均出现向下变形，B 跨板面向上变形，且 B 跨板面出现短跨通长裂缝，裂缝宽度约为 10mm。120min 时，B 跨开始点火，B 跨板面裂缝宽度增大；146min 时，C 跨水蒸气蒸发完毕，B 跨板面水蒸气增多；约 180min 时，三跨板面均无水蒸气，B 跨短向通长裂缝宽度已超过 20mm。180min 时 A 跨熄火，之后每隔 1h，B 跨和 C 跨依次熄火。

灾后板 B4 板顶和板底裂缝情况如图 5.28 所示。由图 5.28（a）和（b）可知，与板 B1、板 B2 和板 B3 类似，两边跨（A 跨和 C 跨）裂缝相对较少，而 B 跨跨中和中间两支座（第二和第三）处裂缝较多。对比可知，对于任一火灾工况，中间 B 跨破坏相对较为严重，应加强抗火设计。

由图 5.28（c）和（d）可知，一方面，板 B4 板底混凝土脱落较少；另一方面，板 B4 底面除了板边短向裂缝和板角斜裂缝外，A、B 和 C 跨板底均出现沿南北短跨方向裂缝，特别是 B 跨。原因是其为分离式配筋，这一点明显与板 B1 和 B3 底面裂缝情况不同，可知该火灾蔓延工况是较为不利的。

5）对比分析

通过试验可知，对于任一火灾蔓延工况，炉温是影响连续板每跨水分蒸发时段的关键因素，水分集中蒸发时段多为 20～60min（直接受火时间），60min 后板面水分基本蒸发完毕。因此，通过试验板水分蒸发情况，可定性判断试验板所处火灾阶段。另外，火灾试验后，试验板放置一段时间（一般两天以上）后，板底混凝土呈粉末状脱落，厚度约为 5mm。这是因为试验板板底混凝土直接受火且温度达到 1200℃左右，材料性质发生改变，再与空气中的水分结合最终呈粉末状。

研究表明，配筋率（钢筋间距）、配筋方式（分离式和双层双向式）和火灾蔓延工况等相互作用对连续板裂缝间距、裂缝宽度和最终裂缝样式有重要影响。一方面，对于任一火灾蔓延工况，提高配筋率和采用双层双向配筋方式有助于防止较大宽度裂缝（短跨方向）的出现或过早出现完整性破坏；另一方面，对于任一火灾蔓延工况，相比于两边跨，中间跨和内部两支座处（第二支座和第三支座）裂缝相对较多，破坏较为严重，应加强抗火设计。

2. 炉温

三跨试验板每跨炉温-时间曲线以及平均炉温如图 5.29～图 5.32 所示。值得指出的是，除非特殊说明，图中 D 代表点火，X 代表熄火。例如，AD 代表 A 跨点火，AX 代表 A 跨熄火，其余类推。

由图可知，对于板 B1、B2、B3 和 B4，每跨炉腔内各测点炉温较为均匀，且炉温-时间曲线基本上分为 4 个阶段，即初期、发展期、旺盛期和衰减期。

如图 5.29～图 5.32 所示，由于每跨炉腔较小，各炉腔内 F-1、F-2 和 F-3 测点测得的炉腔温度彼此相似。每次试验中，首次暴露在火中的炉腔的炉温-时间曲线基本遵循 ISO 834 标准升温曲线。对于未暴露于火中的相邻炉腔，由于共用同一烟道，炉温也逐渐升高。例如，对于板 B3（图 5.31），在 60min（120min）时，A、B 和 C 跨的平均炉温分别为 976℃（1142℃）、216℃（1001℃）和 65℃（405℃）。表 5.4 给出了四个试验板的每个炉膛的最大炉温、熄火炉温和试验停止炉温。

表 5.4　四块试验板炉温

板跨		平均炉温/℃		
		最大炉温	熄火炉温	试验停止炉温
B1	A	1198	998	491
	B	1112	1096	555
	C	1133	1015	491
B2	A	1188	958	300
	B	1016	873	360
	C	1299	1104	340
B3	A	1150	1142	332
	B	1200	1200	401
	C	1249	1238	367
B4	A	1150	1141	295
	B	1127	1127	348
	C	1026	1026	326

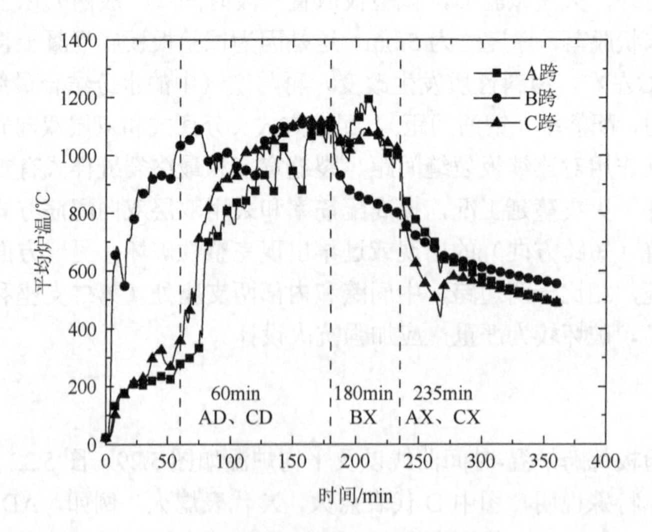

图 5.29　板 B1 平均炉温-时间曲线

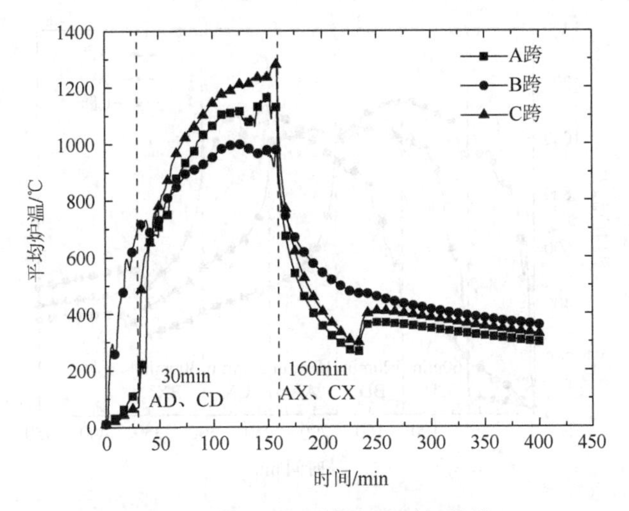

图 5.30　板 B2 平均炉温-时间曲线

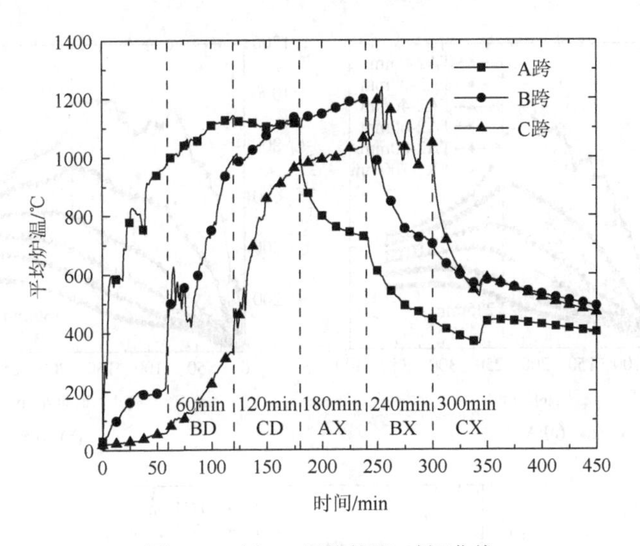

图 5.31　板 B3 平均炉温-时间曲线

1）混凝土温度

板 B1、B2、B3 和 B4 各跨混凝土测点温度-时间曲线如图 5.33～图 5.36 所示。由图可知，对于任一火灾蔓延工况，早期受火跨板截面存在较大温度梯度，非受火跨温度通常较低，截面温度梯度较小。然而，各跨点火后，相应截面温度及梯度快速增加。可见炉温对各跨板截面温度及梯度起决定性作用。

由图可知，炉腔温度对板的厚度温度分布有相当大的影响。显然，板内温度梯度较高是因为混凝土导热系数较低，热容较高，减缓了热量向混凝土内层传递。此外，由于自由水蒸发，板顶表面混凝土截面约有一个 100℃的温度平台。

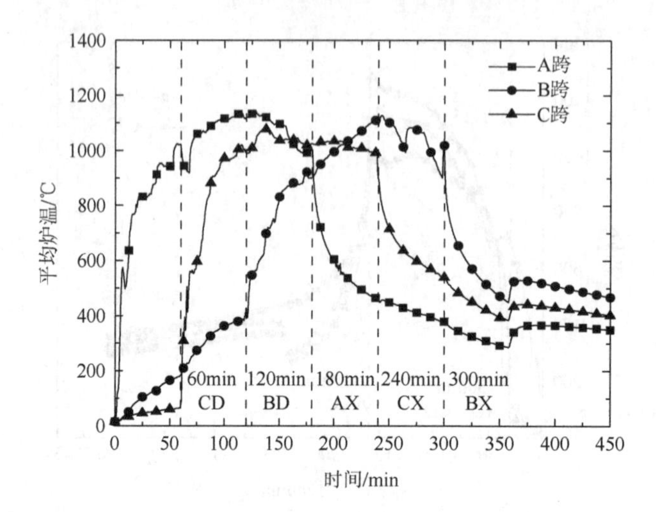

图 5.32　板 B4 平均炉温-时间曲线

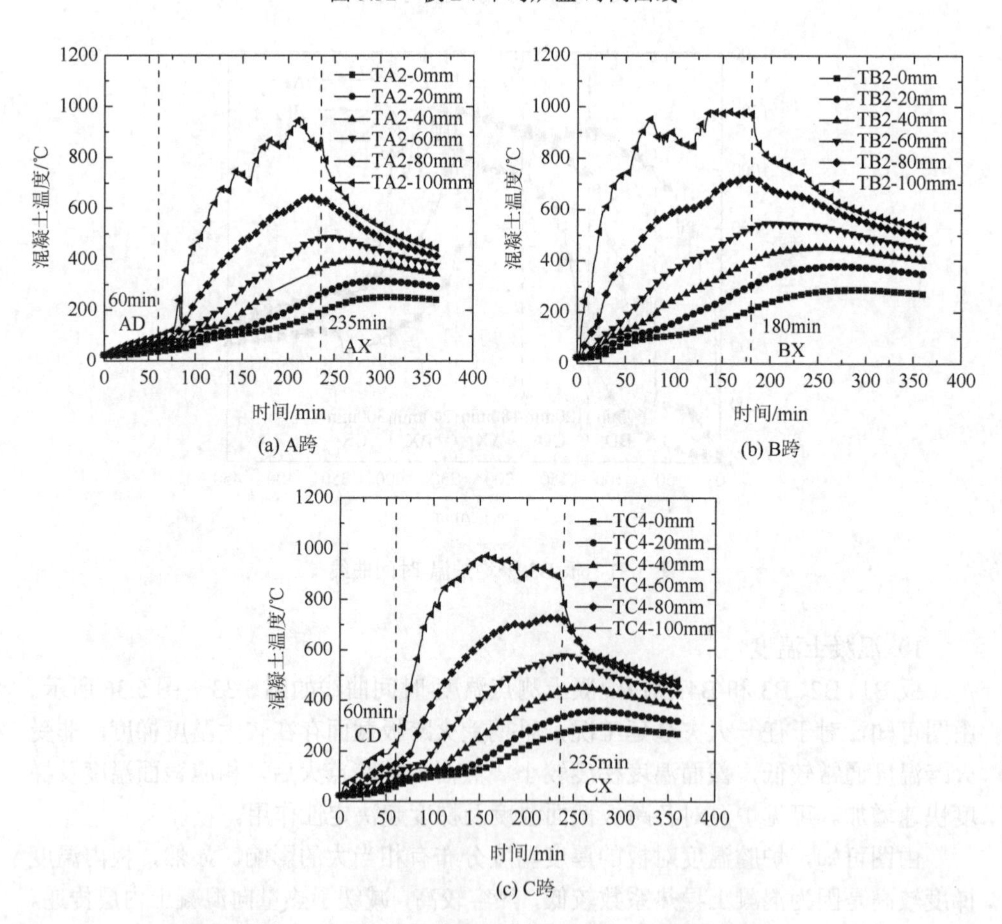

图 5.33　板 B1 三跨混凝土测点温度-时间曲线图

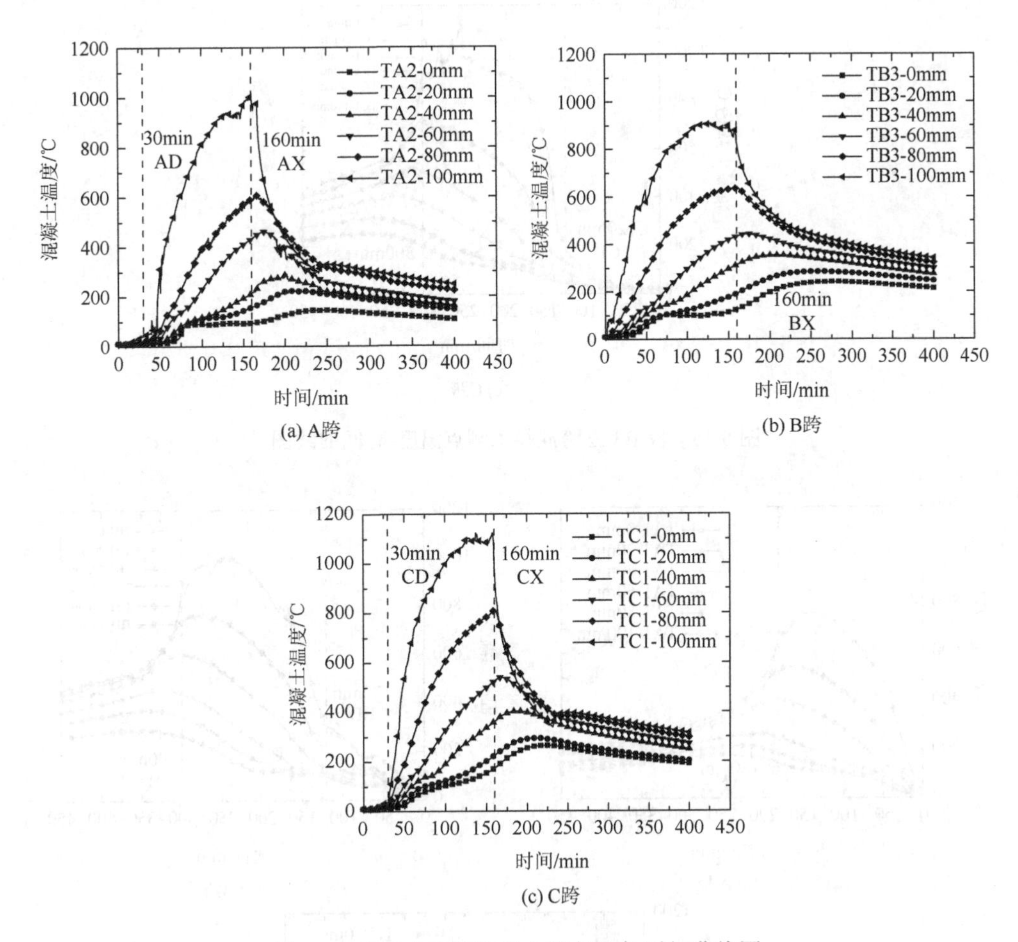

(a) A跨

(b) B跨

(c) C跨

图 5.34　板 B2 三跨混凝土测点温度-时间曲线图

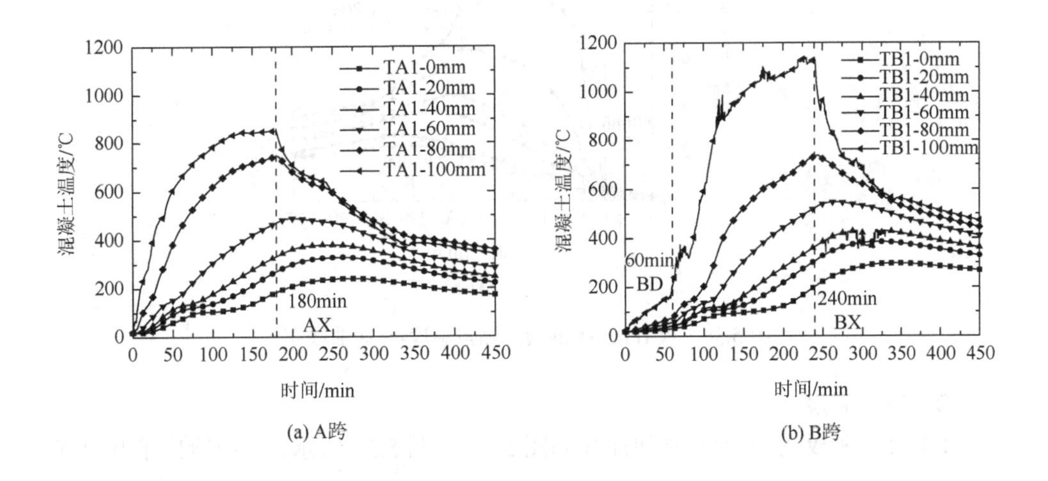

(a) A跨

(b) B跨

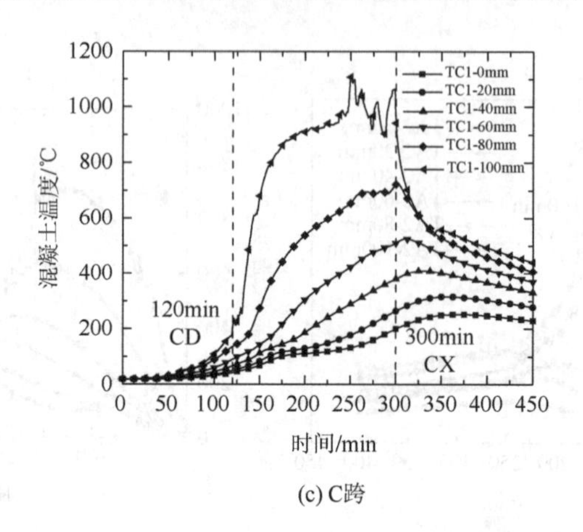

(c) C跨

图 5.35　板 B3 三跨混凝土测点温度-时间曲线图

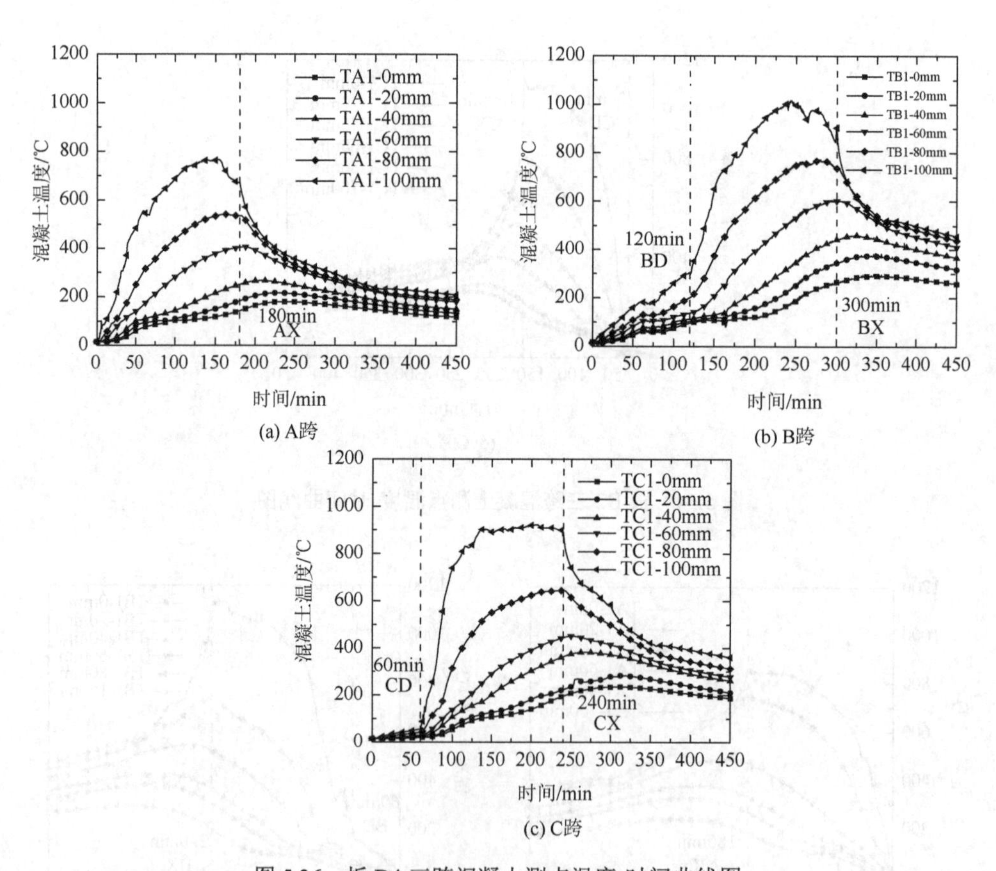

图 5.36　板 B4 三跨混凝土测点温度-时间曲线图

2）钢筋温度

B1、B2 两板钢筋温度-时间曲线如图 5.37 和图 5.38 所示，图中给出了升温和降温时的钢筋温度变化。与混凝土温度相似，每个炉腔的钢筋温度主要取决于相应的炉温。

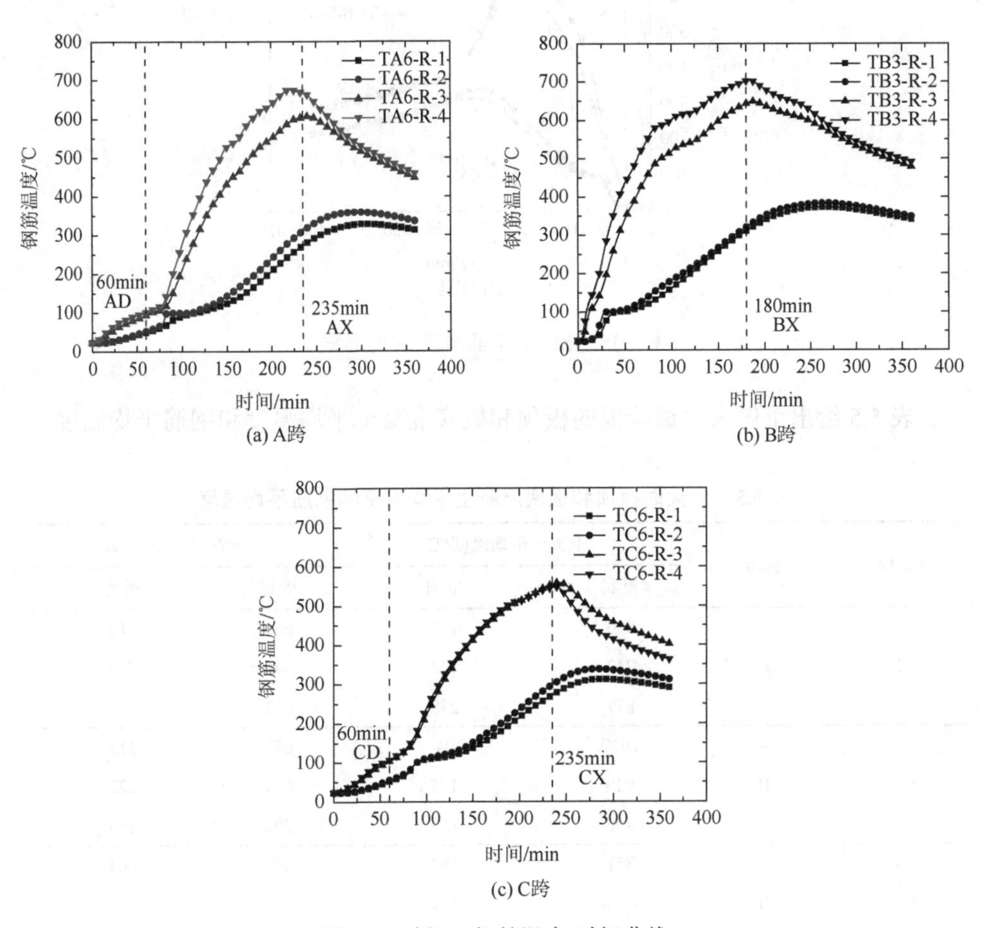

图 5.37　板 B1 钢筋温度-时间曲线

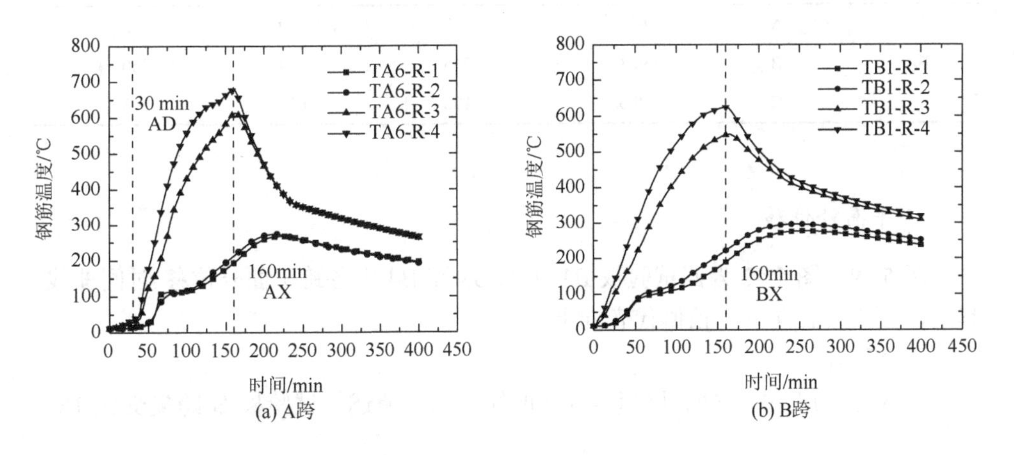

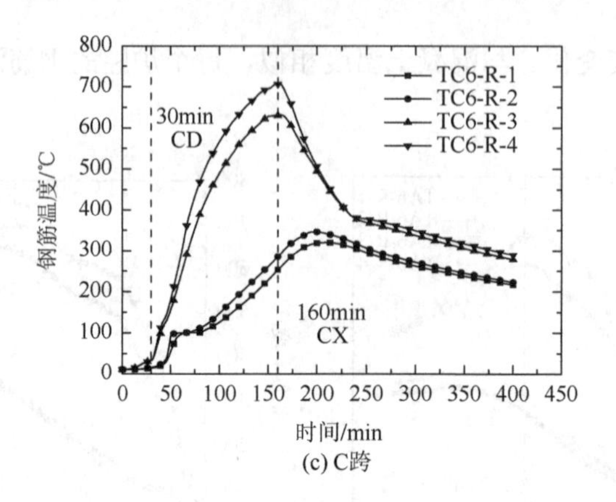

(c) C跨

图 5.38　板 B2 钢筋温度-时间曲线

表 5.5 给出了停火时试验板的板顶和板底混凝土平均温度和钢筋平均温度。

表 5.5　停火时板顶和板底混凝土平均温度和钢筋平均温度

试验板	板跨	混凝土平均温度/℃		钢筋平均温度/℃	
		板底	板顶	板底	板顶
B1	A	876	192	666	310
	B	742	272	646	290
	C	877	238	672	312
B2	A	1007	94	677	213
	B	829	126	624	222
	C	996	173	706	285
B3	A	851	184	605	263
	B	1130	201	712	331
	C	941	200	660	291
B4	A	671	142	529	312
	B	903	265	644	360
	C	890	196	627	303

3. 平面外位移

图 5.39～图 5.42 为四试验板 B1、B2、B3 和 B4 中各跨平面外位移-时间曲线。其中，负值代表向下，正值代表向上。

1）板 B1

图 5.39 为板 B1 平面外位移-时间曲线。如上所述，试验板 B 跨先受火 1h，

随后 A 跨和 C 跨同时点火，每跨均受火接近 3h。由图可知，在 0～60min 阶段，由于 B 跨直接受火，跨中位移快速增加；然而，A 跨和 C 跨虽未直接受火，但热传导作用致使其温度上升，进而跨中位移均向下发展；60min 时，A、B 和 C 跨跨中位移分别为–6.0mm、–12.8mm 和–5.9mm。60min 后，A 和 C 两跨开始受火，两者跨中位移随之快速增加，同时随着温度增加，变形趋于平缓，变形速率逐渐降低，直至 A 和 C 跨停火。然而，对于 B 跨，60min 跨中位移出现反转，且 B 跨停火后，位移仍然向上发展，原因是 B 跨具有较强的拱效应。235min 时，A、B 和 C 跨中位移分别为–21.8mm、3.7mm 和–28.3mm。待 A 和 C 两跨停火后，A、B 和 C 三跨位移开始逐渐恢复。最终，350min 试验结束时，A、B 和 C 三跨跨中位移分别为–13.0mm、–2.7mm 和–18.8mm。

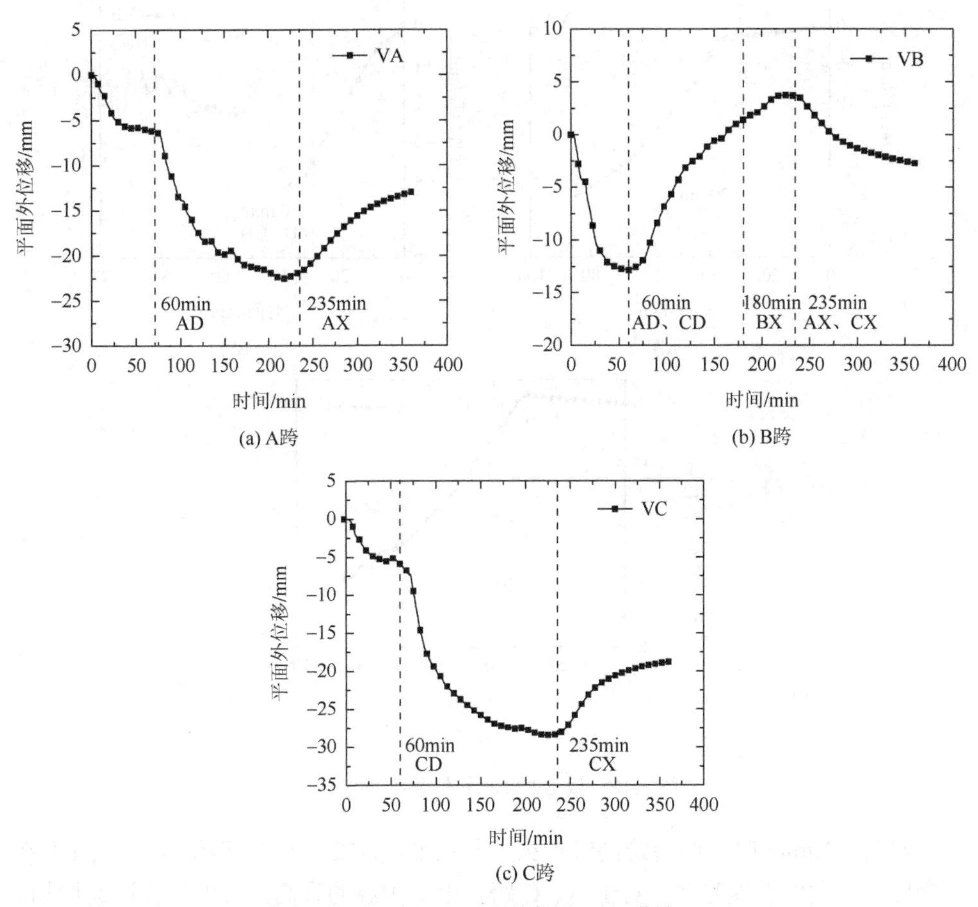

(a) A跨

(b) B跨

(c) C跨

图 5.39　板 B1 平面外位移-时间曲线

对比可知，炉温和边界条件对火灾下连续板各跨平面外位移行为有决定性影响。对于 B 跨，受火时其两端受到相邻边跨的约束，致使其出现拱效应，变形出现反转；对于两边跨，受火时一端受到相邻中跨约束，另一端可以发生自由转动和膨胀。因此，边跨受火时，未出现位移反转行为。可见相比于边跨，中跨受火灾蔓延工况影响较大，力学机理较为复杂。

2）板 B2

对于板 B2，火灾过程与板 B1 相同，但是 B 跨和 A（C）跨之间的时间间隔为 30min。板 B2 各个跨平面外位移-时间曲线如图 5.40 所示，但由于采集系统的故障，只收集到了 80min 的数据。与板 B1 相似的是，在 30min 内，板 B2 的 B 跨扰度持续增加。在此阶段，由于 A、C 隔间炉温较低，相应地，跨中挠度基本保持不变。可知两边跨挠度与相应炉温高低有决定性影响。

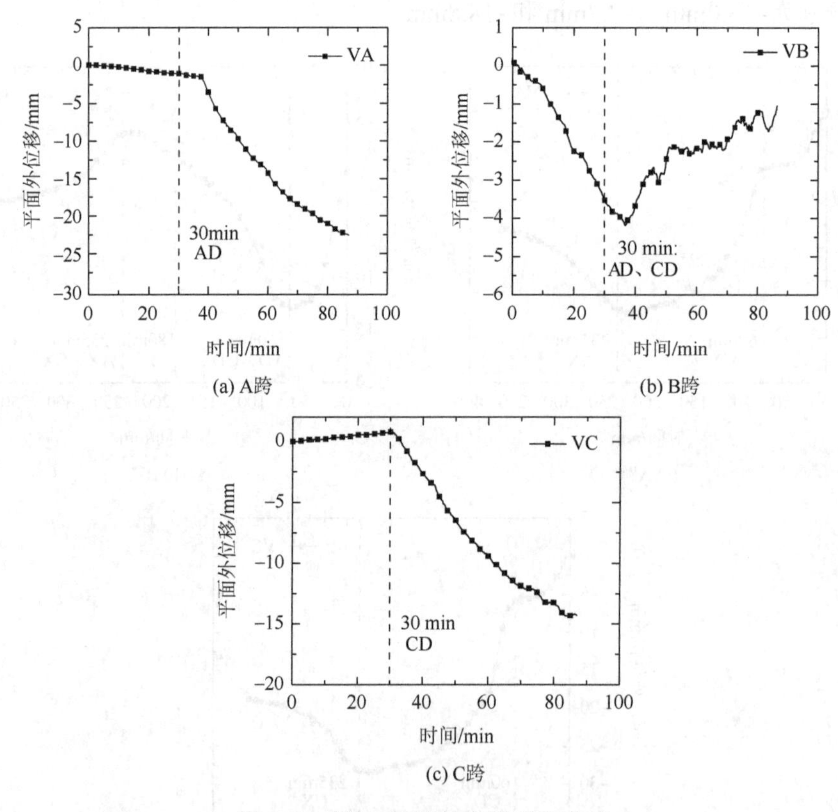

(a) A跨　(b) B跨　(c) C跨

图 5.40　板 B2 平面外位移-时间曲线

然后，30min 时，两边跨同时点火。与板 B1 类似，板 B2 两边跨和中间跨跨中挠度有不同的发展趋势。对于 A、C 跨，由于炉温的升高，跨中挠度迅速增加。随着 B 跨炉温持续增加，反拱现象出现，致使 B 跨跨中挠度反向增长，这表明此现象主要取决于相邻跨的炉温。因此，从板 B1 和板 B2 的比较中可知，中间跨挠度的变化主要取决于中间跨与边跨升温时间间隔。

总之，除了炉温和边界条件，时间间隔对 B 跨的挠度趋势有重要影响，特别是挠度反转时间。

3）板 B3

图 5.41 为板 B3 平面外位移-时间曲线。对于板 B3，A、B 和 C 跨依次点火，时间间隔为 1h。由图可知，由于受火工况不同，试验板各跨平面外位移-时间曲线变化规律存在明显不同。

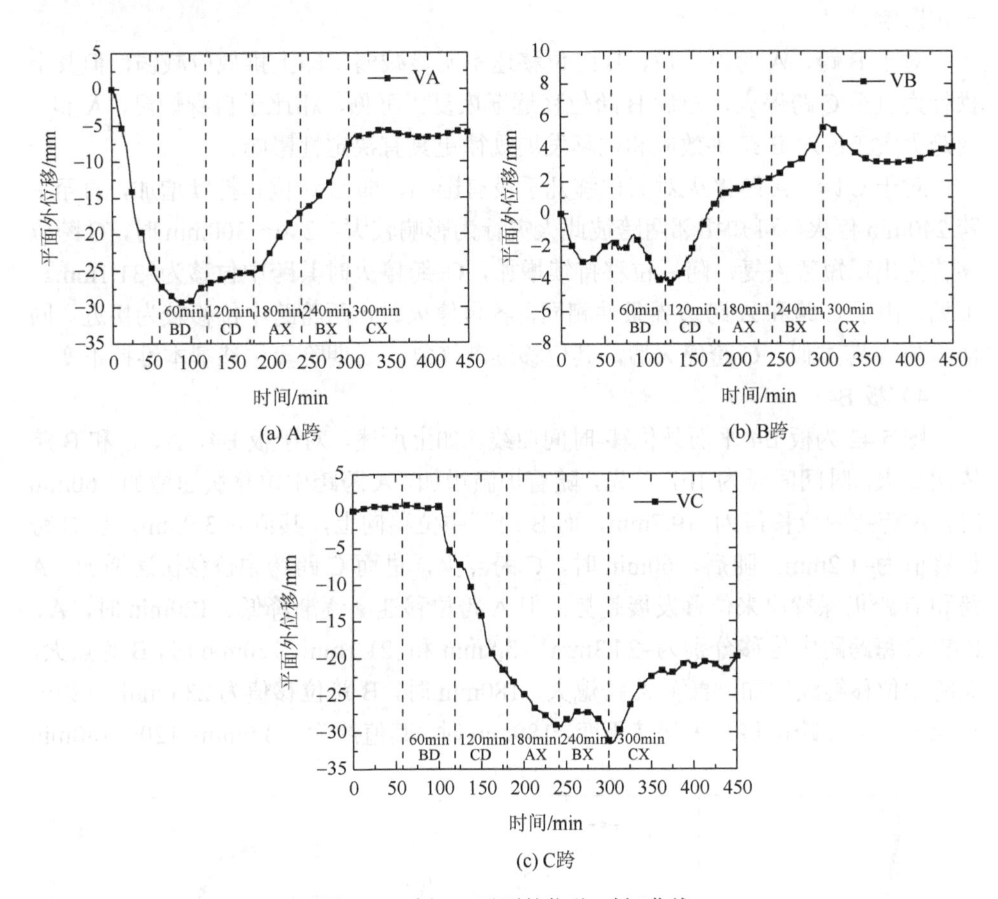

(a) A跨

(b) B跨

(c) C跨

图 5.41　板 B3 平面外位移-时间曲线

0～60min 期间，三板具有不同的变化趋势，其中 A 跨跨中位移线性增加，B 跨跨中位移先增加后降低，而 C 跨跨中位移基本维持不变，原因是板温相对较低。60min 时，A 跨跨中位移为–27.5mm，而 B 跨跨中位移为–2mm，C 跨跨中位移为 0mm。

60～120min 期间，相比于两边跨，B 跨跨中位移趋势较为复杂，表明该阶段内力调整较为剧烈。120min 后各自停火，板 B3 各跨位移趋势总体偏于稳定。例如，120～180min 时，A 跨位移逐渐恢复，B 跨位移反转，但 C 跨位移持续增加，且 180min 时，A、B 和 C 三跨跨中位移分别为–25.4mm、1.0mm 和–22.2mm，可见，该阶段三跨内力机理不同。

对于 A 跨，180min 后其位移恢复速率明显增大，且 B 跨停火对其位移恢复速率影响较小，其位移继续恢复。然而，C 跨停火后，A 跨跨中位移几乎维持不变（–4.7mm），直至试验停止。可见，火灾后期，C 跨火灾行为对 A 跨位移也有一定影响。

对于 B 跨，A 跨停火后，B 跨位移速率明显减弱，即上拱效应减弱，但其上拱行为直至 C 跨停火，随后 B 跨位移逐渐恢复。可见，相比于自身炉温，A 和 C 两跨火灾工况对 B 跨拱效应和位移发展规律更具有决定性影响。

对于 C 跨，A 跨停火对其位移几乎没有影响，即 C 跨位移持续增加，直至 B 跨 240min 停火，可知相邻两跨彼此火灾行为影响较大；240～300min 时，C 跨位移首先出现短暂恢复，随后位移持续增加，C 跨停火时其跨中位移为–31.1mm。可见，由于 C 跨和 A 跨边界条件相同，各自停火时，两跨跨中位移较为接近。同样，与 A 跨类似，C 跨停火后，其位移逐渐恢复，后期阶段位移基本维持不变。

4）板 B4

图 5.42 为板 B4 平面外位移-时间曲线。如上所述，对于板 B4，A、C 和 B 跨依次点火，时间间隔为 1h。首先，随着炉温增加，A 跨跨中位移快速增加，60min 时，A 跨跨中位移值为–19.7mm，而 B 跨跨中位移向上，其值为 3.9mm，且 C 跨位移值为–1.2mm。随后，60min 时，C 跨点火，进而 C 跨跨中位移快速增加；A 跨和 B 跨仍保持原来位移发展趋势，但 A 跨位移速率逐渐降低。120min 时，A、B 和 C 每跨跨中位移分别为–24.3mm、13.8mm 和–21.1mm。120min 时，B 跨点火，其跨中位移继续增加，直至 A 跨熄火，180min 时，B 跨位移值为 23.6mm。120～180min 时，A 跨位移几乎保持不变，180min 时，其值约为–23.9mm；120～180min

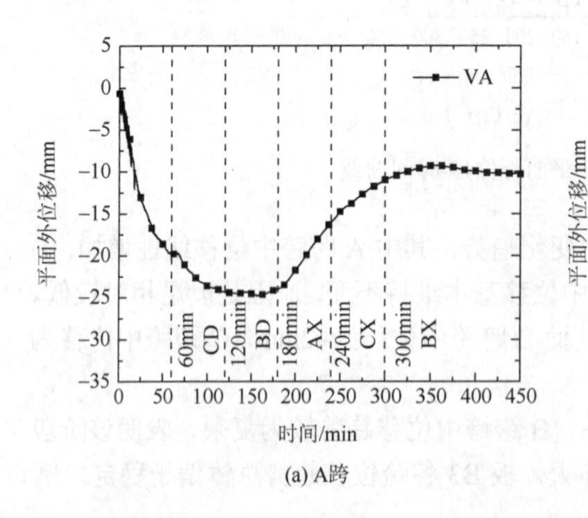

(a) A跨

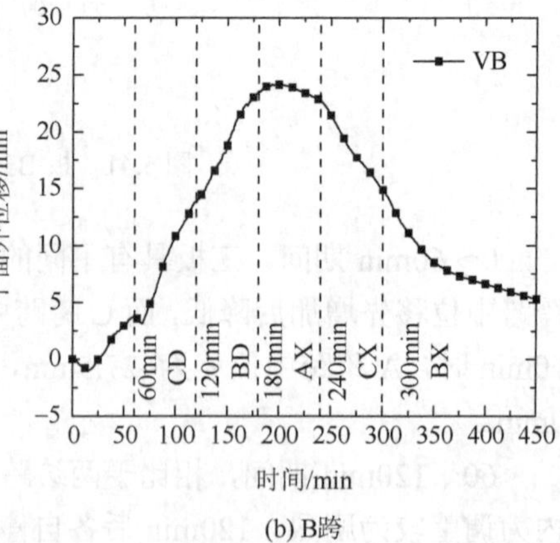

(b) B跨

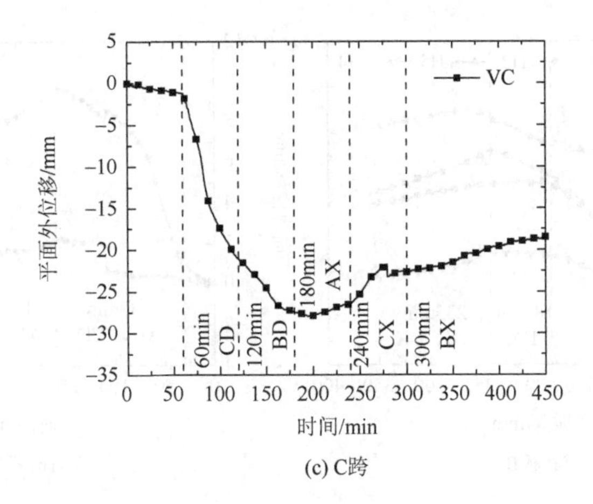

(c) C跨

图 5.42　板 B4 平面外位移-时间曲线

时，C 跨跨中位移继续增加直至 A 跨熄火，其位移值为−27.5mm。180min 后，A 跨跨中位移逐渐恢复，位移恢复速率逐渐降低，直至 B 跨熄火，300min 时位移值为−11.0mm。其中，240min 时 C 跨熄火，对 A 跨位移恢复影响相对较小。

对于 B 跨，待 A 跨熄火后，其位移再次出现反转，即跨中位移开始向下发展，特别是 C 跨停火后。300min 时，B 跨停火，其位移值为 14.8mm。随后，随着温度降低，B 跨位移恢复速率降低。对于 C 跨，180min 后，其位移速率逐渐降低，且在其停火前位移出现恢复。240min 时，C 跨跨中位移为−26.5mm。随后，该跨位移逐渐恢复。

由上可知，与温度影响规律不同，火灾蔓延工况对各跨位移有重要影响。一方面，通过对比 A 跨和 C 跨，自身炉温情况对各自跨中位移趋势有决定性影响，由于边界条件相同，最终位移基本相同；另一方面，A 跨和 C 跨受火工况对 B 跨位移起决定性影响。研究表明，对于单个混凝土简支板、单一面内约束板和固支板等，随着炉温增加，位移（向下）通常单调增加，这一点与本书试验板中两边跨（A 跨和 C 跨）位移变化基本相同，但无法反映中间 B 跨的复杂位移变化。

总之，通过对比 B1、B2、B3 和 B4 四板，火灾蔓延工况和边界对各跨的位移及发展趋势有重要影响，尤其是 B 跨。因此，在结构抗火设计中，应加强连续板中跨抗火设计。

4. 平面内位移

图 5.43 为板 B1、B2、B3 和 B4 平面内位移-时间曲线。图中正值（负值）表示膨胀（收缩）变形。其中，测点 H1 和 H3（H2 和 H4）为东西（南北）方向。在此说明板 B2 在试验过程中出现采集故障，只测出 H2 和 H4 方向。

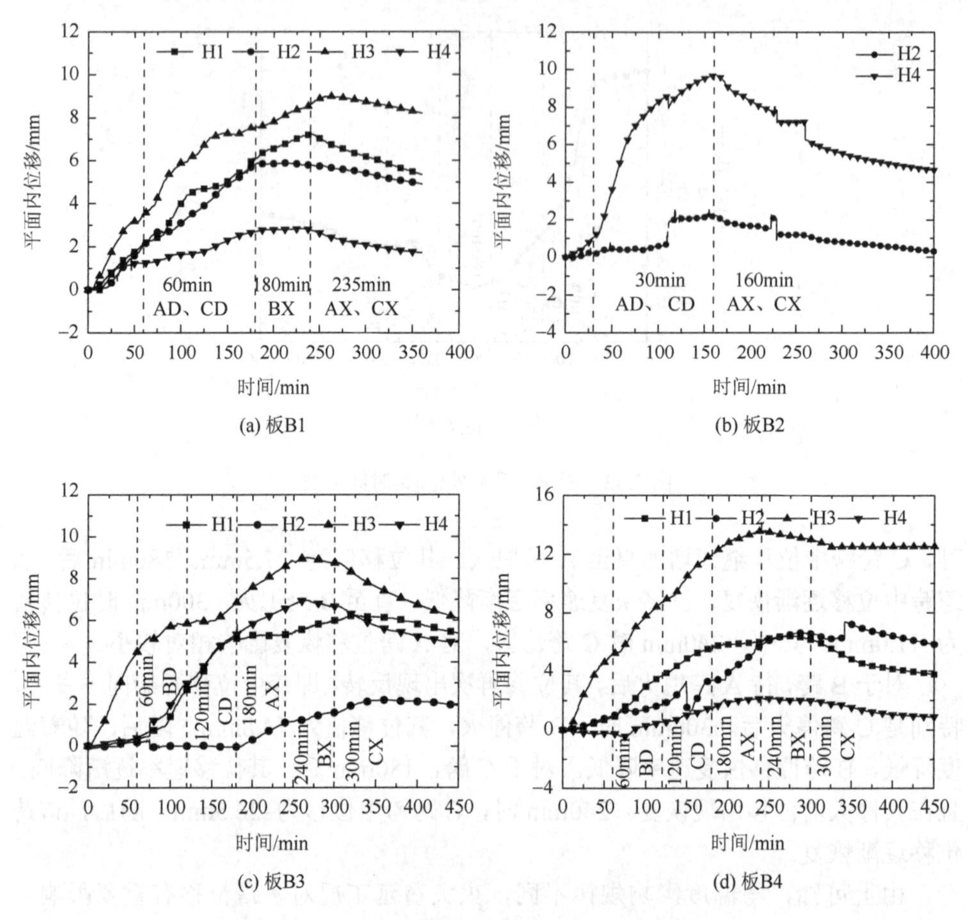

(a) 板B1　　(b) 板B2

(c) 板B3　　(d) 板B4

图 5.43　四试验板平面内位移-时间曲线

对比可知，对于任一连续板，相比于南北方向，东西方向平面内位移较大，且东西方向平面内位移受各跨火灾工况影响相对较大。例如，对于板 B1、B3 和 B4，东西方向平面内位移最大值分别为 9.0mm、9.0mm 和 13.6mm，且南北方向平面内位移最大值分别为 5.9mm、7.0mm 和 7.2mm；板 B2 南北方向最大平面内位移为 10mm 和 2mm。另外，对于连续板，任一跨受火，均会导致其各方向倾向于向外膨胀，且待所有跨停火后，平面内膨胀逐渐转为收缩。这一点明显与单一混凝土板受火时的平面内位移发展趋势不同。

5. 板角约束力

板 B1、B2、B3 和 B4 板角约束力-时间曲线如图 5.44 所示。由图可知，板角约束力最大值和发展趋势受各跨火灾工况影响较大。一方面，对于板 B1、B2、B3 和 B4，板角最大约束力分别为 9.38kN、10.50kN、9.88kN 和 6.65kN。

另一方面，从板角约束力发展趋势来讲，对于板 B1、B2，其中 B 跨开始受火时，四个板角约束力均开始增大；然而，对于板 B3 和 B4，仅边跨受火时，对该边跨板角约束力有重要影响，而对远端板角约束力影响相对较小；待剩余跨开始受火时，远端板角约束力开始逐渐增加。以板 B3 为例，当 A 跨开始受火时，其邻近两板角（P-3 和 P-4）约束力快速增加，而板角 P-1 和 P-2 基本维持不变，即板角约束力受自身跨受火工况影响较大。60min 时，B 跨点火，板角 P-3 和 P-4 约束力增速降低，而板角 P-1 和 P-2 约束力逐渐快速增加，且 C 跨点火后，板角 P-1 和 P-2 约束力达到最大值（6.4kN、9.94kN），随后板角约束力降低。A 跨停火后，板角约束力逐渐降低，直至试验结束。值得指出的是，与前述简支板中板角约束力会出现突然降低为零不同（板角脆性破坏），本试验板板角约束力发展趋势较为平缓，原因是本试验板板角布置负弯矩钢筋，其有助于防止板角突然出现脆性破坏。

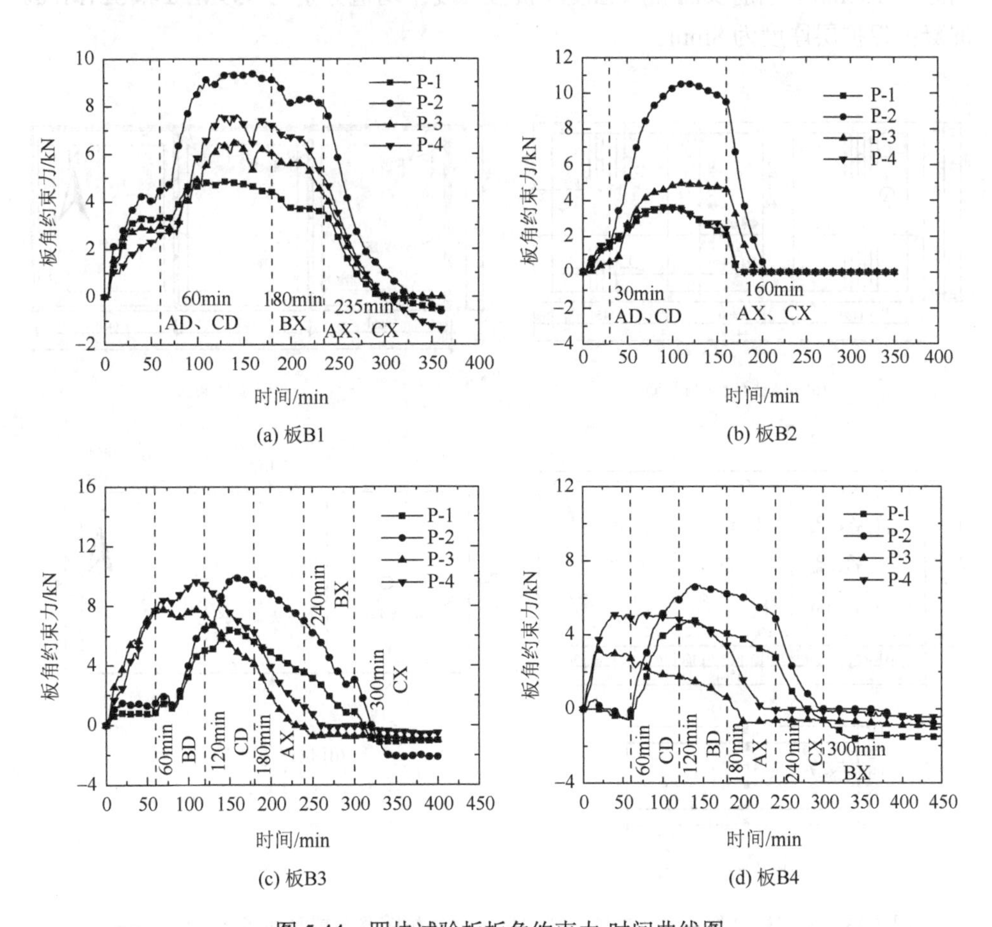

(a) 板B1

(b) 板B2

(c) 板B3

(d) 板B4

图 5.44　四块试验板板角约束力-时间曲线图

5.4　连续薄板火灾蔓延工况试验

5.4.1　试验方案

1. 试件设计

根据现行混凝土结构设计规范，设计 6 块钢筋混凝土三跨连续板（编号为 C1、C2、C3、C4、C5 和 C6），尺寸均为 4700mm×2100mm×50mm，试验板尺寸与配筋如图 5.45（a）所示。试件采用 C30 商品混凝土，配合比为水泥∶砂∶石子∶水∶掺合料＝1∶2.32∶4.91∶0.77∶0.64。混凝土立方体抗压强度和含水率分别为 37.4MPa 和 3.1%。板内钢筋采用双层双向布置，钢筋采用 HRB400，直径为 4mm，间距为 100mm，钢筋实测屈服强度和抗拉强度平均值分别为 439MPa 和 521MPa。混凝土保护层厚度为 8mm。

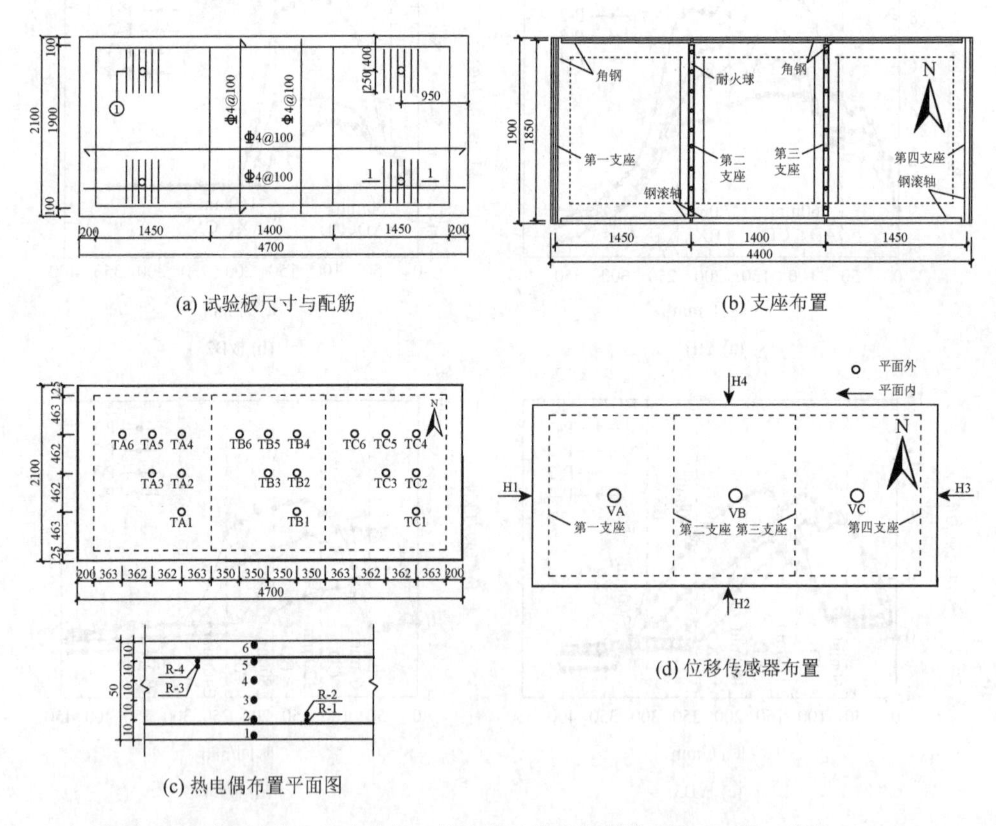

图 5.45　连续板试件、支座位置、热电偶及位移传感器布置平面图（单位：mm）

根据《建筑设计防火规范》防火墙或承重墙耐火极限（如 3h 或 1.5h 等），确定火灾试验方案，采用单跨受火和三跨依次受火，如表 5.6 所示。其中，F 表示受火时间，C 表示点火时刻间隔。具体为板 C1 仅边跨 A 受火；板 C2 仅中跨 B 受火；板 C3 是 A、B 和 C 三跨依次受火 90min，随后停火；板 C4 中跨受火 90min 停火，随后两边跨同时受火 90min；板 C5 是 A、B 和 C 跨依次间隔 45min 受火，三跨均受火 90min；板 C6 是 A、B 和 C 跨同时受火 90min。

表 5.6　试验板受火方案

板	荷载/kPa	A 跨	B 跨	C 跨	龄期/d	室温/℃	相对湿度/%
C1	1.0	F180			92	21	87
C2	1.0		F180		153	7	81
C3	3.0	F90	C90F90	C180F90	182	4	91
C4	3.0	C90F90	F90	C90F90	196	–6	39
C5	3.0	F90	C45F90	C90F90	378	32	55
C6	3.0	F90	F90	F90	385	32	45

2. 加载方案

板面放置配重块，模拟均布活荷载为 1kPa 或 3kPa。板外边支座采用钢滚轴（直径为 50mm）和角钢，炉内支座采用耐火球，直径为 50mm，间隔约为 100mm。

3. 测量方案

温度测量采用 K 型热电偶，通过安捷伦数据采集仪（34980A）进行采集，采集时间间隔为 15s。对于炉温，每跨布置 3 个炉温热电偶，编号分别为 F-1、F-2 和 F-3。对于每试验板，三跨编号从左至右分别为 A、B 和 C 跨，其中 A 和 C 为边跨，B 为中跨。每跨布置 6 组板截面温度测点。以 A 跨为例，截面测组为 TA1～TA6，每组共有 10 个热电偶测点，如图 5.45（c）所示。其中，编号 1～6 为混凝土温度测点，编号 R-1 和 R-2（R-3 和 R-4）测量板底（顶）钢筋温度。

采用差动式位移传感器测量试验板平面外（内）变形，如图 5.45（d）所示。其中，测量试验板平面外跨中位移编号为 VA、VB 和 VC；平面内位移传感器编号为 H1、H2、H3 和 H4，其中 H1 和 H3（H2 和 H4）测量长跨（短跨）方向平面内位移。

5.4.2　试验结果及分析

1. 主要试验现象

1）板 C1

受火 5min 时，A 跨出现爆裂，并发出巨大爆裂声，37min 时，爆裂停止。45～

50min 时，板顶出现少量水蒸气，180min 时停火。板顶和板底裂缝如图 5.46 所示。由图 5.46（a）可知，板顶裂缝集中在 A 跨板角和邻近第二支座位置。由于负弯矩作用，非受火跨 B 出现少量南北向裂缝，且 C 跨板顶未出现裂缝。此外，由图 5.46（b）可知，A 跨爆裂较为严重，露出大量钢筋，且最大爆裂深度和总爆裂面积分别为 45mm 和 0.98m^2，主要原因是板龄期较短（含水率较高）。可知 A 跨灾后剩余承载力严重降低，而非受火跨仍具有较强承载力。

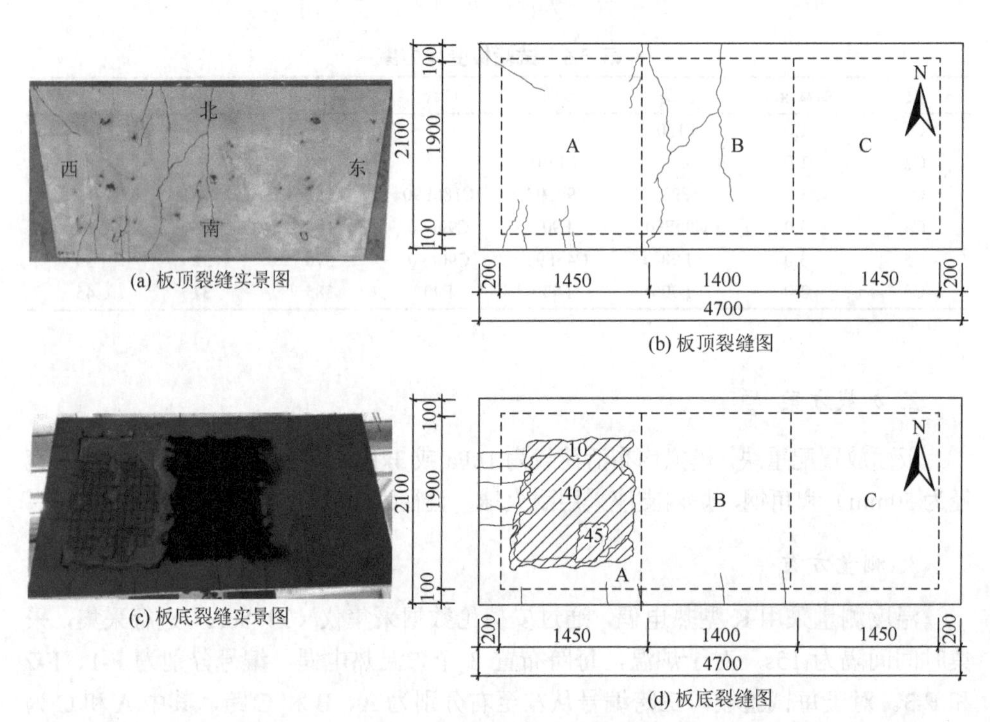

图 5.46 板 C1 板顶和板底裂缝分布图（单位：mm）

2）板 C2

10min 时，B 跨板底混凝土爆裂和板顶出现水蒸气，直至 47min。值得指出的是，约在 34min 时，B 跨板底发出一声巨大爆裂，试验板产生很大震动，且加载块被震起。180min 时，B 跨停火，板顶和板底破坏模式如图 5.47 所示。

由图 5.47（a）和（b）可知，板顶裂缝主要集中在受火跨 B 跨，且主要为南北向裂缝。另外，板底最大爆裂深度（42mm）和面积（1.15m^2）基本与板 C1 A 跨类似。

3）板 C3

27min 时，A 跨板顶出现少量水蒸气，沿裂缝处形成水膜；31min 时，A 跨板顶水蒸气逐渐增多，直至 67min。90min 时，A 跨停火，B 跨点火，109min 时，B 跨

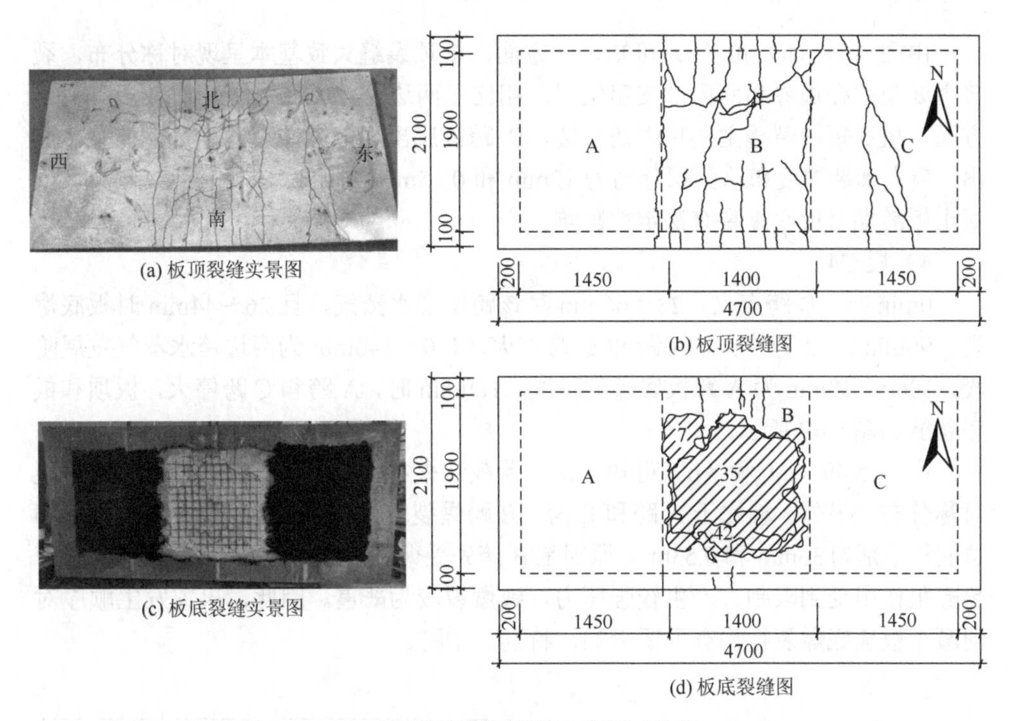

(a) 板顶裂缝实景图
(b) 板顶裂缝图
(c) 板底裂缝实景图
(d) 板底裂缝图

图 5.47　板 C2 板顶和板底裂缝分布图（单位：mm）

出现水蒸气且逐渐增多，117min 时，B 跨水蒸气达到顶峰，直至 149min；其间，B 跨板底出现一声爆裂。180min 时，B 跨停火，C 跨点火，C 跨水蒸气集中出现在 200～236min。板顶和板底裂缝如图 5.48 所示。

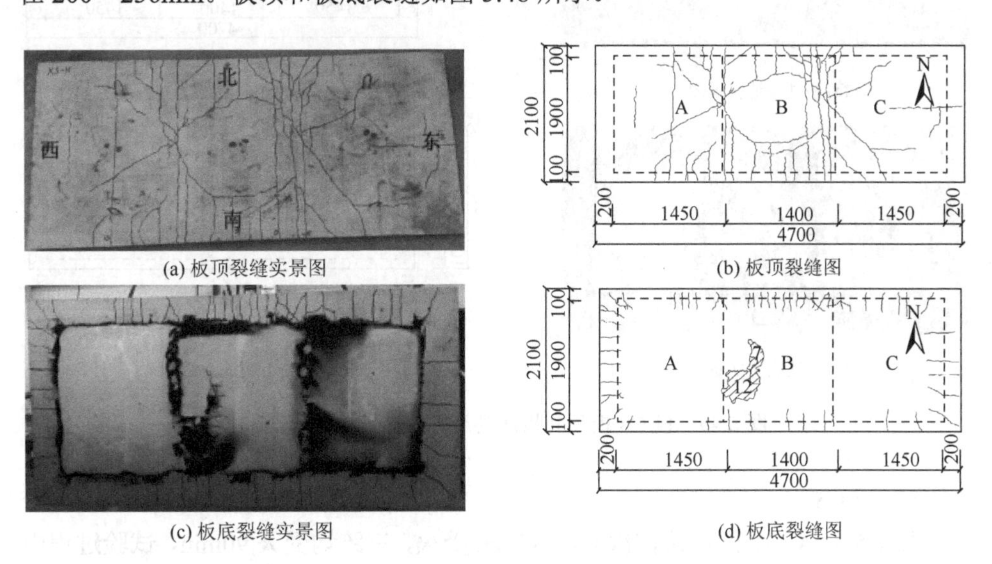

(a) 板顶裂缝实景图
(b) 板顶裂缝图
(c) 板底裂缝实景图
(d) 板底裂缝图

图 5.48　板 C3 板顶和板底裂缝分布图（单位：mm）

由图 5.48（a）和（b）可知，一方面，板顶裂缝大致基本呈现对称分布，裂缝主要集中在边界和两内部支座位置。相比于两边跨，B 跨裂缝相对较多。另一方面，板底短向裂缝主要集中在短边，B 跨板底出现轻微爆裂，少量钢筋基本露出，最大爆裂深度和总面积分别为 12mm 和 0.15m^2。对比板 C1 和板 C2 可知，混凝土板龄期对板底爆裂有决定性影响。

4）板 C4

0min 时，B 跨点火，23～66min 时该跨出现水蒸气，且 26～44min 时板底爆裂。90min 时 B 跨停火，A 跨和 C 跨点火，110～140min 为两边跨水蒸气发展阶段，106～130min 为 A 跨板底爆裂阶段。180min 时，A 跨和 C 跨停火，板顶和板底裂缝如图 5.49 所示。

由图 5.49（a）和（b）可知，由于荷载和火灾工况对称，板顶裂缝大致呈现对称分布。另外，相比于 A 跨和 C 跨，B 跨爆裂较为严重，B 跨最大爆裂深度和总面积分别为 36mm 和 0.53m^2。原因是 B 跨先受火时，由于两边跨温度较低，B 跨热膨胀作用受到限制，产生较强压力，致爆裂较为严重。因此，火灾发生顺序对混凝土板板底爆裂行为有重要影响，特别是中跨。

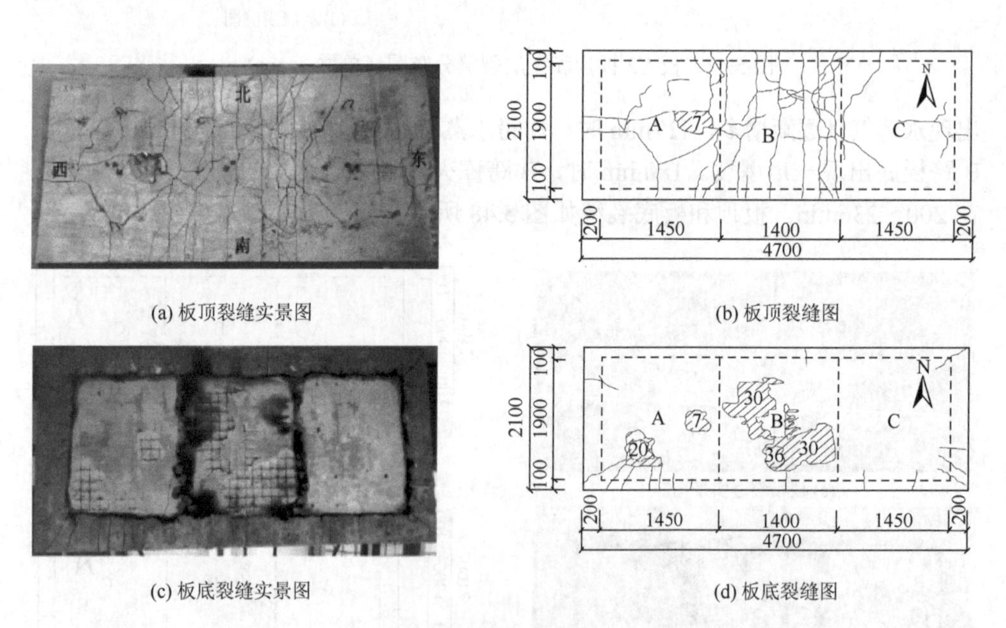

(a) 板顶裂缝实景图　(b) 板顶裂缝图

(c) 板底裂缝实景图　(d) 板底裂缝图

图 5.49　板 C4 板顶和板底裂缝分布图（单位：mm）

5）板 C5

板 C5 为 A、B 和 C 跨依次间隔 45min 受火，三跨均受火 90min，试验过程中对板 C5 试验现象进行了观测，如图 5.50 所示。0min 时，A 跨点火，受火 8～16min

时，A 跨跨中、第一支座和第二支座附近出现裂缝，升温阶段 A 跨未发现水蒸气，且板底未爆裂。45min 时，B 跨点火，63min 时，B 跨板顶出现少量水蒸气，持续时间较短，84min 时，B 跨跨中附近出现裂缝。90min 时，A 跨停火，同时 C 跨点火，99min 时，第三支座附近出现裂缝，且裂缝宽度有增大趋势。106min 时，C 跨跨中出现裂缝，第二支座和第三支座附近再次出现较多裂缝。升温阶段 C 跨未发现水蒸气，且板底未爆裂，135min 时，B 跨停火，180min 时，C 跨停火。需要指出的是，板 C5 养护时间为 378 天（大于 1 年），未发生爆裂。待板 C5 冷却后，发现第三支座附近裂缝宽度达到 6mm，C 跨板底混凝土有明显的脱落。对板顶和板底裂缝进行描绘，如图 5.50 所示。

(a) 第三支座裂缝　(b) 板侧面裂缝

(c) A跨板面裂缝　(d) C跨混凝土脱落

图 5.50　板 C5 试验现象图

由图 5.51 可知，由于荷载和火灾工况对称，板顶裂缝大致呈现对称分布，裂缝主要集中在板边界和两内部支座附近。板顶裂缝形式与板 C3 有较大区别，主要原因是火灾蔓延时间间隔不同，可知火灾蔓延时间间隔对板裂缝形式有决定性影响。板底短向裂缝主要集中在短边、第二支座和第三支座位置，且数量较多。此外，相比于 A 跨和 B 跨，试验后 C 跨板底混凝土脱落较为严重。

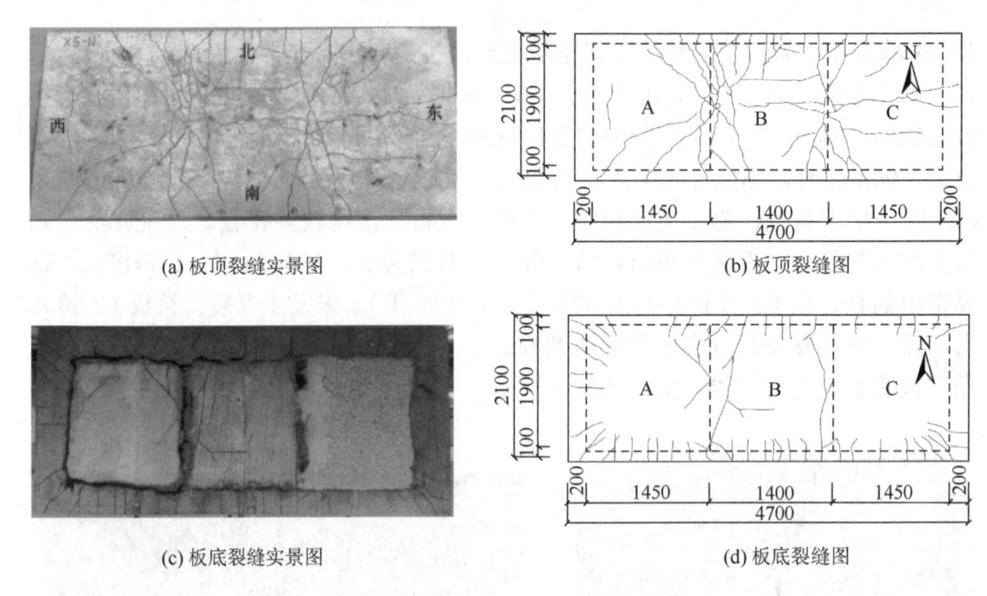

(a) 板顶裂缝实景图　(b) 板顶裂缝图

(c) 板底裂缝实景图　(d) 板底裂缝图

图 5.51　板 C5 板顶和板底裂缝分布图（单位：mm）

6）板 C6

板 C6 为 A、B 和 C 跨同时受火 90min，需要指出的是，由于试验炉采用人工点火，C 跨点火时出现多次熄灭，板裂缝发展情况未观测到。待板 C6 冷却后，对板顶和板底裂缝进行描绘，如图 5.52 所示。板顶裂缝大致呈对称分布，裂缝主要

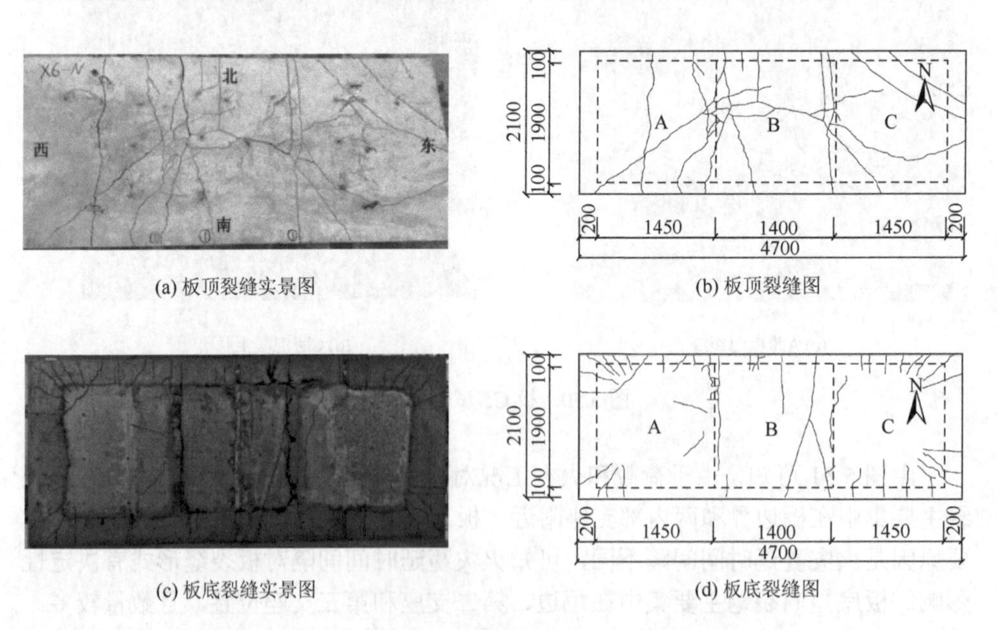

(a) 板顶裂缝实景图　(b) 板顶裂缝图

(c) 板底裂缝实景图　(d) 板底裂缝图

图 5.52　板 C6 板顶和板底裂缝分布图（单位：mm）

集中在第二支座和第三支座附近，这一点与板 C5 类似。板 C6 的 C 跨东北板角出现弧状裂缝，这与其他板块裂缝分布有较大不同。板底裂缝与板 C5 类似，主要集中在短边、第二支座和第三支座位置，最大裂缝宽度达到 7mm。试验过程中未发现有水蒸气冒出，主要原因是板养护时间较长，为 385 天（含水率较低）。因此，试验时板面是否有水蒸气冒出这一现象与板养护时间有直接关系。

通过对板破坏模式进行对比，可知火灾蔓延工况、龄期和荷载对混凝土板顶（底）裂缝和爆裂行为有重要影响。一方面，对于任一火灾工况，受火跨板顶裂缝数量较多，且随着受火跨增多，总体裂缝数量增多。相比于两边跨，中跨及第二支座和第三支座处南北向裂缝相对较多，应加强该位置的配筋。另一方面，相比于火灾蔓延工况和荷载，龄期对混凝土板爆裂行为具有决定性影响，特别是中跨，严重时整跨出现爆裂。同时，本书结果与前述试验板裂缝、爆裂行为进行定性对比分析，相同火灾蔓延工况下，增加板厚、延长龄期可以降低混凝土板爆裂程度，但不能改变板顶（底）裂缝破坏样式，即板顶多为南北向裂缝，板底多为周边短裂缝。

2. 炉温

图 5.53 为各试验板炉温测量结果。板 C1 和板 C2：仅边跨 A 和中跨 B 受火 180min；板 C3：A、B 和 C 三跨依次受火 90min，随后停火；板 C4：中跨受火 90min 停火，随后两边跨同时受火 90min；板 C5：A、B 和 C 跨依次间隔 45min 受火，三跨均受火 90min；板 C6：A、B、C 三跨同时受火 90min。

六块各跨炉温-时间曲线如图 5.53 所示。由图可知，受火跨炉温-时间曲线与 ISO 834 标准升温曲线大体一致，满足试验要求。需要指出的是，板 C6 的 C 跨点火时出现多次熄灭，炉温较低，但总体趋势基本符合标准升温曲线。炉温主要取决于喷嘴和火灾持续时间，对于任一火灾工况，升温阶段受火跨炉温远远高于非

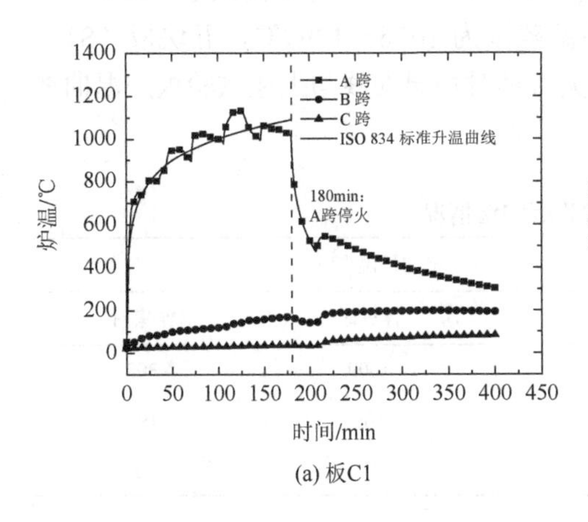

(a) 板C1

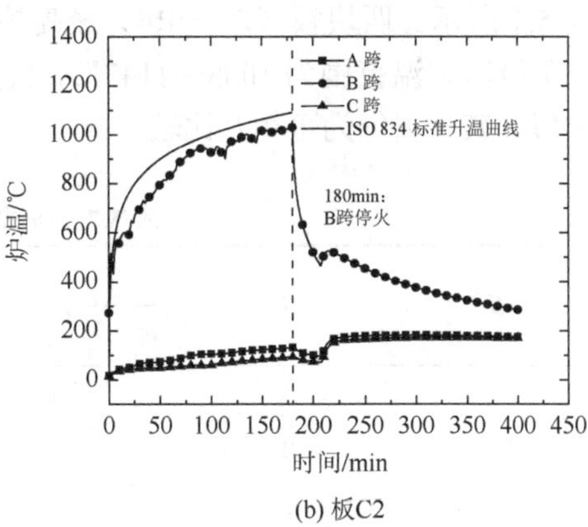

(b) 板C2

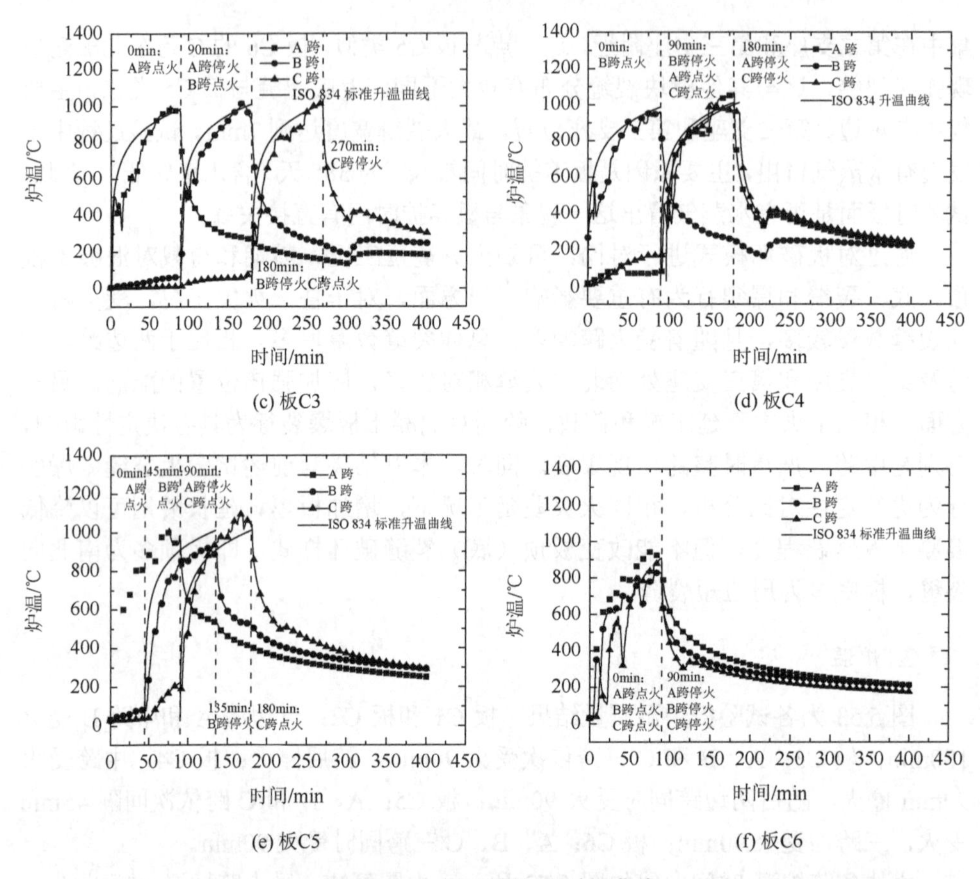

(c) 板C3　　　　(d) 板C4

(e) 板C5　　　　(f) 板C6

图 5.53　六板平均炉温-时间曲线

受火跨。停火后，受火跨炉温开始降温较快后缓慢降低，而非受跨炉温基本保持不变或略微升高。

试验板受火跨最高炉温集中在 830～1137℃，非受火跨炉温低于 200℃，如表 5.7 所示。四块板（R1～R4）最高炉温范围为 1016～1299℃，五块板（S1～S5）最高炉温范围为 1003～1147℃，火灾持续时炉温曲线与上述试验板炉温曲线类似，其火灾行为可相互比较。

表 5.7　各试验板炉温情况

板	跨	平均炉温/℃		
		最高	停火时	结束时
C1	A	1137	1009	303
	B	196	169	192
	C	83	37	83

续表

板	跨	平均炉温/℃		
		最高	停火时	结束时
C2	A	181	131	175
	B	1030	1029	285
	C	173	93	170
C3	A	1004	943	175
	B	1027	907	231
	C	1025	962	263
C4	A	1060	1060	227
	B	966	955	220
	C	1013	968	241
C5	A	982	967	249
	B	917	912	292
	C	1102	1040	290
C6	A	933	907	211
	B	830	805	210
	C	907	883	176

3. 板温

1）混凝土温度

图 5.54～图 5.59 为各板沿板厚（0mm、10mm、20mm、30mm、40mm 和 50mm）截面混凝土温度-时间曲线。由图可知，炉温对板截面温度分布起决定性作用。与足尺板不同，本试验板基本没有温度平台，原因是板厚较小的混凝土中自由水和结合水较少。可知板厚对板温度平台起关键性作用，对于较小厚度（如＜50mm）的板，可以忽略含水率对板混凝土温度的影响。

停火时，受火跨板顶混凝土温度较高，特别是爆裂较为严重的板 C1 和板 C2。例如，对于板 C1（板 C2），停火时，板底、板顶温度值分别为 1004.6℃（1085.3℃）和 622.6℃（610.1℃），温度梯度为 382℃（475.2℃）；对于板 C3 和板 C4，受火时长较短，温度较低，受火跨板底（板顶）温度平均值为 751℃（495℃）。对于板 C1 和板 C2 非受火跨，其平均温度通常较低，约为 250℃。此外，板 C3、板 C5 和板 C6 火灾蔓延时间间隔分别为 90min、45min 和 0min，火灾蔓延时间间隔较长，后受火跨 C 停火时平均混凝土温度较高，基本无温度平台。

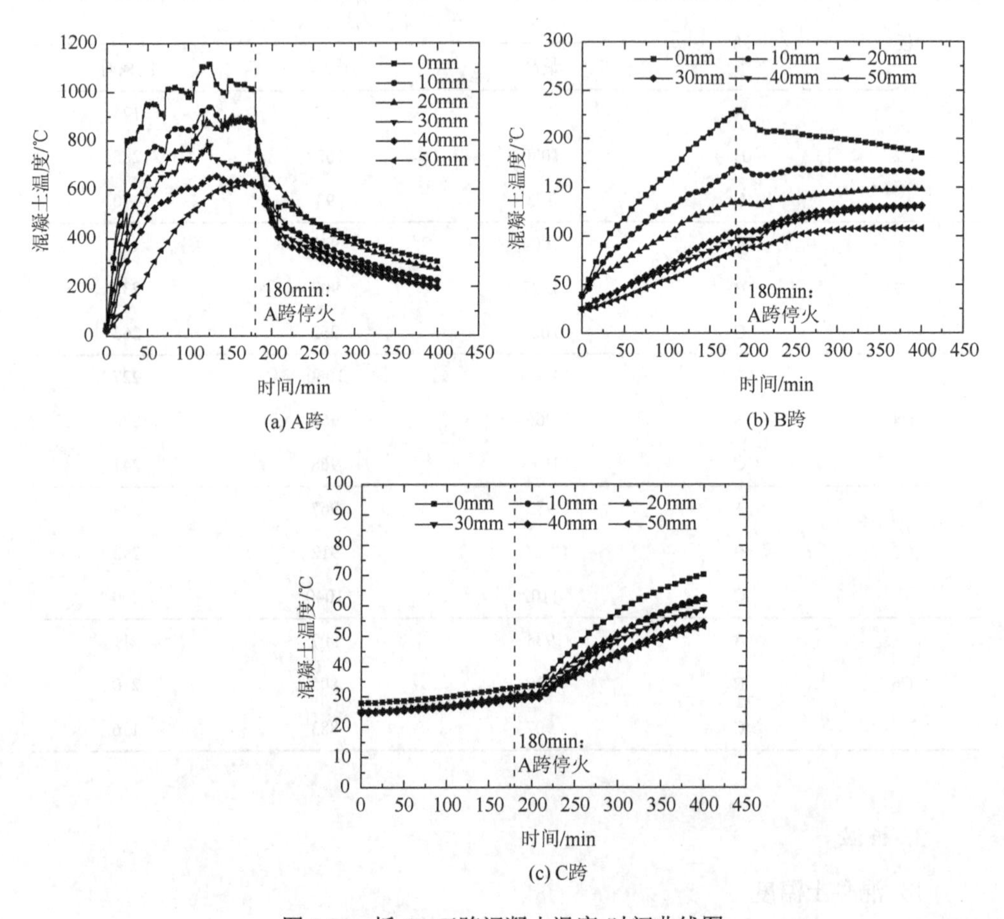

(a) A跨　　　(b) B跨

(c) C跨

图 5.54　板 C1 三跨混凝土温度-时间曲线图

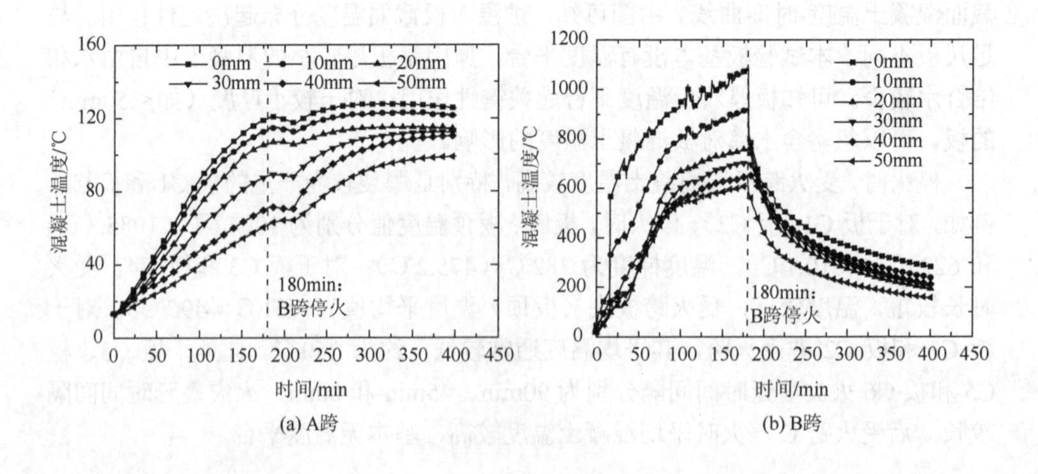

(a) A跨　　　(b) B跨

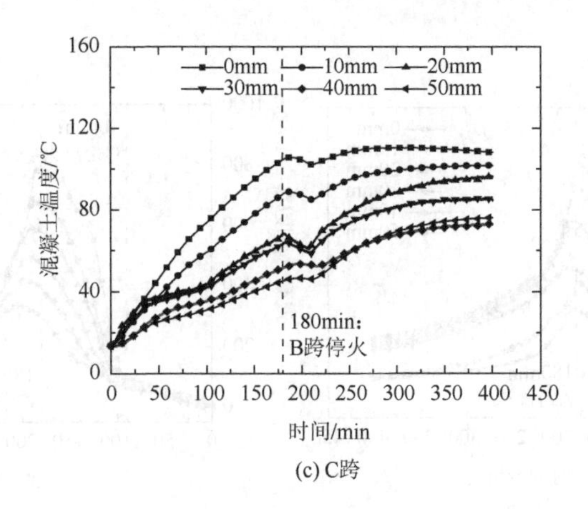

(c) C跨

图 5.55　板 C2 三跨混凝土温度-时间曲线图

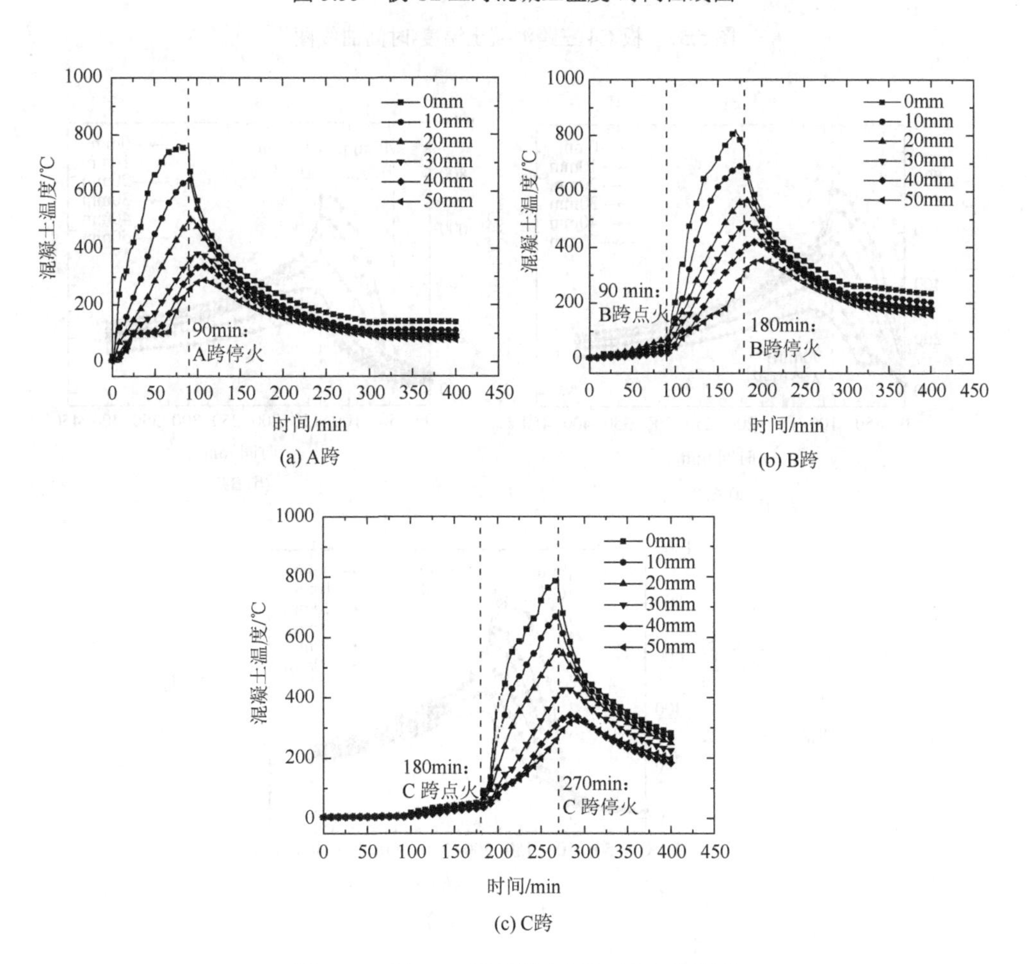

(a) A跨　(b) B跨

(c) C跨

图 5.56　板 C3 三跨混凝土温度-时间曲线图

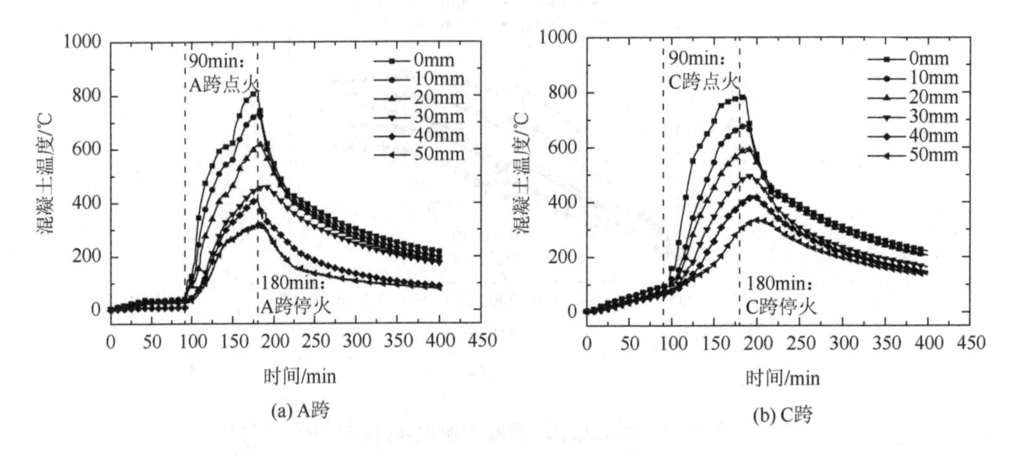

(a) A跨 (b) C跨

图 5.57 板 C4 三跨混凝土温度-时间曲线图

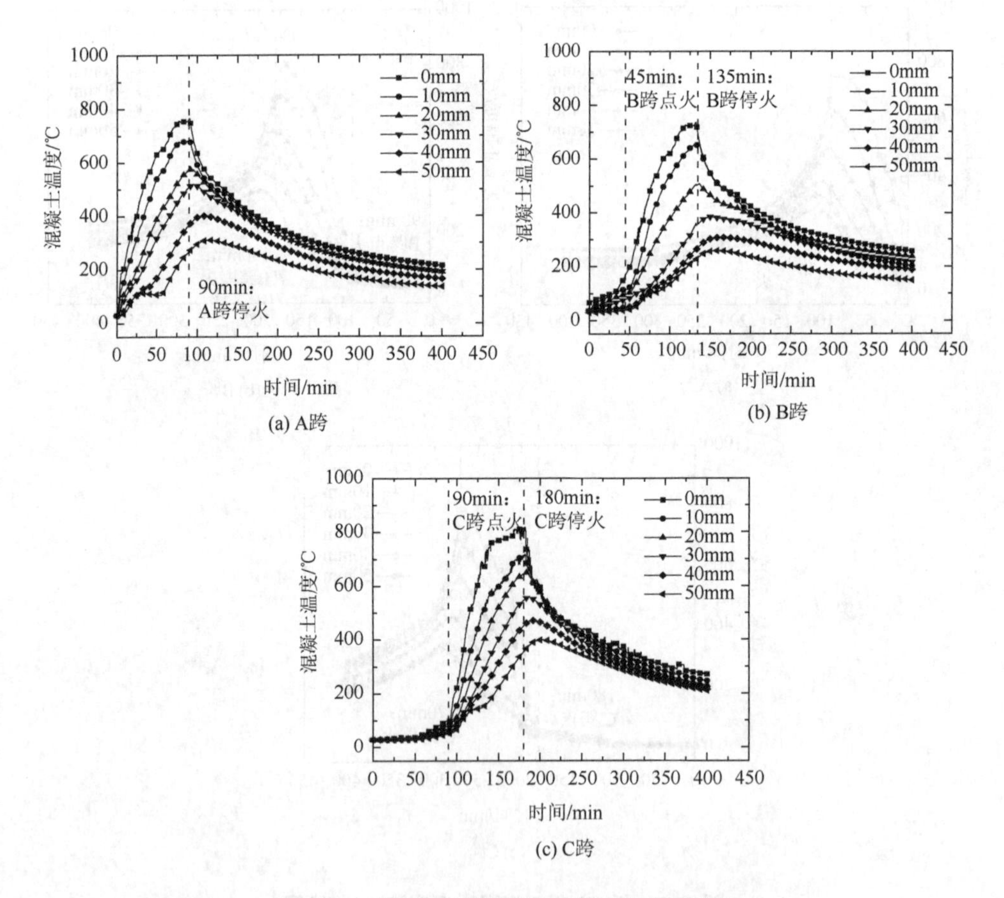

(a) A跨 (b) B跨

(c) C跨

图 5.58 板 C5 三跨混凝土温度-时间曲线图

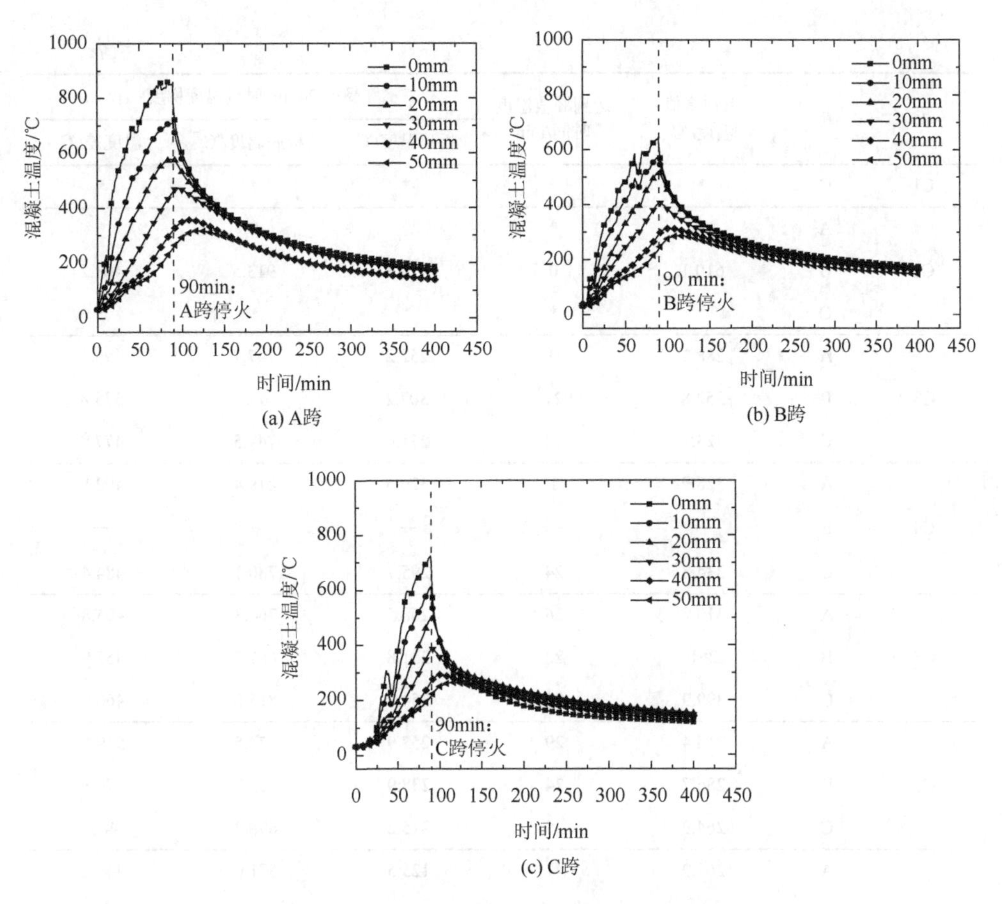

(a) A跨

(b) B跨

(c) C跨

图 5.59　板 C6 三跨混凝土温度-时间曲线图

表 5.8 为本书试验板（C1～C6）、S1～S5 和 B1～B4 各板混凝土温度情况。其中，*表示未受火跨，—表示未测得，需要指出的是，板 C4 中跨由于试验仪器故障，混凝土（钢筋）温度未测得。对比可知，爆裂较严重的混凝土板顶峰值温度较高，如板 C1（622.9℃）和板 C2（610.1℃），且达到峰值温度时间较短。随着板厚增大板顶峰值温度逐渐降低，三类板平均峰值温度（除爆裂外）分别为 311.6℃、254.4℃和 240.3℃。此外，较大板厚板底（顶）混凝土温度差较大。

表 5.8　各板混凝土温度情况

板	跨	板顶峰值温度/℃	达到峰值温度时间/min	受火 90min 时板温度梯度		
				板顶温度/℃	板底温度/℃	温度差/℃
C1	A	622.9	0	461.2	1012.1	550.9
	B	*	*	*	*	*

续表

板	跨	板顶峰值温度/℃	达到峰值温度时间/min	受火 90min 时板温度梯度		
				板顶温度/℃	板底温度/℃	温度差/℃
C1	C	*	*	*	*	*
C2	A	*	*	*	*	*
	B	610.1	0	512.3	913.5	401.2
	C	*	*	*	*	*
C3	A	288.1	19	252.2	747.7	495.5
	B	352.8	21	307.2	683	375.8
	C	323.1	22	271.6	749.5	477.9
C4	A	328.9	1	326.6	819.4	492.8
	B	—	—	—	—	—
	C	334.8	24	295.7	780.1	484.4
C5	A	310.9	26	268.5	764.3	495.8
	B	261	22	231.8	687.7	455.9
	C	399.9	21	354.7	815.6	460.9
C6	A	318.4	29	257.9	777.5	519.6
	B	286.7	24	238.9	615.7	376.8
	C	264.9	25	215.2	698.2	483
S1	A	269.9	41	125.5	571.6	446.1
	B	*	*	*	*	*
	C	*	*	*	*	*
S2	A	*	*	*	*	*
	B	176.3	59	87.6	430.1	342.5
	C	*	*	*	*	*
S3	A	222.7	61	120	747.2	627.2
	B	*	*	*	*	*
	C	279	49	130.7	758.6	627.9
S4	A	270.6	49	106.8	693.4	586.6
	B	255.4	33	111.7	773	661.3
	C	*	*	*	*	*
S5	A	287.7	38	119.5	748.1	628.6
	B	290.7	60	110.4	746	635.6
	C	237	52	99.7	726.7	627

续表

板	跨	板顶峰值温度/℃	达到峰值温度时间/min	受火 90min 时板温度梯度		
				板顶温度/℃	板底温度/℃	温度差/℃
B1	A	251.3	74	107.3	733.3	626
	B	287.3	116	106.2	883.4	777.2
	C	260.4	48	111.5	906.5	795
B2	A	145.9	89	92.2	912.7	820.5
	B	241.4	113	101.4	824.8	723.4
	C	263.7	61	116.7	1064.5	947.8
B3	A	240.3	99	103.2	754.6	651.4
	B	296.7	104	95.7	991.3	895.6
	C	252.4	129	113.3	920.9	807.6
B4	A	180	58	102	652.4	550.4
	B	229.2	46	124.9	929.5	804.6
	C	235	71	107.7	891.2	783.5

2）钢筋温度

六板各跨板顶（底）钢筋平均温度-时间曲线如图 5.60 所示。由图可知，与混凝土温度变化趋势较为一致，炉温和爆裂对钢筋温度起决定性作用。例如，C1-A 跨和 C2-B 跨钢筋温度较高，停火时，板底钢筋平均温度为 795.6℃和 916.2℃；对于板 C3、板 C4、板 C5 和板 C6，受火时长较短，钢筋温度较低，停火时平均温度约为 671.2℃、630.8℃、645.3℃和 568.7℃。此外，对于非受火跨，钢筋平均温度低于 300℃。

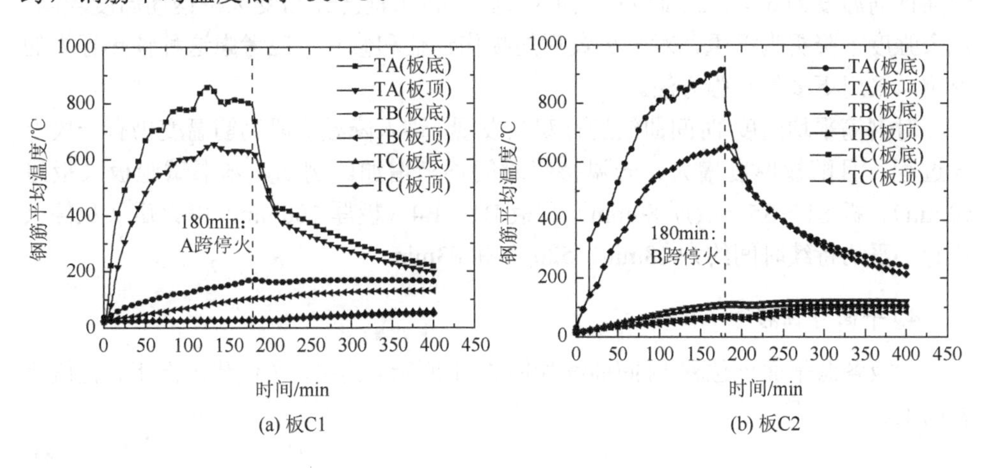

(a) 板C1

(b) 板C2

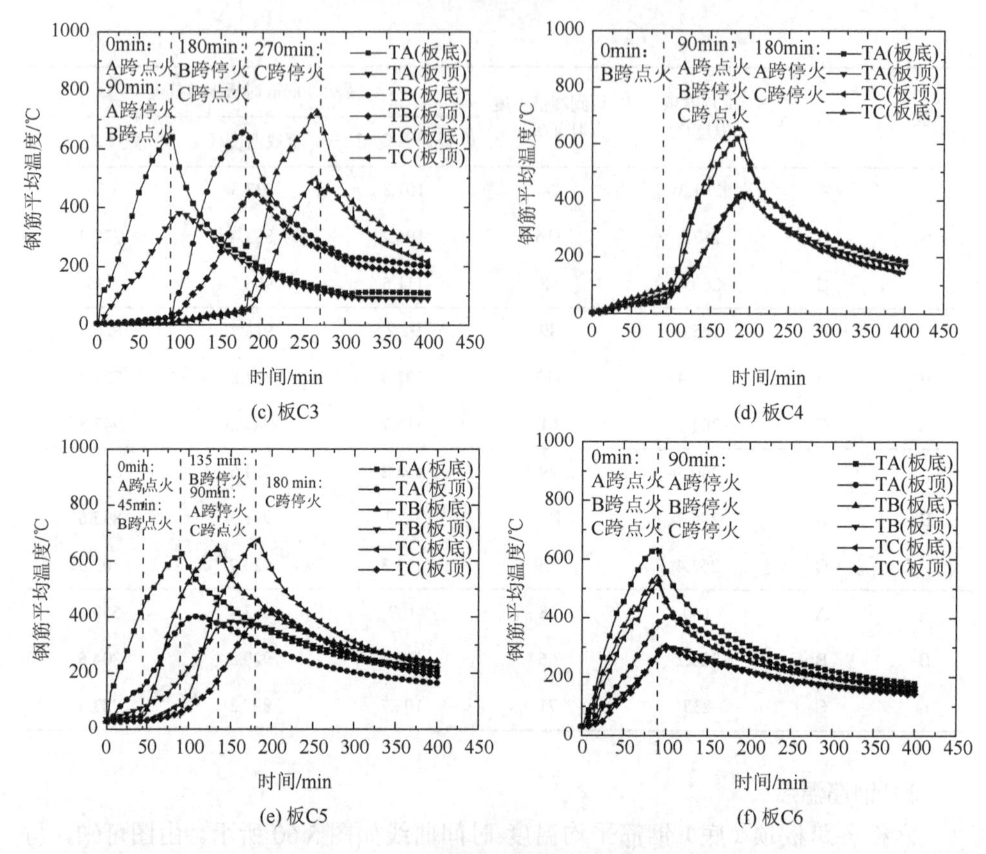

(c) 板C3　　(d) 板C4

(e) 板C5　　(f) 板C6

图 5.60　六板钢筋平均温度-时间曲线

由于开始受火跨的预热行为，相同火灾持续时间下，较长火灾蔓延时间间隔（90min）导致了较高钢筋温度。例如，C3-C 跨（间隔 90min）最高钢筋温度为 721.7℃，C5-C 跨（间隔 45min）最高钢筋温度为 673.6℃，C6-A 跨（间隔 0min）最高钢筋温度为 634.3℃。此外，火灾蔓延时间间隔较长，后受火跨钢筋温度较高，残余强度下降更为严重，对于火灾后的损伤评估和修复，应考虑这种预热行为的影响，采用更多的补强方法。

对钢筋平均温度-时间曲线进行观察发现，进入降温阶段钢筋温度仍有一段上升过程，且随板厚度增大，升温持续时间逐渐增加。例如，本书试验板（板厚 50mm）、板 S1～S5（板厚 80mm）和板 B1～B4（板厚 100mm）停火后（从停火算起）平均持续时间约为 18min、52min 和 83min。

4. 平面外位移

六板各跨平面外位移-时间曲线如图 5.61 所示。其中，负值代表向下，正值代表向上。

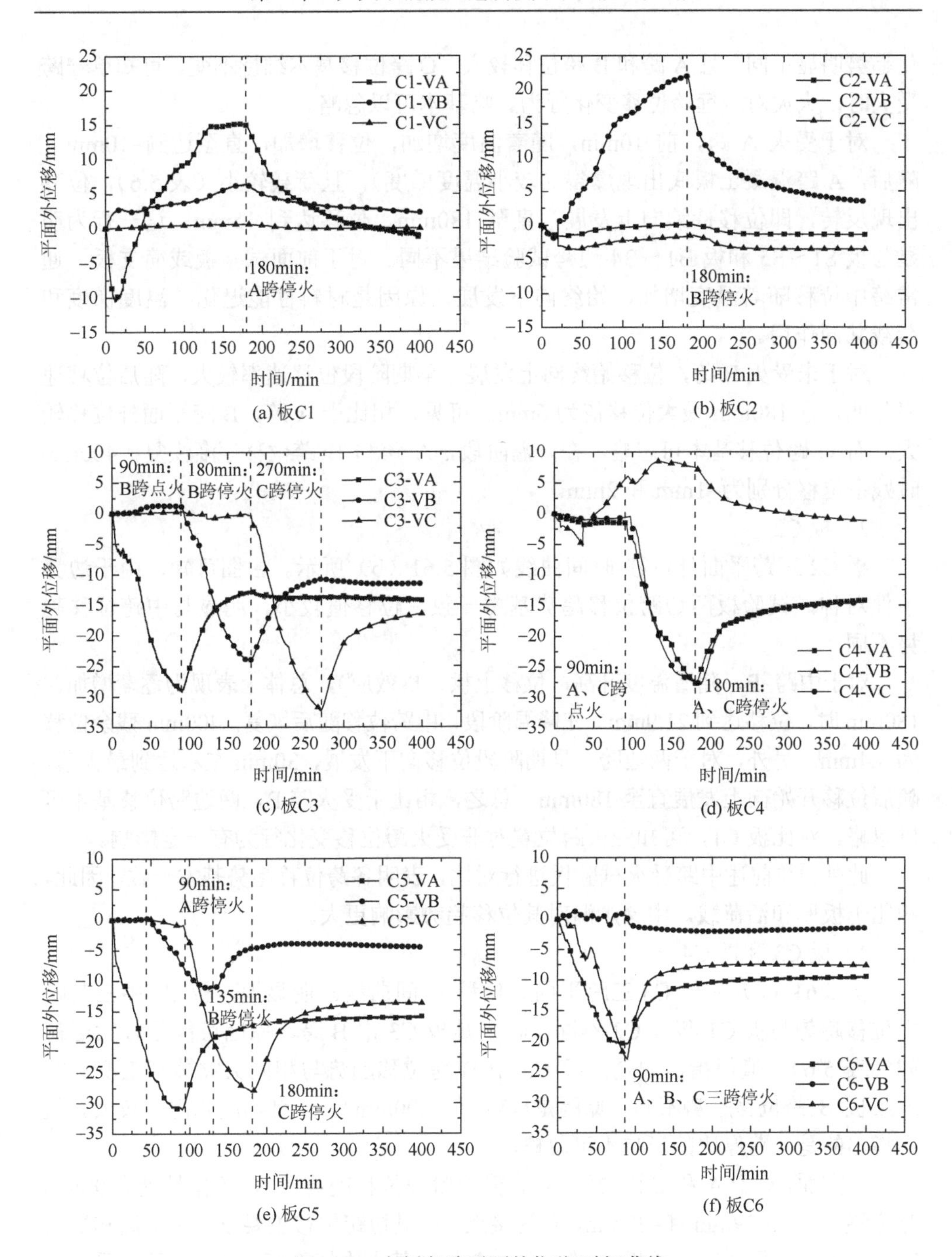

图 5.61 六板各跨平面外位移-时间曲线

1）板 C1

板 C1 三跨平面外位移-时间曲线如图 5.61（a）所示。由图可知，三跨位移变化趋势明显不同，且 A 跨和 B 跨位移较大，C 跨位移基本维持不变。可知单一跨受火时，火灾对较远跨位移变化行为影响基本可以忽略。

对于受火 A 跨，前 10min，随着温度增加，位移增加，直至达到–10mm。随后，A 跨混凝土板底出现爆裂（较小温度梯度），且荷载较小（表 5.6），位移出现反转，即位移持续向上发展，直至 180min，位移达到 15mm。这一行为明显与板 S1～S5 和板 B1～B4 边跨试验结果不同。对于前面试验板或简支板，通常跨中位移随着温度增加，始终向下发展，原因是材料性能退化、温度梯度和荷载共同作用。

对于未受火 B 跨，位移始终向上发展，早期阶段位移速率较大，随后位移速率降低，且 180min 最大位移值为 6mm。可见，相比于 A 跨，B 跨平面外位移较大，而 C 跨位移基本可忽略。在降温阶段，A 跨和 B 跨位移逐渐恢复，400min 时残余位移分别为–1mm 和 2mm。

2）板 C2

板 C2 三跨平面外位移-时间曲线如图 5.61（b）所示。由图可知，由于边界条件对称，试验板两边跨位移趋势基本一致，位移值较小，明显与中跨位移趋势不同。

对于中跨 B，随着温度升高，位移上拱（拱效应），总体上表现为逐渐增加，180min 时，位移达到 21.9mm。在降温阶段，中跨位移随后恢复，400min 残余位移为 3.4mm。另外，对于两边跨，早期阶段位移向下发展，30min 左右达到最大值，随后位移开始向上发展直至 180min。总之，相比于受火跨 B，两边跨位移基本可以忽略。对比板 C1，可知受火跨位置对非受火跨位移变化行为有一定影响。

此外，与前述中跨受火试验板进行对比，表明各跨位移趋势基本一致。因此，相比于板厚和活荷载，中跨炉温对其位移趋势影响更大。

3）板 C3 和板 C4

图 5.61（c）为板 C3 三跨平面外位移-时间曲线。明显地，板 C3 中三跨跨中位移趋势与板 C1 和板 C2 不同，特别是板 C3 中 B 跨，原因可能是较大活荷载（表 5.6）。值得指出的是，板 C3 中 B 跨位移趋势与相同火灾蔓延工况三跨连续板 B 跨位移趋势不同，原因是板较厚（100mm），温度梯度和内力较大。值得指出的是，跨厚比的影响不可忽略。

一方面，对于 A 和 C 两边跨，各自升温阶段位移趋势基本一致，且受火 90min 时位移分别为–29mm 和–32mm，较为接近。可见边跨位移主要取决于炉温和受火时长。另一方面，对于该板 B 跨，受火前位移基本维持不变，90min 开始受火后位移快速增加，180min 位移达到–23mm。对比板 C1 和板 C2，可知中跨位移取决于其邻跨火灾工况。然而，相比于邻跨火灾工况，板厚（跨厚比）和荷载对火灾下连续板 B 跨跨中位移也有一定影响，即随着跨厚比增大和荷载增加，邻跨火灾工况对连续板中跨变形行为的影响逐渐降低，此时中跨跨中位移趋近于单一简支板火灾行为，即自身火灾工况成为关键影响因素之一。

图 5.61（d）为板 C4 三跨平面外位移-时间曲线。由图可知，对比板 C3，受火次序对板 C4 中跨位移有重要影响，对边跨影响相对较小。

一方面，对于中跨 B，36min 前，B 跨平面外位移达到最大–5mm；随后，由于两邻跨约束作用，位移向上发展，90min 停火时，位移为 5.5mm。可见，受压薄膜效应有助于降低板位移。然而，值得指出的是，对比板 C2、板 C3 和板 C4 可知，较强受压薄膜效应，会使中跨更易爆裂。因此，有必要加强连续板中跨抗爆裂设计，防止其过早出现完整性破坏。另一方面，对于两边跨，变形规律与板 C3 两边跨一致，即随着温度增加位移持续增加，180min 停火时，两边跨位移值均为–27.6mm，可见位移值基本与板 C3 中两边跨相同，即自身火灾工况对边跨位移最大值起决定性作用。

4）板 C5 和板 C6

图 5.61（e）为板 C5 三跨平面外位移-时间曲线。由图可知，两边跨位移与板 C3 基本一致，由于火灾蔓延时间间隔（45min）较短，两边跨约束作用较大，停火时，中（B）跨位移较小。例如，板 C3 和板 C5 停火时中跨位移均值为–23.9mm 和–10.9mm。此外，板 C5 中跨位移主要分为三个阶段（0～45min、45～90min 和 90～135min），位移速率约为 0mm/min、–0.16mm/min 和–0.08mm/min，明显地，第二阶段位移速率是第三阶段的 2 倍。可知，火灾蔓延时间间隔对板中跨平面外有决定性作用。

图 5.61（f）为板 C6（三跨同时受火）三跨平面外位移-时间曲线。需要指出的是，三跨同时点火难度较大，C 跨点火时出现多次熄火，前期位移较小，随着炉温升高，跨中位移明显增大。明显地，板 C6 中跨位移趋势与板 C3 和板 C5 不同，19min 时，跨中位移最大为 1.2mm。原因是两边跨对中跨有较大约束力（第二支座和第三支座出现较宽裂缝）；两内部支座处较大负弯矩（见下述）。

5）对比分析

通过以上分析，火灾蔓延工况、板厚、荷载和龄期对混凝土连续板各跨火灾行为有重要影响，具体结论如下：

龄期和保护层厚度对混凝土连续板各跨爆裂有决定性影响。龄期较短时，各跨易发生爆裂。随着龄期增加，边跨爆裂可能性大大降低；然而，中跨爆裂可能性仍较大，特别是两边跨未受火时。由于板保护层厚度较小，爆裂后通常露出板底钢筋。

连续板各跨板顶裂缝主要集中在受火跨及其内部支座附近，板底多为板边短裂缝。随着受火跨数量增多，裂缝数量逐渐增多。因此，相比于其他因素，火灾蔓延工况对混凝土连续板整体裂缝分布和破坏模式有决定性影响，特别是在板顶方面。

火灾蔓延工况、荷载和爆裂情况对混凝土连续板各跨位移变化趋势有决定性影响，火灾时长对最大位移值有重要影响。对于边跨，未发生爆裂时，其跨中位移通常向下发展，且随着受火时间延长，位移增大。对于中跨，其位移变化趋势取决于各跨受火次序，最大位移值取决于受火时长。

相比于单向连续板和预应力混凝土连续板，混凝土双向连续板具有较好的抗火性能，特别是在完整性方面。例如，单向连续板易出现贯穿板厚裂缝和板块断裂，预应力连续板易出现爆裂和预应力筋断裂等[9]。

总之，混凝土连续板各跨火灾行为取决于上述很多因素，即火灾下连续板每跨最不利工况不能仅仅通过一个或几个因素来确定，需要综合考虑各方面因素的相互影响。这一点明显不同于常温工况。因此，对于相同板，不同火灾工况下，两者位移变化趋势可能较为一致，但力学机理可能完全不同。

表 5.9 为各板平面外位移情况，其中*表示未受火跨。

表 5.9　各板平面外位移情况

试件	跨	最大位移值/mm	达到最大位移值时间/min	停火时间/min	试件受火90min 时位移值/mm	残余位移/mm
C1	A	15.2	169	180	8.5	−1.2
	B	*	*	*	*	*
	C	*	*	*	*	*
C2	A	*	*	*	*	*
	B	21.9	181	180	14.8	3.3
	C	*	*	*	*	*
C3	A	−29.2	90	90	−29.2	−14.3
	B	−24	178	180	−23.9	−11.6
	C	−32.3	270	270	−32.3	−16.5
C4	A	−27.7	181	180	−27.6	−14.2
	B	8.5	135	90	5.6	−1.2
	C	−27.9	187	180	−27.6	−14.5
C5	A	−31.1	91	90	−30.8	−15.8
	B	−11.2	127	135	−10.9	−4.5
	C	−28.1	181	180	−28	−13.7
C6	A	−20.6	84	90	−20.3	−9.5
	B	−2.1	204	90	0.1	−1.5
	C	−23	89	90	−22.7	−7.7

续表

试件	跨	最大位移值/mm	达到最大位移值时间/min	停火时间/min	试件受火90min 时位移值/mm	残余位移/mm
S1	A	−29.3	190	190	−19.7	−15.6
	B	*	*	*	*	*
	C	*	*	*	*	*
S2	A	*	*	*	*	*
	B	18.1	203	200	3.9	9.2
	C	*	*	*	*	*
S3	A	−19.3	127	160	−18.6	−8.1
	B	*	*	*	*	*
	C	−21.9	138	160	−21	−11
S4	A	−18	163	180	−16.4	−8.9
	B	−1.9	247	180	−0.5	−1.2
	C	*	*	*	*	*
S5	A	−23	182	180	−20.9	−13.9
	B	−3	22.5	180	−0.6	−1.6
	C	−24.9	181	180	−21.2	−14.4
B1	A	−22.6	216	235	−19.8	−13
	B	−12.9	59	180	−8.4	−2.7
	C	−28.5	223	235	−25.8	−18.8
B2	A	*	*	*	*	*
	B	*	*	*	*	*
	C	*	*	*	*	*
B3	A	−29.3	92	180	−29.2	−4.4
	B	−4.2	126	240	−4.1	5.1
	C	−31.6	302	300	−26.3	−16.2
B4	A	−24.8	156	180	−22.9	−10.7
	B	24.2	193	300	24	4.2
	C	−28	195	240	−24.5	−16.8

5. 平面内位移

图 5.62 为六板平面内位移-时间曲线。其中，正值代表膨胀，负值代表收缩。

由图 5.62 可知，对于任一火灾工况，升温阶段混凝土板趋向于向外膨胀，且火灾蔓延工况对各方向平面内位移发展趋势有重要影响。一方面，测点距离受火跨越近，其膨胀越大，反之越小。例如，相比于板 C1-H1 测点位移，其余三测点平面内位移基本可以忽略。同时可见，平面内位移早期膨胀阶段速率较大，后期速率明显降低，原因是裂缝开展和升温速率降低。另一方面，相比于短跨（南北）方向，长跨（东西）方向平面内位移通常较大。

对于降温阶段，平面内位移逐渐恢复。由于纵横向裂缝存在，平面内位移存在残余位移，各测点残余位移值存在一定差别。

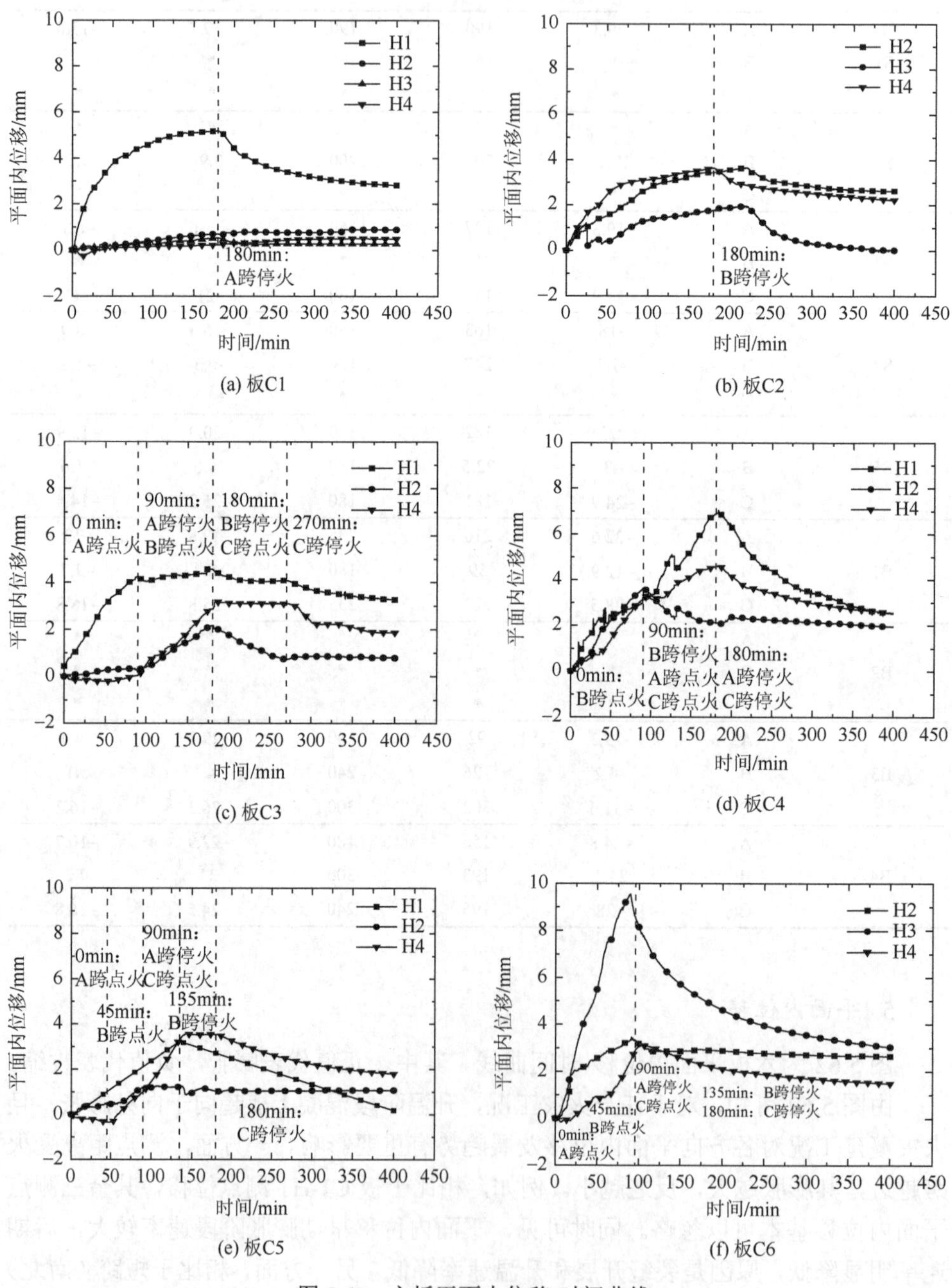

图 5.62　六板平面内位移-时间曲线

6. 耐火极限

混凝土结构耐火极限准则包括温度（钢筋和混凝土）准则、完整性准则和承载力准则（变形准则）。混凝土温度准则为板顶平均温度超过 140℃或任一测点温度超过 180℃；钢筋温度准则为板底钢筋温度超过 593℃。变形破坏准则为跨中位移超过一定值，如 $l/50$、$l/30$ 或 $l/20$。因此，采用上述准则确定混凝土连续板各跨耐火极限，如表 5.10 所示。值得指出的是，耐火极限从板各跨直接受火开始进行计算，其中*代表未发生破坏，—表示未获得相应温度试验数据（C4～C6）。

表 5.10　基于不同破坏准则的混凝土板耐火极限

板		耐火极限/min		
		钢筋温度准则	混凝土温度准则	变形准则（$l/50$）
C1	A	41.7	28.2	*
	B	*	*	*
	C	*	*	*
C2	A	*	*	*
	B	58.3	34.8	*
	C	*	*	*
C3	A	74.5	69.8	89.7
	B	65.2	46.7	*
	C	52.3	49.7	70.2
C4	A	69.3	33.8	*
	B	—	—	*
	C	83.7	45.6	*
C5	A	76.5	62.3	66.7
	B	70.6	57.5	*
	C	71.1	29.3	*
C6	A	73.2	57.5	*
	B	*	54.3	*
	C	*	63.3	*
S1	A	123.5	100	*
	B	*	*	*
	C	*	*	*
S2	A	*	*	*
	B	94.5	202	*
	C	*	*	*

续表

板		耐火极限/min		
		钢筋温度准则	混凝土温度准则	变形准则（l/50）
S3	A	81	122.5	*
	B	*	193.5	*
	C	40	95.5	*
S4	A	51	118	*
	B	65.5	108.5	*
	C	*	*	*
S5	A	41.5	103.5	*
	B	86.5	116	*
	C	52.5	128.5	*
B1	A	116.3	137.8	*
	B	145.2	136.5	*
	C	93.5	108.5	*
B2	A	79.8	190.5	*
	B	127.5	169.1	*
	C	103.2	110.3	*
B3	A	169	152.2	80.5
	B	106.5	151.7	*
	C	131.5	139	162.7
B4	A	*	178	*
	B	123.8	102.2	*
	C	133	140.5	*

由表 5.10 可知，对于本书试验板（C1～C6）受火跨，由于板厚较小（50mm），混凝土和钢筋破坏准则通常被达到，相应耐火极限平均值分别为 48.7min（包括爆裂）和 66.9min。然而，板 S1～S5 和板 B1～B4 板厚较大（80mm 和 100mm），混凝土（钢筋）耐火极限均有明显提高，分别为 128.8min（70.6min）和 143.1min（120.8min）。对于变形破坏准则（l/50），其耐火极限值相对较大，多数受火跨未出现破坏。此外，由于非受火跨板温较低和位移较小，可不考虑火灾工况对其耐火性能的影响。

总之，对于传统温度和变形破坏准则，均基于单个因素确定板耐火极限。然而，试验表明，混凝土板破坏行为取决于火灾蔓延工况、龄期、板厚、荷载、爆裂和边界情况等，并非由单一因素决定。可见，传统破坏准则可能不适用于火灾蔓延工况。

第6章　火灾下混凝土连续板力学行为数值分析

6.1　引　　言

目前，国内外学者对混凝土板抗火性能开展了较多数值研究，但多集中在混凝土单个简支或连续板整个空间受火工况，对火灾蔓延工况等研究较少。采用ABAQUS、ANSYS和Vulcan软件，对前面连续试验板火灾行为开展数值分析，即对温度场、变形与力学机理进行分析。

6.2　静止火灾下连续板力学性能数值分析

6.2.1　温度场分析

1. 温度场模型

基于ABAQUS有限元软件，建立火灾下三跨混凝土温度场分析模型，如图6.1所示。其中，钢筋和混凝土热工模型采用 Lie 模型，混凝土板受火面对流换热系数为25W/(m^2·℃)，非受火面对流换热系数为9W/(m^2·℃)，热辐射系数为0.5。混凝土与钢筋之间采用 Tie 定义。在进行温度场分析时，混凝土采用八节点三维热分析实体单元 DC3D8，钢筋采用二节点杆单元 DC1D2。实体单元 DC3D8 长×宽×高尺寸为50mm×50mm×10mm。

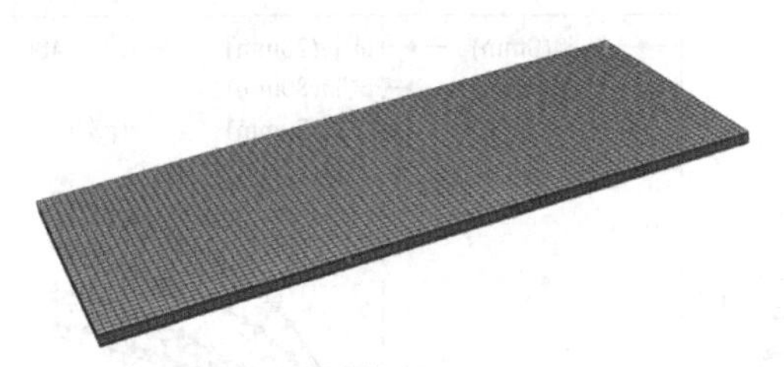

图6.1　三跨混凝土连续板有限元模型

2. 温度场分析

温度试验结果与模拟结果对比如图6.2～图6.6所示。由图可知，有限元模拟结果与试验结果吻合较好，变化趋势较为一致，温度计算值可用于连续板位移和力学机理分析。但部分混凝土计算值与试验值有差距，原因可能是热电偶产生错动或热工参数有误差。

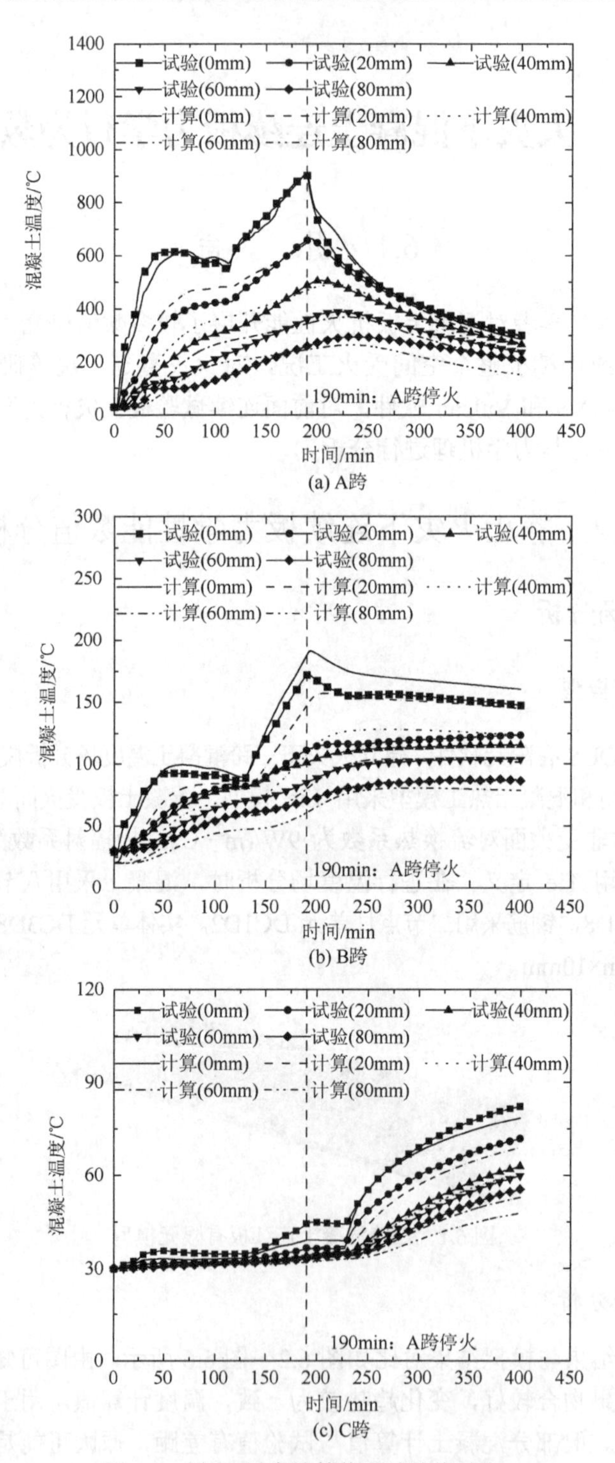

图 6.2　板 S1 温度计算值和试验值对比

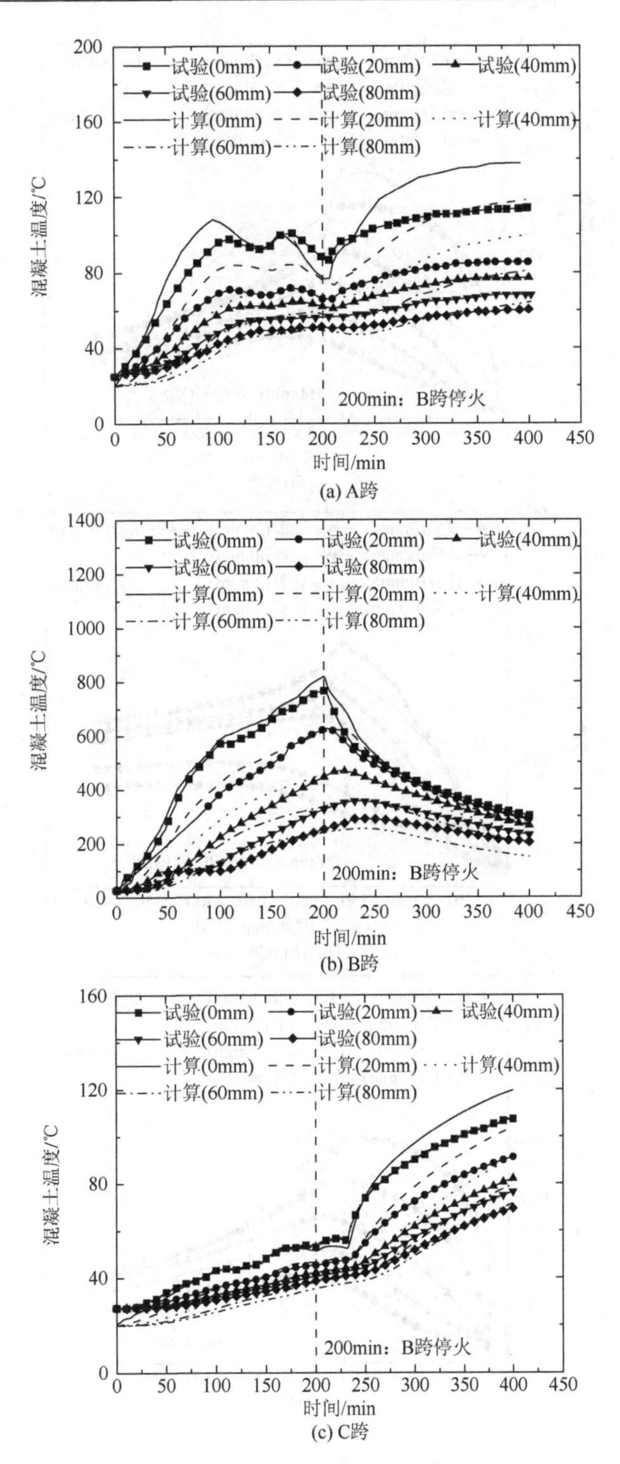

(a) A跨

(b) B跨

(c) C跨

图 6.3　板 S2 温度计算值和试验值对比

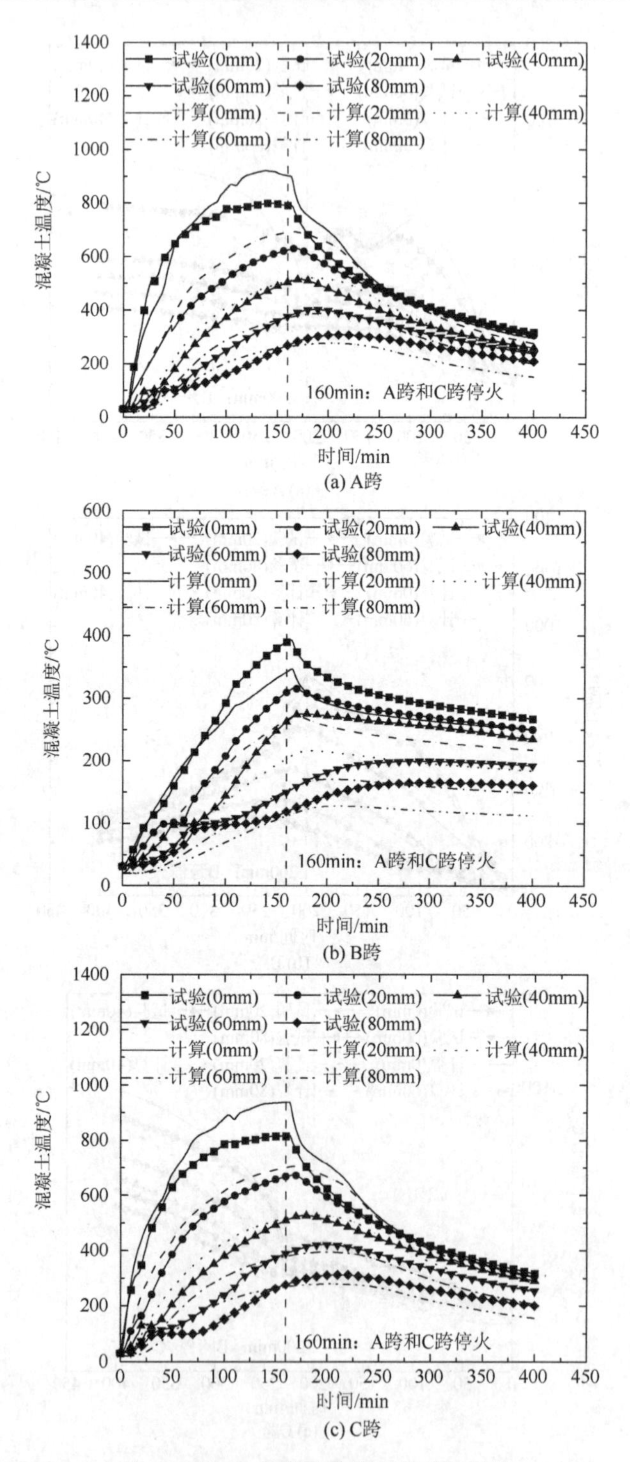

图 6.4　板 S3 温度计算值和试验值对比

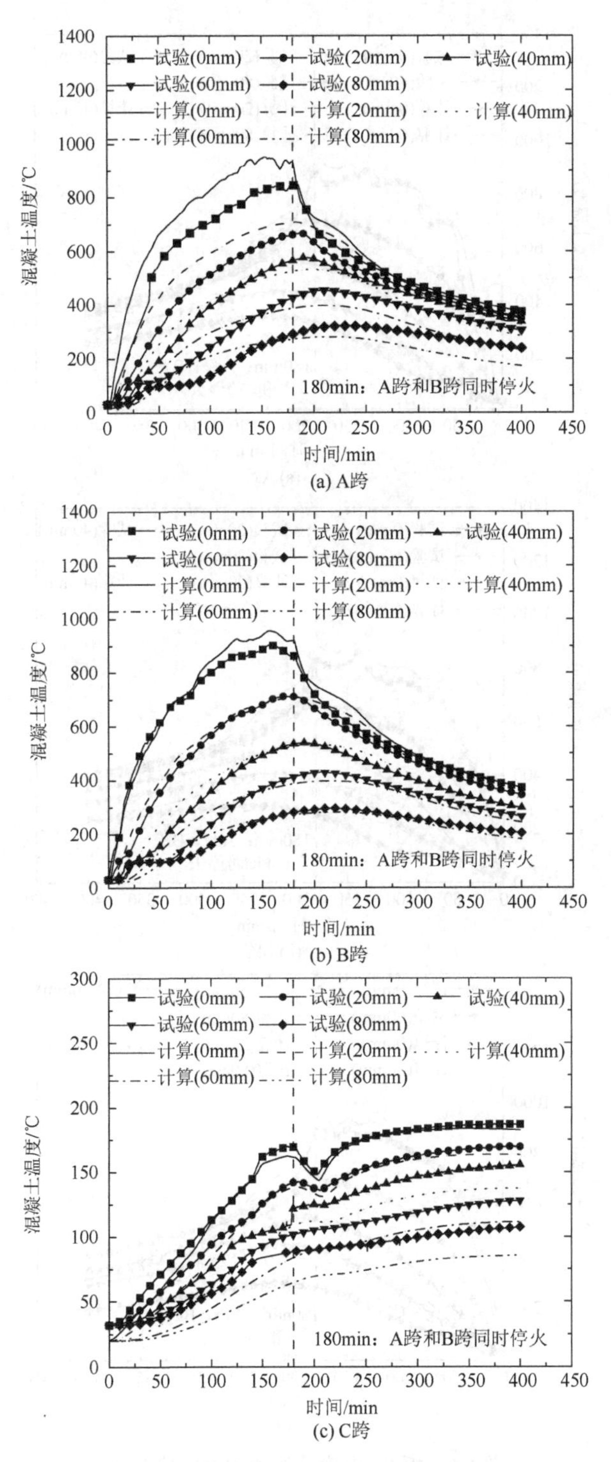

(a) A跨

(b) B跨

(c) C跨

图 6.5　板 S4 温度计算值和试验值对比

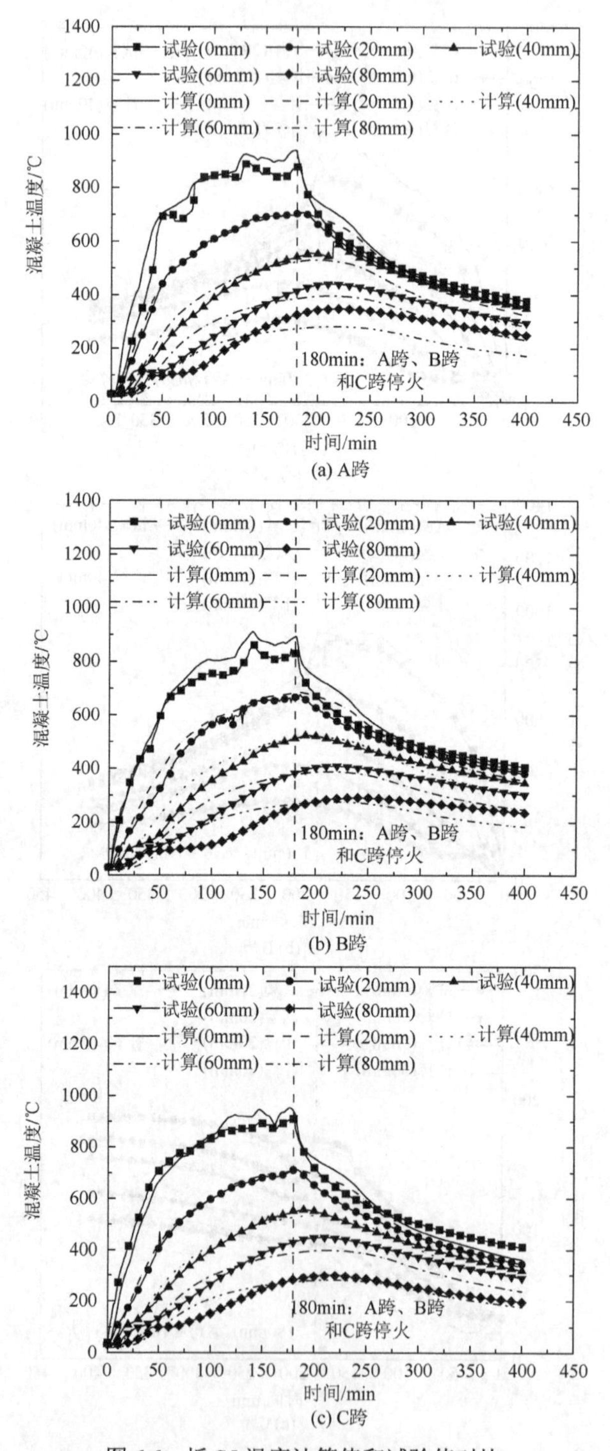

(a) A跨

(b) B跨

(c) C跨

图 6.6　板 S5 温度计算值和试验值对比

6.2.2 力学性能分析

1. 力学模型

对于混凝土连续板力学分析模型，采用混凝土塑性损伤（concrete damaged plasticity，CDP）模型，应力-应变关系选用EC2模型，受拉应力-应变曲线采用双线性简化模型；CDP模型中损伤因子、非弹性应变和其他模型参数如表6.1所示。热膨胀系数采用EC2模型。

表6.1　CDP模型其他参数

ψ / (°)	ϵ	σ_{b0}/σ_{c0}	K_c	μ
30	0.1	1.16	2/3	0.005

注：ψ 为膨胀角；ϵ 为流动势偏移量；σ_{b0}/σ_{c0} 为双轴极限抗压强度与单轴受压极限强度之比；K_c 为拉伸与压缩子午面上第二应变不变量之比；μ 为黏度系数。

钢筋采用等向弹塑性模型，钢筋应力-应变关系模型和热膨胀系数采用过镇海模型，钢筋泊松比取为0.3。混凝土采用实体单元C3D8R，钢筋采用杆单元T3D2。钢筋与混凝土之间约束由绑定约束改成嵌入约束。力学性能分析模型网格划分与温度场模型一致。

根据试验实际情况，三跨连续板板顶施加均布荷载2kPa。试验板边界采用简支边界，即第一支座、第二支座和第三支座约束U2、U3位移和UR1转角，第四支座约束U3位移和UR1转角，第五支座约束U1、U3位移和UR2转角，第六支座约束U3位移和UR2转角。

2. 力学模型分析

本书分别采用Lie模型和EC2混凝土膨胀应变模型，其位移计算值与试验值对比如图6.7～图6.11所示。由图可知，与试验值相比，两个混凝土膨胀应变模型所得总体位移趋势基本一致，但数值具有一定差别，特别是B跨，有待进一步分析。对比可知，混凝土膨胀热应变对受火跨整个阶段位移值影响较大。

对于升温阶段，采用Lie混凝土膨胀应变模型，其边跨计算值趋向低于试验值。例如，停火时，板S1、板S3、板S4和板S5的A跨跨中计算位移分别为–15.32mm、–14.46mm、–15.12mm和–19.28mm，明显小于试验值。另外，采用EC2混凝土膨胀系数模型，升温阶段计算位移值总体较为合理。例如，停火时，板S1（板S3、板S4和板S5）A、B、C跨跨中计算位移分别为–17.25mm（–17.96mm、–19.16mm和–21.71mm）、–0.17mm（–0.35mm、–0.83mm和–0.71mm）和–0.1mm（–18.50mm、–2.29和–21.50mm）。

对于降温阶段，计算模型过高估计了材料残余恢复性能，变形趋势与试验结果存在较大差别，主要原因是缺乏合理的降温阶段材料本构模型，有待进一步研究。

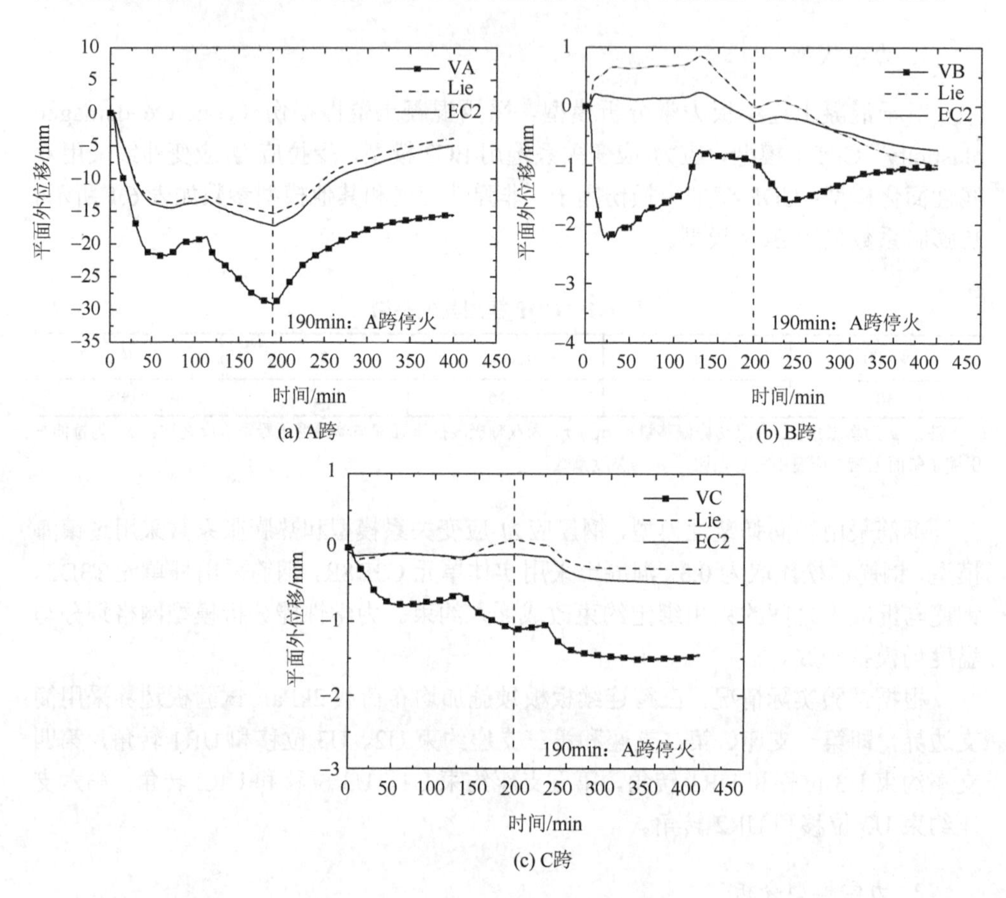

图 6.7　板 S1 位移计算值和试验值对比

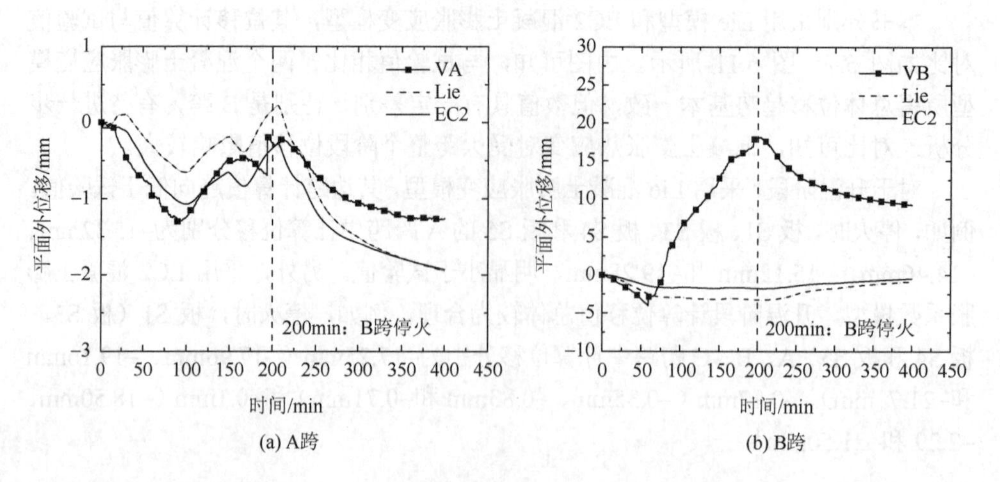

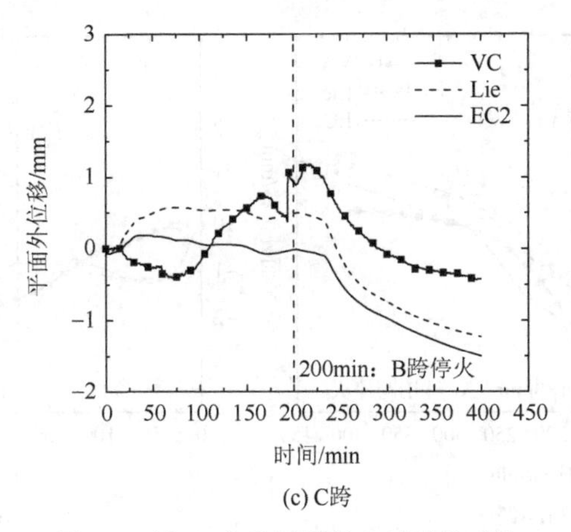

(c) C跨

图 6.8 板 S2 位移计算值和试验值对比

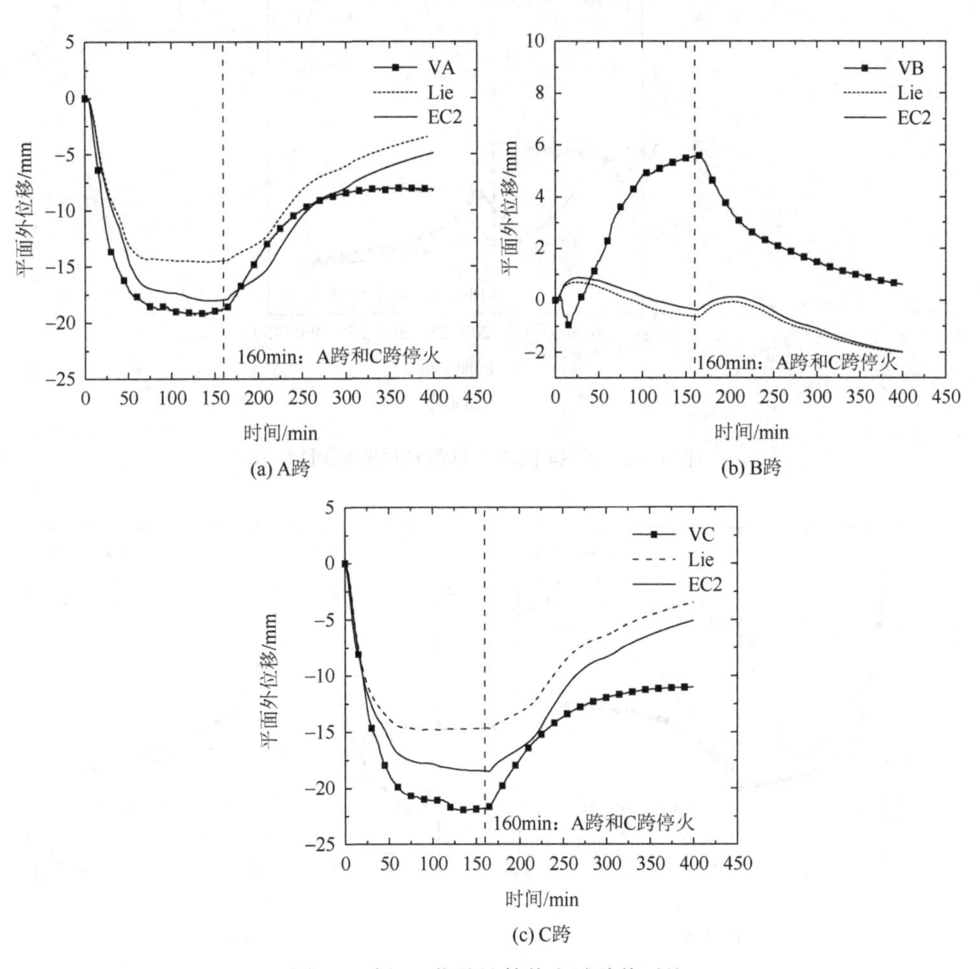

图 6.9 板 S3 位移计算值和试验值对比

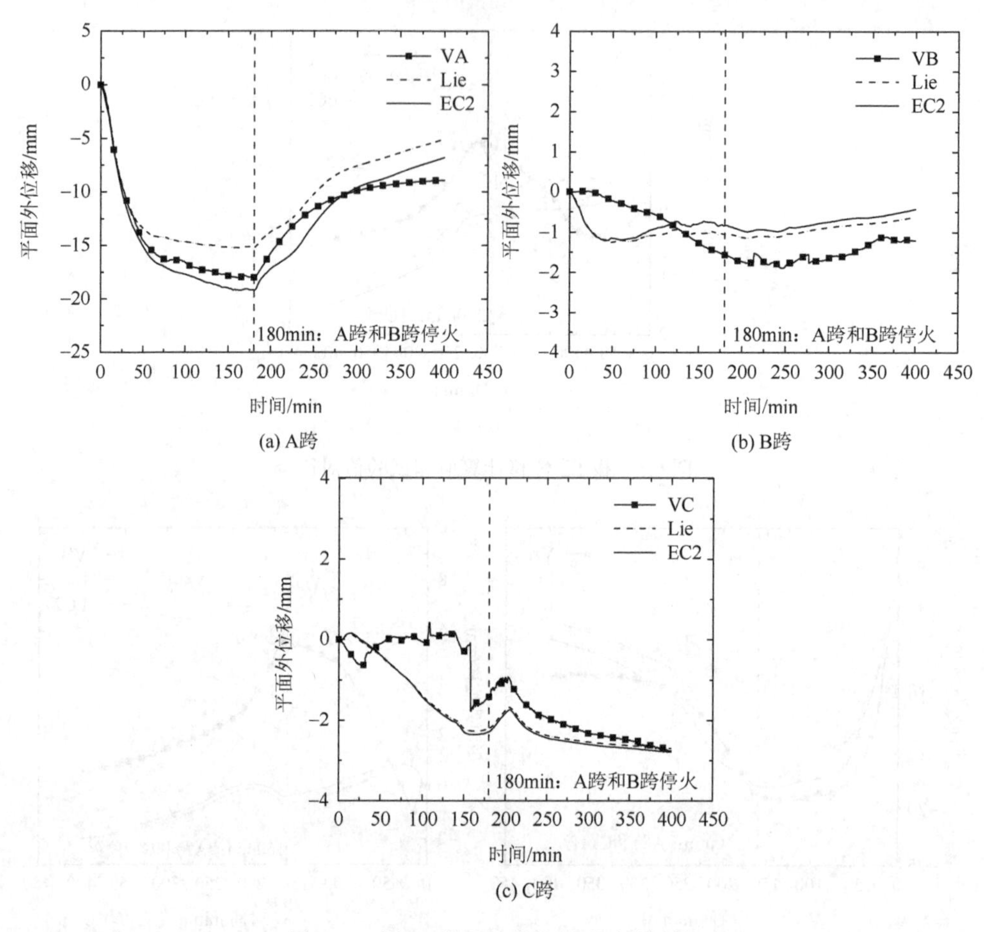

(a) A跨　　(b) B跨

(c) C跨

图 6.10　板 S4 位移计算值和试验值对比

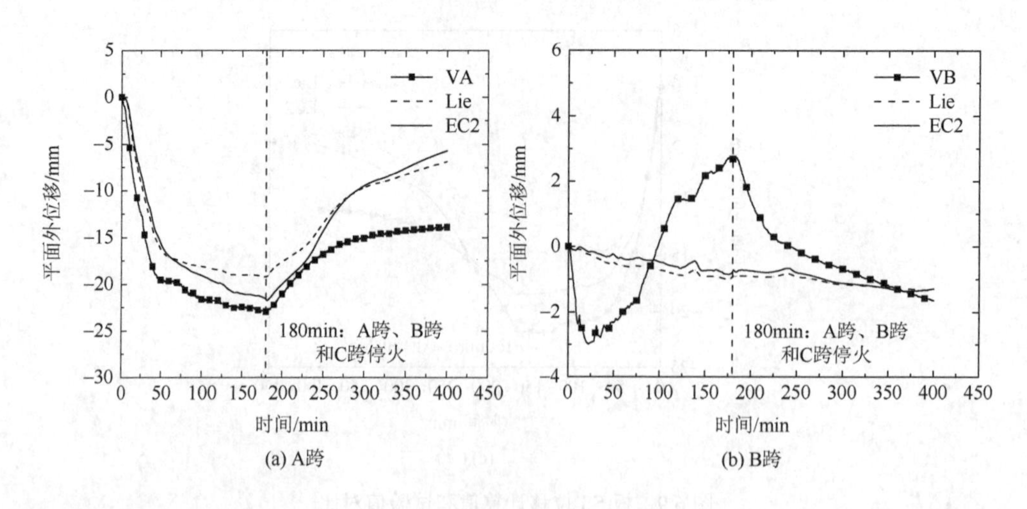

(a) A跨　　(b) B跨

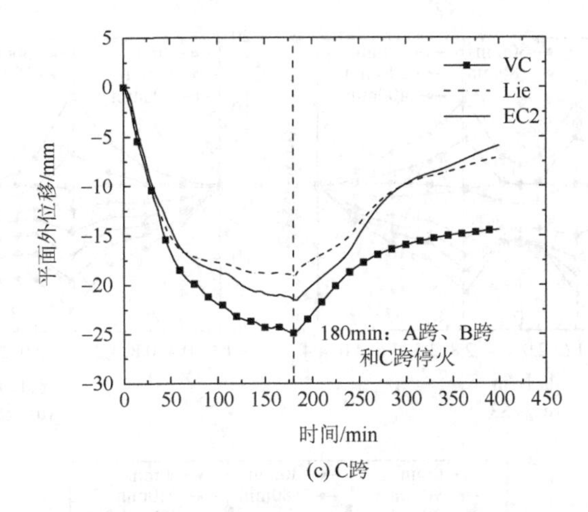

(c) C跨

图 6.11　板 S5 位移计算值和试验值对比

3. 力学机理分析

1）弯矩

图 6.12 为 EC2 模型所得试验板弯矩变化分布情况。由图可知，受火跨位置和数量对各跨弯矩发展和分布有重要影响。一方面，对于升温阶段，弯矩值基本为负弯矩。其中，在升温早期阶段，随着温度快速升高，由于热膨胀行为受到其余跨约束，受火跨跨中负弯矩快速增加；而后温度缓慢升高，受火跨跨中负弯矩逐渐减小。例如，30min 时，板 S5 的 A、B 和 C 跨跨中弯矩分别为−8.42kN·m、−12.79kN·m 和−8.48kN·m，而 180min 时，板 S5 的 A、B 和 C 跨跨中弯矩分别为−5.50kN·m、−6.29kN·m 和−5.43kN·m。对于降温阶段，弯矩逐渐恢复，原因是温度梯度降低，材料性能恢复。

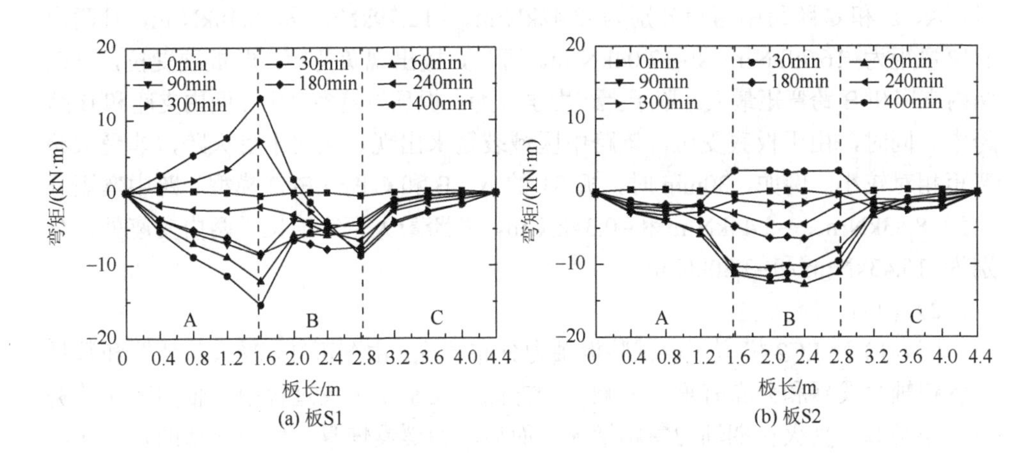

(a) 板S1　(b) 板S2

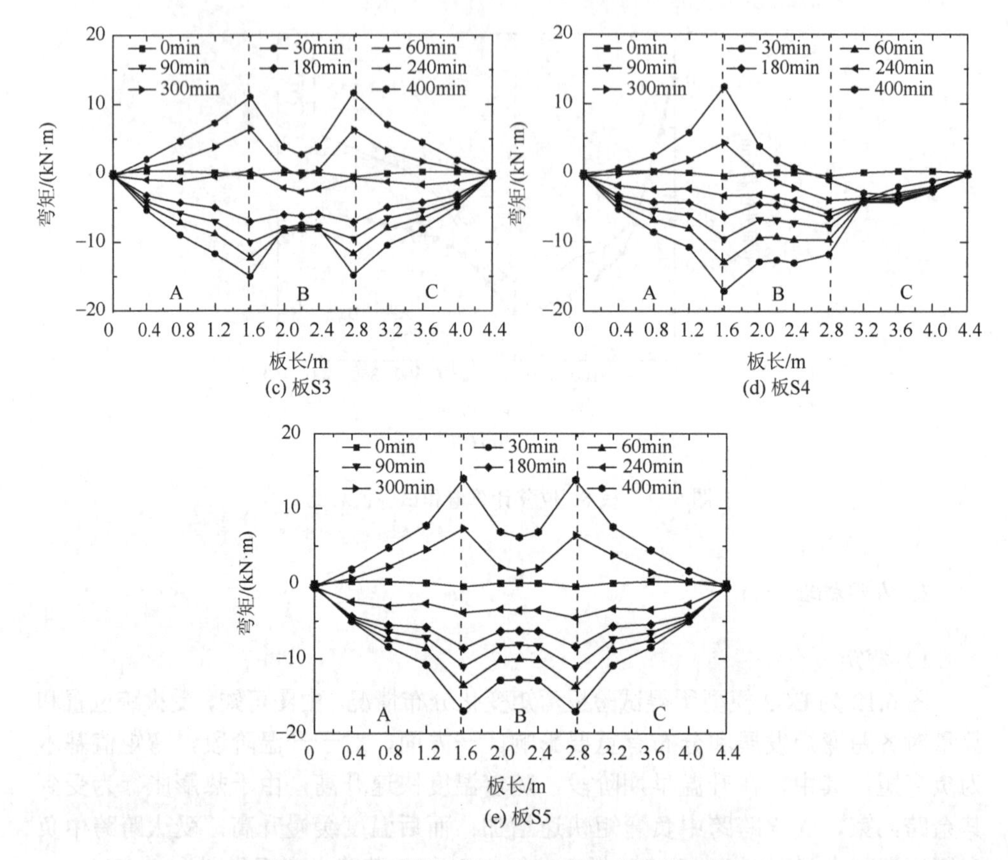

(c) 板S3

(d) 板S4

(e) 板S5

图 6.12 EC2 模型所得试验板弯矩变化分布情况

另一方面，弯矩最大值分布位置不同。对于板 S1 和板 S4，弯矩分布不对称，而对于板 S2、板 S3 和板 S5，弯矩分布基本对称。受火跨以板 S5 为例，30min 时，A、B 和 C 跨跨中弯矩分别为−8.42kN·m、−12.79kN·m 和−8.48kN·m，且两内支座弯矩为−16.79kN·m 和−17.04kN·m。可见，板出现负弯矩，即板顶受拉，且在两内支座和 B 跨弯矩最大。鉴于上述力学行为，板顶裂缝多集中在两内支座和 B 跨跨中。同时，由于板底受压，该跨中区域裂缝未出现。相比于受火跨，非受火跨弯矩相对较小。例如，30min 时，板 S1 的 A、B 和 C 跨（EC2 模型）跨中弯矩分别为−8.83kN·m、−5.44kN·m 和−0.34kN·m，各跨最大弯矩值位于两内支座处，分别为−15.43kN·m 和−3.80kN·m。

2）轴力

图 6.13 为 EC2 模型所得试验板轴力分布情况。由图可知，受火跨位置和数量对各跨轴力发展和分布有重要影响。一方面，在整个火灾过程中，轴力变化趋势与弯矩类似，受火初期轴力急剧增大，而后轴力缓慢恢复。值得注意的是，在降

温冷却阶段 B 跨轴力比 A 跨和 C 跨恢复得快。例如，180min 时，板 S5 的 A、B 和 C 跨跨中轴力分别为−59.05kN、−122.40kN 和−55.87kN；300min 时，板 S5 的 A、B 和 C 跨跨中轴力分别为−18.73kN、−36.28kN 和−17.89kN；A、B 和 C 跨跨中轴力在 180～240min 分别恢复 40.32kN、86.12kN 和 37.98kN。

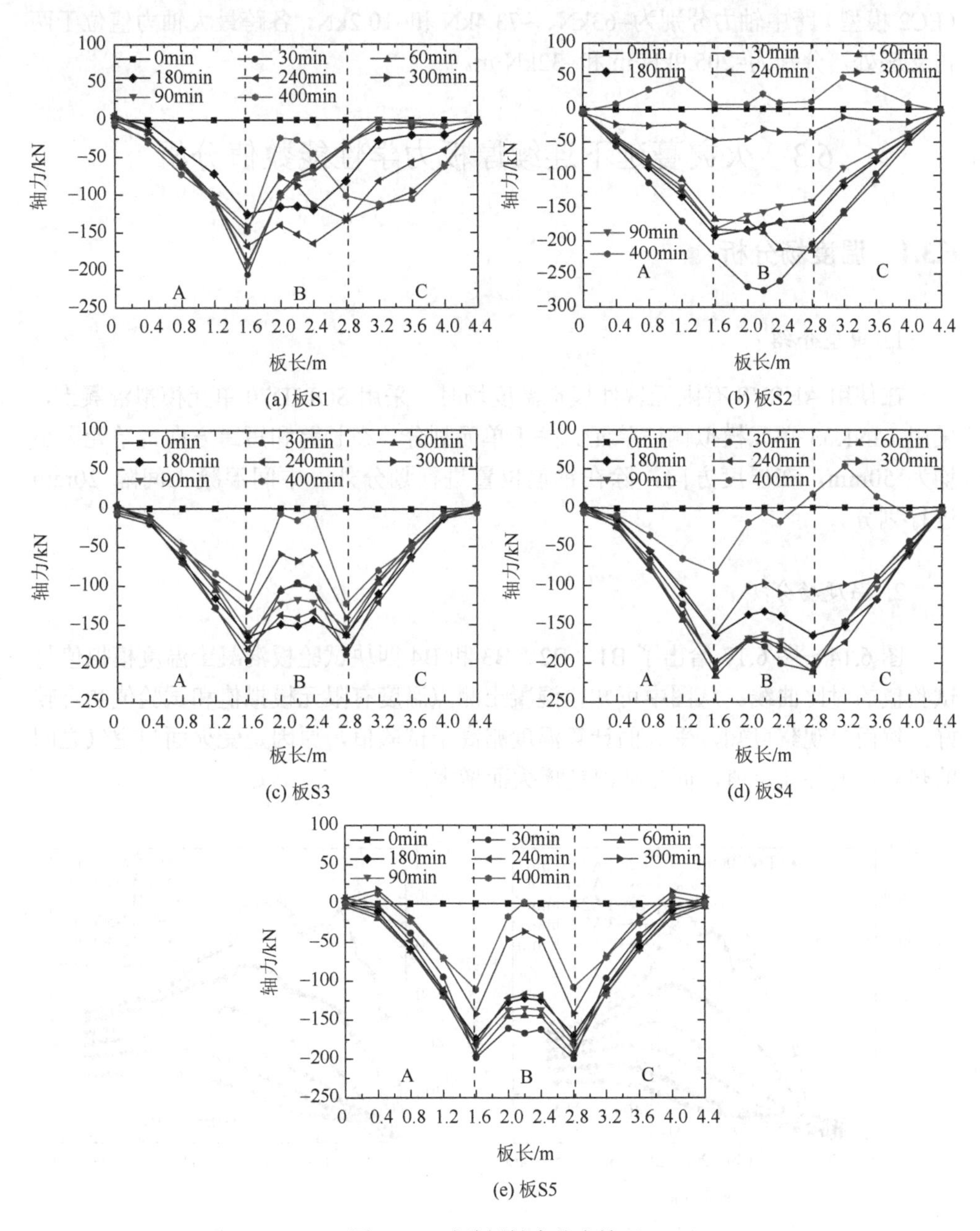

(a) 板S1　(b) 板S2　(c) 板S3　(d) 板S4　(e) 板S5

图 6.13　试验板轴力分布情况

另一方面，与弯矩沿着板长分布相似，对于板 S1 和板 S4，轴力分布不对称，而对于板 S2、板 S3 和板 S5，轴力分布基本对称。两边跨轴力沿跨度线性发展，内支座处轴力最大，中间 B 跨沿板长轴力变化趋势较为复杂。值得注意的是，与弯矩不同的是，未受火跨轴力不可忽略。例如，30min 时，板 S1 的 A、B 和 C 跨（EC2 模型）跨中轴力分别为–63kN、–73.4kN 和–10.2kN，各跨最大轴力值位于两内支座处，分别为–205.9kN·m 和–32kN·m。

6.3　火灾蔓延下连续厚板力学性能数值分析

6.3.1　温度场分析

1. 模型介绍

在使用 ANSYS 有限元软件模拟温度场时，采用 SOLID70 单元模拟混凝土，采用 LINK33 单元模拟钢筋单元。关于单元划分，在长跨和短跨方向，单元大小均为 50mm，在厚度方向，除在钢筋位置进行划分外，中间混凝土间隔 20mm 进行划分。

2. 温度场分析

图 6.14～图 6.17 给出了 B1、B2、B3 和 B4 四块试验板混凝土温度模拟值与试验值的对比曲线。从图中可知，混凝土测点温度有限元模拟值和试验值吻合较好。然而，观察可知，受火面计算温度略高于试验值，原因是受火面与空气之间的热对流值并非定值，而是随温差增大而增大。

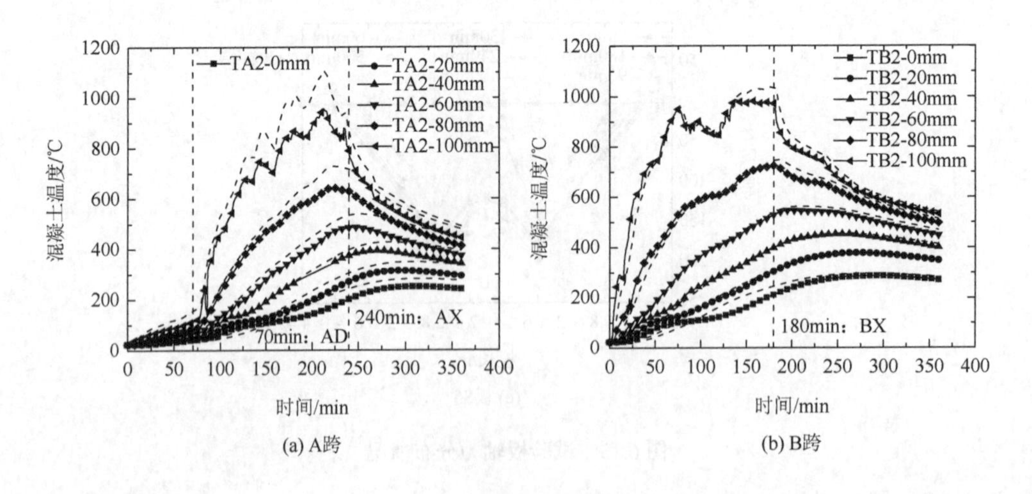

(a) A跨　　　　(b) B跨

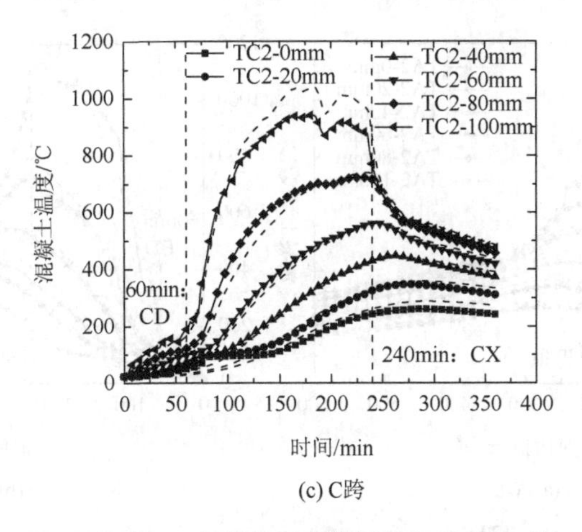

(c) C跨

图 6.14　板 B1 混凝土温度模拟值与试验值对比

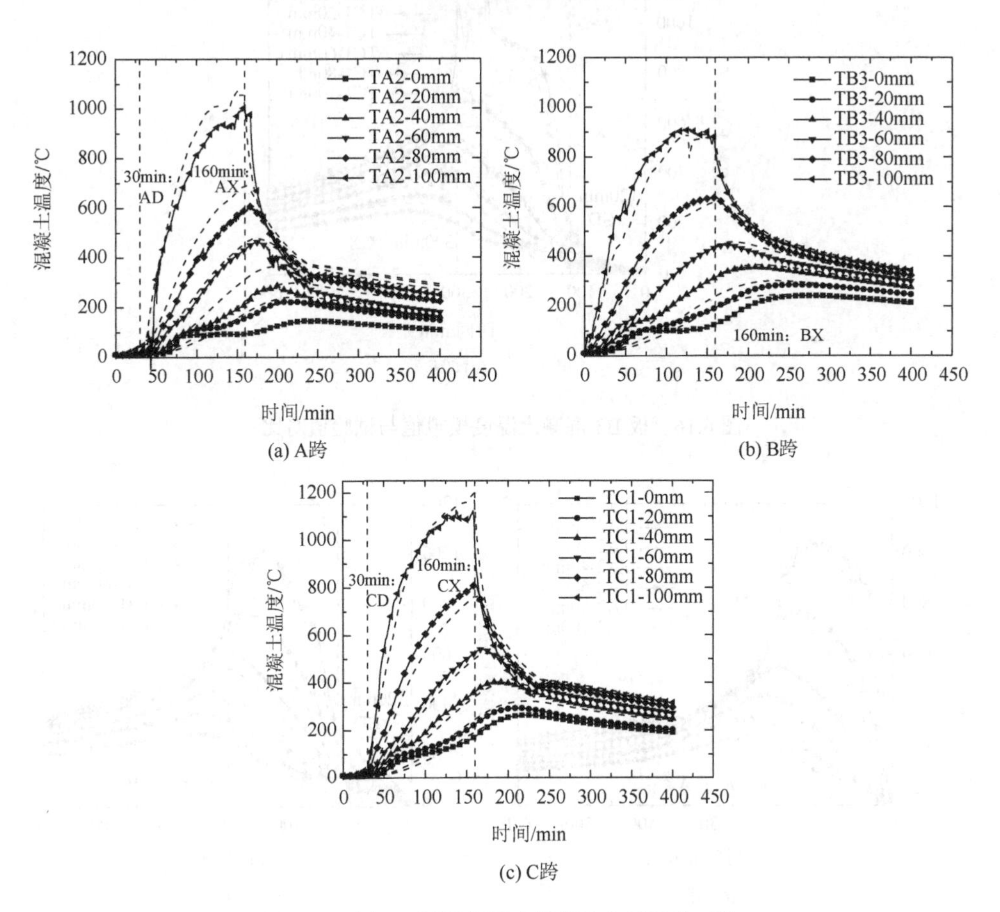

(a) A跨

(b) B跨

(c) C跨

图 6.15　板 B2 混凝土温度模拟值与试验值对比

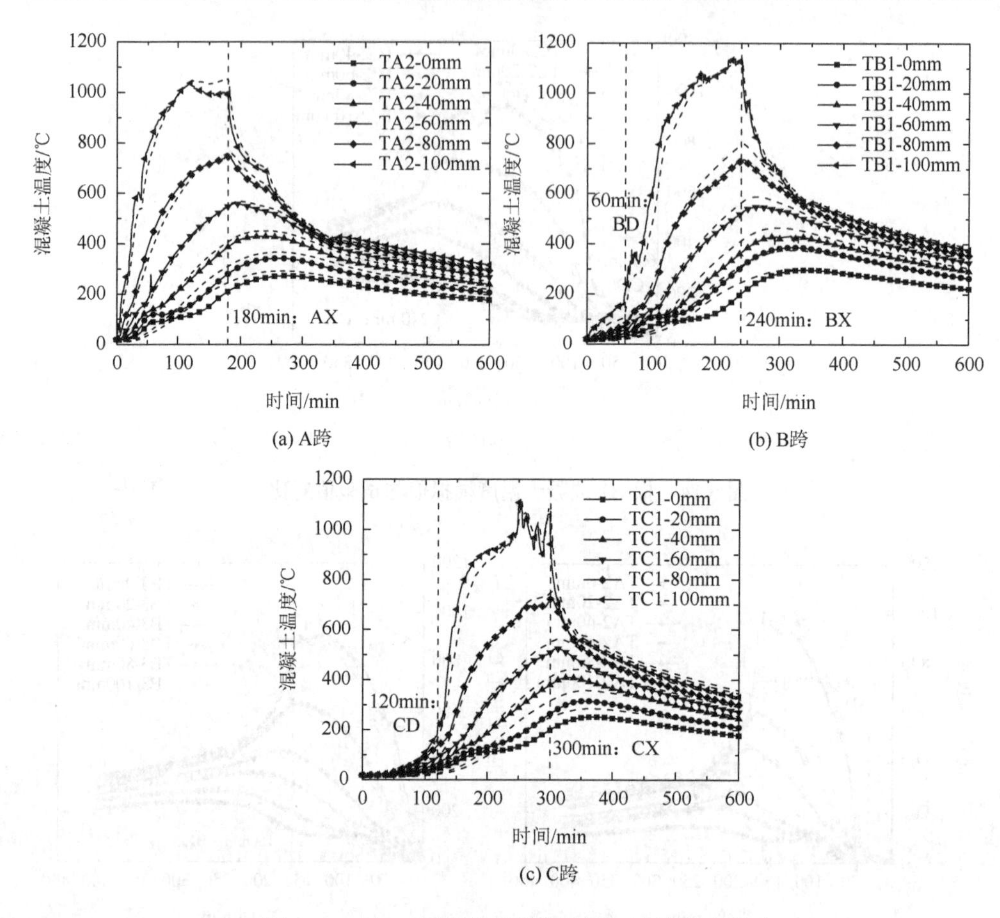

图 6.16　板 B3 混凝土温度模拟值与试验值对比

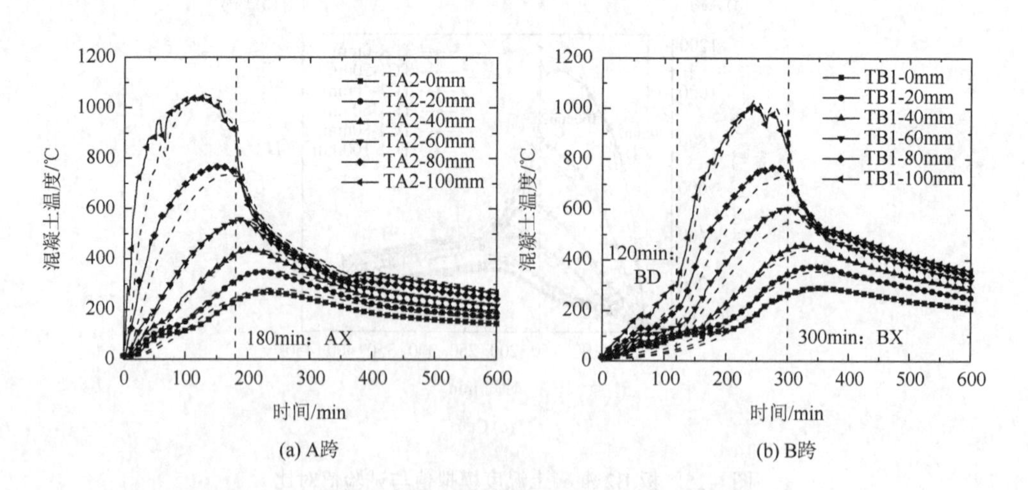

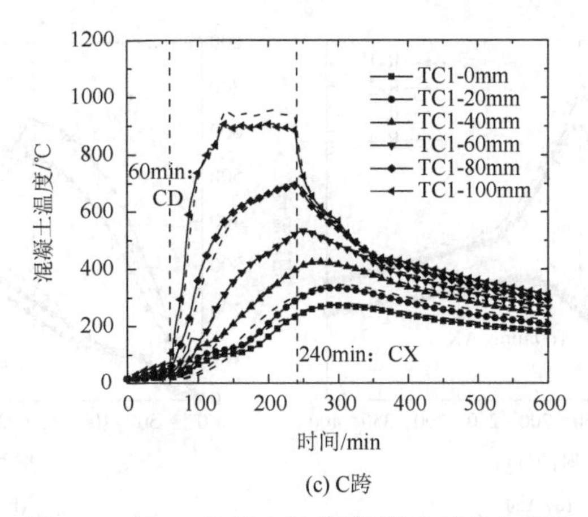

(c) C跨

图 6.17　板 B4 混凝土温度模拟值与试验值对比

图 6.18～图 6.21 给出了 B1、B2、B3 和 B4 四块试验板钢筋温度模拟值与试验值对比曲线。从图中可知，钢筋温度模拟值和试验值吻合较好，但整体看，钢筋温度模拟值略高于试验值。

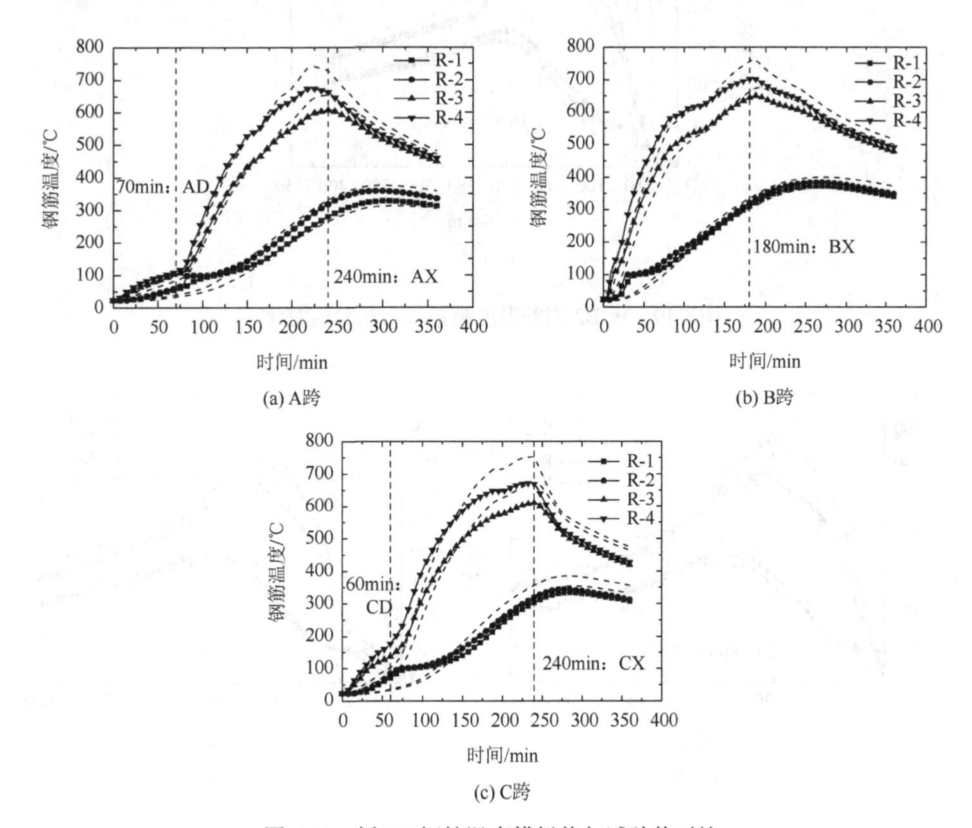

(a) A跨

(b) B跨

(c) C跨

图 6.18　板 B1 钢筋温度模拟值与试验值对比

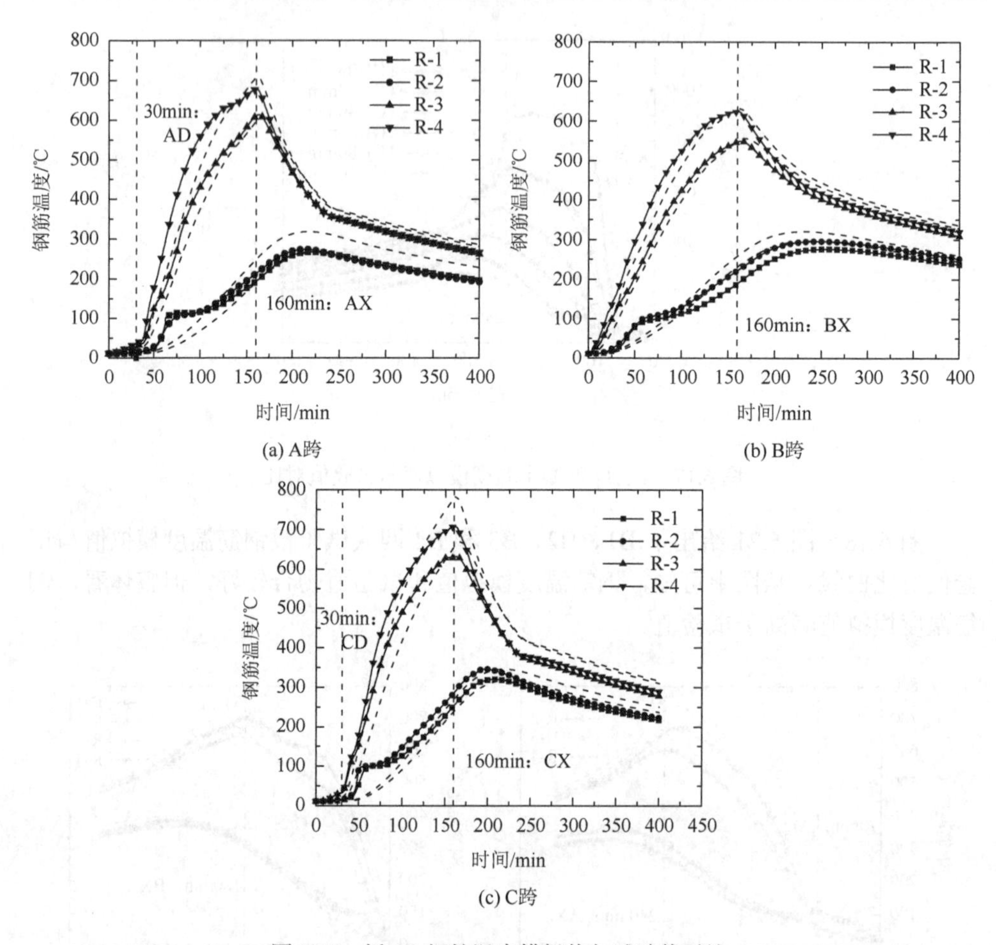

(a) A跨　　(b) B跨

(c) C跨

图 6.19　板 B2 钢筋温度模拟值与试验值对比

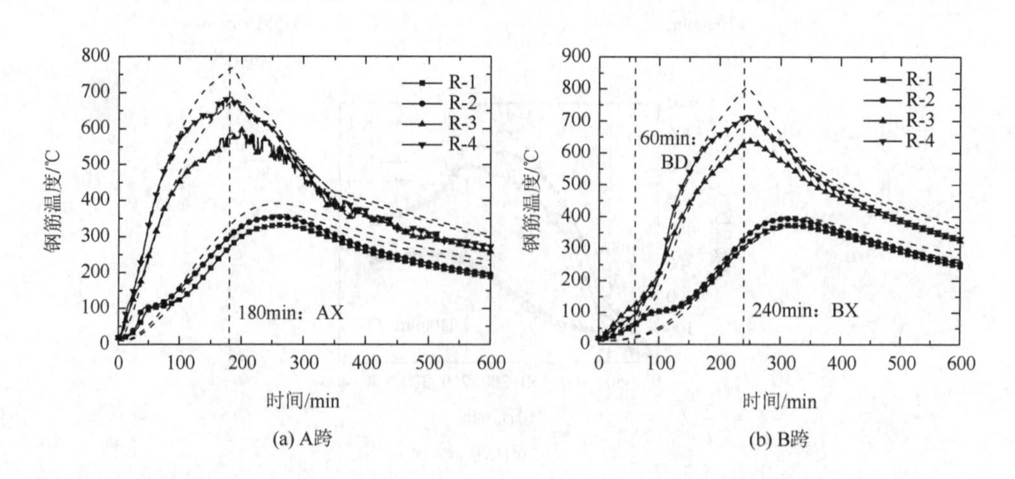

(a) A跨　　(b) B跨

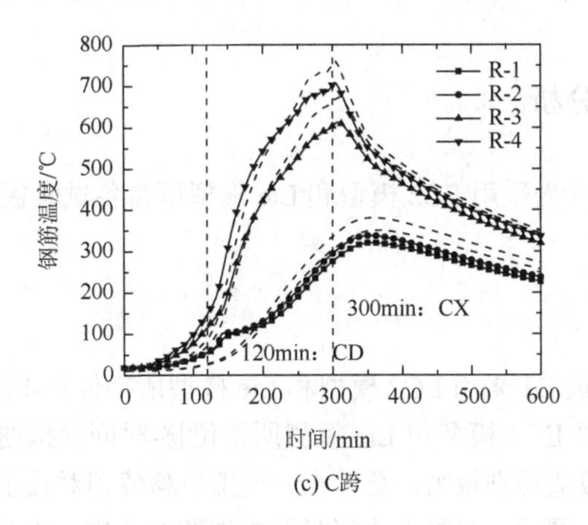

(c) C跨

图 6.20　板 B3 钢筋温度模拟值与试验值对比

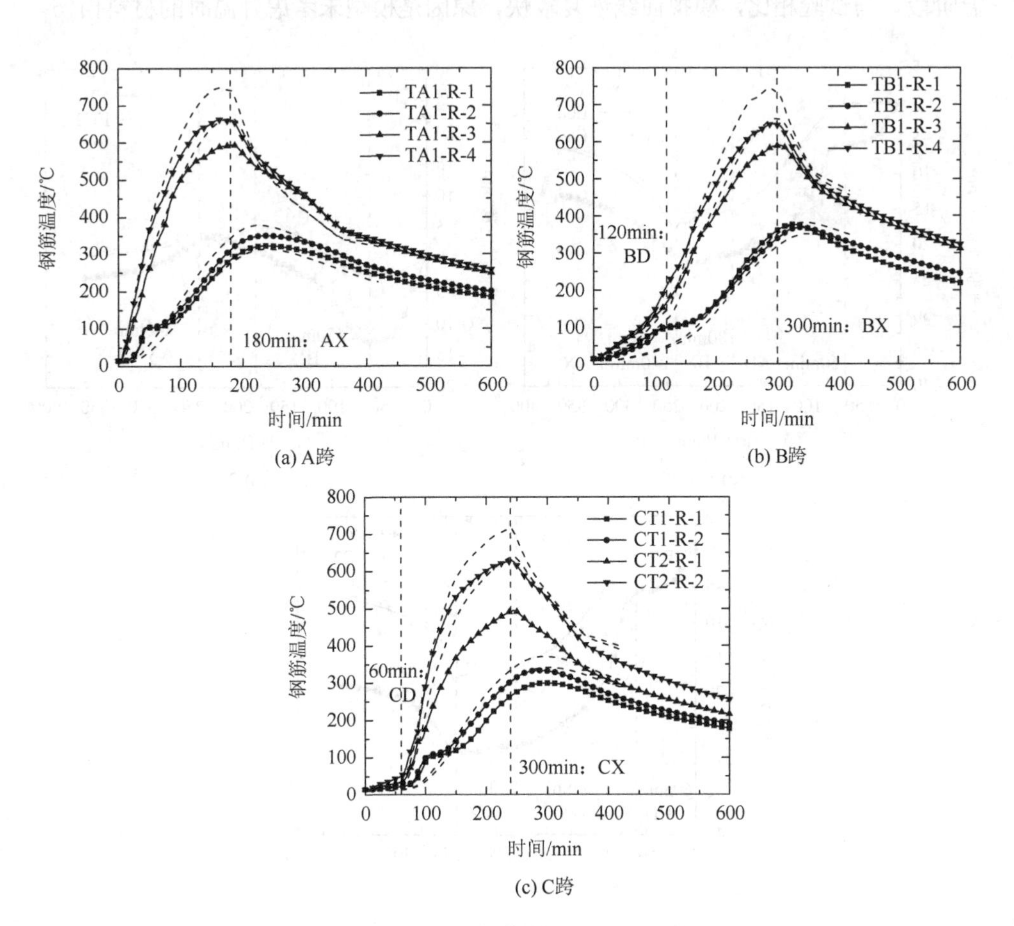

(a) A跨

(b) B跨

(c) C跨

图 6.21　板 B4 钢筋温度模拟值与试验值对比

6.3.2 力学性能分析

图 6.22～图 6.25 为采用 EC2 模型和 Lie 模型所得各试验板位移模拟值和试验值对比图。

1. 板 B1

图 6.22 给出了板 B1 采用 EC2 模型和 Lie 模型所得位移-时间模拟曲线与试验曲线。由图可知，由 EC2 模型和 Lie 模型所得位移-时间模拟曲线与试验曲线整体趋势吻合较好，但数值差别较大。总体上，模拟位移值相对较小，原因可能是未考虑瞬态热应变影响；同时，混凝土热膨胀系数选取有待进一步改进。此外，对于降温阶段，与试验相比，模拟曲线恢复较快，原因是模型未考虑升温时的材料损伤。

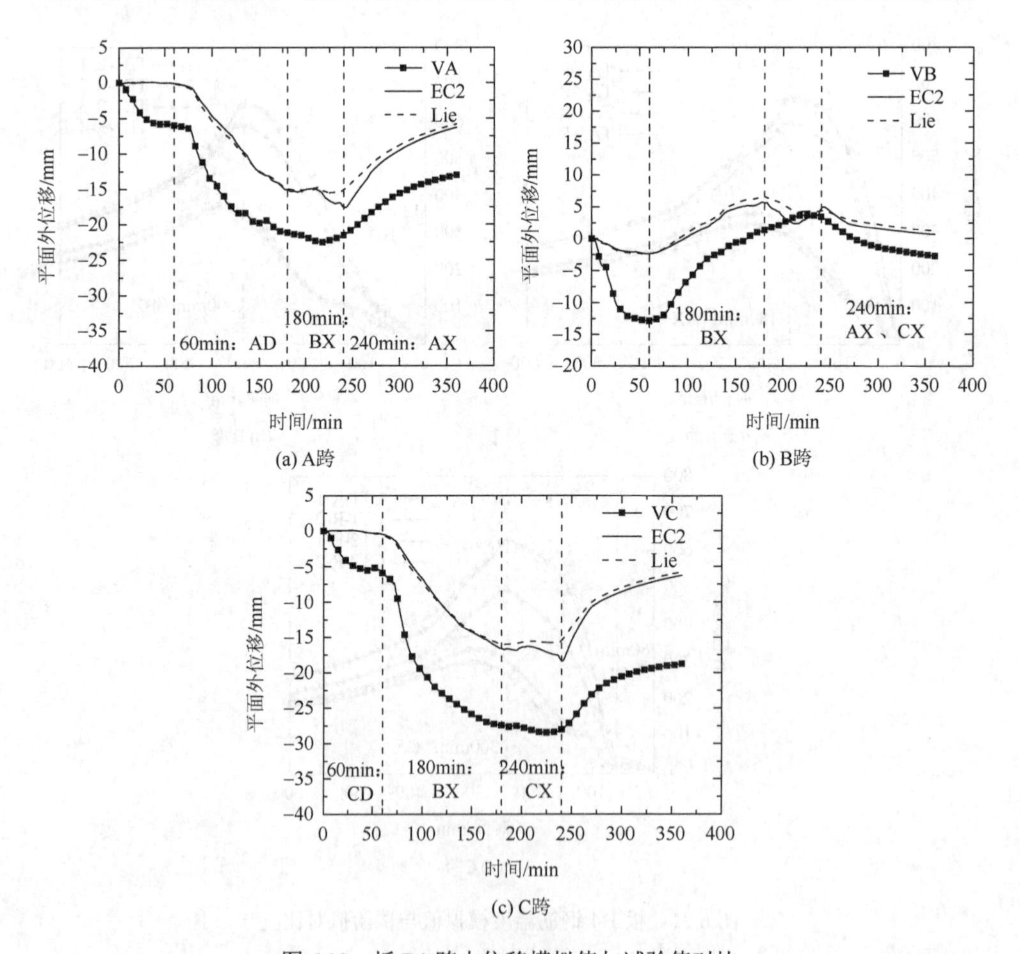

图 6.22 板 B1 跨中位移模拟值与试验值对比

2. 板 B2

图 6.23 给出了板 B2 采用 EC2 模型和 Lie 模型所得位移-时间模拟曲线与试验曲线。由图可知，与板 B1 类似，位移模拟曲线与试验曲线总体趋势吻合较好，但数值差别较大，特别是边跨。同时，数值模拟结果分析表明炉温对边跨位移值有重要影响，火灾蔓延间隔对中跨位移变化趋势有决定性影响。

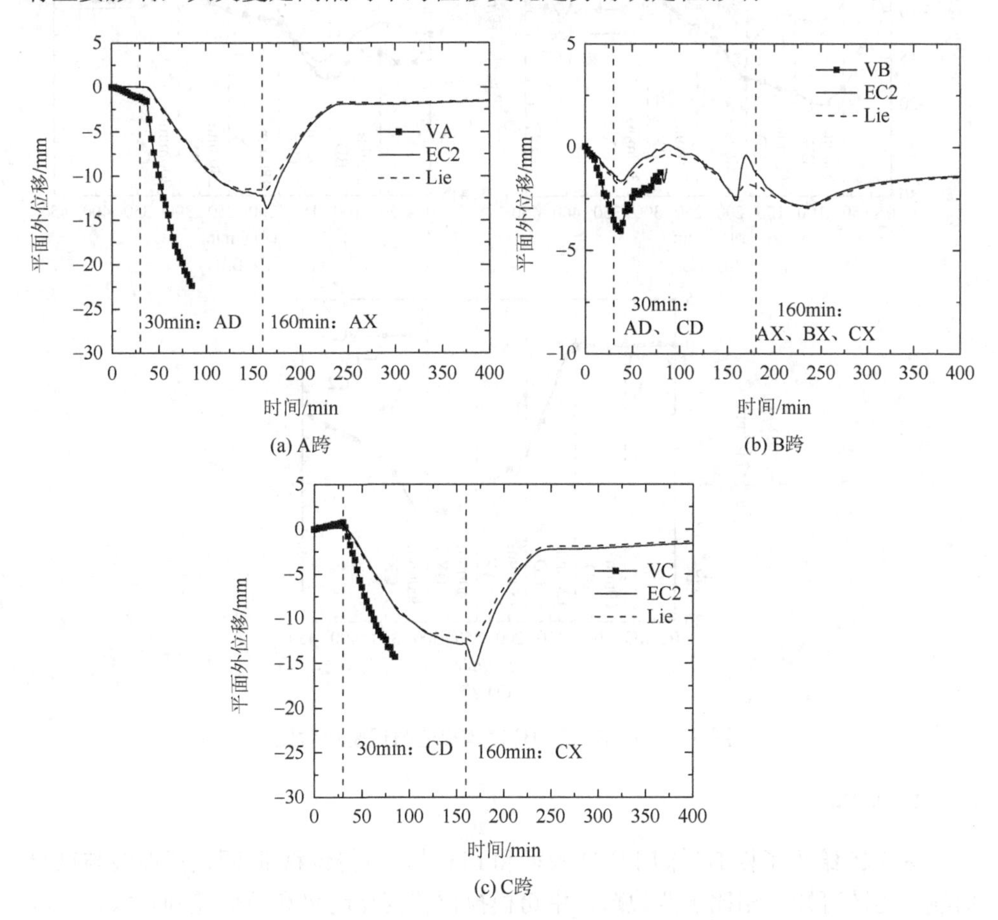

图 6.23　板 B2 跨中位移模拟值与试验值对比

3. 板 B3

图 6.24 给出了板 B3 采用 EC2 模型和 Lie 模型所得位移-时间模拟曲线与试验曲线。由图可知，一方面相比于上述两板模拟结果，本试验板各跨位移模拟曲线较为复杂，特别是中跨，位移出现上下反复行为，模拟结果总体反映这一行为，表明本书模型具有一定可行性，但仍需进一步改进；另一方面，在火灾蔓延工况

下，混凝土膨胀应变对连续板模拟位移影响相对较小，这一点与简支板数值分析结果有一定差别，还有待深入分析和验证。

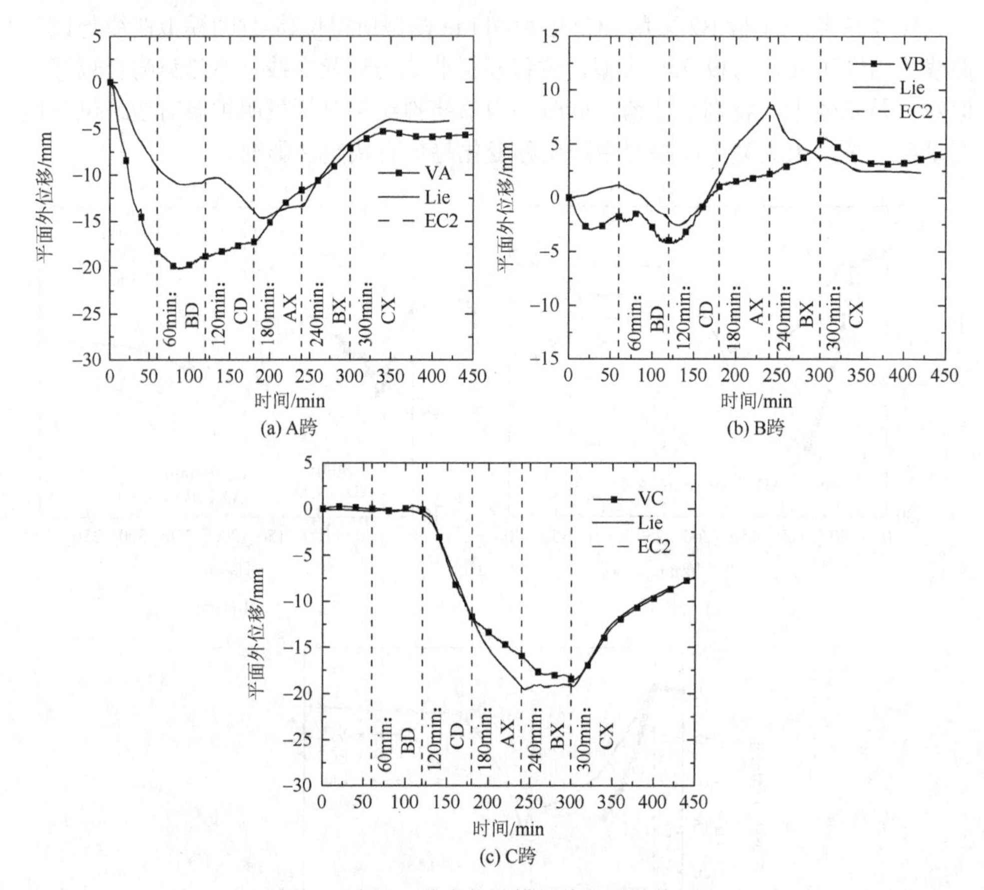

图 6.24　板 B3 跨中位移模拟值与试验值对比

4. 板 B4

图 6.25 给出了板 B4 采用 EC2 模型和 Lie 模型所得位移-时间模拟曲线与试验曲线。由图可知，相比于两边跨，中跨模拟位移变化趋势和数值差别较大，原因是中跨产生较大压应力，而本模型未考虑瞬态热应变作用，应力不能有效释放，高估了拱效应，进而模拟位移相对较小。同时，由于两边跨模拟位移被严重低估，即两边跨和中间跨负弯矩作用被低估，进而中跨向上模拟位移较小。

整体上看，板 B1～B4 位移模拟曲线与试验曲线趋势较为吻合，但数值差别较大，尤其是板 B4。对比板 B3 和板 B4 模拟曲线，配筋率和配筋方式对模拟结果有较大影响，即配筋率较大，其模拟结果更吻合，双向通长配筋比分离式配筋模拟结果较好。

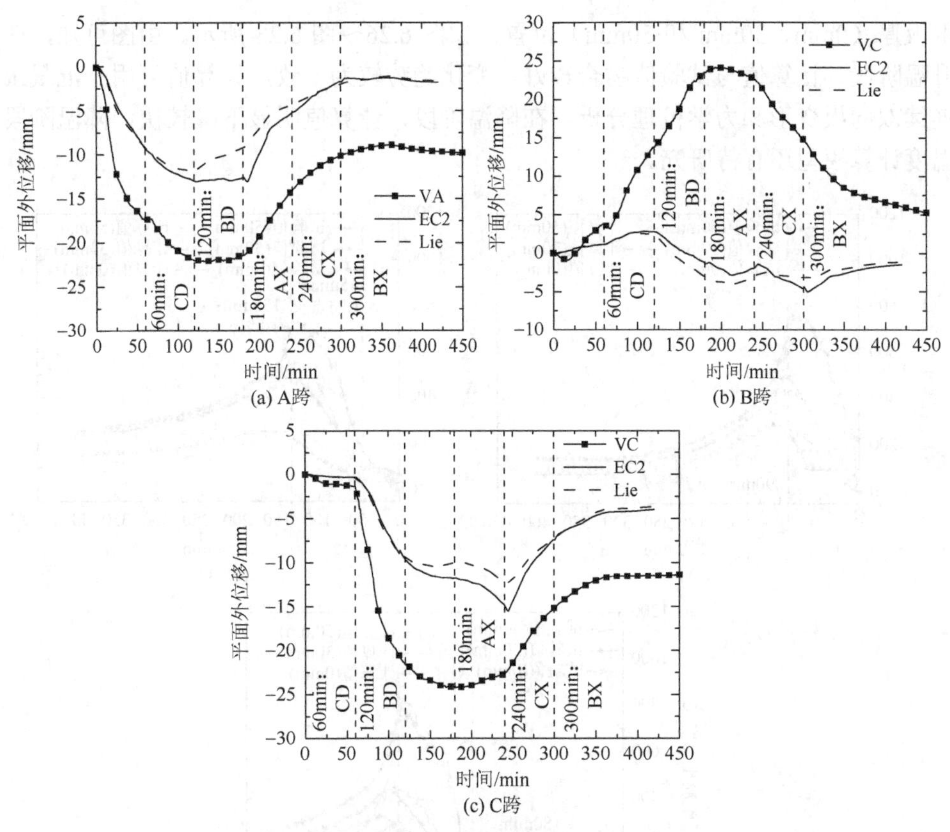

图 6.25　板 B4 跨中位移模拟值与试验值对比

6.4　火灾蔓延下连续薄板力学性能数值分析

在试验基础上，采用 Vulcan 软件对试验板开展数值分析，并开展机理分析，即弯矩分布和薄膜机理。由于模型限制，未考虑爆裂。

6.4.1　温度场分析

1. 模型介绍

温度场分析时，计算采用矩形单元模型，即沿板厚划分为 25 层，每层厚度为 2mm。其中，混凝土表面辐射系数取值为 0.8，火焰辐射系数取值为 0.6，表面吸收系数取值为 0.8。骨料类型采用钙质。

2. 温度场分析

板 C3、板 C5 和板 C6 三跨温度计算值和试验值进行对比，沿板厚测点较多，取板厚（0mm、30mm 和 50mm）位置，如图 6.26～图 6.28 所示。由图可知，在升温阶段，计算值与试验值吻合较好，变化趋势较为一致，计算值可用于混凝土连续双向板变形和力学机理分析。在降温阶段，计算值明显下降较快，降温阶段温度计算模型还有待研究。

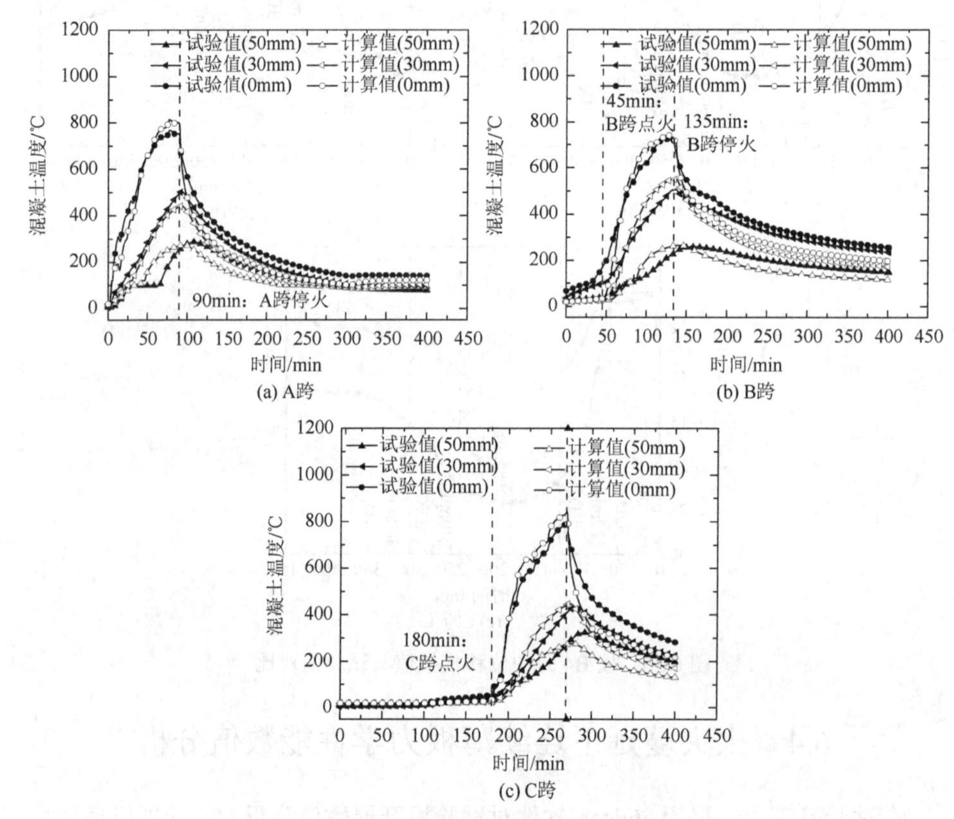

(a) A跨

(b) B跨

(c) C跨

图 6.26 板 C3 温度计算值和试验值对比

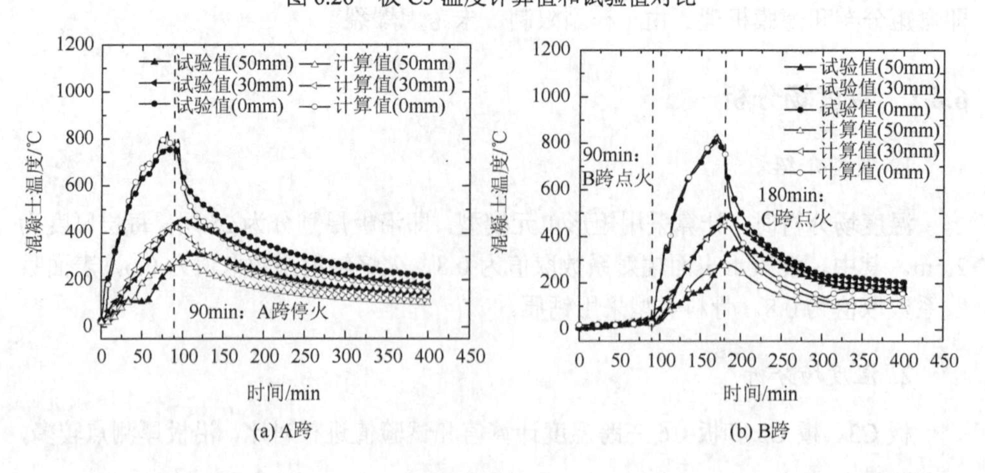

(a) A跨

(b) B跨

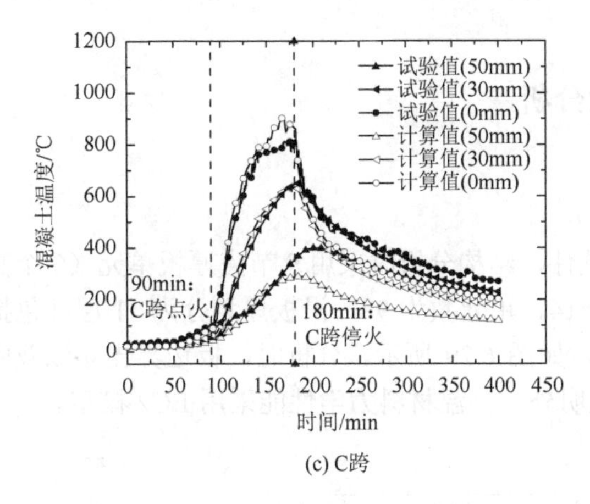

(c) C跨

图 6.27　板 C5 温度计算值和试验值对比

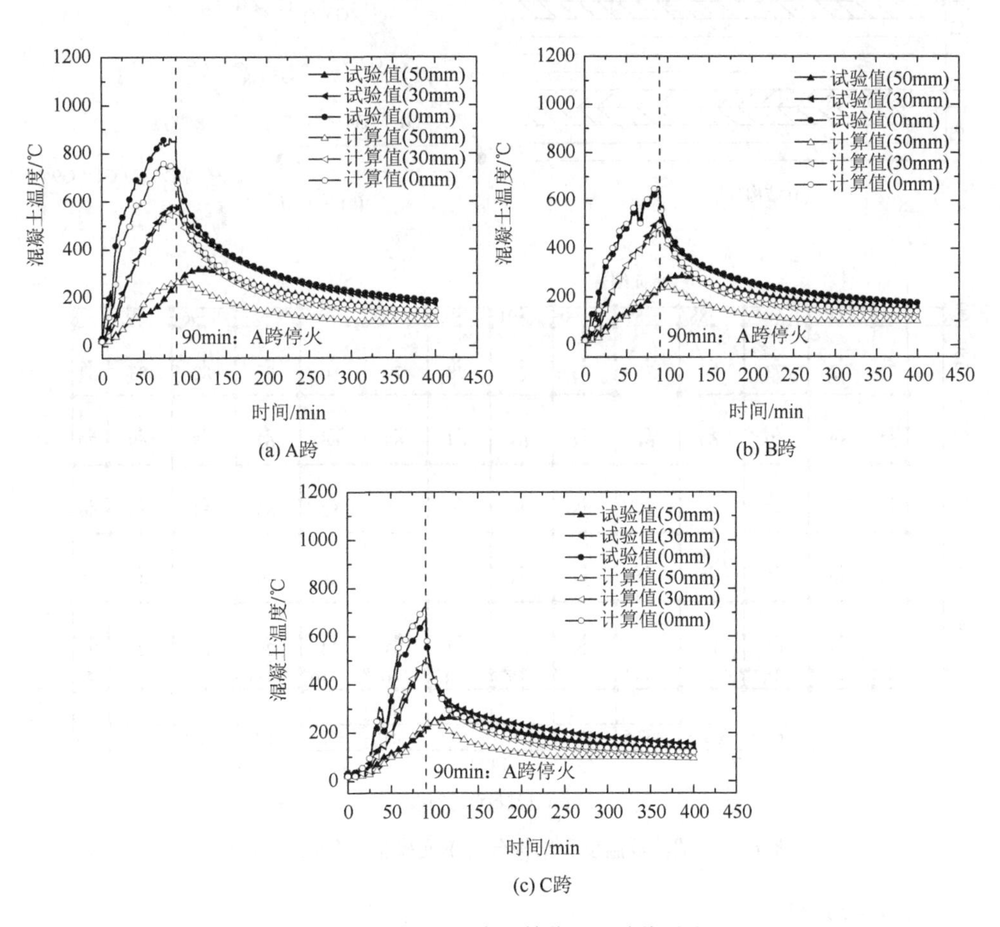

(a) A跨

(b) B跨

(c) C跨

图 6.28　板 C6 温度计算值和试验值对比

6.4.2　力学性能分析

1. 力学模型

基于 Vulcan 软件，结构分析时采用 9 节点厚板单元（9 个高斯点 G1～G9），平面单元网格为 7×14，单元数为 98，沿板厚划分为 11 层（包括 4 层等效钢筋层和 7 层混凝土层），如图 6.29 所示。分析时，板边界支座以及中间支座均采用简支边界。除特殊说明外，高温材料力学性能采用 EC2 模型。

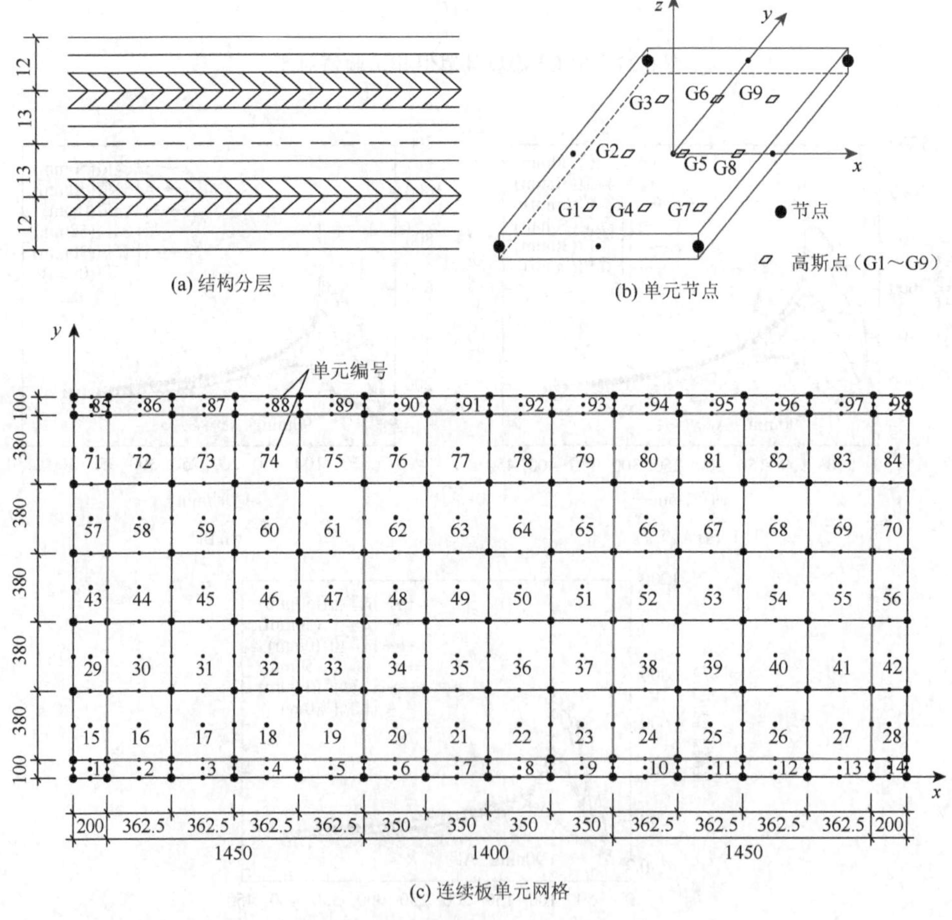

图 6.29　试验板温度和结构分析单元模型（单位：mm）

2. 变形分析

对混凝土连续板各跨变形进行分析，计算结果如图 6.30～图 6.32 所示，采用几何（非）线性模型以及两混凝土膨胀应变模型（EC2 模型和 Lie 模型）。

由图 6.30 可知，对于火灾初期，由于位移较小和温度较低，几何（非）线性和混凝土膨胀应变对混凝土板各跨火灾行为影响较小；然而，随着位移增加和温度升高，上述因素影响逐渐增大。与试验结果相比，基于 EC2 模型，并采用几何非线性方法所得计算结果较为合理。显然，在大位移阶段，忽略几何非线性作用，双向板受拉薄膜效应偏小，几何线性方法所得板跨中变形较小。同时，对于几何（非）线性方法，混凝土膨胀应变越小，所得跨中挠度越小，Lie 模型混凝土膨胀应变较小，倾向于低估混凝土板各跨跨中位移。同时，由于几何线性方法忽略薄膜效应影响，与试验结果相比，其计算位移偏小，特别是 Lie 模型。例如，每一温度增量，较大混凝土膨胀应变导致较大应力增量，即导致较多塑性应变和板裂缝等，在 EC2 模型和 Lie 模型所得停火时，C3 板的 A 跨（几何非线性）跨中位移分别为–30.1mm 和–25.1mm。

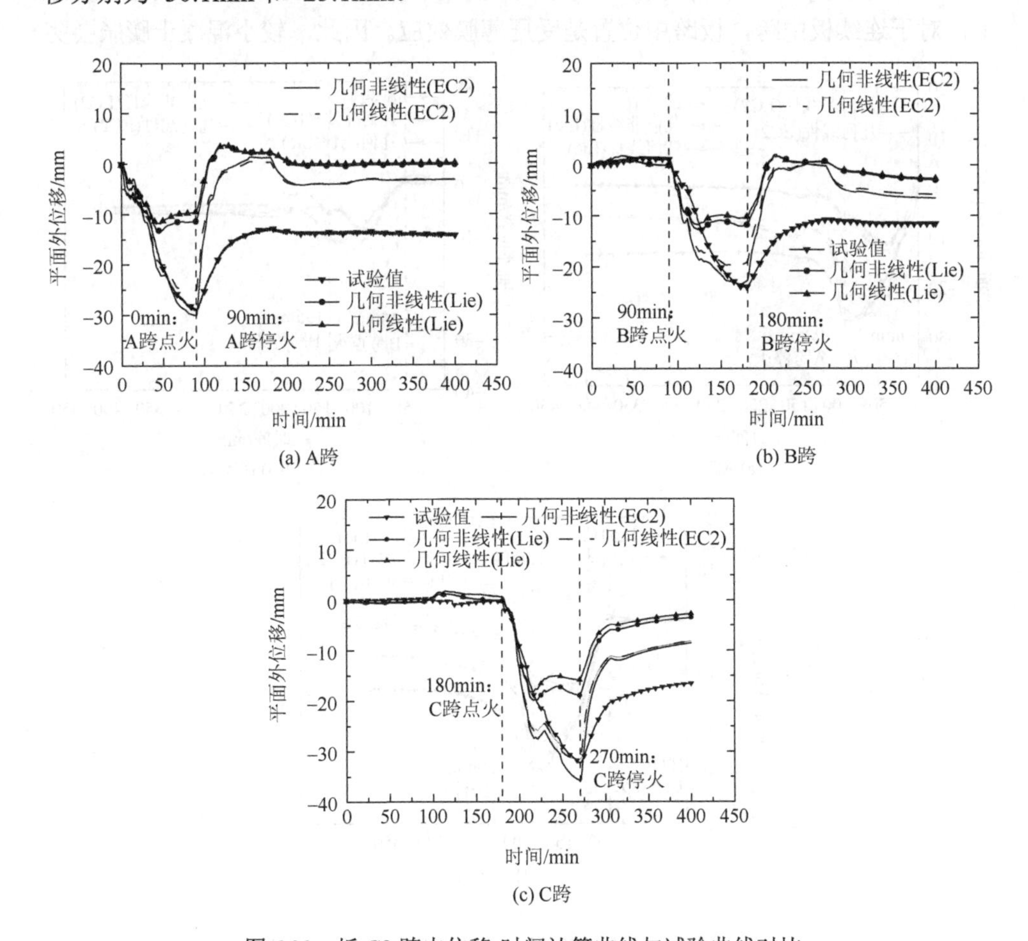

图 6.30　板 C3 跨中位移-时间计算曲线与试验曲线对比

对于降温阶段，几何（非）线性和混凝土膨胀应变对各跨跨中位移影响逐渐降低，相互差异逐渐减小，且计算残余位移绝对值通常小于试验值，主要原因是降温阶段所用混凝土和钢筋力学模型未能反映该阶段实际材性。因此，降温阶段力学模型有待改进。

由图 6.31 可知，采用几何（非）线性和两混凝土膨胀应变模型所得板 C5 三跨混凝土连续板变形曲线。对于板 C5 中跨由于连续板中跨较大受压薄膜效应，计算结果和试验曲线存在较小差异，两边跨计算结果和试验结果总体吻合较好。对于火灾初期阶段，变形主要由板内温度梯度引起，与单个板相似，混凝土膨胀应变和几何（非）线性对三跨混凝土连续板变形行为影响较小。随着板内混凝土温度升高，上述两因素对三跨混凝土连续板火灾行为影响逐渐增加。较大混凝土应变引起较大变形，然而，几何（非）线性对三跨混凝土连续板与单个板工况相反，且与约束混凝土板工况类似，即所得变形结果偏小，特别是 Lie 模型。实际上，对于连续板中跨，板跨中位置是受压薄膜效应。因此，较小混凝土膨胀会劣

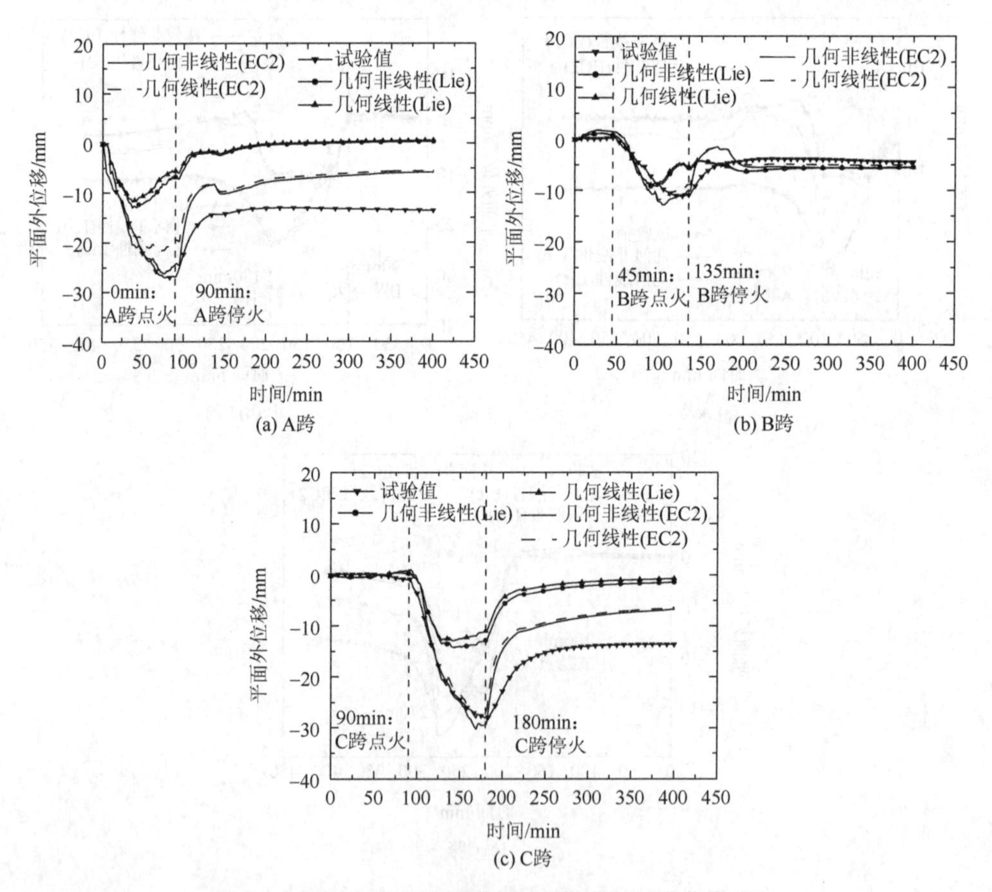

(a) A跨

(b) B跨

(c) C跨

图 6.31 板 C5 跨中位移-时间计算曲线与试验曲线对比

化受压薄膜效应，若板内忽略几何非线性会低估板内压力和弯矩分布，高估结构刚度，后期阶段会更大程度影响连续板火灾行为，后续机理分析也证明了这一点。

由图 6.32 可知，相比于板 C3 和板 C5，板 C6 跨中位移计算结果吻合较差，但总体位移变化趋势较为一致，可用于板变形机理分析。与板 C3 和板 C5 类似，几何（非）线性和混凝土膨胀应变对板 C6 位移变化行为存在类似规律，即几何线性严重低估连续板位移变化行为，Lie 混凝土膨胀应变模型所得位移较小。此外，对于板 C6，63min 前计算结果与试验结果吻合较差；随后，计算结果和试验结果吻合较好，机理分析时得出中跨跨中区域有较大受压薄膜效应，可知计算模型在跨中较大受压薄膜效应下还有待进一步发展。

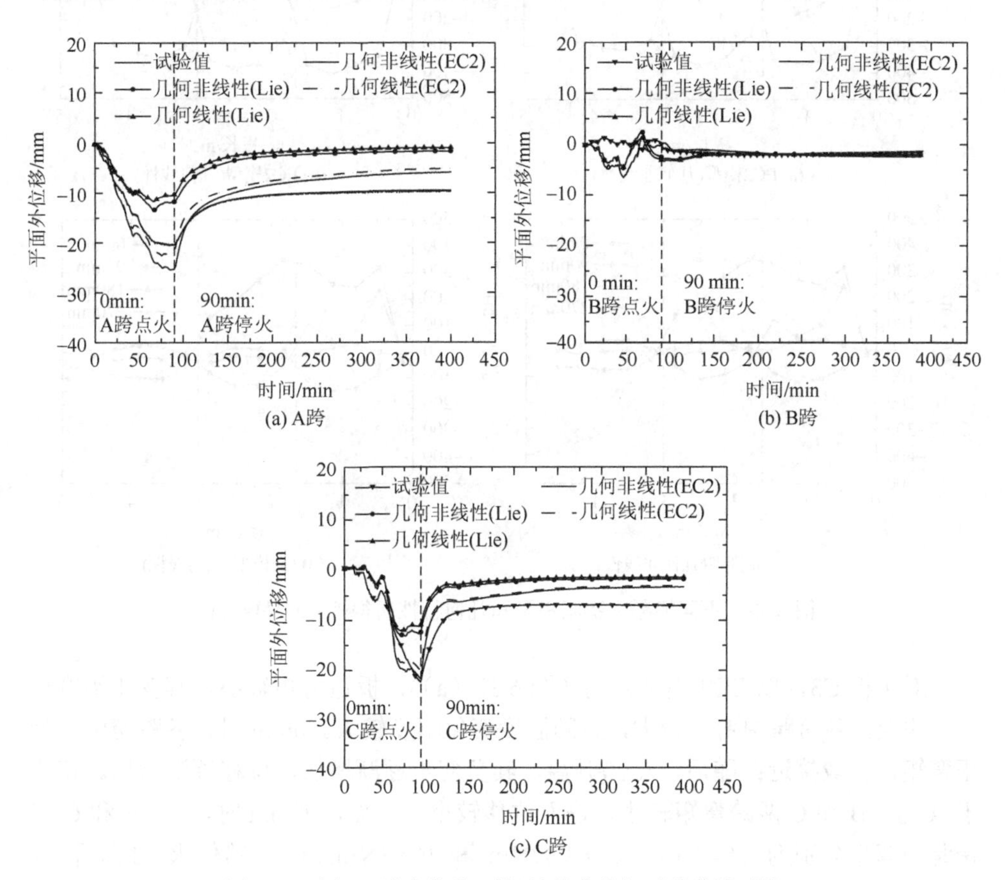

(a) A跨

(b) B跨

(c) C跨

图 6.32　板 C6 跨中位移-时间计算曲线与试验曲线对比

3. 机理分析

1）弯矩分析

图 6.33 为采用几何（非）线性程序所得板 C3、板 C5 和板 C6 不同时刻弯矩

图（x 方向），即为单元（43～56）中 G5 点弯矩值，对于任一膨胀应变模型，由于位移较小，几何（非）线性计算结果所得弯矩值和发展趋势较为接近。然而，相比于几何（非）线性模型，混凝土热膨胀应变对连续板各跨弯矩影响较大，致使两模型所得位移值差别较大。

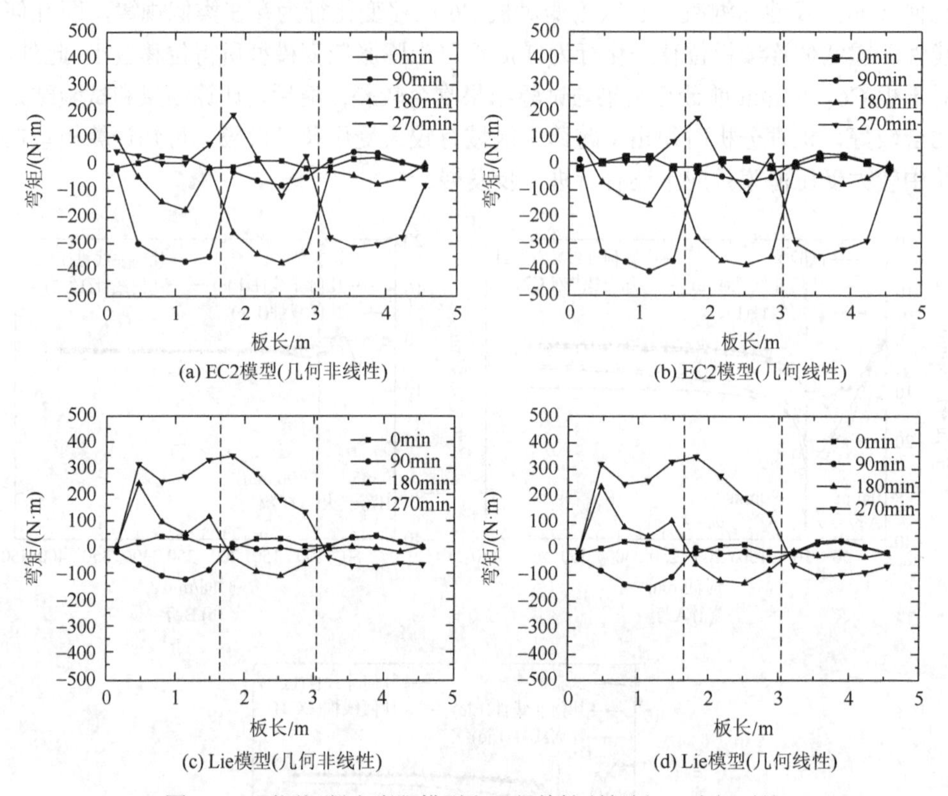

(a) EC2模型(几何非线性)　(b) EC2模型(几何线性)

(c) Lie模型(几何非线性)　(d) Lie模型(几何线性)

图 6.33　不同混凝土膨胀模型和几何特性所得板 C3 弯矩对比

对于板 C3，以 EC2 模型为例（图 6.33（a）），板边弯矩较小，其变化幅度较小；相反，各跨跨中弯矩较大，且随温度变化幅度较大。0min 时，各跨跨中均为正弯矩，且较接近；随后，A 跨升温，其负弯矩逐渐增加，位移逐渐增加。相比于 A 跨，B 和 C 两跨弯矩较小，进而位移较小。例如，90min 时，A、B 和 C 三跨跨中弯矩分别为–354.65N·m、–63.47N·m 和 46.93N·m。待 A 跨停火，B 跨升温，A 跨负弯矩逐渐降低（变形恢复），B 跨负弯矩增加（变形增加），此时 C 跨负弯矩开始发展。例如，180min 时，A、B 和 C 三跨跨中弯矩分别为–151.25N·m、–352.87N·m 和–56.74N·m。同样，待 A 和 B 两跨停火，C 跨开始升温，各跨弯矩发展也存在类似规律。

相比于 EC2 模型，Lie 模型倾向于低估各跨弯矩值，进而致使其计算位移值偏小。同时，当位移较小时，火灾蔓延行为对各跨弯矩发展情况有决定性影响。

对于板 C5，以 EC2 模型为例（图 6.34（a）），其与板 C3 弯矩发展不同，中跨负弯矩作用较大，三跨弯矩随温度升高有减小趋势；一方面，对于板 C5，由于中跨弯矩作用，边跨弯矩有所升高。同时，相比于 Lie 模型，EC2 模型所得板弯矩较大。例如，90min 时，A 跨停火，B 跨升温（位移增加），A、B 和 C 跨跨中弯矩分别为–364.38N·m、–454.45N·m 和–146.44N·m。135min 时，B 跨停火，C 跨升温（位移增加），A、B 和 C 三跨跨中弯矩分别为–156.82N·m、–414.38N·m 和–368.68N·m。B 跨弯矩值有所减小，最大弯矩与位移不成正比（拱效应），180min 时，C 跨弯矩发展与 B 跨较为类似。

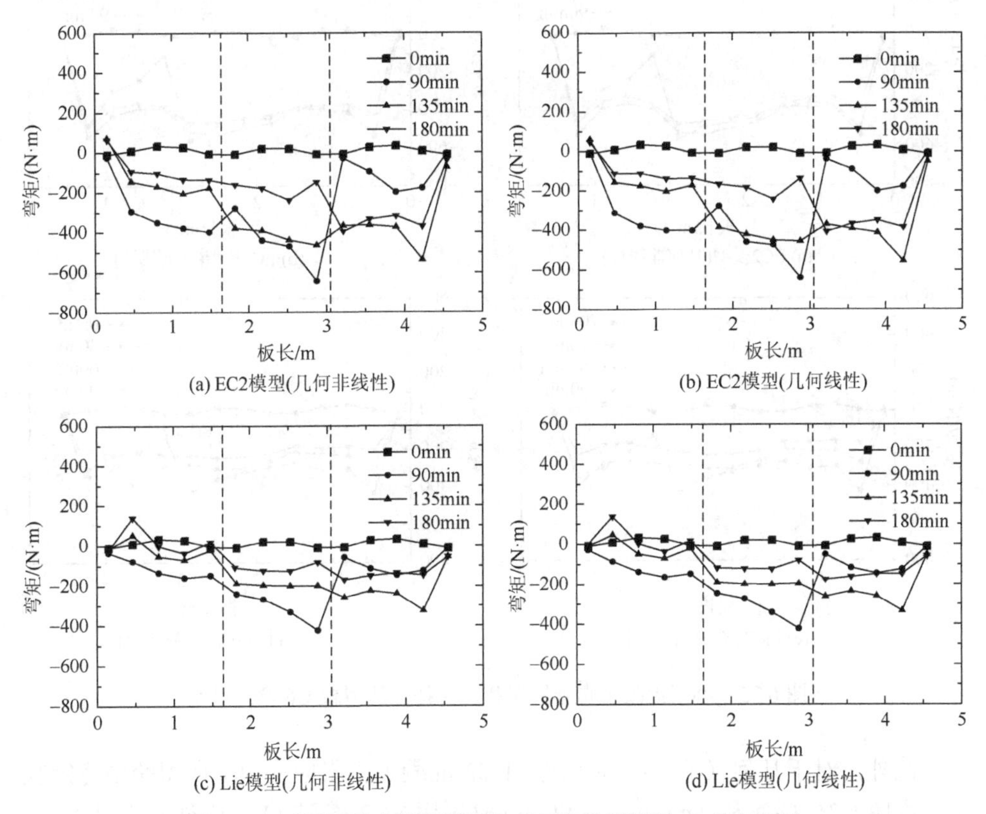

图 6.34　不同混凝土膨胀模型和几何特性所得板 C5 弯矩对比

对于任一火灾蔓延工况，较大混凝土应变导致板内产生较大弯矩，进而所得变形较大（图 6.32（a））。此外，忽略连续板约束作用，倾向于高估连续板跨中弯矩，特别是火灾后期大变形阶段。因此，对于板 C3 和板 C5 火灾蔓延工况，为了获得合理的弯矩分布情况，在数值分析时都应考虑几何非线性影响。

图 6.35 为采用几何（非）线性程序所得板 C6 不同时刻弯矩图（x 方向），由

图可知，板边弯矩较小，其变化幅度较小；三跨跨中区域为较大负弯矩，与板 C3 不同，30min、60min 和 90min 板跨中弯矩变化较小，可知火灾前期阶段板以弯曲作用为主，在火灾后期阶段，板跨中弯矩有所回落，主要原因是高温下材性降低，进而外荷载主要由板内受拉薄膜效应承担。例如，30min 时，A、B 和 C 三跨跨中弯矩分别为–386.71N·m、–477.14N·m 和–267.78N·m。待三跨温度升高，60min 时，A、B 和 C 三跨跨中弯矩分别为–366.02N·m、–512.8N·m 和–380.47N·m。

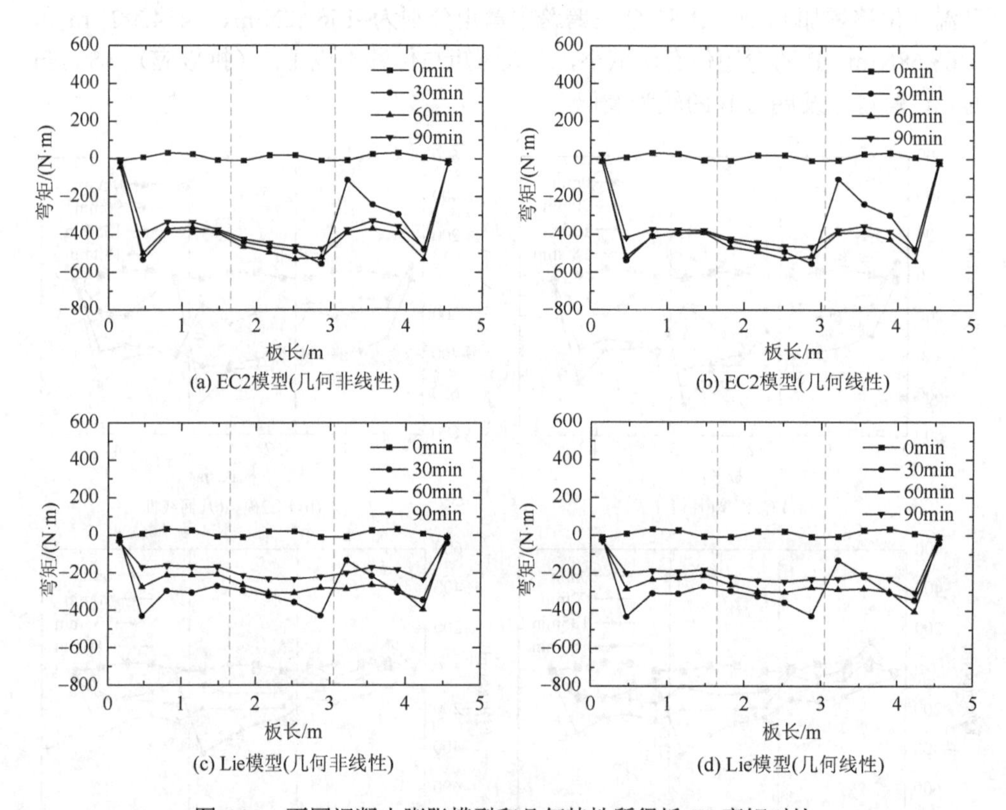

图 6.35　不同混凝土膨胀模型和几何特性所得板 C6 弯矩对比

此外，对于几何（非）线性工况，EC2 混凝土膨胀应变模型所得跨中弯矩较大。由图 6.36（a）和（c）可知，90min 时采用 EC2 模型（Lie 模型）所得 A、B 和 C 三跨跨中弯矩分别为–334.94N·m（–163.76N·m）、–454.27N·m（–233.63N·m）和–343.09N·m（–176.15N·m）。同时，对于 EC2 模型或 Lie 模型，几何（非）线性方法所得跨中弯矩相近，这一点与约束板跨中弯矩发展规律不同。

2）薄膜机理

在弯矩分析基础上，对板 C3、板 C5 和板 C6 薄膜发展规律（EC2 模型和 Lie 模型）进行对比分析，如图 6.36～图 6.41 所示。值得指出的是，对于薄膜效应，红色代表受拉薄膜效应，蓝色代表受压薄膜效应，线长度表示薄膜力大小。清晰可见，其中 0min 薄膜效应图数据均放大 100 倍，其余图中数据均缩小 1/20。

图 6.36 为 EC2 模型所得板 C3 在不同时刻薄膜效应图。由图可知，0min，连续板各跨薄膜力较小，且各跨跨中区域为受拉薄膜效应，周边为受压薄膜效应。以 A 跨为例，中心区域（单元 31、32、45、46、59 和 60）受拉薄膜效应均值为 0.018N/mm，周边区域（单元 16～19）受压薄膜效应均值为 0.021N/mm。

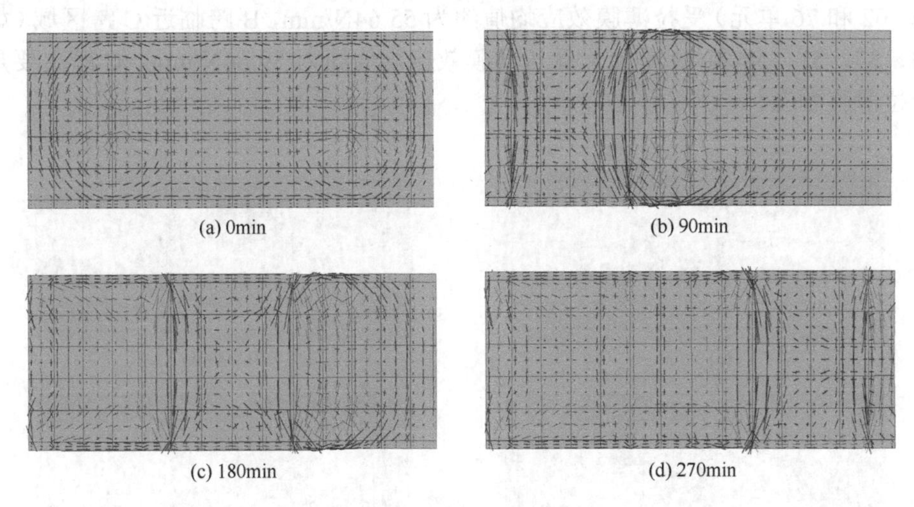

图 6.36　板 C3 不同时刻薄膜效应分布（EC2 模型）

随着温度升高，A 跨跨中区域受压薄膜效应逐渐增加，而该跨外周边为受拉薄膜效应，致使沿外周边出现垂直板边短裂缝；同时，相邻 B 跨以受拉薄膜效应为主，且 C 跨拉压薄膜力均较小，如图 6.36（b）所示。可见各跨拉压薄膜效应分布和大小发生较大变化。例如，90min 时，A 跨支座区域受压薄膜效应较大（如 33、47 和 61 三单元均值约为 179.2N/mm），其跨中区域受压薄膜效应较小。B 跨跨中区域（如 35、36、49、50、63 和 64 单元）受拉薄膜效应均值约为 35.83N/mm，C 跨所有单元受压（拉）薄膜效应均值约为 15.02N/mm（9.14N/mm）。

90min 后，A 跨跨中区域受压薄膜效应逐渐降低，且第二支座附近区域逐渐出现受拉薄膜效应，进而出现较多裂缝。同时，B 跨跨中受压薄膜效应和第三支座附近受拉薄膜效应逐渐增加，如图 6.37（b）所示。对于 C 跨，也存在类似薄膜效应发展规律。因此，对比可知，火灾蔓延行为对各跨跨中区域受压薄膜效应及其支座区域受拉薄膜效应的发展有决定性影响。

图 6.37 为 EC2 模型所得板 C5 在不同时刻的薄膜效应图。由于板 C5 与板 C3 活荷载相同，0min 时，薄膜效应分布相同，随后火灾蔓延对板 C5 薄膜效应起决定性作用。90min 时，随板温升高，与 C3 板不同，板 C5 的 A 跨跨中

区域受压薄膜效应较小，B 跨薄膜效应沿东西方向分为两部分，靠近 A 跨为受拉薄膜效应，临近 C 跨为受压薄膜效应，说明火灾蔓延时间对相邻跨薄膜效应有重要影响。同时，第三支座位置出现较大受拉薄膜效应，这与试验观测到的第三支座出现较宽裂缝一致，C 跨由于还未受火，薄膜效应主要受 B 跨影响产生，以受拉薄膜效应为主。例如，A 跨跨中区域受压薄膜效应较小（如 31、32、45、46、59 和 60 单元）均值约为 23.78N/mm。B 跨靠近 A 跨区域（如 20、34、48、62 和 76 单元）受拉薄膜效应均值约为 55.64N/mm，B 跨临近 C 跨区域（如 23、37、51、68 和 79 单元）受压薄膜效应均值约为 59.66N/mm，C 跨主要是受拉薄膜效应。

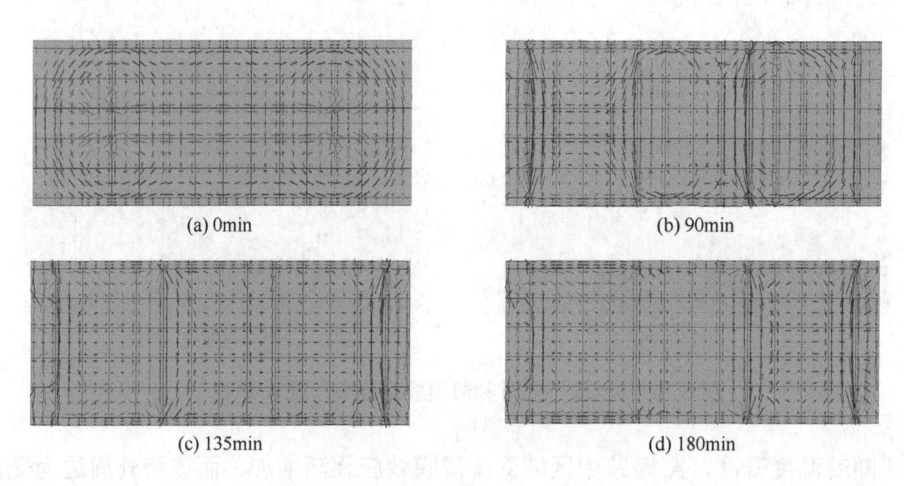

(a) 0min　(b) 90min　(c) 135min　(d) 180min

图 6.37　板 C5 不同时刻薄膜效应分布（EC2 模型）

90min 后，与板 C3 类似，A 跨跨中区域受压薄膜效应逐渐降低，B 跨跨中区域逐渐以受压薄膜效应为主，C 跨跨中区域受压薄膜效应逐渐增加，如图 6.38（b）所示。第二支座附近和第三支座附近受拉薄膜效应逐渐增加，进而出现较宽裂缝。此外，由于受火跨跨中位移向下，其四周板伸出部分均为受拉薄膜效应，板底出现集中短裂缝。

图 6.38 为 EC2 模型所得板 C6 在不同时刻的薄膜效应图。板 C6 为三跨同时受火工况，由于受火工况和活荷载布置对称，所得板薄膜效应基本对称分布。需要指出的是，30min 时，由于 C 跨位移较小（点火故障），C 跨出现较小受拉薄膜效应，而 A 和 B 跨为受压薄膜效应。随板温度（位移增大）升高，与板 C3 和板 C5 不同，板 C6 三跨跨中逐渐均为受压薄膜效应，且受压薄膜效应逐渐增大，第一支座和第四支座受拉薄膜效应随板温度上升增大，这与试验观测到的板角出现弧状裂缝较为一致。

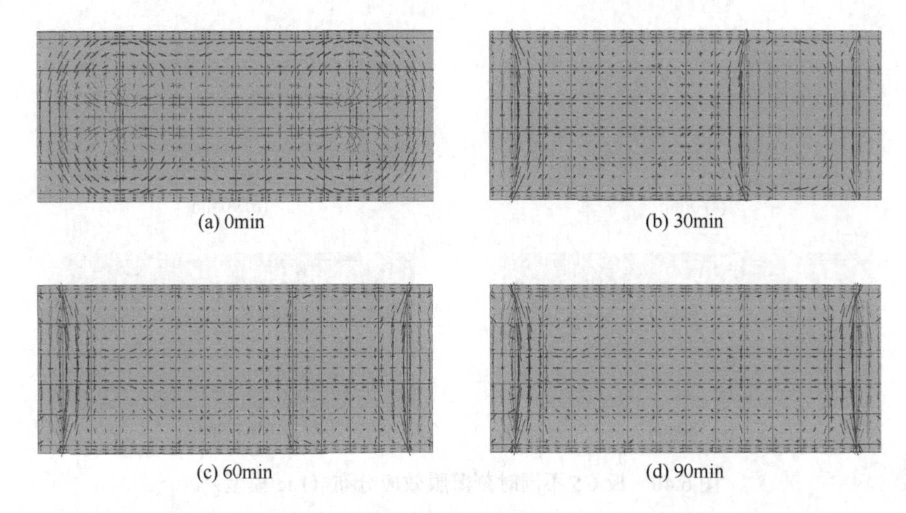

(a) 0min　(b) 30min

(c) 60min　(d) 90min

图 6.38　板 C6 不同时刻薄膜效应分布（EC2 模型）

例如，30min 时，A 和 B 跨跨中受压薄膜效应均值分别为 19.67N/mm 和 13.35N/mm，C 跨跨中受拉薄膜效应均值为 89.93N/mm。90min 时，A、B 和 C 跨跨中受压薄膜效应均值分别为 38.41N/mm、18.51N/mm 和 33.16N/mm，可知三跨受压薄膜效应逐渐增加。总之，三跨同时受火工况更不利于跨中受拉薄膜效应发展，这与前述所得面内约束作用不利于后期阶段受拉薄膜效应发展结果相同。

此外，图 6.39～图 6.41 为 Lie 模型所得板 C3、板 C5 和板 C6 在不同时刻的薄膜效应图。与弯矩值类似，相比于 EC2 模型，Lie 模型所得受拉（压）薄膜效应区域形状基本类似，但相应值较小。一方面，Lie 模型计算板跨中位移较小，相应时刻板内薄膜力较小；另一方面，Lie 模型倾向于低估各跨弯矩值。

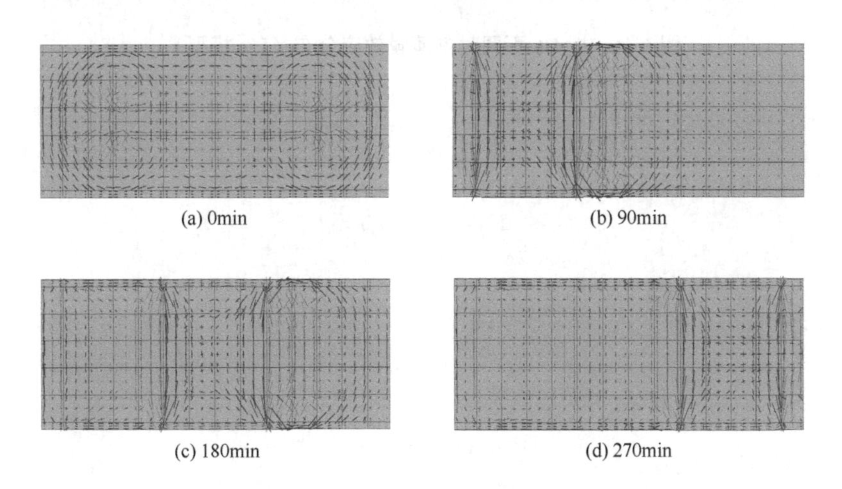

(a) 0min　(b) 90min

(c) 180min　(d) 270min

图 6.39　板 C3 不同时刻薄膜效应分布（Lie 模型）

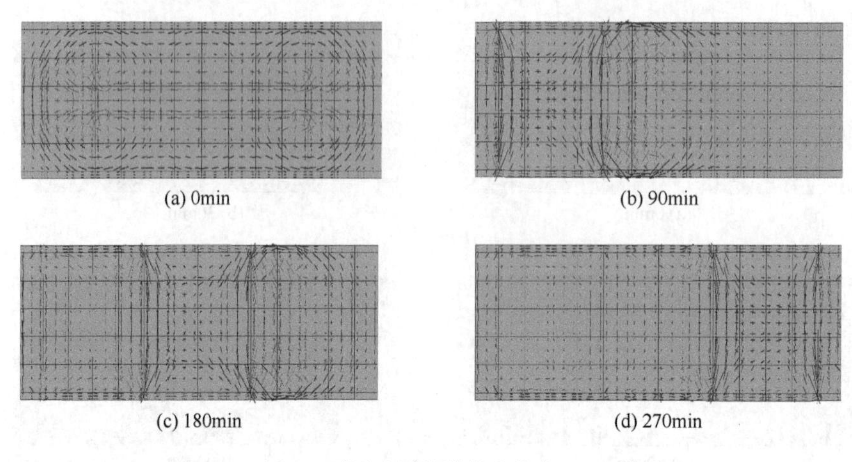

图 6.40　板 C5 不同时刻薄膜效应分布（Lie 模型）

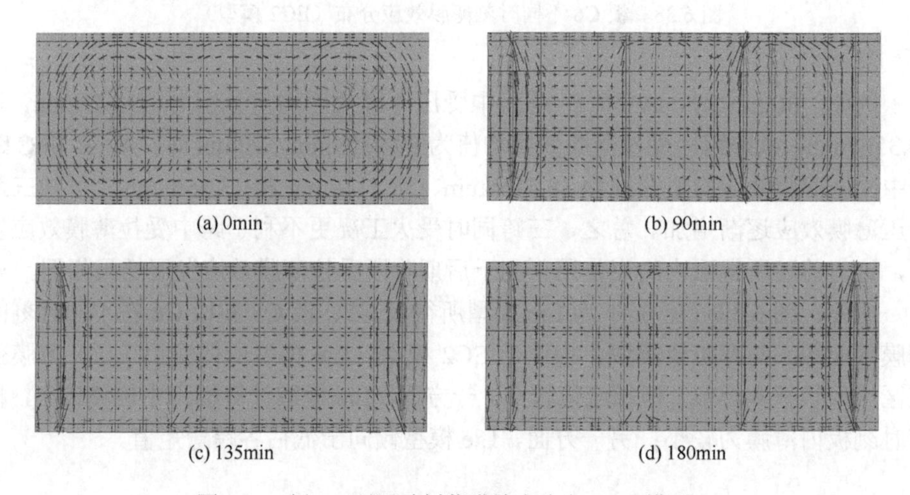

图 6.41　板 C6 不同时刻薄膜效应分布（Lie 模型）

第7章　火灾后混凝土连续板力学性能试验研究

7.1 引　　言

本章对火灾后连续板进行剩余承载力试验，并与未受火板进行结果对比，介绍试验装置以及试验测量内容和方法，描述和分析试验中板的极限荷载、裂缝发展和破坏模式，研究连续板在加载过程中的平面内外位移、钢筋应变以及板角约束力等变化规律。

7.2 静止火灾后连续板剩余承载力试验

7.2.1 试验方案

1. 试件设计

本书对 6 块三跨混凝土连续板进行极限承载力试验。其中，5 块为火灾后试验板（编号分别为 S1-PF、S2-PF、S3-PF、S4-PF 和 S5-PF），1 块为常温板（编号为 S0），板尺寸均为 4700mm×2100mm×80mm。试件采用 C30 商品混凝土，28 天混凝土立方体抗压强度和含水率分别为 44.4MPa 和 2.4%。板内双层双向钢筋均采用 HRB400，直径为 6mm，间距为 200mm。实测屈服强度和抗拉强度平均值分别为 452MPa 和 656MPa，保护层厚度为 10mm。

试验板受火跨数量和位置、受火时间、火灾后放置时间如表 7.1 所示。此外，试验板最高温度以及残余位移如表 7.2 所示。

表 7.1　五块试验板火灾工况

板	灾前养护龄期/天	受火跨	受火时间/min	火灾后放置时间/天
S1-PF	189	A	190	145
S2-PF	198	B	200	125
S3-PF	218	A 和 C	160	127
S4-PF	225	A 和 B	180	86
S5-PF	236	A、B 和 C	180	36

表 7.2　试验板经历最高温度和残余位移

板	跨	混凝土/℃		钢筋/℃		残余位移/mm
		板底	板顶	下层	上层	
S1-PF	A	903	269	748	503	−15.62
	B	173	87	149	118	−1.05
	C	88	65	67	60	−1.44
S2-PF	A	164	78	108	93	−1.26
	B	729	176	891	717	9.24
	C	98	69	100	86	−0.42
S3-PF	A	799	223	720	422	−8.09
	B	393	165	264	192	0.61
	C	818	279	853	463	−11.01
S4-PF	A	848	271	773	482	−8.94
	B	903	255	771	478	−1.21
	C	187	89	182	151	−2.76
S5-PF	A	783	282	775	506	−13.89
	B	854	291	715	499	−1.65
	C	817	237	784	401	−14.43

由表 7.2 可知，对于受火跨，板底和板顶混凝土（钢筋）平均温度分别为 828℃（781℃）和 254℃（487℃）；对于未受火跨，板底和板顶混凝土（钢筋）平均温度分别为 184℃（145℃）和 81℃（117℃）。对比可知，未受火跨混凝土和钢筋强度仍具有较高强度。此外，灾后残余位移较小。

2. 加载方案

根据《混凝土结构试验方法标准》（GB/T 50152—2012），每跨采用两点集中力加载方式，如图 7.1 所示。此外，四板角施加竖向约束。

对于试验板，通过荷载控制进行加载，前期阶段每级加载值为 20kN，后期阶段为 10kN，直至达到极限状态。每级荷载持续 5min。参考《混凝土结构试验方法标准》（GB/T 50152—2012）规定，板的破坏准则如下：①受拉主筋被拉断；②受压区混凝土破碎；③混凝土局部或整体冲切破坏。

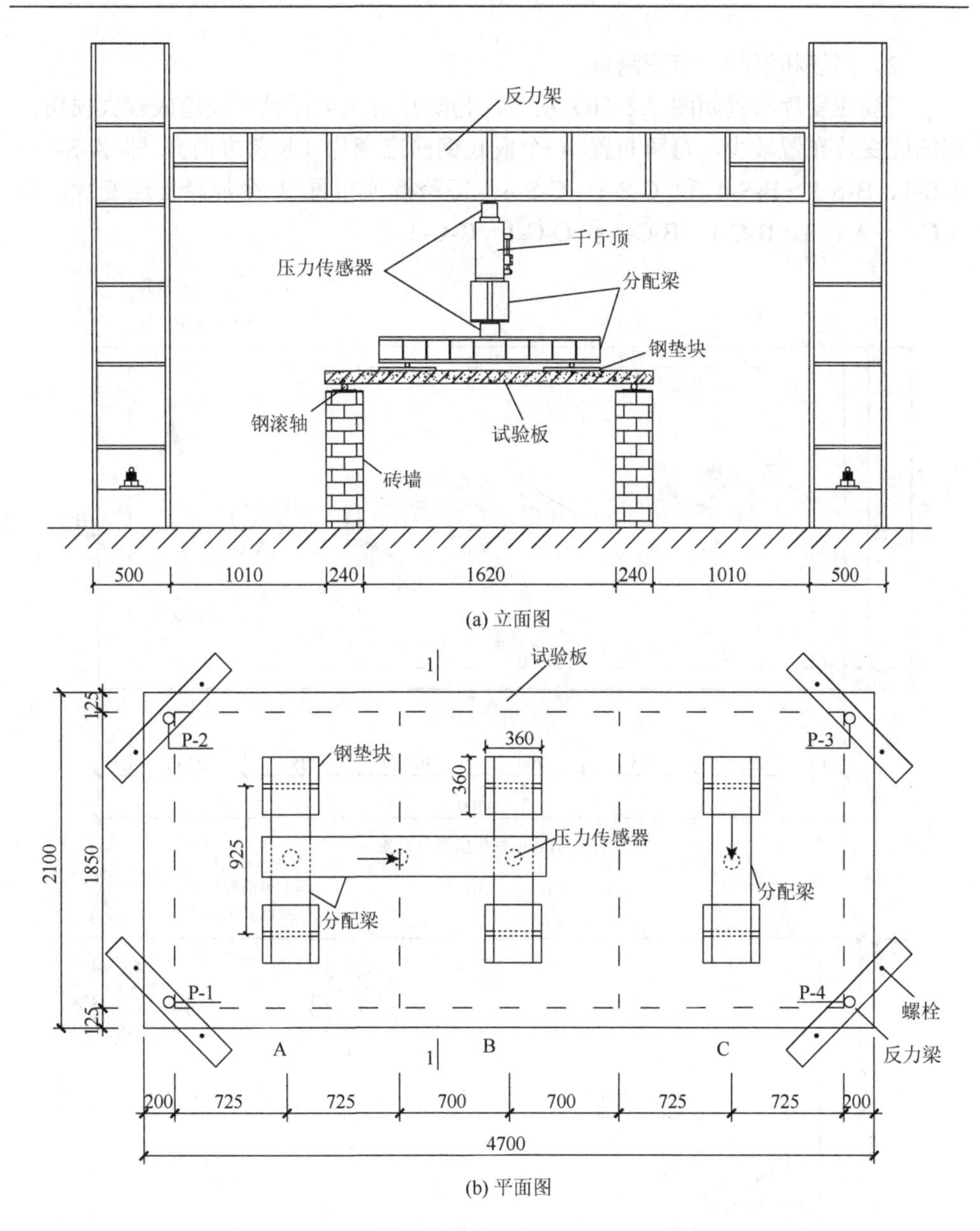

(a) 立面图

(b) 平面图

图 7.1　试验加载装置图（单位：mm）

3. 测量方案

（1）位移测量。

差动式位移传感器布置如图 7.2（a）所示，包括水平位移（H-1 和 H-2）和竖向位移（V-A、V-B 和 V-C）。

（2）钢筋和混凝土应变测量。

钢筋应变片布置如图 7.2（b）所示，为防止对火灾后试验板造成较大损伤，钢筋应变片布置较少，每跨布置 4 个板底钢筋应变片（长跨方向），即 A-S-1～A-S-4、B-S-1～B-S-4 和 C-S-1～C-S-4。每跨板顶布置 3 个混凝土应变片，即 A-C-1～A-C-3、B-C-1～B-C-3 和 C-C-1～C-C-3。

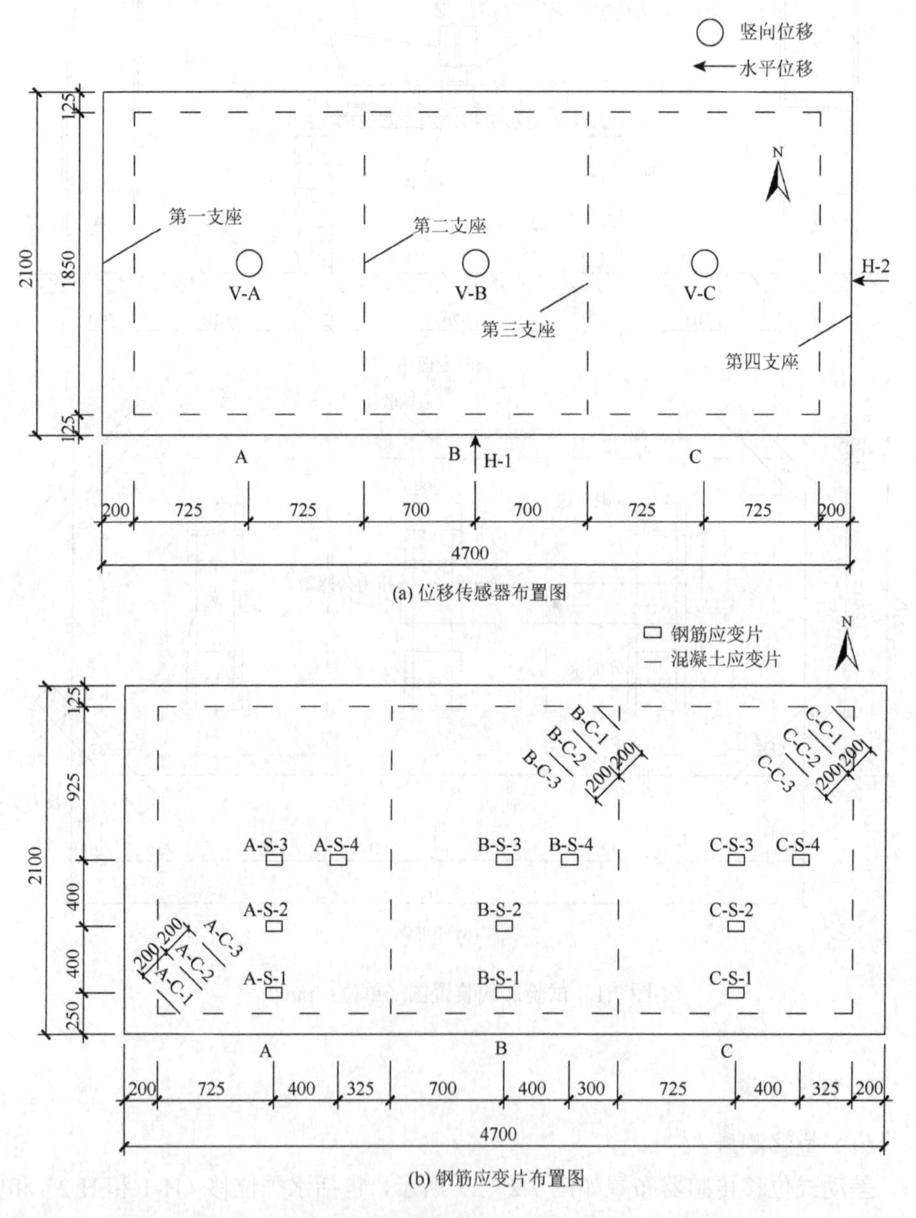

图 7.2　位移传感器和钢筋应变片布置（单位：mm）

7.2.2　试验现象

图 7.3～图 7.8 为 6 块试验板各跨板顶和板底裂缝图。其中，黑（蓝）线为火灾下（后）试验板裂缝。

1. 试验现象

1）常温板 S0

图 7.3 为未受火板 S0 各跨板顶和板底裂缝图。当荷载加载至 60～80kN 时，第二支座和第三支座板顶出现短跨通长裂缝，且随着荷载增加，两支座位置裂缝宽度增大。加载至 140kN 时，试验板四角微微翘起，至 160kN 时试验板各跨四角出现弧形裂缝。A 跨第二支座处混凝土被压碎，试验停止。总之，板顶裂缝主要集中在第二支座、第三支座（负弯矩作用）和板角位置（板角约束）。

图 7.3（d）给出了板底裂缝情况。由图可知，第二支座和第三支座底部出现局部混凝土压碎破坏，且每跨板底出现大量裂缝，即经典屈服线破坏模式。

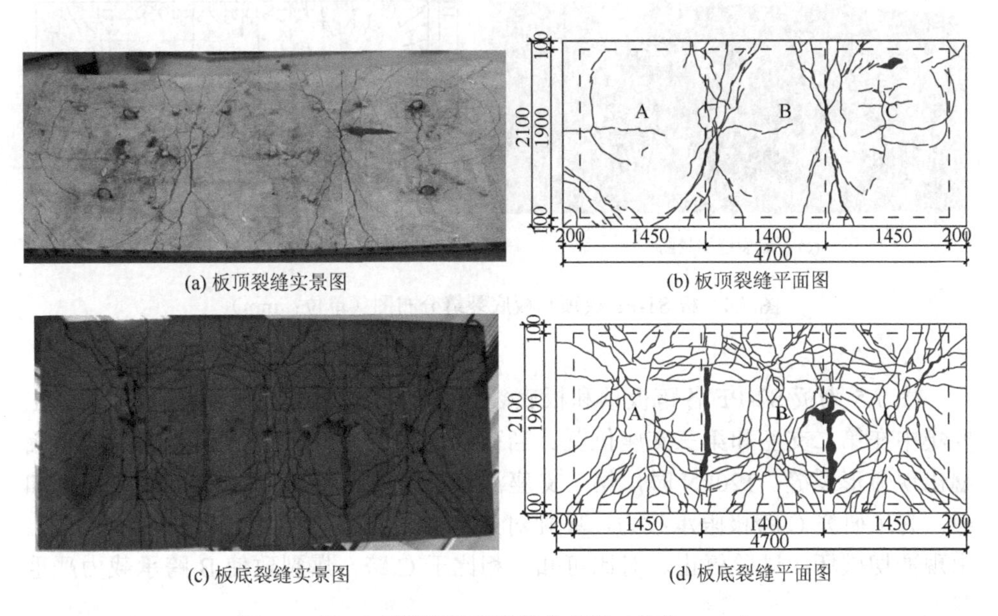

(a) 板顶裂缝实景图　(b) 板顶裂缝平面图

(c) 板底裂缝实景图　(d) 板底裂缝平面图

图 7.3　板 S0 板顶和板底裂缝分布图（单位：mm）

2）灾后板 S1-PF 和 S2-PF

图 7.4 为板 S1-PF 各跨板顶和板底裂缝图（仅 A 跨受火）。40kN 时，B 跨跨

中出现一条裂缝，第二支座处北侧出现自板边向板中心延伸的裂缝。60～100kN时，第二支座和第三支座附近相继出现弧形裂缝。随后，试验板各跨四角处出现弧形裂缝。142kN 时，第三支座处混凝土出现短跨通长裂缝；150kN 时，第二支座处混凝土出现大裂缝，随后试验停止。

由图 7.4（d）可知，相比于两边跨，B 跨板底裂缝相对较少，特别是其跨中区域。同时，相比于未受火边跨 C，受火跨 A 板底裂缝集中在跨中区域，且第二支座位置出现混凝土压碎；而未受火边跨 C 裂缝区域较为均匀，第三支座位置未出现混凝土压碎。

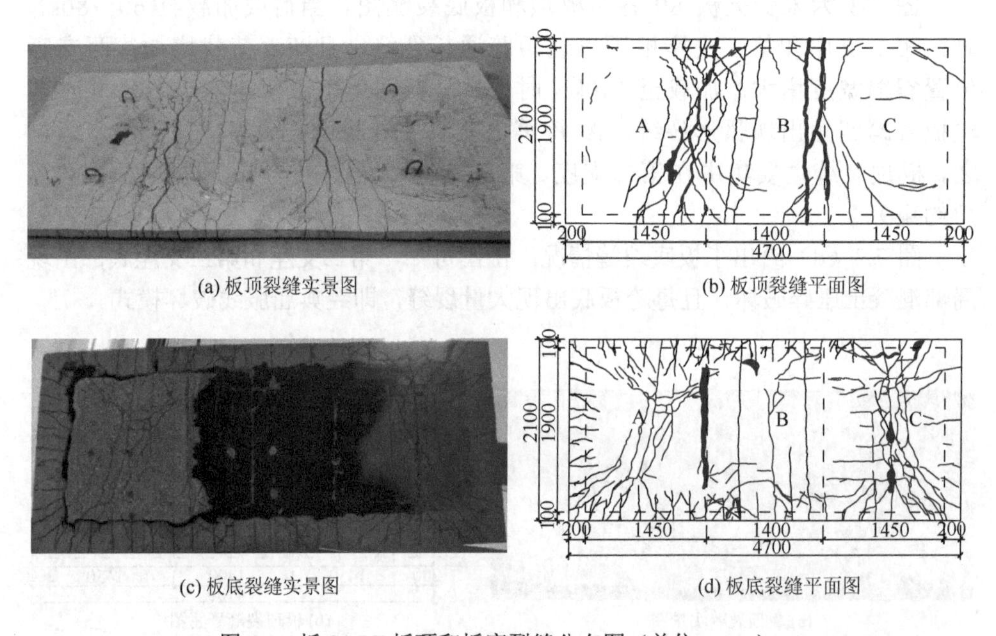

(a) 板顶裂缝实景图　(b) 板顶裂缝平面图

(c) 板底裂缝实景图　(d) 板底裂缝平面图

图 7.4　板 S1-PF 板顶和板底裂缝分布图（单位：mm）

图 7.5 为板 S2-PF 各跨板顶和板底裂缝图。与上述试验板类似，板顶裂缝主要集中在第二支座和第三支座位置。当荷载加载到 60～120kN 时，各跨四角相继出现弧形裂缝。120kN 时，第二支座混凝土出现破坏，对 A 跨和 B 跨停止加载。为了研究 C 跨极限承载力，单独对 C 跨继续加载，194.5kN 时钢垫块下陷，出现冲切破坏，试验停止。对比可知，相比于 C 跨，爆裂致使 B 跨承载力严重降低。

图 7.5（d）为板 S2-PF 板底裂缝。由图可知，爆裂致使 B 跨混凝土大量脱落，板底钢筋露出；两边跨表现为经典屈服线破坏模式，但裂缝开展相对不充分，特别是 C 跨，原因是 C 跨发生局部冲切破坏。

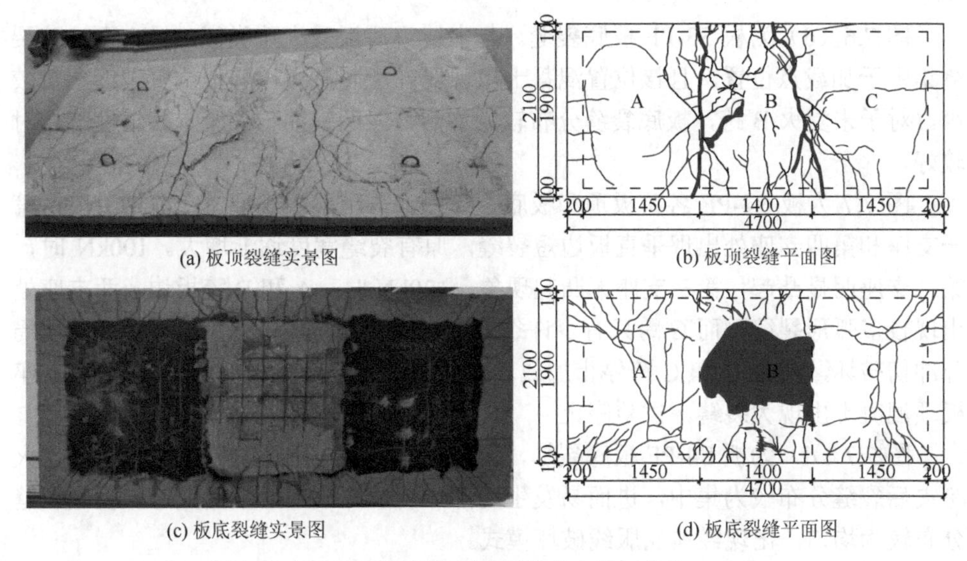

(a) 板顶裂缝实景图　(b) 板顶裂缝平面图

(c) 板底裂缝实景图　(d) 板底裂缝平面图

图 7.5　板 S2-PF 板顶和板底裂缝分布图（单位：mm）

3）板 S3-PF、板 S4-PF 和板 S5-PF

图 7.6 为板 S3-PF 各跨板顶和板底裂缝图。20kN 时，板边出现横向垂直裂缝。100kN 时，第三支座处原有裂缝向板边延伸形成斜裂缝。120kN 时，第二支座和第三支座处出现很多细小裂缝，且原有裂缝宽度变大。140kN 时，板角出现弧形裂缝，A 跨跨中明显凹陷；160kN 时，A 跨混凝土被压碎，钢垫块下沉，随后 A 和 B 跨停止加载。C 跨继续加载至 180kN 时，钢垫块下沉，发生局部冲切破坏，试验停止。

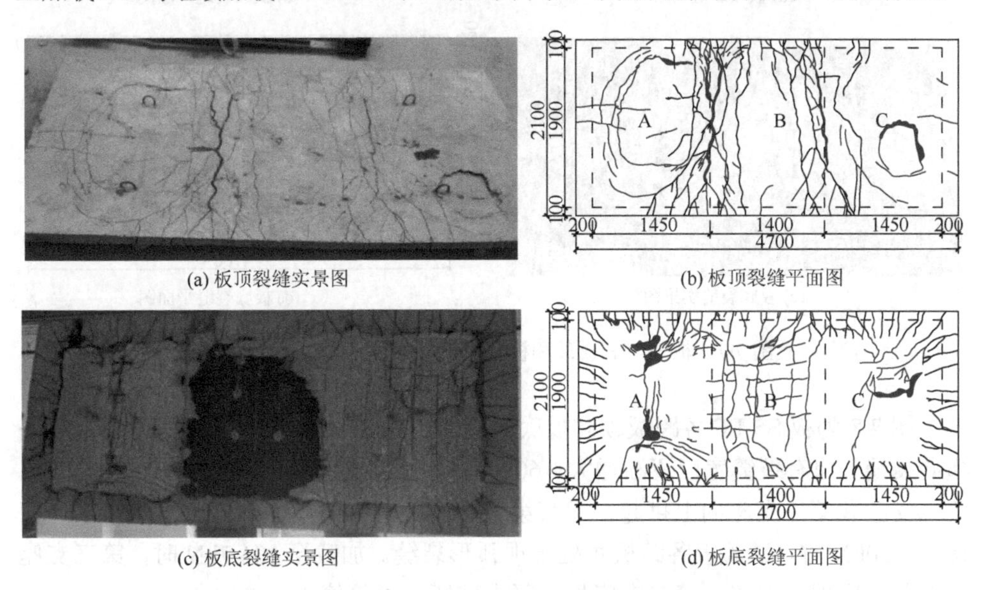

(a) 板顶裂缝实景图　(b) 板顶裂缝平面图

(c) 板底裂缝实景图　(d) 板底裂缝平面图

图 7.6　板 S3-PF 板顶和板底裂缝分布图（单位：mm）

图 7.6（d）为板 S3-PF 板底裂缝。与上述灾后板受火跨类似，受火两边跨裂缝集中于加载点位置，且该位置混凝土出现局部压碎破坏，其他位置裂缝相对较少。对于未受火 B 跨，板底裂缝分布较为均匀，表明钢筋与混凝土黏结性能相对较好。

图 7.7 为板 S4-PF 各跨板顶和板底裂缝图。与上述板类似，在前期阶段，第一支座和第四支座处出现垂直板边短裂缝，原有裂缝宽度逐渐增大。100kN 时，第二支座明显凸起，第三支座无凸起现象。120kN 时，A 和 B 跨板边及两支座处出现较多弧形裂缝，而 C 跨只有少许裂缝。125kN 时，B 跨钢垫块下沉，出现局部冲切破坏，随后 B 和 C 跨停止加载。对 A 跨继续加载至 186kN 时，第三支座板顶混凝土出现大裂缝，试验停止。

图 7.7（d）为板 S4-PF 板底裂缝，裂缝分布基本与上述试验板类似，即受火跨灾后裂缝分布较为集中，进而易发生局部冲切破坏。对于未受火跨，板底裂缝分布较为均匀，出现经典屈服线破坏模式。

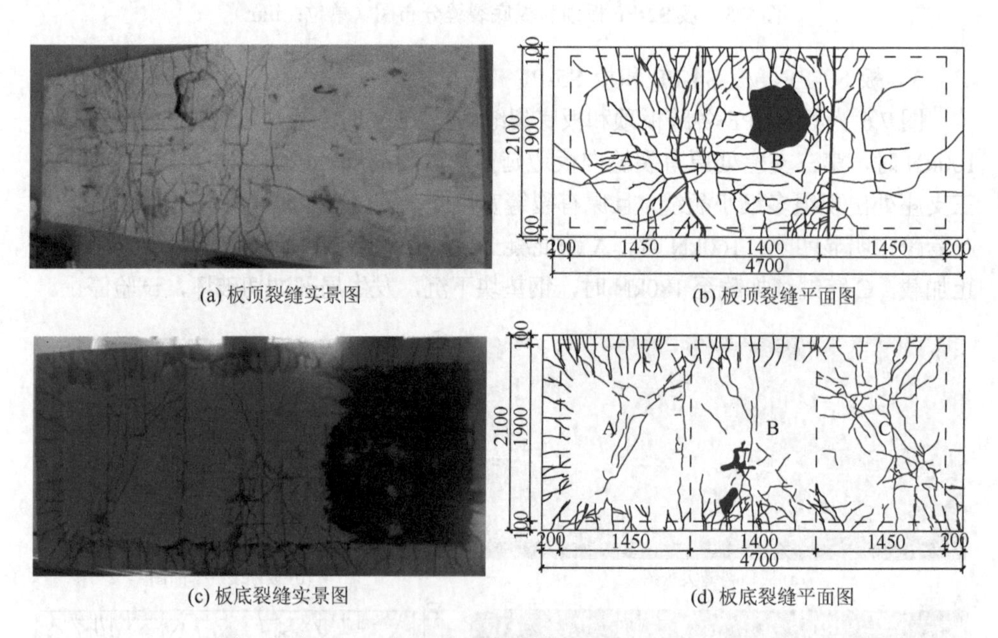

(a) 板顶裂缝实景图　　(b) 板顶裂缝平面图

(c) 板底裂缝实景图　　(d) 板底裂缝平面图

图 7.7　板 S4-PF 板顶和板底裂缝分布图（单位：mm）

图 7.8 为板 S5-PF 各跨板顶和板底裂缝图。30kN 时，第一支座跨中出现 4 条横向裂缝，原有裂缝宽度逐渐增大。60kN 时，第二支座处出现新裂缝。90kN 时，第二支座和第三支座向上拱起，尤其第三支座处较为明显，混凝土发生错动（剪切）。120kN 时，试验板各跨板角处出现弧形裂缝。加载至 136.7kN 时，第三支座处混凝土出现大裂缝，第二支座处混凝土破坏，试验停止。

图 7.8（d）为板 S5-PF 板底裂缝图。同样，板底新裂缝集中加载点，裂缝较为密集，第二支座和第三支座处出现混凝土压碎（沿短跨方向）。

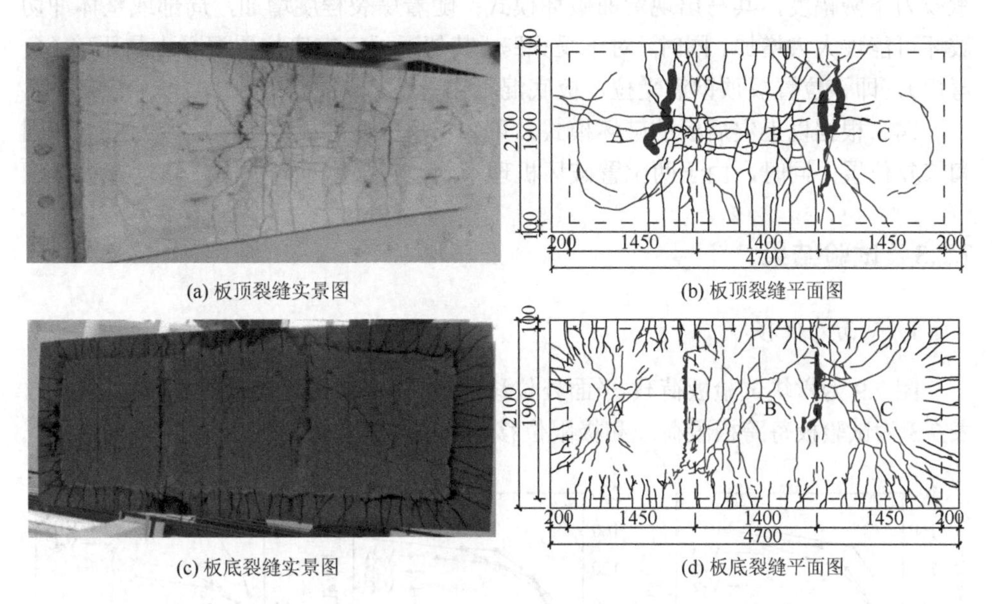

(a) 板顶裂缝实景图　(b) 板顶裂缝平面图

(c) 板底裂缝实景图　(d) 板底裂缝平面图

图 7.8　板 S5-PF 板顶和板底裂缝分布图（单位：mm）

2. 对比分析

对六块试验板裂缝和破坏模式进行对比，具体得出以下结论：

（1）与常温连续板板顶裂缝及屈服线破坏模式不同，灾后连续板板顶裂缝宽度较大，特别是第二支座和第三支座位置，严重时板顶出现局部或整体冲切破坏，即灾后板脆性破坏的可能性明显增大，即使是非受火跨。可见，灾后板各跨需要进行冲切或剪切承载力验算。

（2）常温板板底裂缝分布较为均匀，而灾后连续板板底裂缝多集中在加载点及跨中区域，且裂缝间距较小，此外，板底支座位置混凝土易出现压碎破坏，主要是沿短跨方向。因此，对于灾后板，支座位置弯曲承载力需要进行验算，防止其出现提前破坏。

（3）受火跨位置、数量，混凝土和钢筋经历最大温度和爆裂等对灾后板破坏特征有重要影响，具体包括内支座冲切破坏、内支座弯曲破坏（板顶裂缝和板底压碎）、受火跨弯曲破坏和局部冲切破坏。其中，相比于其他因素，爆裂对灾后板剩余承载力和破坏模式影响最大，原因是爆裂使混凝土板有效厚度减小、材料力学性能退化以及钢筋与混凝土之间黏结强度严重降低。

事实上，灾后板弯曲承载力主要取决于底层钢筋抗拉强度和板顶混凝土抗压强度，而其冲切（或剪切）承载力取决于灾后板有效厚度以及沿厚度方向的混凝土平均强度。因此，对于大多数未爆裂试验板，其冲切承载力下降幅度小于抗弯承载力下降幅度，其易出现弯曲破坏模式；随着爆裂程度增加，局部或整体冲切破坏可能性大大增加。同时，对于受火跨，其邻近板底支座位置混凝土易压碎（负弯矩），即该位置板顶钢筋受拉，板底混凝土受压。

（4）根据以上灾后板的破坏模式，可知灾后支座和板底跨中区域为重点加固和修复位置；同时，由于两位置破坏机理不同，应采用不同加固或修复方法。

7.2.3　试验结果

1. 平面外位移

图 7.9 为六块试验板荷载-平面外位移曲线。其中，正值表示平面外位移向下。表 7.3 为试验板每跨极限荷载和极限位移计算值与试验值对比。

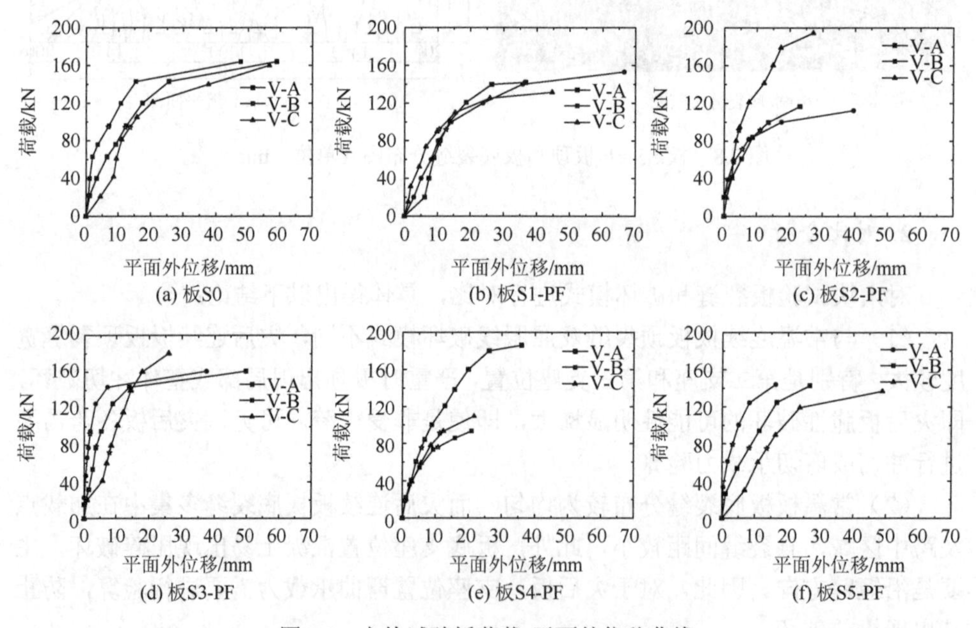

图 7.9　六块试验板荷载-平面外位移曲线

图 7.9（a）为常温板 S0 荷载-平面外位移试验曲线。明显地，A 和 C 两边跨力学行为较为一致；由于两边约束，B 跨刚度相对较大，位移偏小。例如，40kN 时，钢筋测点 A-S-1、B-S-1 和 C-S-1 应变值分别为 1900με、35με 和 2981με，可知中跨钢筋应变远小于两边跨钢筋应变。弯曲破坏时，三跨极限荷载较为接近，如表 7.3 所示。

表 7.3　试验板极限荷载和极限位移计算值与试验值对比

板	跨	试验			计算		比值	
		P_u/kN	δ_u/mm	破坏	P_N/kN	δ_N/mm	P_N/P_u	δ_N/δ_u
S0	A	164	59	弯曲	234.0	28.2	1.5	0.5
	B	164	47.7	弯曲				
	C	160	56.6	弯曲				
S1-PF	A	142	36.6	弯曲	105.6	29.3	0.7	0.8
	B	153	66.6	弯曲				
	C	131	44.6	弯曲				
S2-PF	A	117	23.1	弯曲	120.0	27.6	1.1	0.7
	B	112	39.5	冲切				
	C	194.5	27.1	冲切				
S3-PF	A	161	49.7	弯曲	126.4	28.7	0.7	1.1
	B	161	37.5	弯曲				
	C	180.3	25.9	冲切				
S4-PF	A	186	35.9	弯曲	103.2	28.8	0.6	0.8
	B	93.4	21.0	冲切				
	C	109.5	21.8	弯曲				
S5-PF	A	143	26.7	弯曲	108.0	28.1	0.8	1.1
	B	144	16.3	弯曲				
	C	136.7	48.9	弯曲				

图 7.9（b）～（f）为灾后板 S1-PF～S5-PF 荷载-平面外位移曲线。一方面，灾后板刚度明显降低，且结构极限荷载和极限位移降低。对于灾后连续板，取三跨中最小荷载值，作为其极限荷载。如表 7.3 所示，灾后板 S1-PF～S5-PF 剩余承载力 P_u 分别为 131kN、112kN、161kN、93.4kN 和 136.7kN，平均剩余承载力为 126.8kN。实际上，所得钢筋应变基本反映这一规律。例如，90kN 时，灾后板 S1-PF～S5-PF 中（最小荷载跨），相应 S-3 测点钢筋应变分别为 68.5με、1747με、264με、1418με 和 608με。总之，可见灾后板剩余承载力为常温板极限承载力的 58.4%～100%。

此外，如表 7.3 所示，与常温板不同，灾后板每跨极限承载力存在较大差异。同时，个别灾后板极限荷载高于常温板工况，如板 S2-PF 中 C 跨和板 S4-PF 中 A 跨，但两板其余两跨剩余承载力严重。例如，S2-PF 板 C 跨极限承载力（194.5kN）明显大于 A 跨（117kN）和 B 跨（112kN），混凝土应变测量值也证明了这一点。板 S2-PF 施加荷载达到 112kN 时，A 跨、B 跨和 C 跨最大混凝土应变分别为 1265με、

2496με 和 420με。上述行为原因可能是结构内力重分布或局部吊筋影响。这一点还有待进一步验证。

如表 7.3 所示，灾后板两边跨平均极限跨中位移为 34.03mm，而中跨平均极限位移为 36.18mm。可见，相比于常温板，灾后板各跨平均极限位移明显变小（约为 $l/50$），为常温板的一半，且易发生冲切破坏。总之，挠度破坏准则（$l/50$）可用于确定灾后连续板的极限状态，特别是跨厚比较小板（≤20）。

2. 平面内位移

图 7.10 为六块试验板荷载-平面内位移曲线。在荷载早期阶段，由于试验板平面外位移较小；随着荷载增加，平面内位移迅速增大，直至试验结束。此外，6 块试验板测点 H-1 和测点 H-2 最大平面内位移分别为 6mm 和 3.5mm，平均平面内位移分别为 4.97mm 和 1.52mm，可见测点 H-1 最大平面内位移大于测点 H-2。

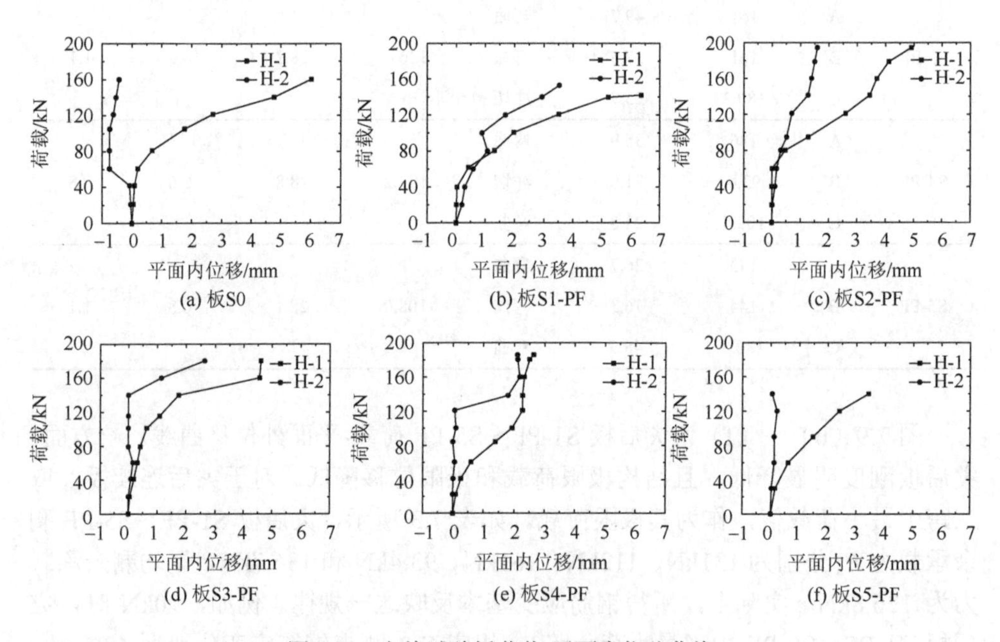

图 7.10　六块试验板荷载-平面内位移曲线

3. 荷载-应变曲线

图 7.11～图 7.16 为六块试验板荷载-混凝土和钢筋应变曲线，其中正（负）值表示拉（压）应变。图中也给出了灾后混凝土峰值应变数值和钢筋屈服应变数值。

1）荷载-混凝土应变曲线

图 7.11 为板 S0 各跨荷载-混凝土和钢筋应变关系曲线。在前期阶段，板顶混

凝土压应变缓慢增加，后期阶段快速增加。同样，钢筋应变后期阶段发展较快，特别是加载点附近应变相对较大，如 A-S-1 点和 C-S-1 点，其他位置相对较小。

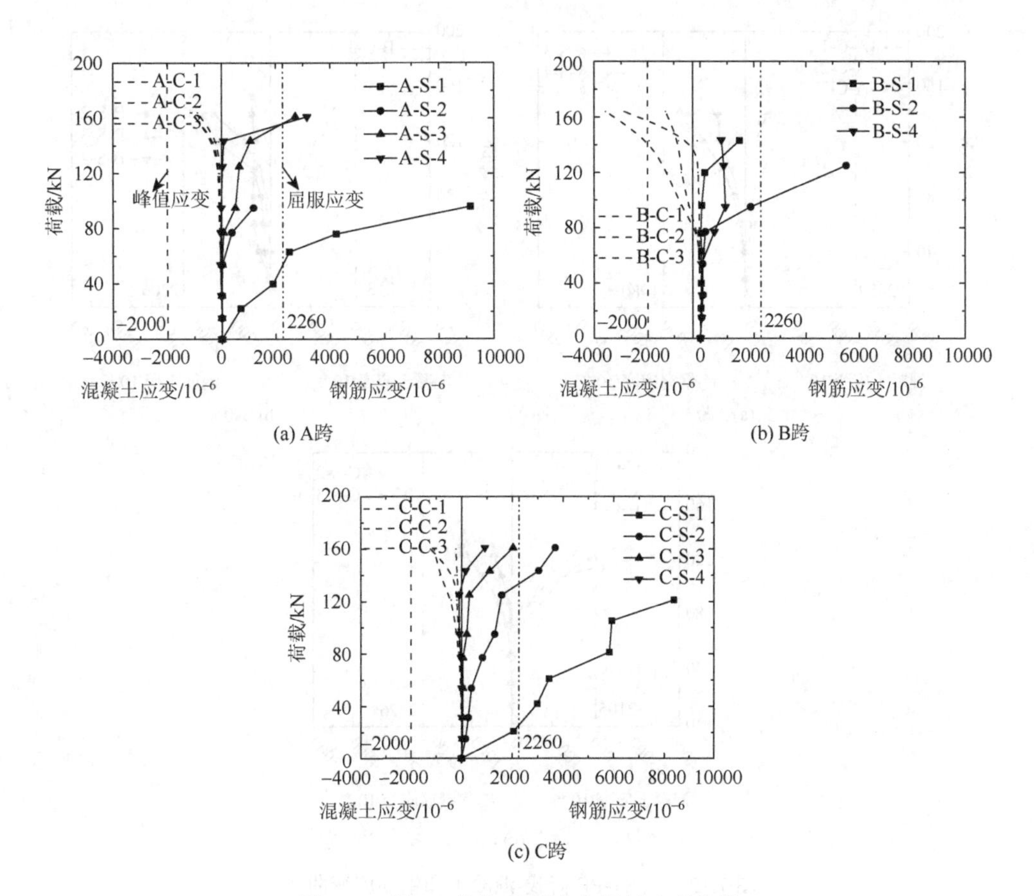

图 7.11 板 S0 荷载-混凝土和钢筋应变曲线

5 块灾后板各跨混凝土应变发展如图 7.12～图 7.16 所示。对于灾后板，荷载-混凝土应变曲线趋势与荷载-平面外位移、承载力和破坏行为基本一致。例如，对于板 S1-PF-C 和 S2-PF-B，破坏时混凝土平均应变为 2764με 和 1873με，而板 S3-PF-C 和 S4-PF-A 混凝土平均应变为 684με 和 1280με。此外，由于板角混凝土平均压应变基本小于峰值应变，灾后板均未出现压碎破坏。

2）荷载-钢筋应变曲线

5 块灾后板各跨钢筋应变-荷载曲线如图 7.12～图 7.16 所示。由图可知，前期阶段钢筋应变较小，后期阶段钢筋应变快速发展，且各点应变值差别较大。同样，钢筋应变发展趋势能够反映灾后板各跨结构刚度、承载力和破坏模式。例如，极限荷载下，板 S2-PF-B 最大钢筋应变为 2400με；相同荷载下，板 S2-PF-C 和板 S3-PF-C 跨最大钢筋应变仅为 100με 和 780με。

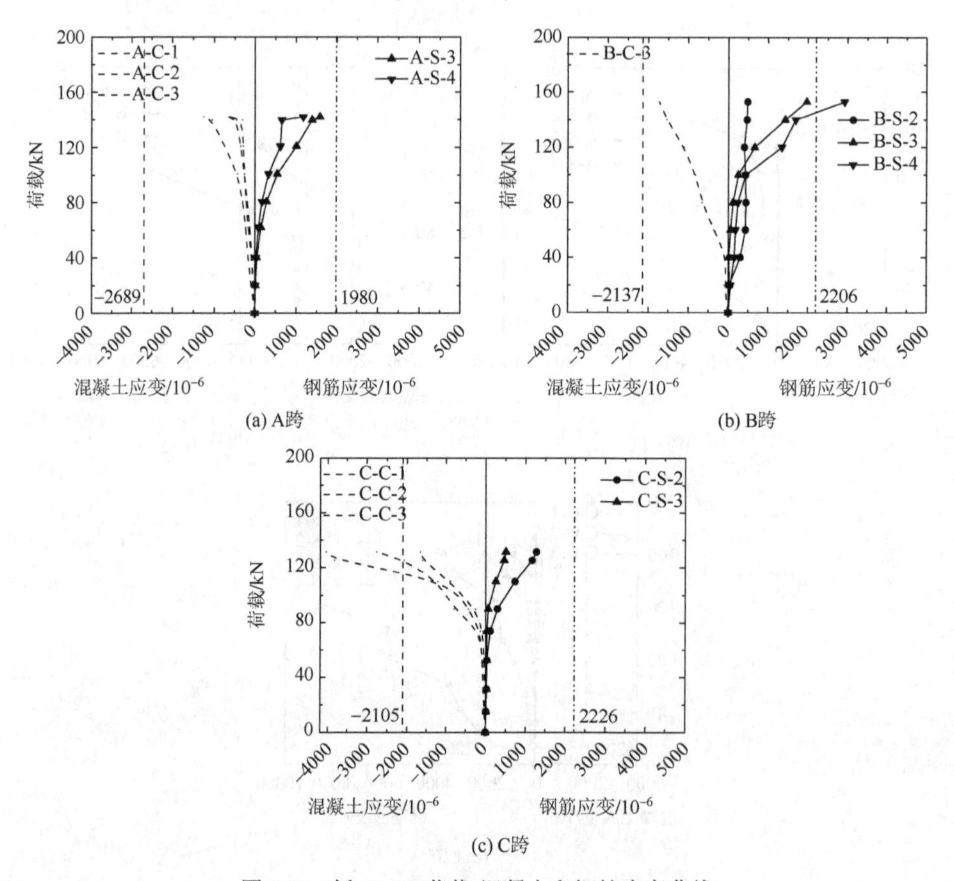

图 7.12　板 S1-PF 荷载-混凝土和钢筋应变曲线

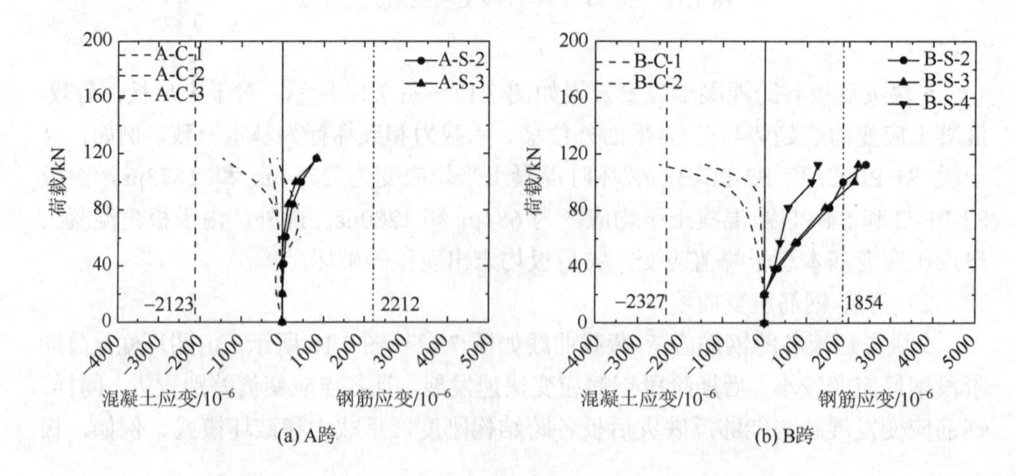

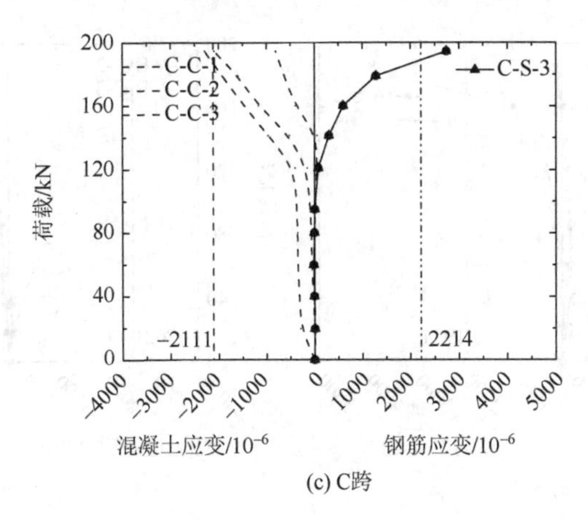

(c) C跨

图 7.13　板 S2-PF 荷载-混凝土和钢筋应变曲线

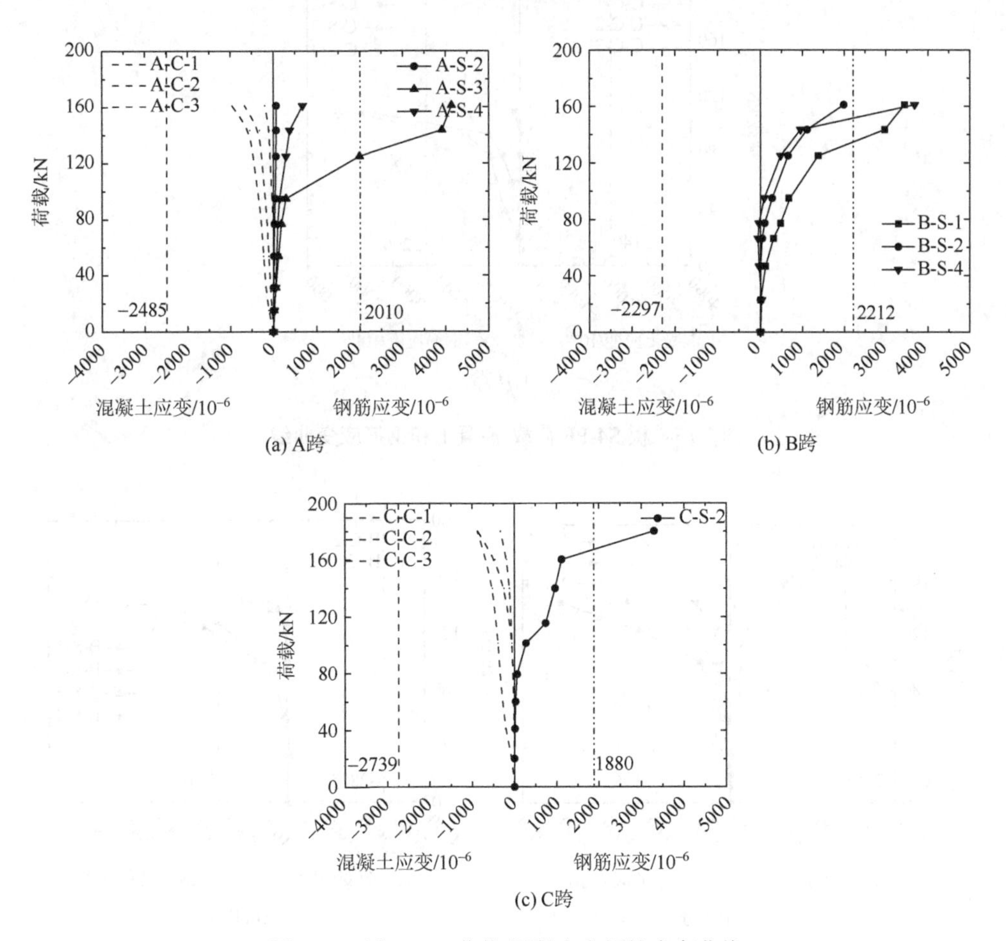

(a) A跨

(b) B跨

(c) C跨

图 7.14　板 S3-PF 荷载-混凝土和钢筋应变曲线

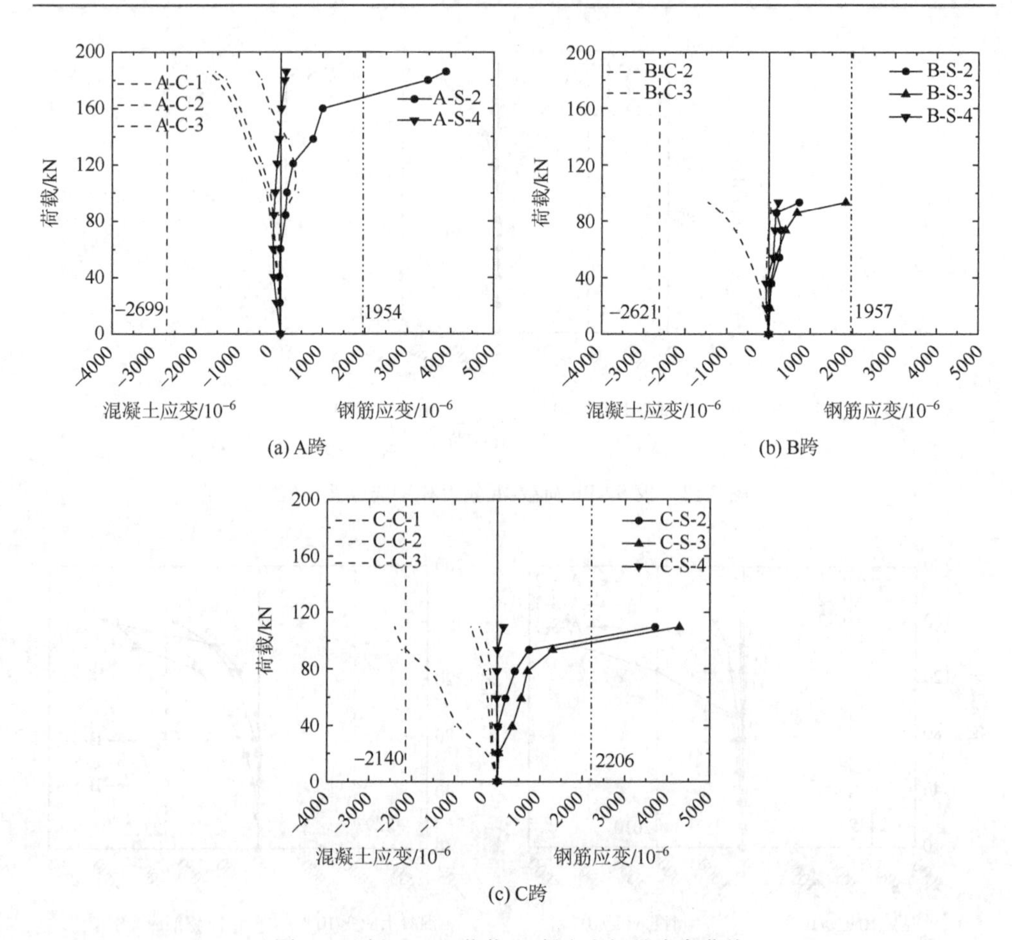

(a) A跨　　(b) B跨

(c) C跨

图 7.15　板 S4-PF 荷载-混凝土和钢筋应变曲线

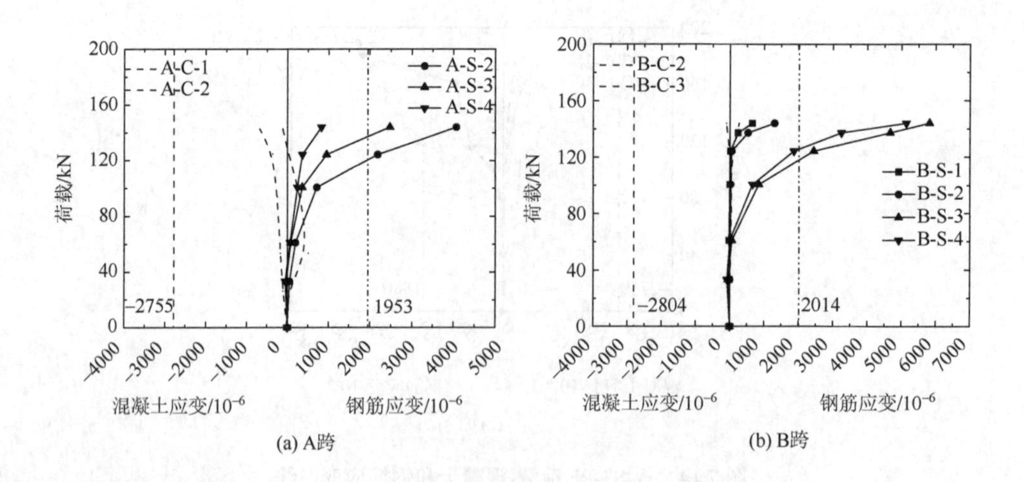

(a) A跨　　(b) B跨

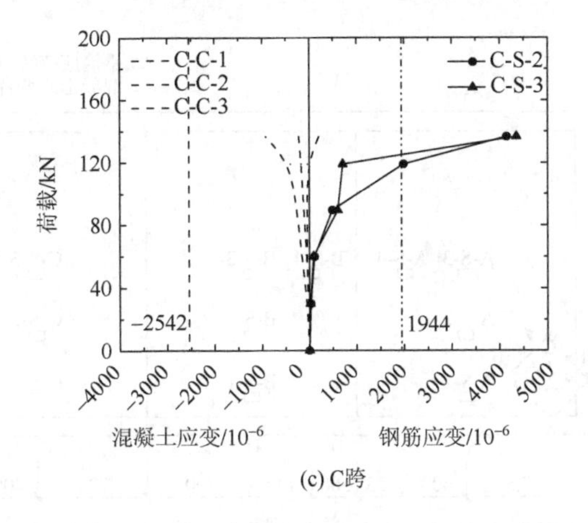

(c) C跨

图 7.16 板 S5-PF 荷载-混凝土和钢筋应变曲线

7.3 火灾蔓延后连续板剩余承载力试验

7.3.1 试验方案

试验加载和测量装置等方面见前面，此处不再赘述。位移测点共布置 5 个，三跨中心处各放置一个，在长向和短向面内各放置一个，具体如图 7.17 所示。位移传感器通过导线接入安捷伦 34980A，在计算机上自动保存测量数据。混凝土和钢筋应变测量方案如图 7.18 所示。

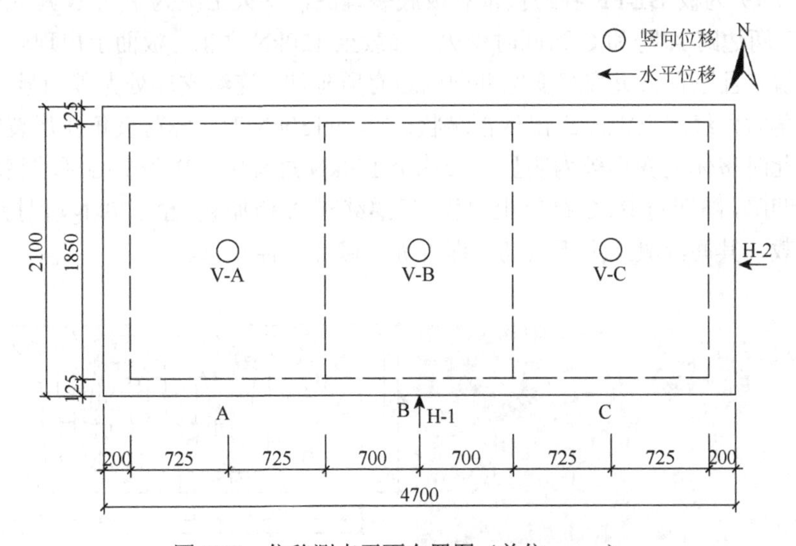

图 7.17 位移测点平面布置图（单位：mm）

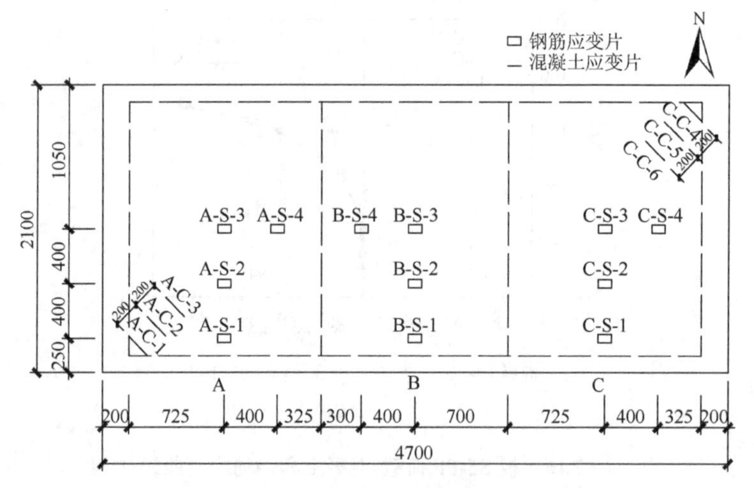

图 7.18　应变测点布置图（单位：mm）

7.3.2　试验现象

图 7.19～图 7.22 为四块灾后试验板各跨板顶和板底裂缝图。其中，黑（红）线为火灾下（后）试验板裂缝。另外，为了与火灾试验板编号区分开，火灾后板编号为 B1-PF、B2-PF、B3-PF 和 B4-PF，其中 PF 为火灾后。

1. 试验现象

1）板 B1-PF

图 7.19 为板 B1-PF 各跨板顶和板底裂缝图，受火工况为中间 B 跨先受火，60min 后两边跨 A 跨和 C 跨同时受火。加载至 120kN 之前，板面上出现较为细小弧形裂缝，且原有火灾裂缝变宽并向两边有所延伸，连续支座处尤其明显，另外，A 跨板角对角线附近混凝土出现褶皱状；120～150kN 时，各跨板角弧形裂缝大量出现，此时整体板变形较为明显；加载至 180kN 过程中，B 跨中心区域整块混凝土被压凹陷，随即对 B、C 跨停止加载，但继续对 A 跨加载，至 180kN，保持 5min；继续加载，其间混凝土上下错动，即混凝土破坏，停止试验。

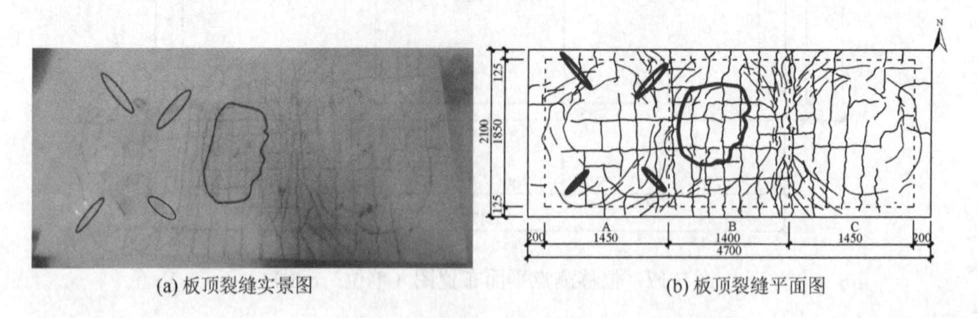

(a) 板顶裂缝实景图　　(b) 板顶裂缝平面图

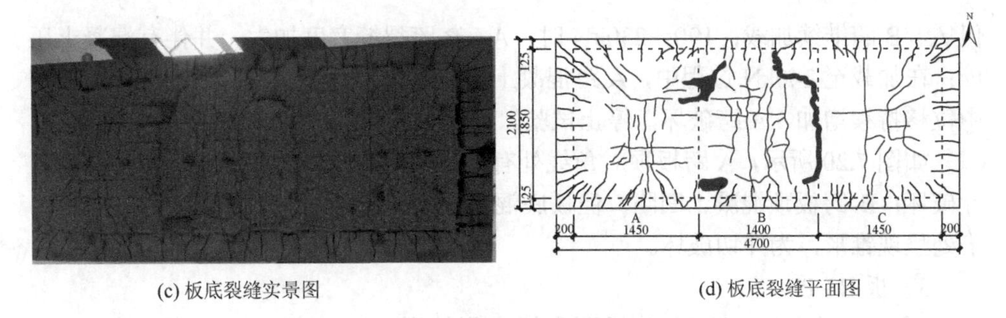

(c) 板底裂缝实景图　　(d) 板底裂缝平面图

图 7.19　板 B1-PF 裂缝模式（单位：mm）

如图 7.19（a）和（c）所示，可判定 A 跨为混凝土压碎破坏，即发生弯曲破坏；B、C 跨板底混凝土呈锥形，可判定为冲切破坏。

2）板 B2-PF

图 7.20 为板 B2-PF 各跨板顶和板底裂缝图，受火工况为 B 跨先受火，30min 后 A 跨和 C 跨同时受火。60kN 时，在 A、C 跨长向跨中出现裂缝（图 7.20（b）），并在持荷期间，板跨四角出现细小弧形裂缝；120kN 时，各板跨四角出现大量弧形裂缝；120～180kN 时，各板跨弧形裂缝向板跨中心出现，且裂缝宽度较大；在加载至 190kN 过程中，C 跨钢垫座处混凝土突然凹陷，立即对该跨停止加载，

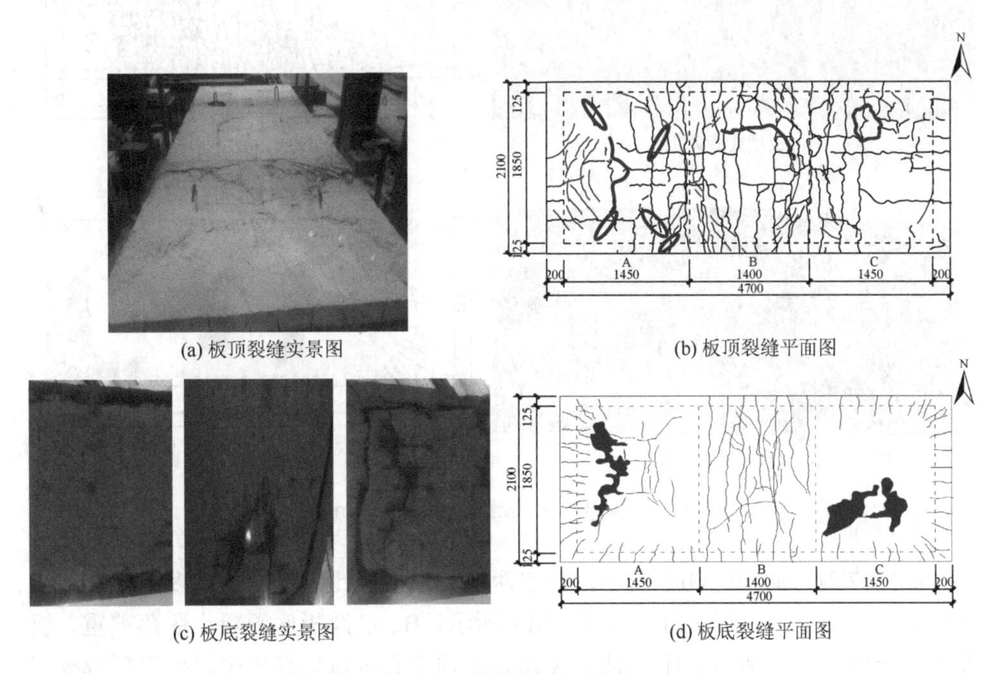

(a) 板顶裂缝实景图　　(b) 板顶裂缝平面图

(c) 板底裂缝实景图　　(d) 板底裂缝平面图

图 7.20　板 B2-PF 裂缝模式（单位：mm）

但 A、B 跨继续加载；190～230kN 时，A、B 跨裂缝宽度加大，并伴有混凝土压碎；在加载至 240kN 过程中，A 跨混凝土破碎严重，且出现了荷载无法增加，跨中位移持续增加，A 跨破坏，停止试验。裂缝如图 7.20 所示。

如图 7.20 所示，A 跨板顶对角线处有混凝土压碎，而板底混凝土错动，为弯冲破坏；B 跨板顶混凝土凹陷，但板底混凝土并未脱落，为混凝土破坏；C 跨凹陷处呈现锥形，为冲切破坏。

3）板 B3-PF

图 7.21 为板 B3-PF 各跨板顶和板底裂缝图，A、B 和 C 三跨依次受火，时间间隔均为 60min。在加载至 60kN 时，在 A、C 跨长向跨中附近出现裂缝（图 7.21（b）），并在持荷期间，板跨四角出现细小弧形裂缝；120kN 时，各板跨四角出现大量弧形裂缝；120～240kN 时，各板跨大量出现细小弧形裂缝；在加载至 240kN 过程中，B、C 跨钢垫座下混凝土先后凹陷；之后不对 B、C 跨卸载，继续对 A 跨进行加载，在加载 330kN 过程中，发生混凝土错动，随即停止试验。

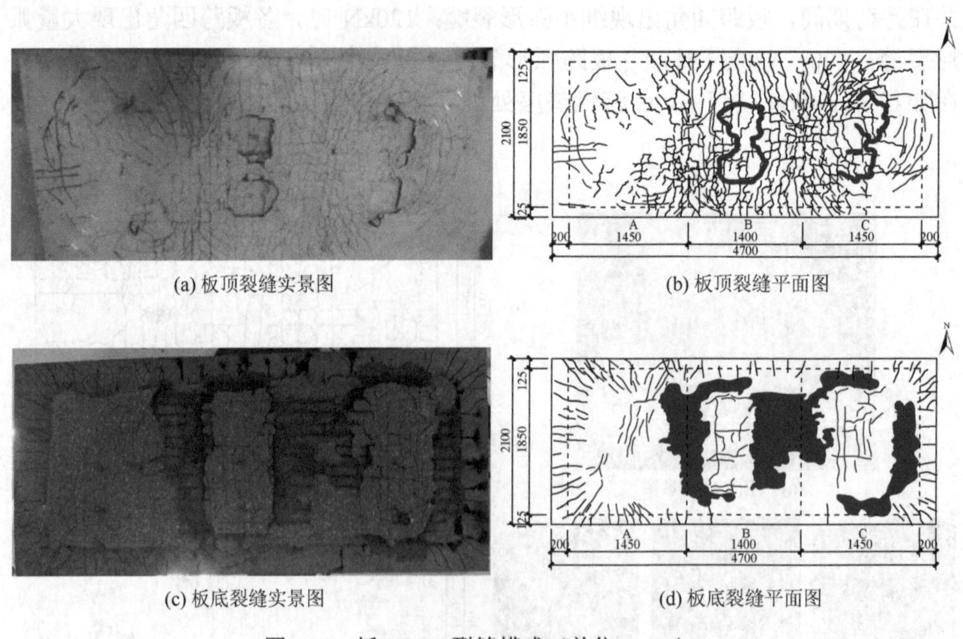

(a) 板顶裂缝实景图　(b) 板顶裂缝平面图

(c) 板底裂缝实景图　(d) 板底裂缝平面图

图 7.21　板 B3-PF 裂缝模式（单位：mm）

如图 7.21（a）和（b）所示，与前两块灾后板相比，板面裂缝多集中在连续支座处，且细小；如图 7.21（c）和（d）所示，B、C 跨板底混凝土脱落严重，板面混凝土凹陷，为冲切破坏；对于 A 跨，板顶中心区域裂缝较少，板底裂缝模式与传统屈服模式相似，为弯曲破坏。

4）板 B4-PF

图 7.22 为板 B4-PF 各跨板顶和板底裂缝图，受火工况为 A 跨先受火，60min 后 C 跨开始受火，再次间隔 60min，B 块开始受火。60kN 时，A、B 跨之间支座处出现少量弧形裂缝，随着进一步加载，裂缝向两边和内部延伸并变宽；150kN 时，A 跨钢垫座下混凝土错动；在持荷期间，C 跨钢垫座下混凝土凹陷。

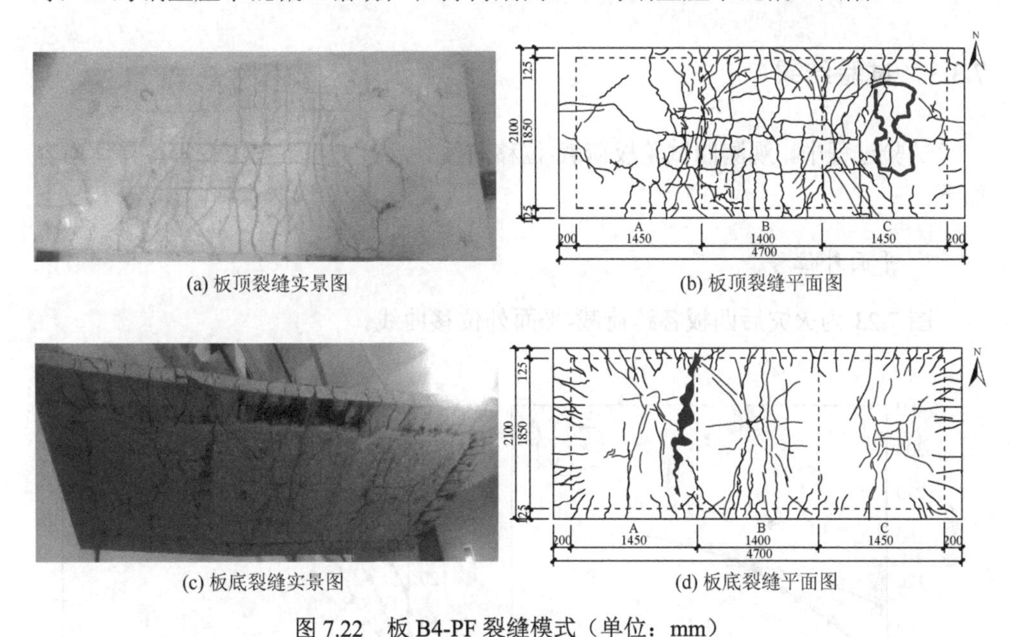

(a) 板顶裂缝实景图　(b) 板顶裂缝平面图

(c) 板底裂缝实景图　(d) 板底裂缝平面图

图 7.22　板 B4-PF 裂缝模式（单位：mm）

如图 7.22（a）～（c）所示，板面混凝土裂缝多集中在连续支座处。A 跨板顶和板底裂缝较少，B 跨板顶中心区域裂缝较少，但板底裂缝较多，且与传统屈服模式相似，C 跨板底裂缝多集中在凹陷处。总之，A 跨和 C 跨均属于混凝土冲切破坏；B 跨未破坏，但支座处裂缝宽度较大。

2. 对比分析

板 B1-PF 与板 B2-PF 配筋率及配筋方式相同，而前者受火总时间比后者长 80min，比各跨受火时间分别长 50min、20min 和 50min，相应地，前者各个跨剩余承载力比后者分别低 30.41kN、73.9kN 和 22.39kN，表明受火时间长对混凝土板承载力有较大影响。

对于板 B3-PF，其配筋方式与前者相同，但配筋率较大，致使其承载力明显大于前者。另外，该板 A 跨承载力明显大于其他两跨，原因是 B 跨、C 跨破坏时，未卸载，致使在对 A 跨加载时，影响了 A 跨内力。

对于板 B4-PF，相比于前三块灾后板，其承载力最低，原因是该板为分离式配筋（配筋率和 B1-PF 相同且受火时间相同），火灾试验时产生的裂缝宽度较大，刚度损失较大，表明分离式配筋构件抗火能力较差。

总之，配筋率、配筋方式以及受火时间均对灾后板承载力有较大影响，在相同情况下，受火时长具有决定性作用，其次为配筋方式及配筋率，而火灾蔓延间隔时间对灾后板力学性能的影响仍需进一步研究。

7.3.3　试验结果

试验过程中，观测四试验板荷载-位移曲线、混凝土和钢筋应变等，具体内容如下。

1. 平面外位移

图 7.23 为火灾后四板各跨荷载-平面外位移曲线。

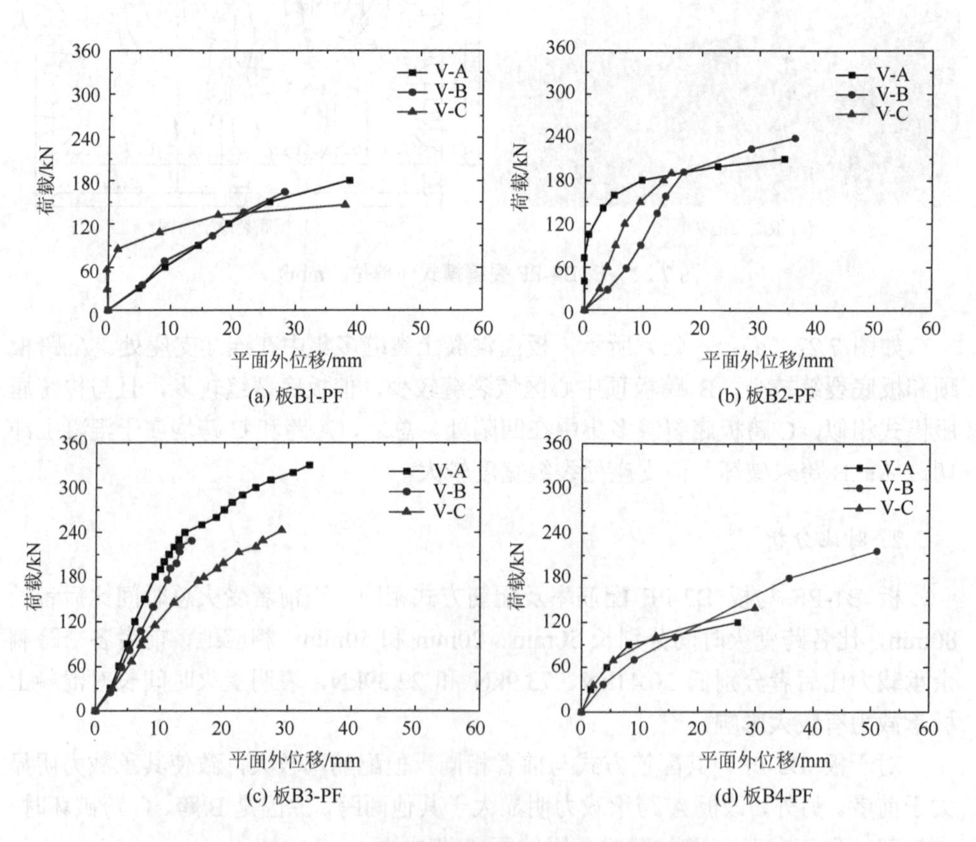

(a) 板B1-PF　(b) 板B2-PF　(c) 板B3-PF　(d) 板B4-PF

图 7.23　四块试验板荷载-平面外位移曲线

1）板 B1-PF

图 7.23（a）为灾后板 B1-PF 各跨荷载-平面外位移曲线，A 跨、B 跨和 C 跨灾后剩余承载力分别为 180kN、164kN 和 146kN。由图可知，平面外位移小于 30mm 时，A 跨和 B 跨荷载呈线性增加；随后，A 跨和 B 跨位移骤然剧增；对于 C 跨，其初始刚度明显大于 A 跨和 B 跨，原因可能是试验时 B 跨和 C 跨共用分配梁，加载时荷载分配不均。

2）板 B2-PF

图 7.23（b）为灾后板 B2-PF 各跨荷载-平面外位移曲线，A 跨、B 跨和 C 跨灾后剩余承载力分别为 209.8kN、238.9kN 和 190.0kN。由图可知，对于 A 跨和 C 跨，当位移达到约 10mm 时，开始出现延性；对于 B 跨，当位移达到 26mm 时，发生脆性破坏。对比板 B1-PF，板 B2-PF 承载力比板 B1-PF 大，进一步表明受火时长对灾后板承载力有决定性影响。

3）板 B3-PF

图 7.23（c）为灾后板 B3-PF 各跨荷载-平面外位移曲线，A 跨、B 跨和 C 跨剩余承载力分别为 330.0kN、228.9kN 和 242.8kN。明显地，该板具有较强剩余承载力。由图可知，当平面外位移小于 15mm 时，A 跨和 C 跨荷载近似线性增加；随后，边跨荷载-平面外位移曲线近似曲线，表现为一定延性；对于 B 跨，当平面外位移达到 15mm 时，混凝土发生冲切破坏。对比可知，提高配筋率有利于提高板灾后剩余承载力，但试验板易发生冲切破坏，特别是 B 跨，主要原因是较多原始细小裂缝（图 7.21）。

4）板 B4-PF

图 7.23（d）为灾后板 B4-PF 各跨荷载-平面外位移曲线，A 跨和 C 跨极限承载力分别为 120.0kN 和 139.31kN，B 跨未发生混凝土冲切或弯曲破坏。与前三块灾后板相比，该灾后板刚度较低，位移较大，特别是两边跨。因此，同等工况下，分离式配筋混凝土板承载力较低，建议在进行结构抗火设计时采用双层双向配筋方式。

2. 平面内位移

图 7.24 为四灾后板荷载-平面内位移曲线。图中正值表示向外延伸，负值表示向内收缩。由图可知，相比于平面外位移，平面内位移值较小，各板 H-1 测点最大位移值约为 2mm；H-2 测点位移值相对较大，最大值约为 4mm。

3. 混凝土和钢筋应变

1）板 B1-PF

图 7.25 为板 B1-PF 的 A 跨、B 跨和 C 跨荷载-混凝土和钢筋应变曲线。由图

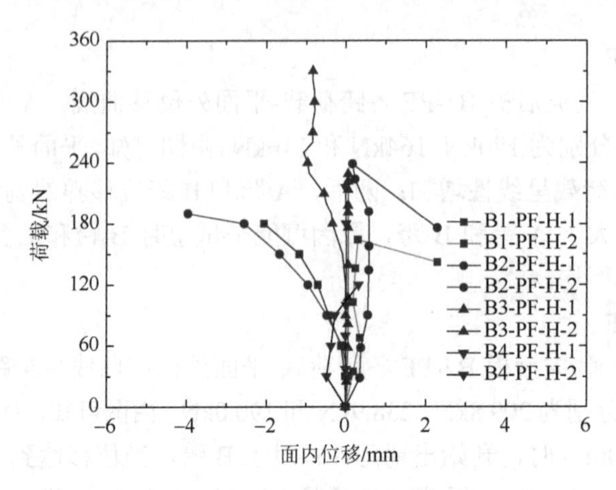

图 7.24　四板荷载-平面内位移曲线

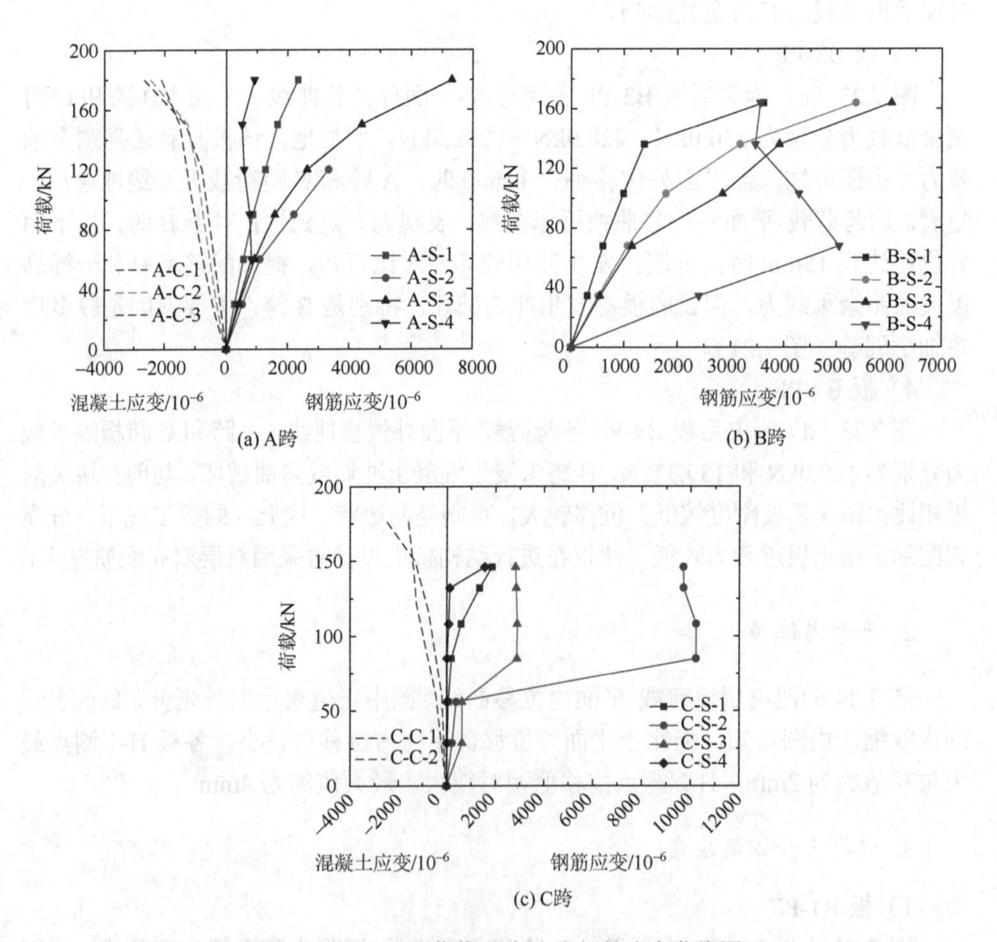

图 7.25　板 B1-PF 荷载-混凝土和钢筋应变曲线图

可知，在加载 150kN 前，混凝土应变曲线为直线；约 150kN 时，A 跨板角混凝土压碎，即达到混凝土极限压应变。此外，图 7.25（a）～（c）也显示了板 B1-PF 荷载-钢筋应变曲线。由图可知，对于每跨，钢筋应变值均为正，表明各个测点钢筋受拉，且中间测点（3 测点）应变值最大。需要指出的是，A 跨和 B 跨破坏时，钢筋应变最大值分别达到 0.0073 和 0.0060。

2）板 B2-PF

图 7.26 为板 B2-PF A 跨、B 跨和 C 跨荷载-混凝土和钢筋应变曲线。由图可知，相比于混凝土应变测点，钢筋应变值波动较大；表明灾后板受力较为复杂，混凝土和钢筋黏结作用减弱，钢筋易出现局部应力或应变集中。

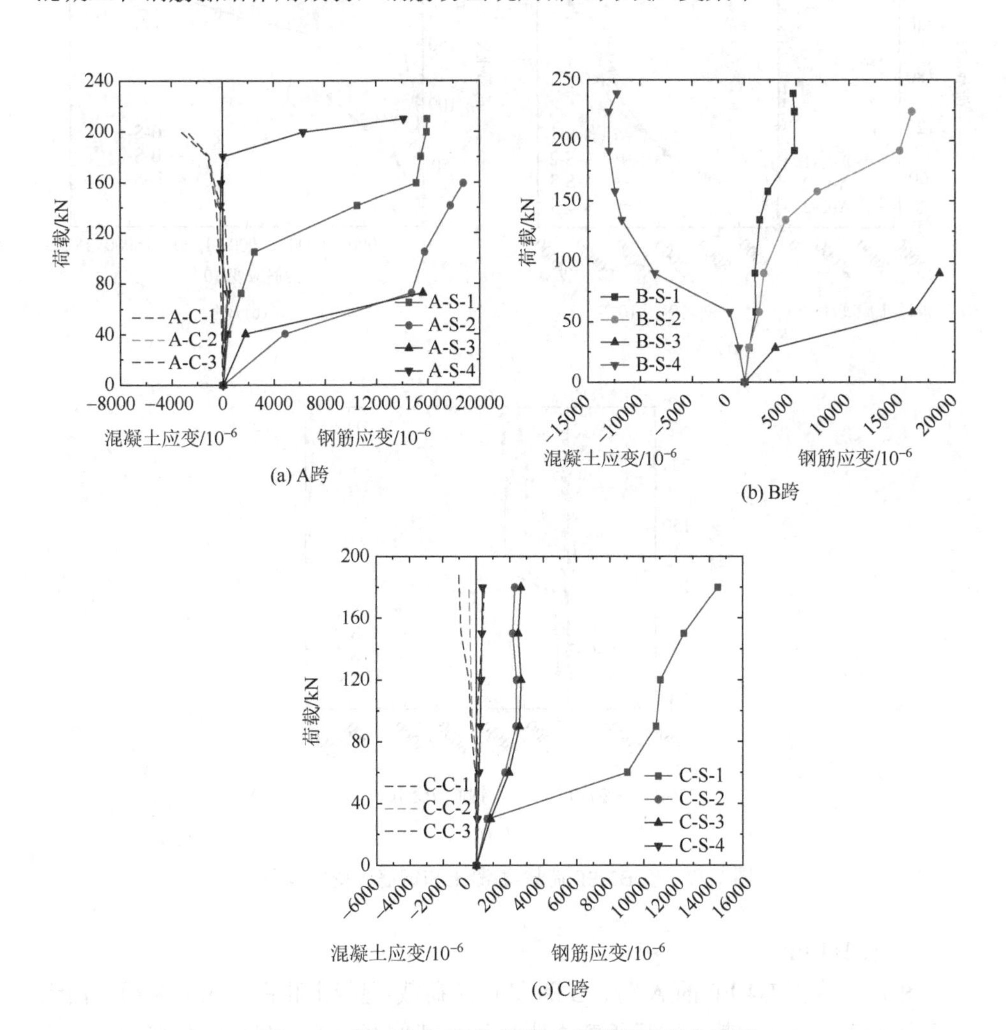

图 7.26　板 B2-PF 荷载-混凝土和钢筋应变曲线图

3）板 B3-PF

图 7.27 为板 B3-PF 的 A 跨、B 跨和 C 跨荷载-混凝土应变曲线。由图可知，A 跨板角混凝土应变超过极限压应变[19]，表现为压碎破坏。对于 C 跨，其发生冲切破坏（图 7.27（c）），板角混凝土应变未达到极限应变。此外，由图可知，与上述两板类似，钢筋各测点差别较大，应变集中现象较为明显，特别是两边跨。因此，由于应力（应变）集中行为，钢筋应变破坏准则不适用于确定灾后板极限承载力。

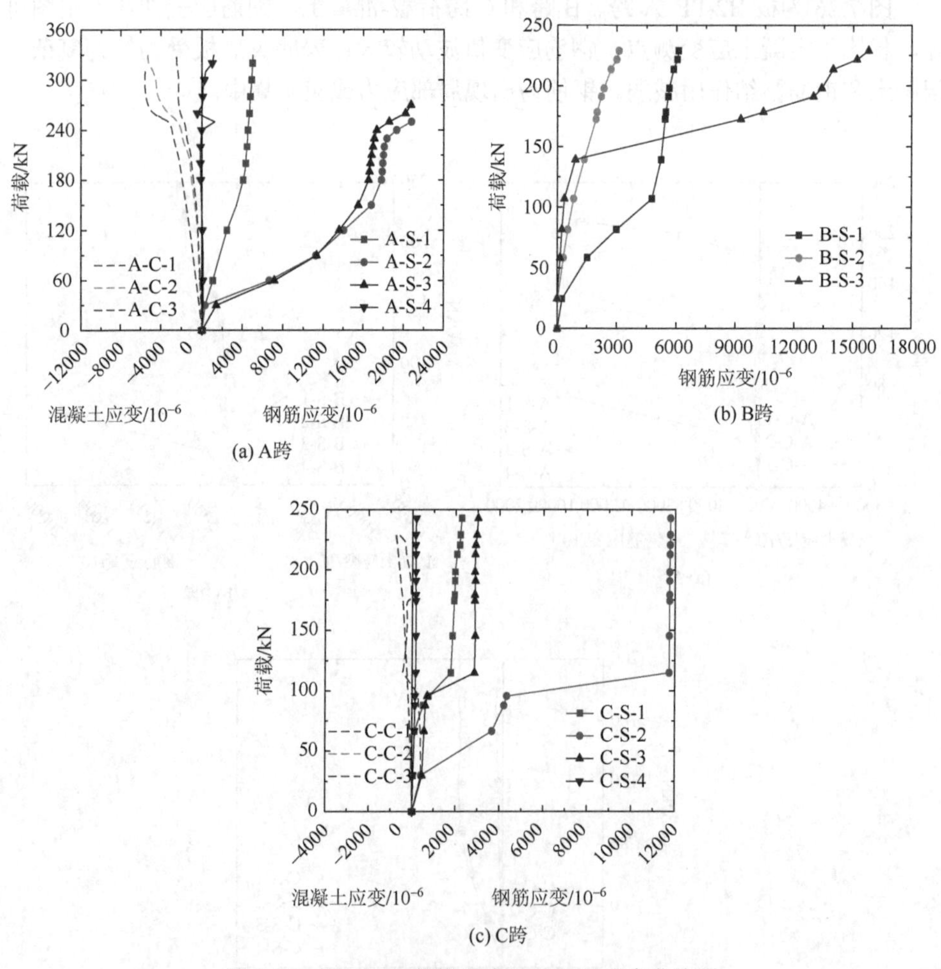

图 7.27 板 B3-PF 荷载-混凝土和钢筋应变曲线图

4）板 B4-PF

图 7.28 为板 B4-PF 的 A 跨、B 跨和 C 跨荷载-混凝土和钢筋应变曲线。由于该板为分离式配筋，其火灾后承载力明显低于其他试验板；在相同荷载值下，相比于上述试验板，该板混凝土应变和钢筋应变较大。

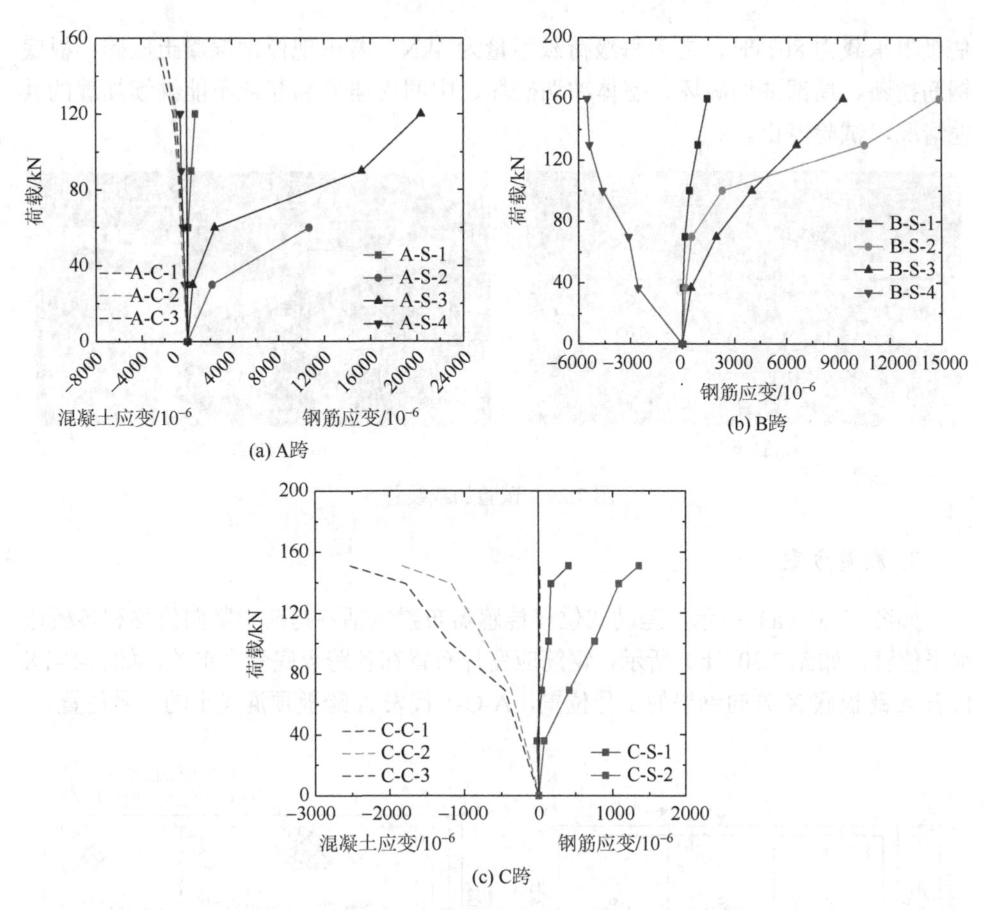

(a) A跨

(b) B跨

(c) C跨

图 7.28　板 B4-PF 荷载-混凝土和钢筋应变曲线图

7.4　火灾后连续薄板剩余承载力试验

7.4.1　试验方案

1. 试件设计

本书对 5 块三跨混凝土连续板进行剩余承载力试验，包括一块常温板（C0）和四块灾后板（编号分别为 C3-PF、C4-PF、C5-PF 和 C6-PF）。连续板具体信息参见第 5 章。

2. 加载方案

如图 7.29 所示，试验荷载采用分级施加，每级荷载持续时间为 10min。先施加荷载 4kN（5%的预估极限荷载），之后每级荷载增量为 8kN，当荷载施加到预估极限承载力 80%时，之后每级荷载增量为 4kN。若出现板顶混凝土压碎、板底钢筋拉断、局部冲切破坏、整体冲切破坏、中间支座处翘起或不能继续加载的其他情况，试验停止。

(a) 试验支座　　　　　　　　　　　　(b) 试验加载实景

图 7.29　试验加载装置

3. 测量方案

如图 7.30（a）所示，差动式位移传感器布置包括各跨跨中竖向位移和各板边水平位移。如图 7.30（b）所示，钢筋应变片布置在各跨板底受力钢筋，如 A-S-1X 代表 A 跨板底 X 方向钢筋的 1 号位置，A-C-1 代表 A 跨板顶混凝土的 1 号位置。

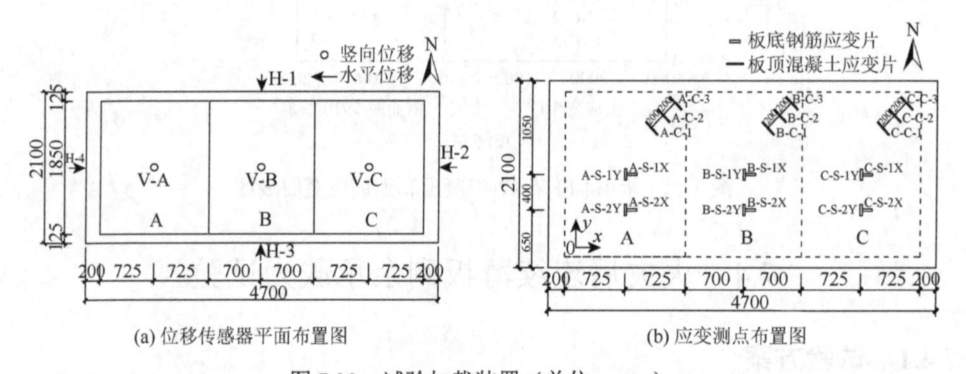

(a) 位移传感器平面布置图　　　　　　　　(b) 应变测点布置图

图 7.30　试验加载装置（单位：mm）

7.4.2　试验现象

图 7.31～图 7.35 为试验板裂缝分布图和破坏模式。其中，黑色线为火灾时混凝土连续板各跨裂缝，红色线为剩余承载力试验中各跨新裂缝。

1. 主要试验现象

1）板 C0

荷载在 28kN 前，板面没有裂缝。当荷载为 28～36kN 时，在 B 跨中间区域和板角出现裂缝；在荷载达到 50kN 时，细小裂缝出现在中间两内支座；当荷载加载到 70kN 时，两内支座出现贯穿裂缝，且每跨板角出现弧形裂缝；当荷载加载到 80～100kN 时，两边跨出现大量裂缝，且 A 边跨板角出现混凝土压碎破坏，进而 A 跨维持荷载，不再加载；当荷载增加至 106kN 时，C 跨混凝土板角压碎破坏；在荷载为 110kN 时，B 跨板角混凝土出现压碎破坏，试验停止。

由图 7.31 可知，两边跨板底（顶）裂缝样式基本一致，对于板顶，周边弧形裂缝（负弯矩）、板角混凝土压碎（受压薄膜效应）和跨中受拉裂缝（受拉薄膜效应），其中受压（拉）薄膜效应类似混凝土承受大（小）偏心受拉机制；对于板底，两边跨为经典屈服线破坏模式和跨中矩形细小裂缝。对于中跨，板顶裂缝多分布于两内支座（负弯矩），板底裂缝为经典屈服线模式。

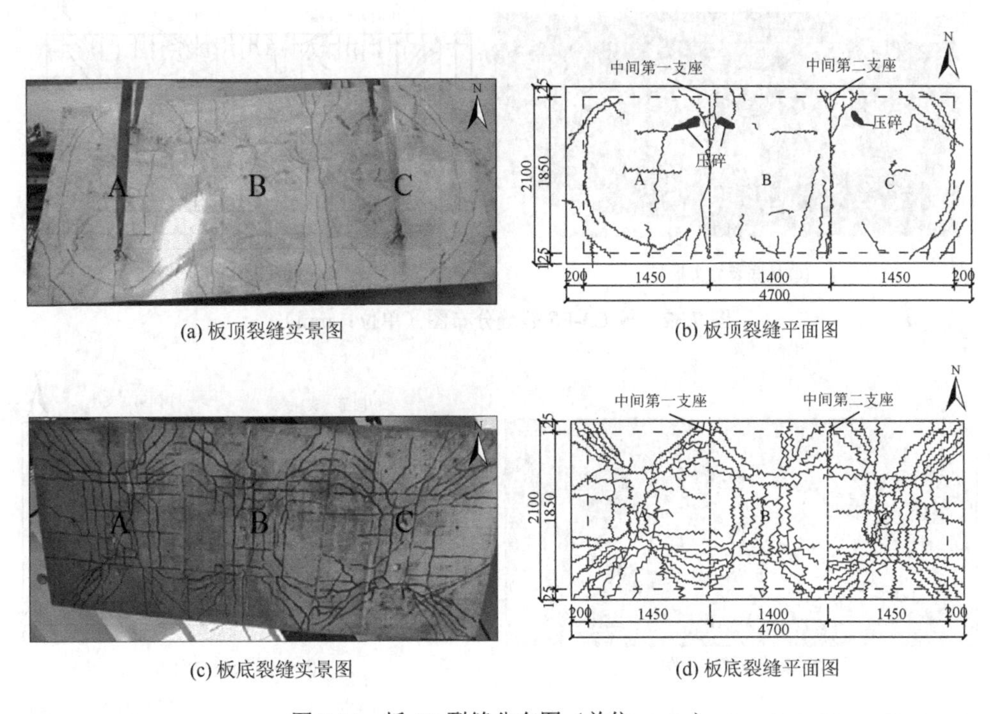

(a) 板顶裂缝实景图　(b) 板顶裂缝平面图

(c) 板底裂缝实景图　(d) 板底裂缝平面图

图 7.31　板 C0 裂缝分布图（单位：mm）

2）板 C3-PF～板 C6-PF

图 7.32～图 7.35 为板 C3-PF～板 C6-PF 各跨板顶（底）裂缝图。由图可知，对于灾后板，其裂缝样式和破坏模式基本相似。在加载初期阶段，其原裂缝逐渐开展，加载至 20kN 左右，新裂缝逐渐出现。随着荷载增加，新裂缝逐渐在内支座和板格周边出现，直至板格出现混凝土压碎或局部冲切破坏，试验停止。值得指出的是，与前述灾后连续板不同，本系列试验板的板格总体表现为弯曲破坏模

式（跨厚比较大），仅一个板格（CS4-PF-A）出现局部冲切破坏（混凝土爆裂）。此外，本系列试验板的板格原始裂缝为弧形，而不是网格状或十字形裂缝。

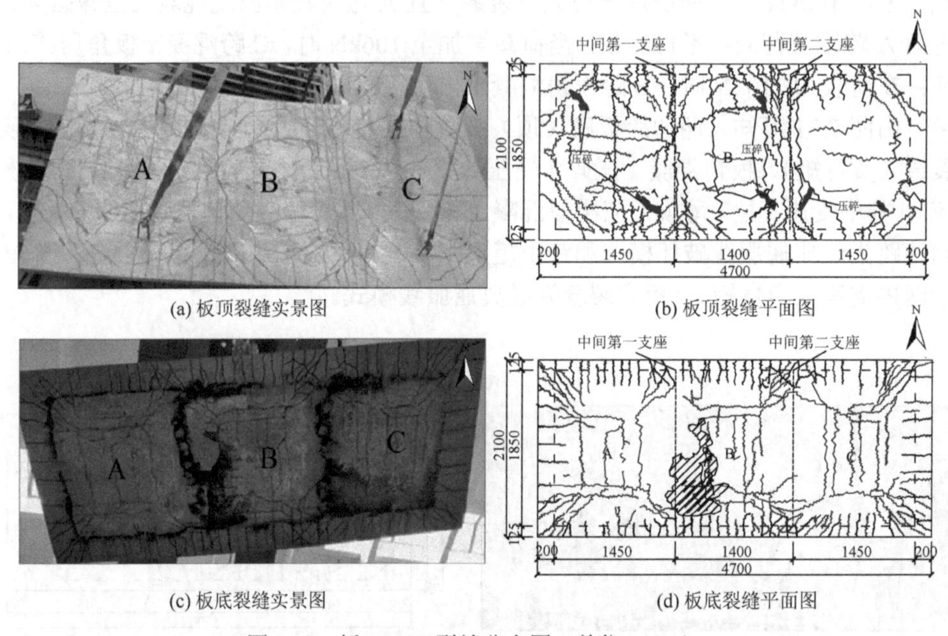

(a) 板顶裂缝实景图　(b) 板顶裂缝平面图

(c) 板底裂缝实景图　(d) 板底裂缝平面图

图 7.32　板 C3-PF 裂缝分布图（单位：mm）

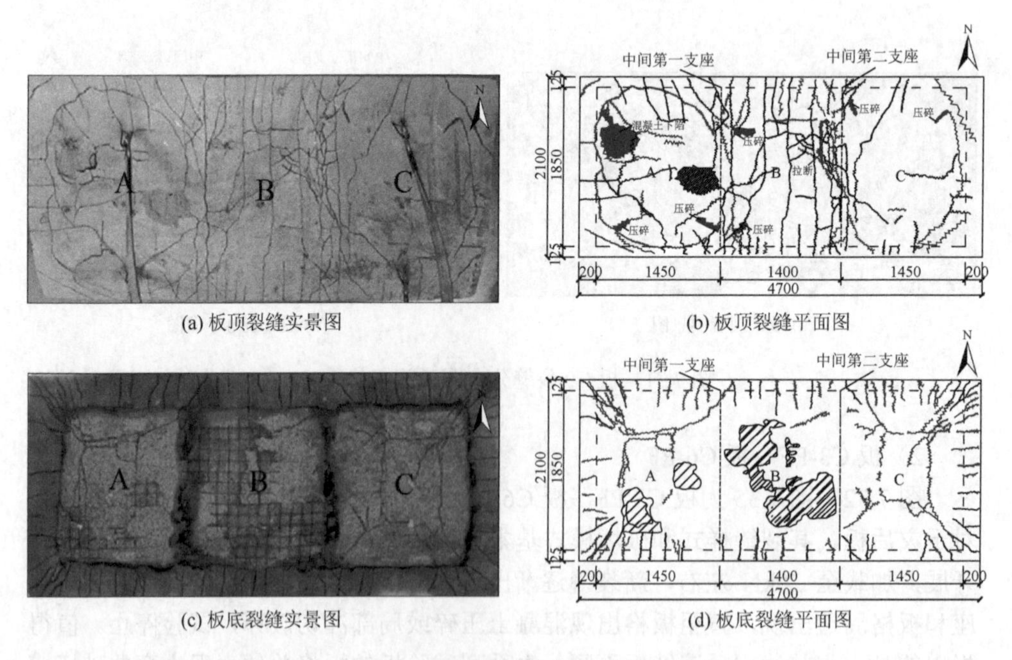

(a) 板顶裂缝实景图　(b) 板顶裂缝平面图

(c) 板底裂缝实景图　(d) 板底裂缝平面图

图 7.33　板 C4-PF 裂缝分布图（单位：mm）

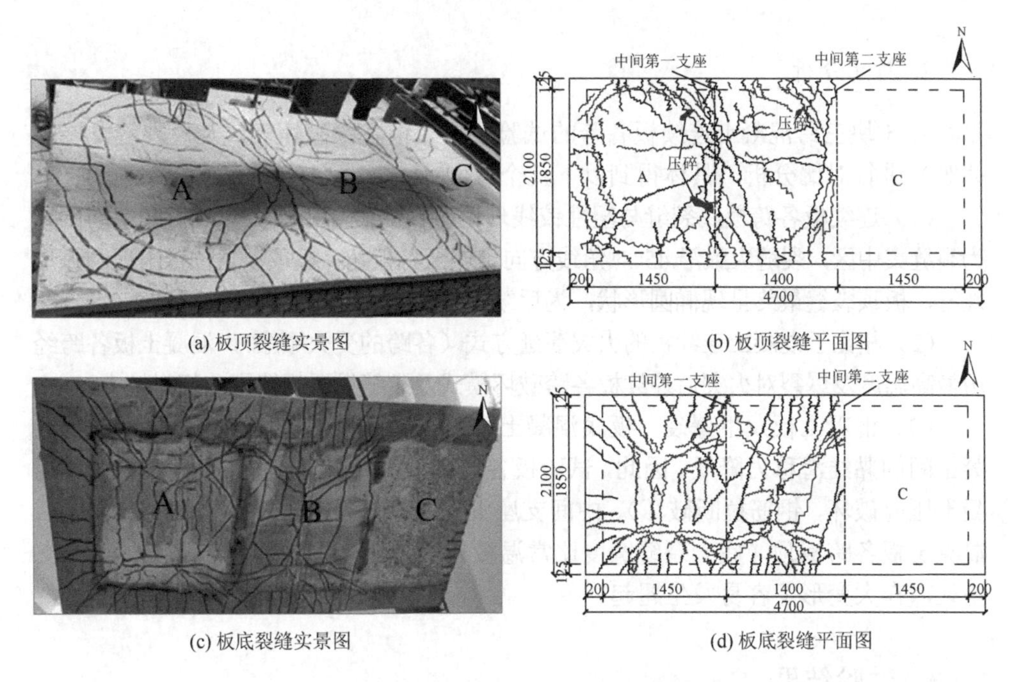

(a) 板顶裂缝实景图　(b) 板顶裂缝平面图

(c) 板底裂缝实景图　(d) 板底裂缝平面图

图7.34　板C5-PF裂缝分布图（单位：mm）

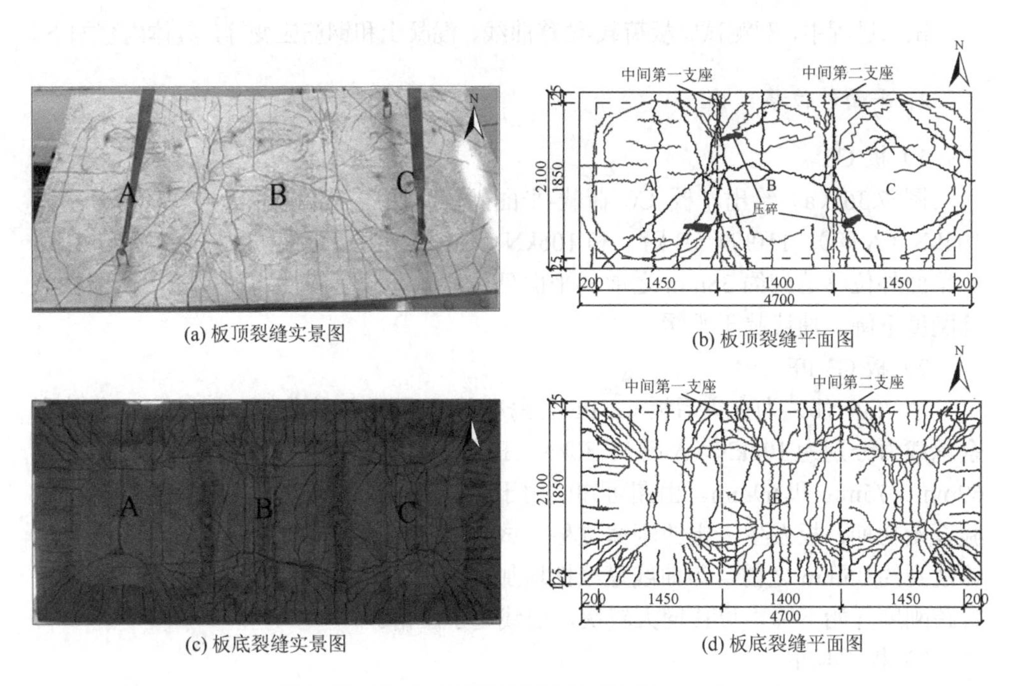

(a) 板顶裂缝实景图　(b) 板顶裂缝平面图

(c) 板底裂缝实景图　(d) 板底裂缝平面图

图7.35　板C6-PF裂缝分布图（单位：mm）

2. 对比分析

对 5 块三跨混凝土连续板各跨的试验现象（板各跨破坏模式及板裂缝发展规律等）进行对比分析，具体得到以下几个方面：

（1）连续板各跨板底裂缝与塑性铰线理论假设的破坏模式类似，板底中间区域为裂缝集中区，裂缝大致沿 45°对角线方向延伸至各板角；板顶板角位置出现圆弧形裂缝，板顶裂缝最终呈现椭圆形状，为后续提出简支双向板椭圆方法奠定基础。

（2）相比于混凝土连续板的火灾蔓延方式（各跨的受火顺序），混凝土板各跨经历最高温度及爆裂对火灾后连续板各跨破坏模式及裂缝发展规律影响相对较大。

（3）混凝土板发生爆裂，板底混凝土脱落，导致保护层厚度减小及钢筋和混凝土间的黏结滑移力降低。因此，试验板各跨出现多种破坏模式，如弯曲破坏（混凝土压碎破坏、钢筋拉断破坏）、中间支座混凝土翘起及局部冲切破坏等。火灾后混凝土板各跨板顶（底）裂缝宽度比常温板较大，尤其在中间第一支座、第二支座处，在大变形下容易发生翘起。

7.4.3 试验结果

试验过程中，观测试验板荷载-位移曲线、混凝土和钢筋应变等，具体内容如下。

1. 平面外位移

1）板 C0

图 7.36（a）给出了板 C0 荷载-平面外位移曲线。各跨的极限承载力分别为104kN（A 跨）、110kN（B 跨）和 106kN（C 跨）。由图可知，A 跨、B 跨和 C 跨在平面外位移达到约 38mm 之前，平面外位移随荷载呈线性增加，随后试验板各跨刚度下降，曲线趋于平缓。

2）板 C3-PF

图 7.36（b）为火灾后板 C3-PF 各跨荷载-平面外位移曲线。板 C3-PF 各跨剩余承载力分别为 104kN（A 跨）、80kN（B 跨）和 88kN（C 跨），极限位移分别为69mm、75mm 和 69mm。由图可知，由于试验板在加载前与砖墙未完全接触，试验开始初期，板发生一定的刚体位移；试验板与砖墙完全接触后，各跨在跨中位移达到约 35mm 之前，该曲线呈线性增加；随着外部荷载的施加，混凝土连续板各跨刚度开始下降，位移增大较快，曲线趋于平滑。

3）板 C4-PF

图 7.36（c）给出了火灾后板 C4-PF 各跨荷载-平面外位移曲线，各跨的剩余承载力分别为 84kN（A 跨）、96kN（B 跨）和 92kN（C 跨），极限位移分别为 50mm、

43mm 和 34mm。由图可知，由于在板 C4-PF 试验加载过程中，加载到 52kN 时发现差动式位移传感器电池出现故障，修复后位移传感器开始工作。与其他试验板相比，板 C4-PF 各跨极限位移整体滞后于其他试验板 20mm 左右，这与其他试验板各跨荷载 50kN 时所对应的位移接近。

4）板 C5-PF

图 7.36（d）给出了火灾后板 C5-PF 各跨的荷载-平面外位移曲线，各跨剩余承载力分别为 92kN 和 98kN，极限位移分别为 84mm 和 79mm。由图可知，试验板与砖墙完全接触后，在平面外位移达到约 36mm 之前，A 跨和 B 跨的刚度较大，随着试验外部荷载的施加，刚度开始减小，A、B 两跨曲线出现平滑阶段，说明混凝土连续板各跨具有较好的延性。

5）板 C6-PF

图 7.36（e）给出了火灾后板 C6-PF 各跨荷载-平面外位移曲线，各跨的剩余承载力分别为 88kN（A 跨）、114kN（B 跨）和 106kN（C 跨），极限位移分别为 73mm、66mm 和 74mm。由图可知，在平面外位移达到约 24mm 之前，A 跨和 C 跨的荷载-平面外位移曲线相似，原因是两边跨对称，受火工况相同；B 跨刚度较大，原因是试验板为三跨连续板，中间跨受两边跨的约束作用，约束较强。随着试验荷载的增加，试验板各跨刚度降低，平面外位移快速增加。

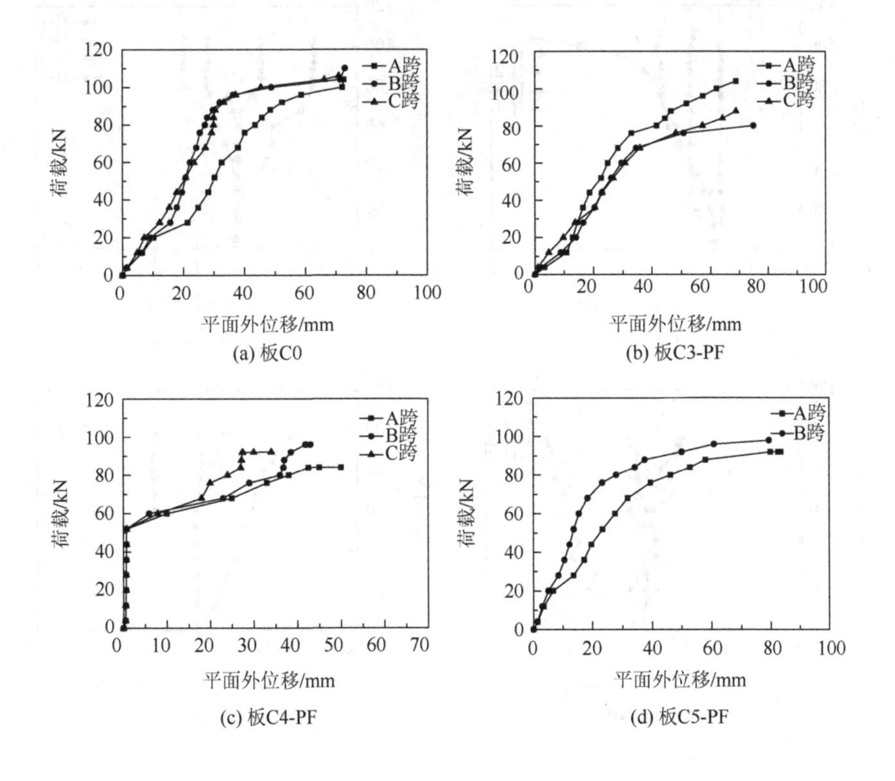

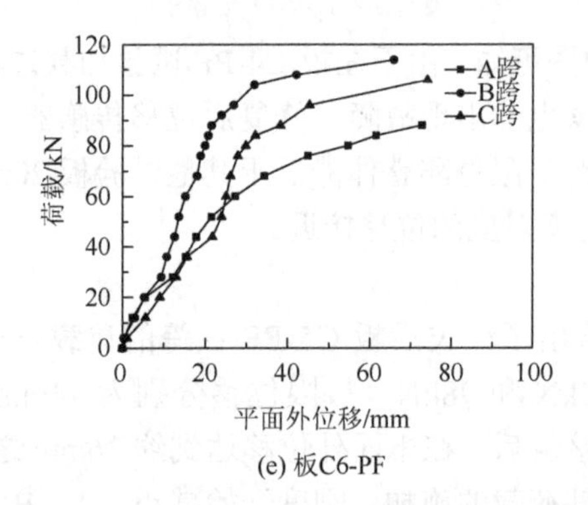

(e) 板C6-PF

图 7.36　板 C0、板 C3-PF～板 C6-PF 荷载-平面外位移曲线

2. 平面内位移

图 7.37 为板 C0、板 C3-PF～板 C6-PF 荷载-平面内位移曲线，其中正值（负值）表示板边向外（内）延伸。由图可知，在加载初期，由于平面外位移较小，各测点处平面内位移也较小。当试验荷载加载到约 50kN 之后，平面内位移迅速增大，直到试验结束。在加载过程中，试验板平面内位移较小，位移值均在 0～3mm。

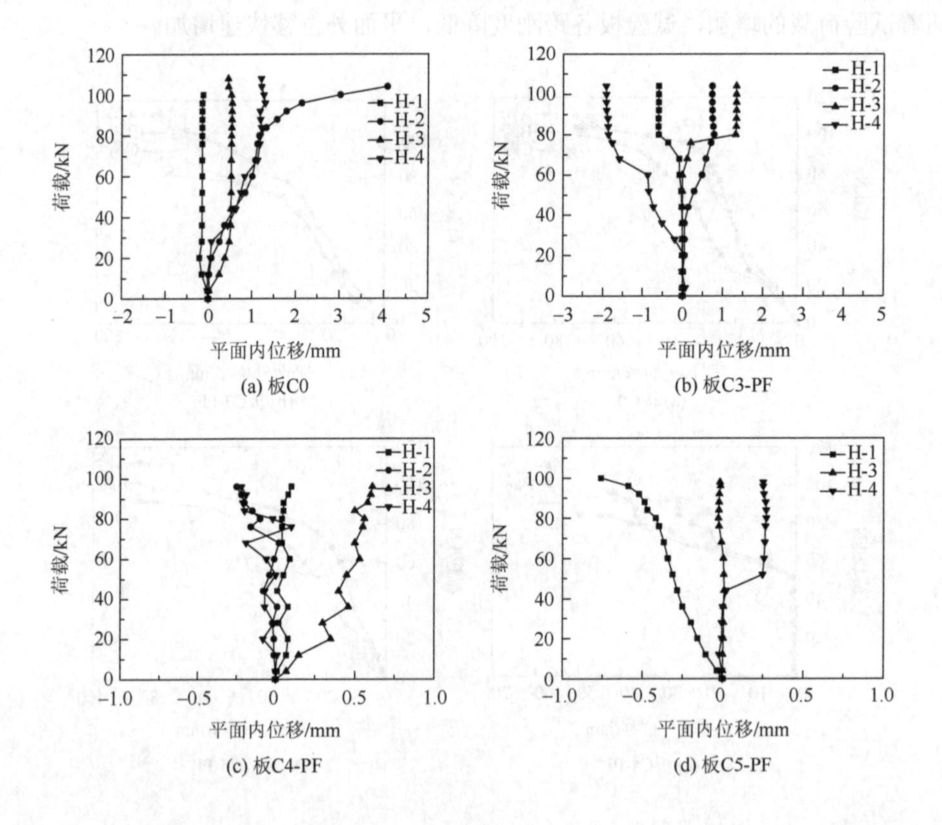

(a) 板C0　　(b) 板C3-PF

(c) 板C4-PF　　(d) 板C5-PF

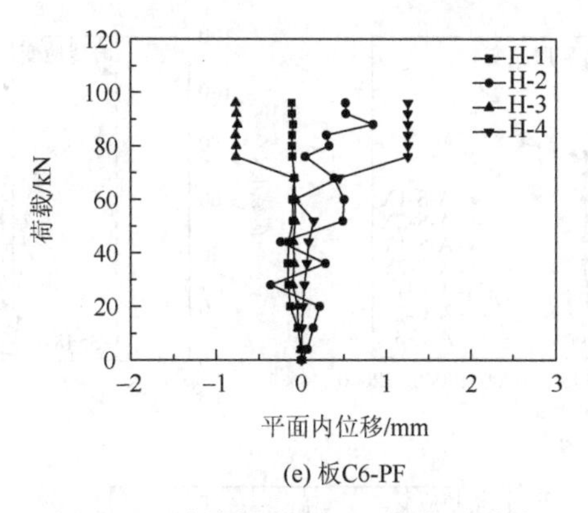

(e) 板C6-PF

图 7.37　连续板荷载-平面内位移曲线

3. 混凝土和钢筋应变

图 7.38 为连续板各跨荷载-混凝土和钢筋应变曲线。由图可知，荷载施加至 70kN 时，混凝土应变大致呈线性增加；随着荷载增加，混凝土压应变快速增加。试验表明各跨板顶混凝土达到极限压应变，即混凝土压碎破坏（C4-PF-A 和 C6-PF-A 除外）。

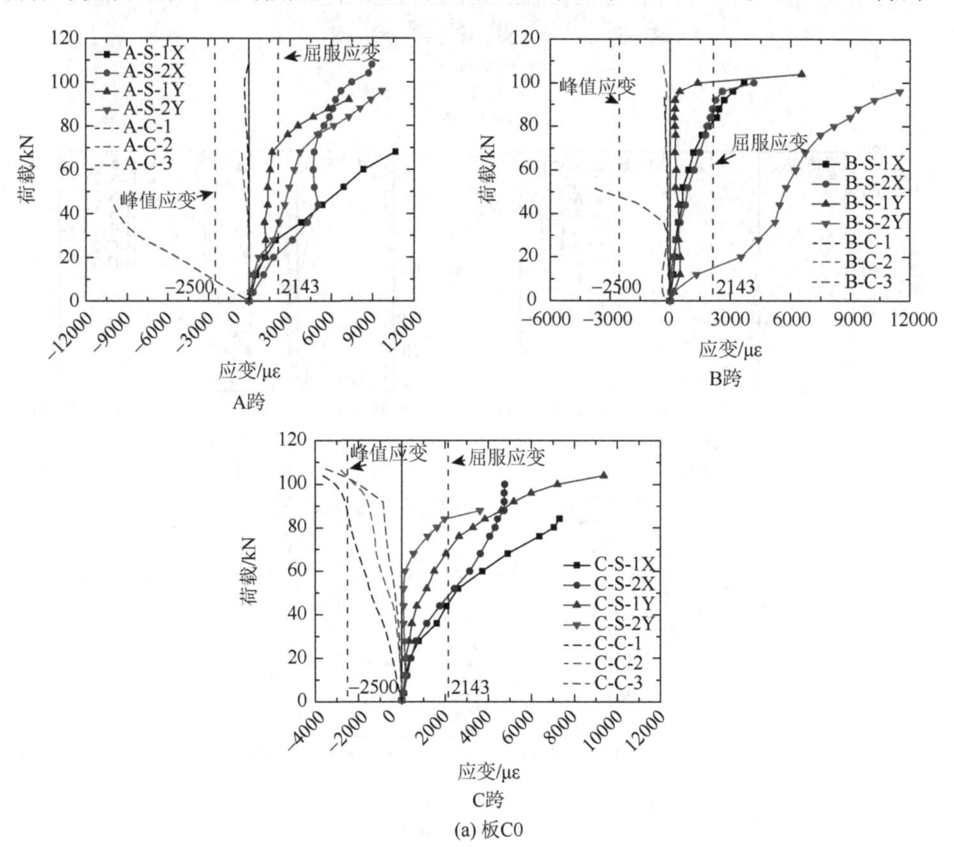

(a) 板C0

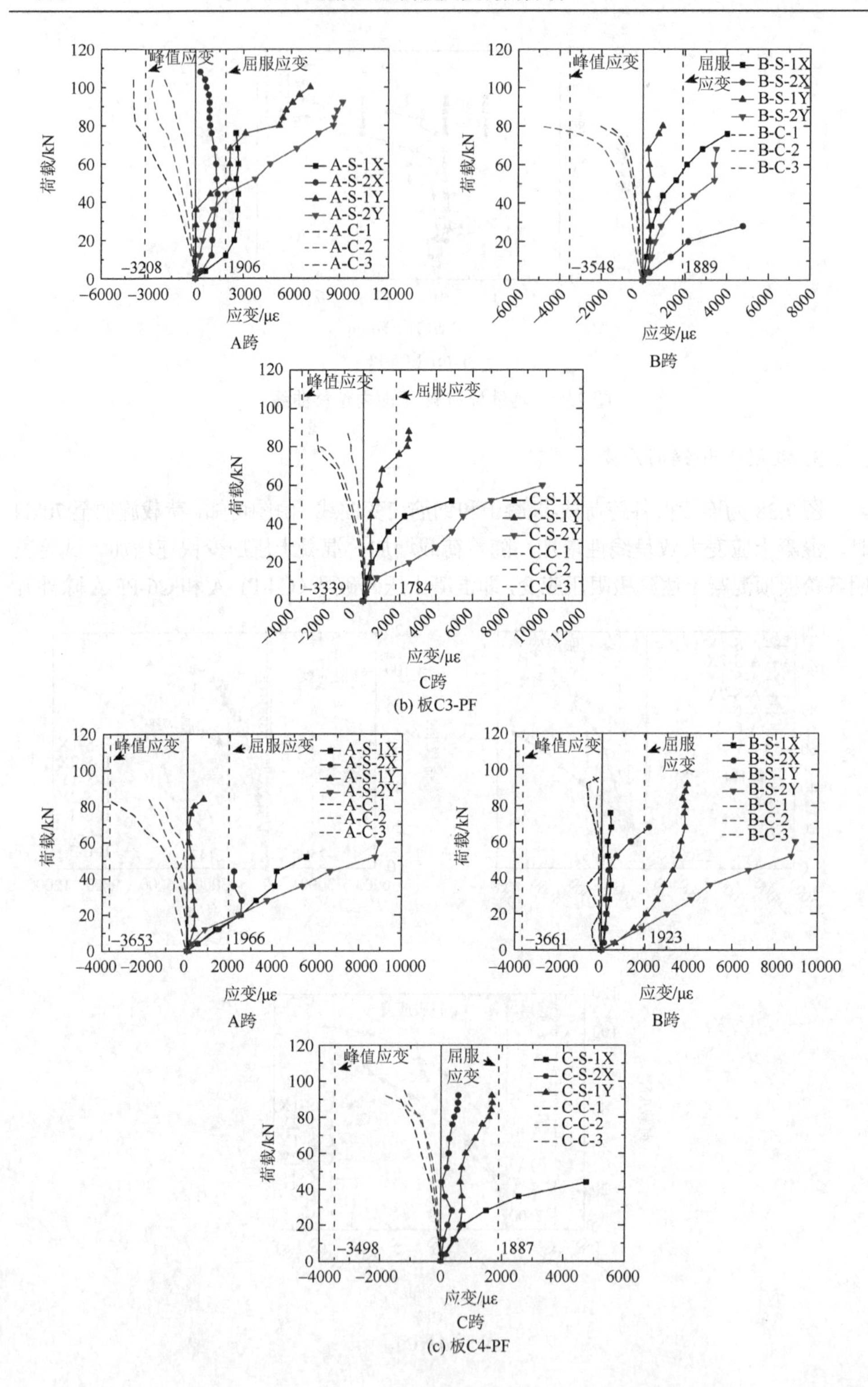

(b) 板C3-PF

(c) 板C4-PF

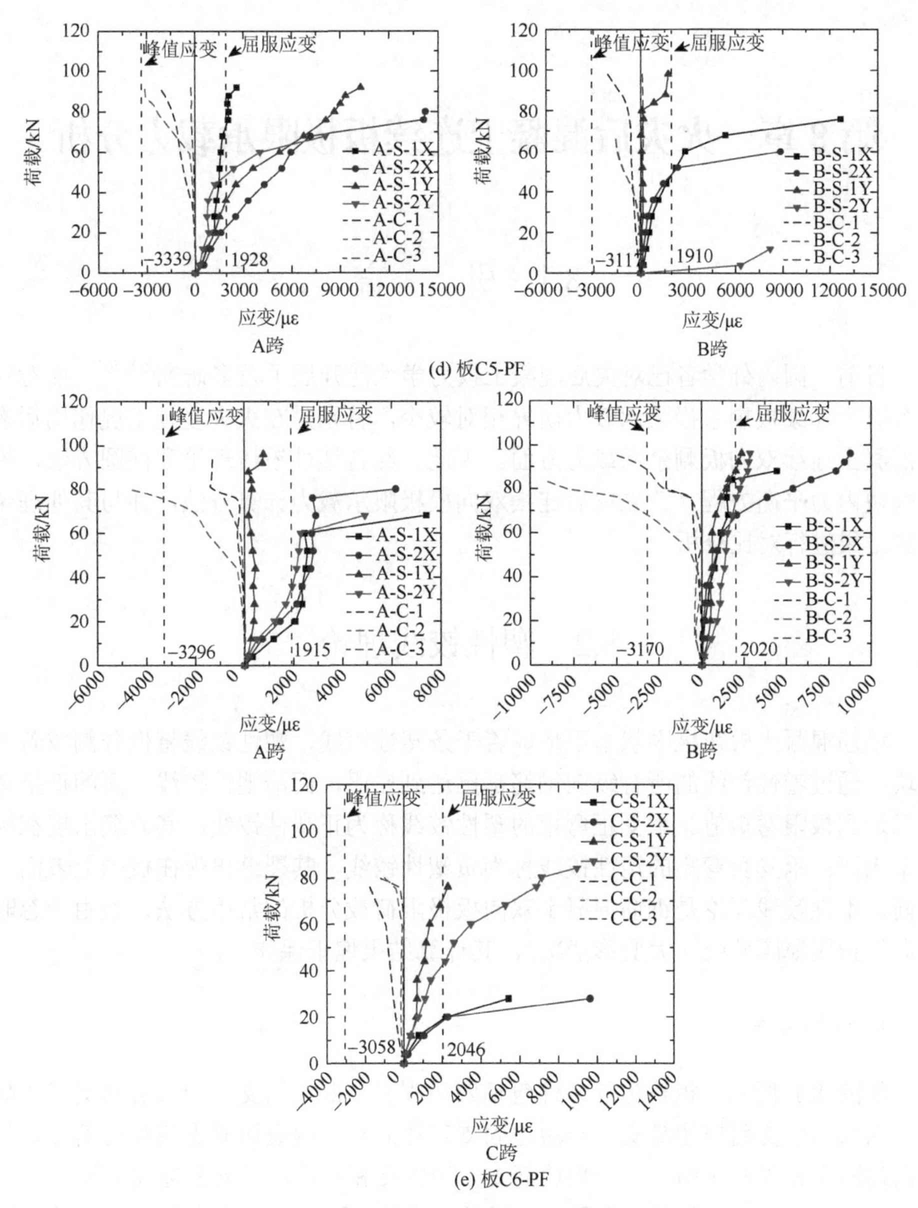

(d) 板C5-PF

(e) 板C6-PF

图 7.38　连续板荷载-混凝土和钢筋应变曲线

此外，在荷载施加初期，各处钢筋应变发展较缓慢，但随着荷载继续施加，钢筋应变快速发展，且各点应变值差别较大；另外，钢筋应变值均为正，表明钢筋受拉。火灾后试验板各跨达到承载力时，其钢筋应变均小于 0.01，说明连续板各跨出现混凝土压碎破坏（仅 C6-PF-A 出现钢筋拉断破坏），与试验现象是一致的。此外，灾后板钢筋应变发展行为表明应力集中较为严重。

第 8 章 火灾后混凝土连续板极限承载力分析

8.1 引 言

目前，国内外学者已对灾后混凝土板力学性能开展了较多研究[69, 70]，而对灾后混凝土连续板剩余极限承载力研究相对较少，特别是在火灾蔓延工况作用后多跨混凝土连续双向板剩余承载力方面。因此，结合塑性铰线理论和椭圆方法，推导板块内力平衡方程，建立灾后连续双向板极限承载力计算方法，并与其他理论计算结果进行对比分析。

8.2 塑性铰线理论

钢筋混凝土板在极限状态下形成若干条塑性铰线，塑性铰线将板分割成若干板块；通过塑性铰线的所有纵向钢筋都已达到屈服，而沿塑性铰线截面的抵抗弯矩已达到极限弯矩值。承受正弯矩的塑性铰线称为正塑性铰线，其裂缝出现在板的下表面；承受负弯矩的塑性铰线称为负塑性铰线，其裂缝出现在板的上表面。目前，塑性铰线理论是钢筋混凝土双向板极限荷载分析的常用方法，但由于忽略双向板拉压薄膜效应（大变形情况），其计算结果偏于保守。

1. 边界条件

如图 8.1 所示，板格边界条件包括四边固支、四边简支、一长边固支三边简支、两长边固支两短边简支、一短边固支三边简支、两短边固支两长边简支、相邻两边固支相邻两边简支、一短边简支三边固支和一长边简支三边固支等。

具体地，图 8.1 为不同边界双向板破坏机构，即在板中形成四坡顶状的正塑性铰线和沿板四周支承边形成负塑性铰线，进而双向板成为机动可变体系。对比可知，边界对双向板屈服线位置、拉压薄膜效应和极限承载力等有重要影响，有必要建立不同边界条件下混凝土双向板极限承载力和拉压薄膜效应区域计算方法，用于指导双向板力学性能评估。具体求解方法可参考文献[82]，此处不再赘述。

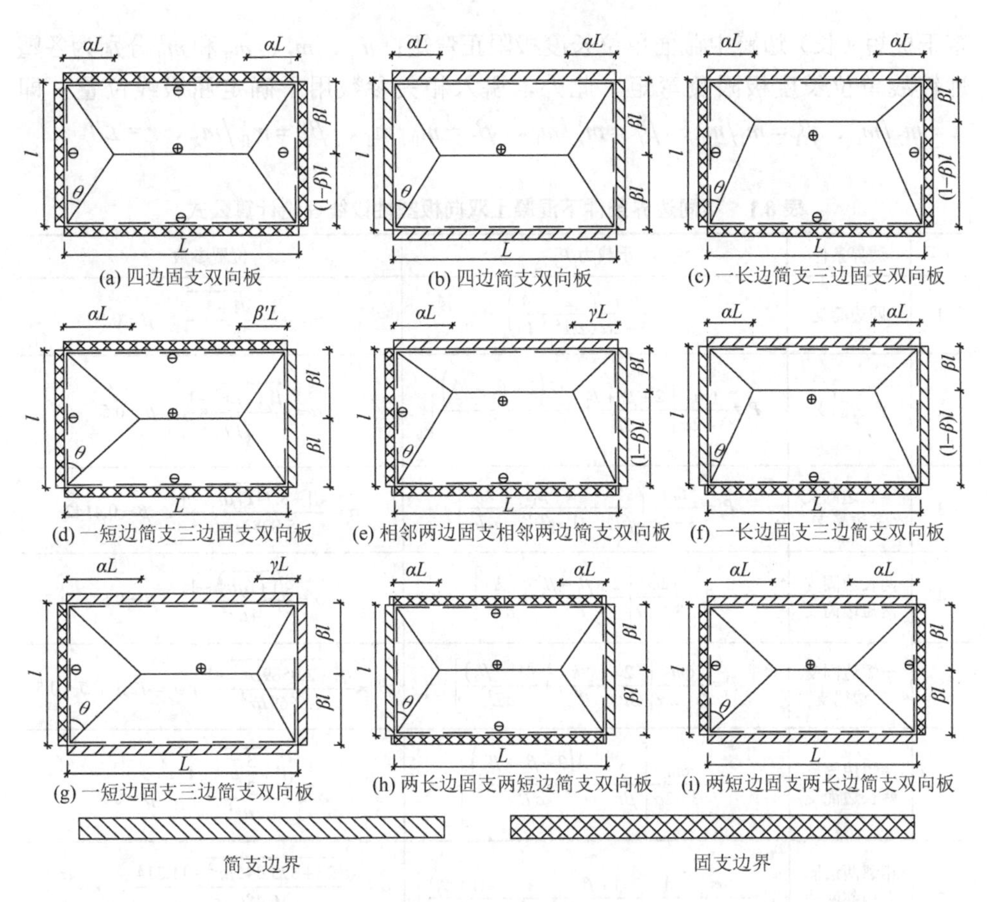

(a) 四边固支双向板　(b) 四边简支双向板　(c) 一长边简支三边固支双向板

(d) 一短边简支三边固支双向板　(e) 相邻两边固支相邻两边简支双向板　(f) 一长边固支三边简支双向板

(g) 一短边固支三边简支双向板　(h) 两长边固支两短边简支双向板　(i) 两短边固支两长边简支双向板

图 8.1　不同边界混凝土双向板屈服线破坏模式

2. 破坏机构

根据塑性铰线理论，可采用机动法，建立虚功率方程进行求解双向板极限荷载。具体地，假设一个破坏机构，使破坏机构产生虚位移，根据机动位移场分别计算外功和内功；依据内功和外功相等，确定破坏机构的极限荷载。由上可知，根据九种边界条件，给出每一种边界条件下混凝土双向板破坏机构和转角图。

3. 极限荷载

破坏机构在虚位移下，只有塑性铰线截面的内力做功，各板块已被假定为刚性不产生变形，故板块内部的内力不做功。由于塑性铰线两边的板块做相对转动，不发生错动和扭转，因此塑性铰线上的内力只有弯矩做功，扭矩和剪力不做功。

根据机动法，可计算上述各边界条件下混凝土双向板极限承载力和关键位置参数，如表 8.1 所示。其中，L（l）为矩形板的长（短）边跨长；m_1（m_2）为垂直于板短（长）边跨中截面单位长度极限正弯矩；m_{I}、m_{I}'、m_{II}和m_{II}'分别为各塑性铰线单位长度极限负弯矩。此外，引入相关参数用于确定屈服线位置，即$\lambda = m_2/m_1$、$\beta_1 = m_{\mathrm{I}}/m_1$、$\beta_1' = m_{\mathrm{I}}'/m_1$、$\beta_2 = m_{\mathrm{II}}/m_2$、$\beta_2' = m_{\mathrm{II}}'/m_2$、$r = L/l$。

表 8.1　不同边界条件下混凝土双向板塑性铰线理论计算公式

序号	边界条件	承载力 P_y	位置参数
1	四边简支	$P_y=\dfrac{6m_1}{3-2\alpha}\left(\dfrac{2}{\alpha L^2}+\dfrac{4}{l^2}\right)$	$\alpha=\dfrac{-1+\sqrt{1+3r^2}}{2r^2}$，$\beta=0.5$
2	四边固支	$P_y=\dfrac{6m_1}{3-2\alpha}\left[\dfrac{2+\beta_1+\beta_1'}{\beta l^2}+\dfrac{\lambda\left(2+\beta_2+\beta_2'\right)}{\alpha L^2}\right]$	$\alpha=\dfrac{\sqrt{1+3\mu r^2}-1}{\sqrt{\mu}r}$，$\beta=0.5$
3	一长边固支三边简支	$P_y=\dfrac{6m_1}{3-2\alpha}\left[\dfrac{1}{\beta l^2}+\dfrac{1+\beta_1}{(1-\beta)l^2}+\dfrac{2\lambda}{\alpha L^2}\right]$	$\alpha=\dfrac{\sqrt{1+8.7417\mu r^2}-1}{5.8282\mu r^2}$，$\beta=0.4142$
4	两长边固支两短边简支	$P_y=\dfrac{12m_1}{3-2\alpha}\left[\dfrac{2+\beta_1+\beta_1'}{l^2}+\dfrac{\lambda}{\alpha L^2}\right]$	$\alpha=\dfrac{\sqrt{1+6\mu r^2}-1}{4\mu r^2}$，$\beta=0.5$
5	一短边固支三边简支	$P_y=\dfrac{6m_1}{3-2\alpha}\left[\dfrac{2}{\beta l^2}+\dfrac{k}{\beta' L^2}+\dfrac{\lambda\left(1+\beta_2\right)}{\alpha L^2}\right]$	$\beta'=\dfrac{\sqrt{1+2.0589\mu r^2}-1}{1.6569\mu r^2}$，$\alpha=\sqrt{2}\beta'$，$\beta=0.5$
6	两短边固支两长边简支	$P_y=\dfrac{6m_1}{3-2\alpha}\left[\dfrac{2}{\beta l^2}+\dfrac{\lambda\left(2+\beta_2+\beta_2'\right)}{\alpha L^2}\right]$	$\alpha=\dfrac{\sqrt{1+\dfrac{3}{2}\mu r^2}-1}{\mu r^2}$，$\beta=0.5$
7	相邻两边固支相邻两边简支	$P_y=\dfrac{6m_1}{3-2\alpha}\left[\dfrac{1}{\beta l^2}+\dfrac{1+\beta_1}{(1-\beta)l^2}+\dfrac{\lambda}{\gamma L^2}+\dfrac{\lambda(1+\beta_2)}{\alpha L^2}\right]$	$\alpha=\dfrac{\sqrt{128+373.045\mu r^2}-11.314}{16.486\mu r^2}$，$\gamma=\dfrac{\alpha}{2}$，$\beta=0.4142$
8	一短边简支三边固支	$P_y=\dfrac{6m_1}{3-2\alpha}\left[\dfrac{2+\beta_1+\beta_1'}{\beta l^2}+\dfrac{\lambda}{\beta' L^2}+\dfrac{\lambda(1+\beta_2)}{\alpha L^2}\right]$	$\beta'=\dfrac{\sqrt{\left(1+\sqrt{2}\right)^2+24\mu r^2}-\left(1+\sqrt{2}\right)}{8\mu r^2}$，$\alpha=\sqrt{2}\beta'$，$\beta=0.5$
9	一长边简支三边固支	$P_y=\dfrac{6m_1}{3-2\alpha}\left[\dfrac{1}{\beta l^2}+\dfrac{1+\beta_1}{(1-\beta)l^2}+\dfrac{\lambda\left(2+\beta_2+\beta_2'\right)}{\alpha L^2}\right]$	$\alpha=\dfrac{\sqrt{3.768+8.234\mu r^2}-1.9411}{2\sqrt{2}\mu r^2}$，$\beta=0.4142$

8.3　冲切理论

对于灾后板，研究表明其在集中荷载作用下易发生冲切破坏，原因是材料强度降低和板有效承载截面降低。随着荷载作用位置的不同，包括完全冲切破坏、不完全冲切破坏和冲压破坏。目前，各国给出了混凝土板冲切设计方法，如我国《混凝土结构设计标准》(GB/T 50010—2010)、美国《混凝土结构设计规范》(ACI 318-08)、欧洲 EC4 和加拿大 CSA A23.3-04 等，具体可参考文献[81]。

1. 中国规范

对于无弯起钢筋或箍筋混凝土板，其抗冲切承载力计算公式如下：

$$P_{\mathrm{C}} = 0.7\beta_{\mathrm{h}} f_{\mathrm{t}} \eta u_{\mathrm{m}} h_0 \tag{8.1}$$

$$\eta = \min(\eta_1, \eta_2)，\ \eta_1 = 1.2/\beta_{\mathrm{s}} + 0.4，\ \eta_2 = (\alpha_{\mathrm{s}} h_0 / 4u_{\mathrm{m}}) + 0.5 \tag{8.2}$$

式中，f_{t}为混凝土抗拉强度设计值（MPa）；u_{m}为加载截面的周长（mm），取距离柱边 $h_0/2$ 处板截面周长；h_0为混凝土板的截面有效高度（mm）；β_{h}为板截面高度 h 影响系数，当 $h \leqslant 800\mathrm{mm}$ 时，$\beta_{\mathrm{h}} = 1.0$，当 $h \geqslant 2000\mathrm{mm}$ 时，$\beta_{\mathrm{h}} = 0.9$，中间按线性内插取用；η 为式（8.2）中计算结果最小值；β_{s}为矩形荷载作用区长边与短边的比值，且β_{s}不宜大于 4，β_{s}小于 2 时取 2；α_{s}为柱位置影响系数，中柱的$\alpha_{\mathrm{s}} = 40$，边柱的$\alpha_{\mathrm{s}} = 30$，角柱的$\alpha_{\mathrm{s}} = 20$。

2. 美国规范

混凝土板抗冲切承载力为式（8.3）～式（8.5）计算结果中的最小值，具体如下：

$$P_{\mathrm{A}} = 0.083 b_0 d (2 + 4/\beta_{\mathrm{s}}) \lambda \sqrt{f_{\mathrm{c}}'} \tag{8.3}$$

$$P_{\mathrm{A}} = 0.083 b_0 d (2 + \alpha_{\mathrm{s}} d / b_0) \lambda \sqrt{f_{\mathrm{c}}'} \tag{8.4}$$

$$P_{\mathrm{A}} = 0.333 b_0 d \lambda \sqrt{f_{\mathrm{c}}'} \tag{8.5}$$

式中，$\lambda = 1.0$；f_{c}'为混凝土圆柱体抗压强度（MPa）；b_0 为加载截面周长（mm），取距离柱边 $h_0/2$ 处板截面周长；d 为板截面有效高度（mm）；α_{s}为柱位置影响系数，中柱的$\alpha_{\mathrm{s}} = 40$，边柱的$\alpha_{\mathrm{s}} = 30$，角柱的$\alpha_{\mathrm{s}} = 20$。

3. 加拿大规范

混凝土板抗冲切承载力为式（8.6）～式（8.8）计算结果中的最小值，具体如下：

$$P_{\mathrm{J}} = 0.19 b_0 d \left(1 + \frac{2}{\beta_{\mathrm{c}}}\right) \lambda \varphi_{\mathrm{c}} \sqrt{f_{\mathrm{c}}'} \tag{8.6}$$

$$P_{\mathrm{J}} = b_0 d \left(0.19 + \frac{\alpha_{\mathrm{s}} d}{b_0}\right) \lambda \varphi_{\mathrm{c}} \sqrt{f_{\mathrm{c}}'} \tag{8.7}$$

$$P_{\mathrm{J}} = 0.38 b_0 d \lambda \varphi_{\mathrm{c}} \sqrt{f_{\mathrm{c}}'} \tag{8.8}$$

式中，β_c 为矩形荷载作用区长边与短边的比值；$\lambda = 1.0$；φ_c 为混凝土阻力系数，取 0.65；f_c' 为混凝土圆柱体抗压强度（MPa），且 $\sqrt{f_c'}$ 不超过 8MPa；b_0 为加载截面周长（mm），取距离柱边 $h_0/2$ 处板截面周长；d 为板截面有效高度（mm）；α_s 为柱位置影响系数，中柱的 $\alpha_s = 4$，边柱的 $\alpha_s = 3$，角柱的 $\alpha_s = 2$。

8.4　修正椭圆方法

如图 8.2 所示，混凝土连续试验板包括三跨，即 A 跨、C 跨和 B 跨，边界条件分别为一长边固支其余三边简支和对长边固支对短边简支，建立两类板格极限承载力计算方法。具体地，基于经典屈服线理论和椭圆方法，考虑边界负弯矩作用，推导拉压薄膜效应区域和不同板块承载力提高系数，建立连续板各跨极限承载力计算方法，即修正椭圆方法。

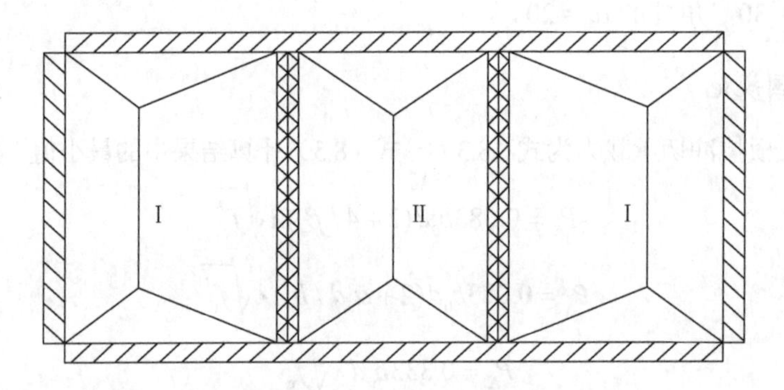

图 8.2　混凝土连续双向板两种边界条件（Ⅰ和Ⅱ）

1. A 跨（C 跨）（边界条件Ⅰ）

1）板块划分及内力图

如图 8.3 所示，对于该边界条件双向板，其经典屈服线模式包括四个板块，即梯形 $ABCD$（$A'BCD'$）板块和三角形 $A'AB$（$D'CD$）板块，编号分别为①（③）和②（②）。结合椭圆方法，极限状态下，假设 B 和 C 两点为椭圆焦点，I_1、I_2、I_3 和 I_4 四点处薄膜力为零。具体地，椭圆内部为受拉薄膜效应区域，其余区域为受压薄膜效应区域。

如图 8.3 所示，C_1、C_2、T_1 和 T_2 分别为混凝土压力和钢筋拉力在屈服线处合力；K 为 y 方向单位宽度钢筋屈服力与 x 方向单位宽度钢筋屈服力比值；T_0 为单位宽度钢筋屈服力。值得指出的是，内力 C 和 T 为薄膜力，即板厚截面合力，且合力作用点为板厚中间位置。下述相关参数具体含义同上，此处不再赘述。

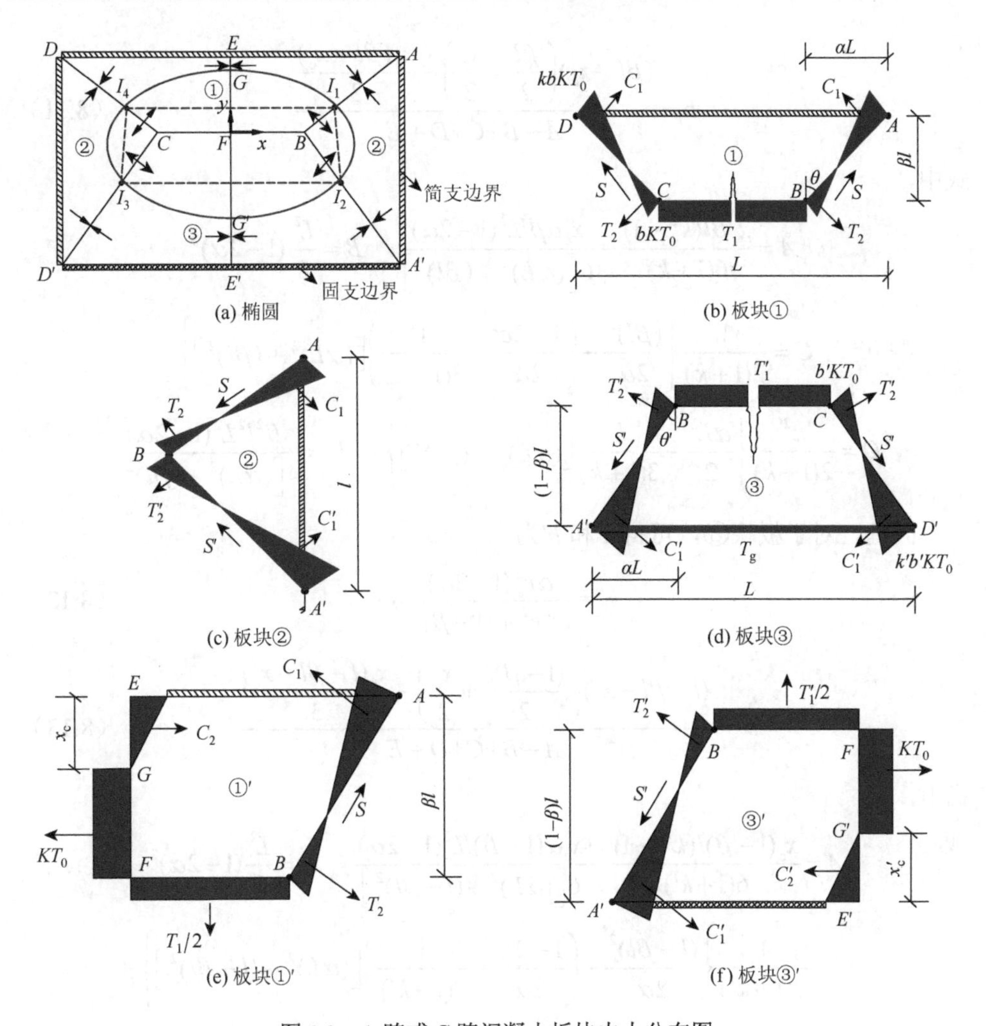

图 8.3　A 跨或 C 跨混凝土板块内力分布图

$$\sin\theta=\alpha L\Big/\sqrt{(\alpha L)^2+(\beta l)^2}\text{，}\quad \alpha=\frac{\sqrt{1+8.7417\mu r^2}-1}{5.8282\mu r^2}\text{，}\quad \beta=0.4142$$

$$\sin\theta'=\alpha L\Big/\sqrt{(\alpha L)^2+(l-\beta l)^2} \tag{8.9}$$

式中，α 和 β 为屈服线参数，即通过该两参数考虑边界条件对拉压薄膜效应区域影响。

对于板块①，关键参数 k 和 b 为

$$k=\frac{\alpha r^2(1-2\alpha)}{\alpha^2r^2+\beta^2}+1 \tag{8.10}$$

$$b=\frac{(\beta l-x_{\mathrm{c}})\left(\dfrac{\beta l}{2}+\dfrac{x_{\mathrm{c}}}{2}\right)-\dfrac{x_{\mathrm{c}}(\beta l-x_{\mathrm{c}})}{3}}{A-B+C+D+E} \tag{8.11}$$

式中，

$$A=\frac{x_{\mathrm{c}}\beta l(k^2-1)}{6(1+k)}-\frac{x_{\mathrm{c}}\alpha\beta lL^2(1-2\alpha)}{6\left[(\alpha L)^2+(\beta l)^2\right]}，\quad B=\frac{L^2}{8}(1-2\alpha)^2$$

$$C=\frac{1}{2(1+k)}\left\{\frac{(\beta l)^2}{2\alpha}-\left(\frac{1-2\alpha}{2\alpha}+\frac{1}{3(1+k)}\right)\left[(\alpha L)^2+(\beta l)^2\right]\right\}$$

$$D=\frac{k^2}{2(1+k)}\left\{\frac{\alpha L^2}{2}-\frac{k}{3(1+k)}\left[(\alpha L)^2+(\beta l)^2\right]\right\}，\quad E=\frac{\beta^2 l^2 L^2(1-2\alpha)}{4\left[(\alpha L)^2+(\beta l)^2\right]}$$

同理，对于板块③，可得 k'和 b'为

$$k'=\frac{\alpha r^2(1-2\alpha)}{\alpha^2 r^2+(1-\beta)^2}+1 \tag{8.12}$$

$$b'=\frac{(l-\beta l-x_{\mathrm{c}})\left(\dfrac{(1-\beta)l}{2}+\dfrac{x_{\mathrm{c}}}{2}\right)-\dfrac{x_{\mathrm{c}}(l-\beta l-x_{\mathrm{c}})}{3}}{A-B+C+D+E} \tag{8.13}$$

式中，

$$A=\frac{x_{\mathrm{c}}(1-\beta)l(k'^2-1)}{6(1+k')}-\frac{x_{\mathrm{c}}\alpha(1-\beta)lL^2(1-2\alpha)}{6\left[(\alpha L)^2+(l-\beta l)^2\right]}，\quad B=\frac{L^2}{8}(1-2\alpha)^2$$

$$C=\frac{1}{2(1+k')}\left\{\frac{(l-\beta l)^2}{2\alpha}-\left(\frac{1-2\alpha}{2\alpha}+\frac{1}{3(1+k')}\right)\left[(\alpha L)^2+(l-\beta l)^2\right]\right\}$$

$$D=\frac{k'^2}{2(1+k')}\left\{\frac{\alpha L^2}{2}-\frac{k'}{3(1+k')}\left[(\alpha L)^2+(l-\beta l)^2\right]\right\}，\quad E=\frac{(1-\beta)^2 l^2 L^2(1-2\alpha)}{4\left[(\alpha L)^2+(l-\beta l)^2\right]}$$

2）椭圆方程及 $EG(E'G')$

如图 8.3（a）所示，以板中心 F 为原点，建立笛卡儿坐标系，B 和 C 两点分别为椭圆焦点，可得椭圆方程为

$$\frac{(x+A_x)^2}{a_{长}^2}+\frac{(y+B_y)^2}{b_{短}^2}=1 \tag{8.14}$$

式中，

$$A_x=0，\quad b_{短}=\sqrt{a_{长}^2-\left(\frac{L}{2}-\alpha L\right)^2}$$

$$a_{长}=\frac{\sqrt{\frac{(\alpha L)^2+(\beta l)^2}{(1+k)^2}}+\sqrt{\frac{(\alpha L)^2+(l-\beta l)^2}{(1+k')^2}}+\sqrt{\left(L-\alpha L-\frac{\alpha kl}{1+k}\right)^2+\left(\frac{\beta l}{1+k}\right)^2}+\sqrt{\left(L-\alpha L-\frac{\alpha kl}{1+k'}\right)^2+\left(\frac{l-\beta l}{1+k'}\right)^2}}{4}$$

$$B_y=b_{短}-\frac{\sqrt{\frac{(\alpha L)^2+(\beta l)^2}{(1+k)^2}}+\sqrt{\left(L-\alpha L-\frac{\alpha kl}{1+k}\right)^2+\left(\frac{\beta l}{1+k}\right)^2}}{2}$$

受压薄膜区域 EG（x_c）和 $E'G'$（x_c'）分别为

$$EG=x_c=\beta l-\frac{\sqrt{\frac{(\alpha L)^2+(\beta l)^2}{(1+k)^2}}+\sqrt{\left(L-\alpha L-\frac{\alpha kl}{1+k}\right)^2+\left(\frac{\beta l}{1+k}\right)^2}}{2}\tag{8.15}$$

$$E'G'=x_c'=(l-\beta l)-\frac{\sqrt{\frac{(\alpha L)^2+(l-\beta l)^2}{(1+k')^2}}+\sqrt{\left(L-\alpha L-\frac{\alpha kl}{1+k'}\right)^2+\left(\frac{l-\beta l}{1+k'}\right)^2}}{2}\tag{8.16}$$

3）承载力提高系数

如图 8.4 所示，将板块①、②和③中的薄膜力分别对支座取矩（假设跨中竖向位移为 w），进而得到 M_{1m}、M_{2m} 和 M_{3m}，即增强系数 e_{1m}、e_{2m} 和 e_{3m}。

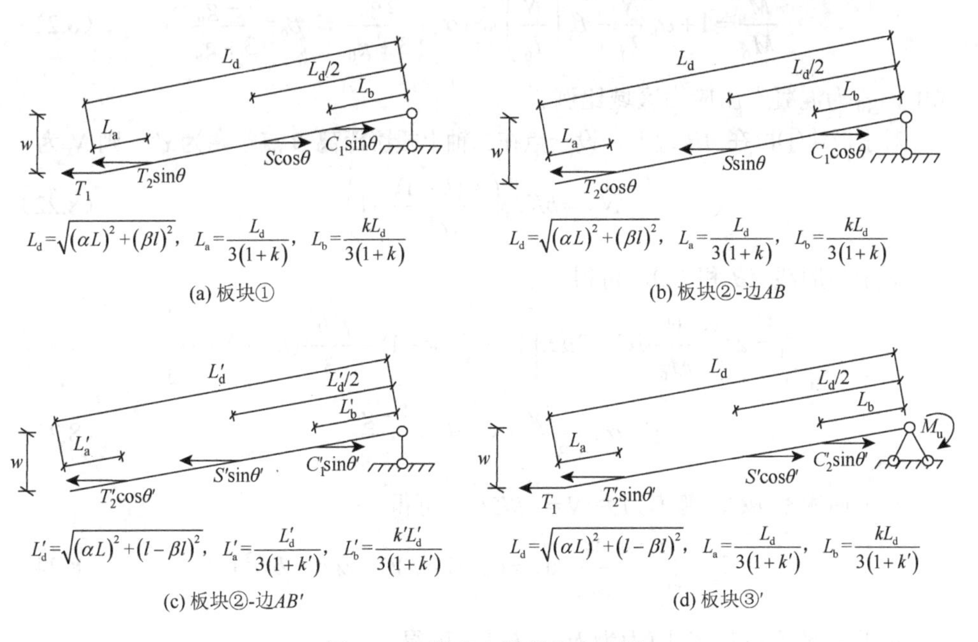

图 8.4　A 跨或 C 跨板块内力图

对于板块①，M_{1m}为

$$M_{1m} = T_1 w + 2T_2 \sin\theta w\left(1 - \frac{1}{3(k+1)}\right) - 2C_1 \sin\theta w \frac{k}{3(k+1)} - 2S\cos\theta \frac{1}{2} w \tag{8.17}$$

对于板块②，M_{2m}为

$$\begin{aligned} M_{2m} = &\left[T_2 \cos\theta\left(1 - \frac{1}{3(k+1)}\right) + T_2' \cos\theta'\left(1 - \frac{1}{3(k'+1)}\right)\right] w + (S\sin\theta + S'\sin\theta')\frac{1}{2} w \\ &- \left[C_1 \cos\theta \frac{k}{3(k+1)} + C_1' \cos\theta' \frac{k'}{3(k'+1)}\right] w \end{aligned} \tag{8.18}$$

对于板块③，M_{3m}为

$$\begin{aligned} M_{3m} = &T_1' w + 2T_2' \sin\theta' w\left(1 - \frac{1}{3(k'+1)}\right) - 2C_1' \sin\theta' w \frac{k'}{3(k'+1)} \\ &- 2S'\cos\theta \frac{1}{2} w + M_u L \end{aligned} \tag{8.19}$$

此外，根据M_{01}和M_{02}，可得增强系数e_{1m}、e_{2m}和e_{3m}，其分别为

$$e_{1m} = \frac{M_{1m}}{M_{01}L}，\quad e_{2m} = \frac{M_{2m}}{M_{02}l}，\quad e_{3m} = \frac{M_{3m}}{M_{01}L} \tag{8.20}$$

轴力作用下，板屈服线承载力计算公式为

$$\frac{M}{M_0} = 1 + \alpha_0 \frac{N}{T_0} - \beta_0\left(\frac{N}{T_0}\right)^2，\quad \alpha_0 = \frac{2g_0}{3+g_0}，\quad \beta_0 = \frac{1-g_0}{3+g_0} \tag{8.21}$$

式中，g_0为混凝土压应力区域比例。

对于板块①，在AB边上，设一点在x轴上投影距离B点距离为x'，则N_x为

$$N_{x'} = bKT_0\left(\frac{x'(k+1)}{\alpha L} - 1\right) \tag{8.22}$$

对于屈服线AB和CD，可得

$$\begin{gathered} Z_1 = 2\int_0^{\alpha L} \frac{M}{M_0} \mathrm{d}x' = 2\alpha L\left[1 + \frac{\alpha_1 b}{2}(k-1) - \frac{\beta_1 b^2}{3}(k^2 - k + 1)\right] \\ \alpha_1 = \frac{2g_1}{3+g_1}，\quad \beta_1 = \frac{1-g_1}{3+g_1} \end{gathered} \tag{8.23}$$

对于屈服线BC，薄膜力为$N = -bKT_0$，可得

$$Z_2 = \int_0^{L-2\alpha L} \frac{M}{M_0}\, \mathrm{d}x = (L - 2\alpha L)(1 - \alpha_1 b - \beta_1 b^2) \tag{8.24}$$

对于屈服线GF，薄膜力为$N = -KT_0$，可得

$$Z_3 = 2\int_0^{\frac{l}{2}-x_c} \frac{M}{M_0}\,dy = 2(\beta l - x_c)(1 - K\alpha_2 - \beta_2 K^2)$$

$$\alpha_2 = \frac{2\times g_2}{3+g_2},\quad \beta_2 = \frac{1-g_2}{3+g_2} \tag{8.25}$$

因此，增强系数 e_{1b} 为

$$e_{1b} = \frac{Z_1}{L} + \frac{Z_2}{L} + \frac{Z_3}{l} \tag{8.26}$$

对于板块②，设 AB（$A'B$）上一点在 y 轴上，投影距离 A 点为 y'处，薄膜力 $N_{y'}(N'_{y'})$为

$$N_{y'} = bKT_0\left[\frac{y'(k+1)}{\beta l} - 1\right],\quad N'_{y'} = bKT_0\left[\frac{y'(k'+1)}{(1-\beta)l} - 1\right] \tag{8.27}$$

同理，对于板块②，屈服线 $A'B$ 和 AB 弯矩贡献为

$$Y = \int_0^{\beta l} \frac{M}{M_0}\,dy' = \beta l\left[1 + \frac{\alpha_2 bK}{2}(k-1) - \frac{\beta_2 b^2 K^2}{3}(k^2 - k + 1)\right] \tag{8.28}$$

$$Y' = \int_0^{(1-\beta)l} \frac{M'}{M_0}\,dy' = (1-\beta)l\left[1 + \frac{\alpha_2 b'K}{2}(k'-1) - \frac{\beta_2 b'^2 K^2}{3}(k'^2 - k' + 1)\right] \tag{8.29}$$

增强系数 e_{2b} 为

$$e_{2b} = \frac{Y + Y'}{l} \tag{8.30}$$

对于板块③，对于屈服线 AB，B 和投影（x 轴）之间距离为 x'，薄膜力 $N_{x'}$为

$$N_{x'} = b'KT_0\left[\frac{x'(k'+1)}{\alpha L} - 1\right] \tag{8.31}$$

因此，屈服线 AB 和 CD 位置弯矩贡献为

$$Z_1' = 2\int_0^{\alpha L} \frac{M}{M_0}\,dx' = 2\alpha L\left[1 + \frac{\alpha_1 b'}{2}(k'-1) - \frac{\beta_1 b'^2}{3}(k'^2 - k' + 1)\right] \tag{8.32}$$

对于屈服线 BC，薄膜力 $N = -bKT_0$，可得

$$Z_2' = \int_0^{L-2\alpha L} \frac{M}{M_0}\,dx = (L - 2\alpha L)(1 - \alpha_1 b' - \beta_1 b'^2) \tag{8.33}$$

对于屈服线 $G'F'$，薄膜力 $N = -KT_0$，可得

$$Z_3' = 2\int_0^{\frac{l}{2}-x_c'} \frac{M}{M_0}\,dy = 2(l - \beta l - x_c')(1 - K\alpha_2' - \beta_2' K^2) \tag{8.34}$$

增强系数 e_{3b} 为

$$e_{3b} = \frac{Z_1'}{L} + \frac{Z_2'}{L} + \frac{Z_3'}{l} \tag{8.35}$$

板块局部坐标和关键参数如图 8.5 所示。

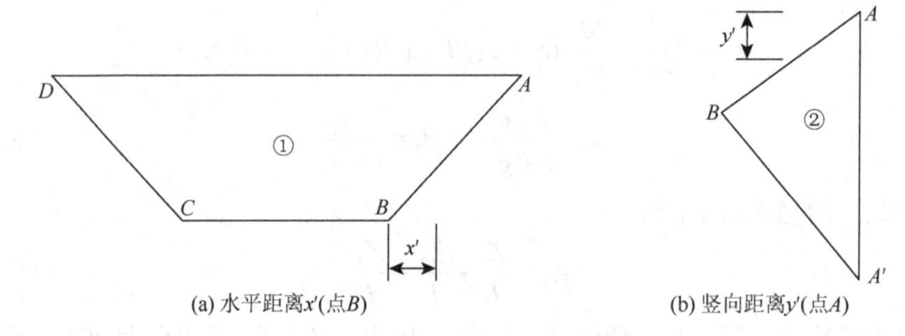

(a) 水平距离x'(点B)　　(b) 竖向距离y'(点A)

图 8.5　板块局部坐标和关键参数

对于边跨，其增强系数e_1、e_2和e_3为

$$e_1 = e_{1\mathrm{m}} + e_{1\mathrm{b}}\,,\quad e_2 = e_{2\mathrm{m}} + e_{2\mathrm{b}}\,,\quad e_3 = e_{3\mathrm{m}} + e_{3\mathrm{b}} \tag{8.36}$$

对于混凝土边跨，由表 8.1 可知，其经典屈服线荷载为

$$P_{\mathrm{y,边跨}} = \frac{6m_1}{3-2\alpha}\left[\frac{1}{\beta l^2} + \frac{1}{(1-\beta)l^2} + \frac{2\lambda}{\alpha L^2}\right] \tag{8.37}$$

根据等效原理，可得边跨极限荷载为

$$P_{\mathrm{y,边跨}}\left(e_1 L + 2e_2 l + e_3 L\right) = P_{\mathrm{limit}}\left(2L + 2l\right) \tag{8.38}$$

即

$$\frac{P_{\mathrm{limit}}}{P_{\mathrm{y,边跨}}} = e = e_1\left(\frac{L}{2L+2l}\right) + e_2\left(\frac{l}{L+l}\right) + e_3\left(\frac{L}{2L+2l}\right) \tag{8.39}$$

2. B 跨（边界条件Ⅱ）

如图 8.6 所示，对于板块①，计算其承载力提高系数$e_{1\mathrm{m}}$时，仅考虑负弯矩M_u影响，不考虑支座处水平拉力T_g影响。

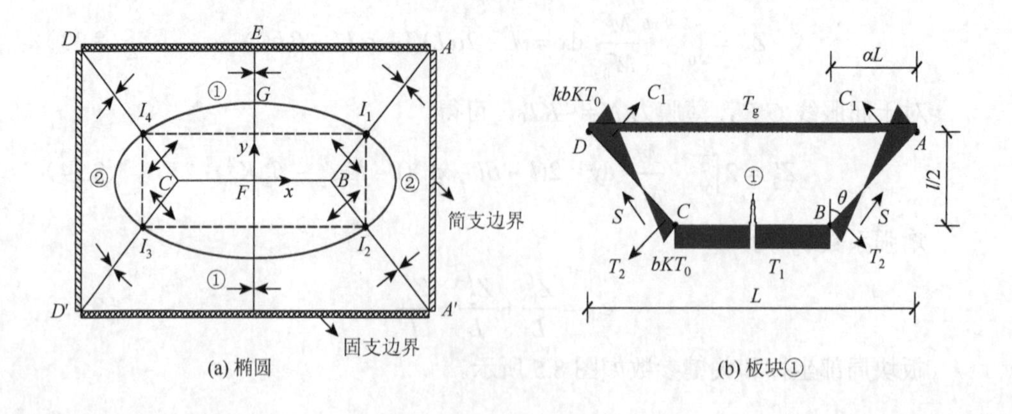

(a) 椭圆　　(b) 板块①

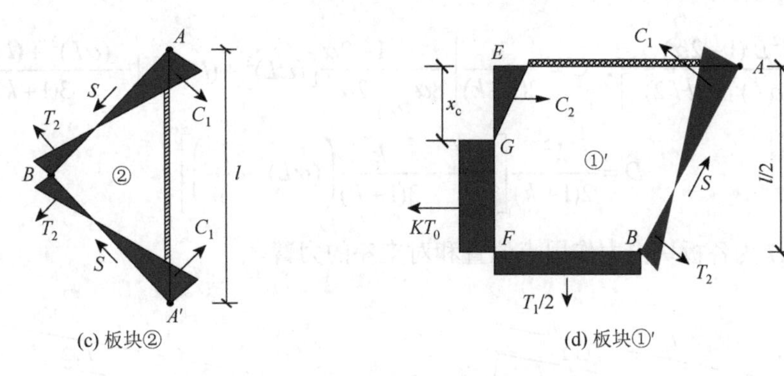

(c) 板块②　　(d) 板块①′

图 8.6　B 跨混凝土板块内力分布图

对于中跨，板块①的 θ 角为

$$\sin\theta = \alpha L \Big/ \sqrt{(\alpha L)^2 + \left(\frac{l}{2}\right)^2}\,,\quad \alpha = \left(\sqrt{1+6r^2}-1\right)\big/(4r^2)\,,\quad \beta = 0.5 \tag{8.40}$$

由于对称性，椭圆方程定义为

$$\frac{\left(x+A_x\right)^2}{a_{\mathrm{R}}^2} + \frac{\left(y+B_y\right)^2}{b_{\mathrm{V}}^2} = 1 \tag{8.41}$$

式中，

$$A_x = 0\,,\quad B_y = 0\,,\quad a_{\mathrm{R}} = \sqrt{b_{\mathrm{V}}^2 + \left(\frac{L}{2} - \alpha L\right)^2}$$

$$b_{\mathrm{V}} = \frac{\sqrt{\dfrac{(\alpha L)^2 + (l/2)^2}{(1+k)^2}} + \sqrt{\left(L - \alpha L - \dfrac{\alpha k l}{1+k}\right)^2 + \left[\dfrac{l}{2(1+k)}\right]^2}}{2}$$

类似地，两个参数 k 和 b 为

$$k = \frac{4\alpha r^2(1-2\alpha)}{4\alpha^2 r^2 + 1} + 1\,,\quad b = \frac{\left(\dfrac{l}{2} - x_{\mathrm{c}}\right)\left(\dfrac{l}{4} + \dfrac{x_{\mathrm{c}}}{2}\right) - \dfrac{x_{\mathrm{c}}(l - 2x_{\mathrm{c}})}{6}}{A - B + C + D + E} \tag{8.42}$$

式中，

$$A = \frac{x_{\mathrm{c}}(k^2 l - l)}{12(1+k)} - \frac{x_{\mathrm{c}}\alpha l L^2(1-2\alpha)}{12\left[(\alpha L)^2 + (l/2)^2\right]}\,,\quad B = \frac{1}{2}\left(\frac{L}{2} - \alpha L\right)^2$$

$$E=\frac{l^2L^2(1-2\alpha)}{16\left[(\alpha L)^2+(l/2)^2\right]},\quad C=\frac{1}{2(1+k)}\left[\frac{l^2}{8\alpha}-\frac{1-2\alpha}{2\alpha}\left[(\alpha L)^2+(l/2)^2\right]-\frac{(\alpha L)^2+(l/2)^2}{3(1+k)}\right]$$

$$D=\frac{k^2}{2(1+k)}\left[\frac{\alpha L^2}{2}-\frac{k}{3(1+k)}\left((\alpha L)^2+\frac{l^2}{4}\right)\right]$$

图 8.7 为各板块内力作用点位置和对支座的力臂。

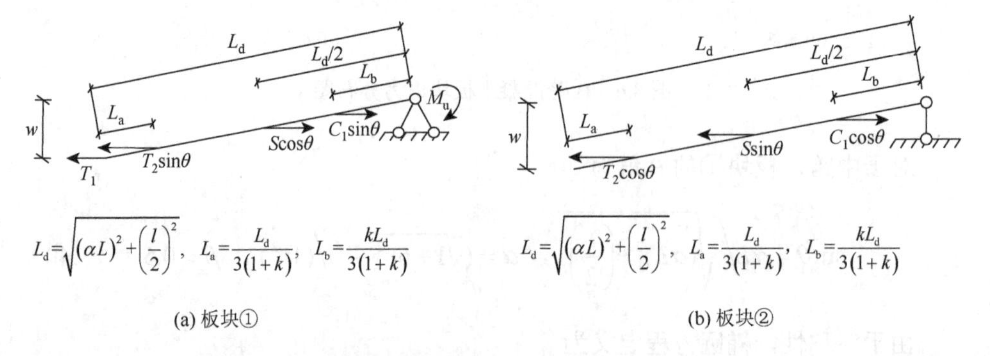

(a) 板块①　　(b) 板块②

图 8.7　各板块内力作用点位置和对支座的力臂

对于板块①和②，弯矩为

$$\begin{aligned}M_{1\mathrm{m}}&=T_1w+2T_2\sin\theta w\left(1-\frac{1}{3(k+1)}\right)-2C_1\sin\theta w\frac{k}{3(k+1)}-2S\cos\theta\frac{1}{2}w+M_uL\\&=KT_0Lbw\left\{(1-2\alpha)+\frac{\alpha(3k+2)}{3(1+k)^2}-\frac{\alpha k^3}{3(1+k)^2}-\frac{l^2(1-2\alpha)}{8\left[(\alpha L)^2+\left(\frac{l}{2}\right)^2\right]}\right\}+M_uL\end{aligned}\tag{8.43}$$

$$\begin{aligned}M_{2\mathrm{m}}&=2T_2\cos\theta w\left[1-\frac{1}{3(k+1)}\right]+2S\sin\theta\frac{1}{2}w-2C_1\cos\theta\frac{k}{3(k+1)}\\&=KT_0lbw\left\{\frac{2+3k}{6(1+k)^2}-\frac{k^3}{6(1+k)^2}+\frac{\alpha L^2(1-2\alpha)}{4\left[(\alpha L)^2+\left(\frac{l}{2}\right)^2\right]}\right\}\end{aligned}\tag{8.44}$$

可得

$$e_{1\mathrm{m}}=\frac{M_{1\mathrm{m}}}{M_{01}L}=\frac{4Kb}{3+g_1}\frac{\omega}{d_1}\left\{1-2\alpha+\frac{\alpha(2-k)}{3}-\frac{l^2(1-2\alpha)}{8\left[(\alpha L)^2+\left(\frac{l}{2}\right)^2\right]}\right\}+\frac{M_u}{M_{01}}\tag{8.45}$$

$$e_{2m}=\frac{M_{2m}}{M_{02}l}=\frac{4b}{3+g_2}\frac{\omega}{d_2}\left\{\frac{2-k}{6}+\frac{\alpha L^2(1-2\alpha)}{4\left[(\alpha L)^2+\left(\frac{l}{2}\right)^2\right]}\right\} \tag{8.46}$$

对于板块①和②，定义 Z_1、Z_2 和 Z_3 为

$$Z_1=2\int_0^{\alpha L}\frac{M}{M_0}\mathrm{d}x=2\alpha L\left[1+\frac{\alpha_1 b}{2}(k-1)-\frac{1}{3}\beta_1 b^2(k^2-k+1)\right] \tag{8.47}$$

$$Z_2=\int_0^{L-2\alpha L}\frac{M}{M_0}\mathrm{d}x=(L-2\alpha L)(1-\alpha_1 b-\beta_1 b^2) \tag{8.48}$$

$$Z_3=2\int_0^{\frac{l}{2}-x_c}\frac{M}{M_0}\mathrm{d}y=2\left(\frac{l}{2}-x_c\right)(1-K\alpha_2-\beta_2 K^2) \tag{8.49}$$

对于板块①和②，增强系数定义为

$$e_{1b}=\frac{Z_1}{L}+\frac{Z_2}{L}+\frac{Z_3}{l}\text{，}\quad e_{2b}=1+\frac{\alpha_2 bK}{2}(k-1)-\frac{\beta_2 b^2K^2}{3}(k^2-k+1) \tag{8.50}$$

增强系数 e_1 和 e_2 为

$$e_1=e_{1m}+e_{1b}\text{，}\quad e_2=e_{2m}+e_{2b} \tag{8.51}$$

对于中跨，根据表 8.1，可知

$$P_{y,中间跨}=\frac{12m_1}{3-2\alpha}\left(\frac{2}{l^2}+\frac{\lambda}{\alpha L^2}\right) \tag{8.52}$$

根据等效原理，提出

$$P_{y,中间跨}(2e_1L+2e_2l)=P_{limit}(2L+2l) \tag{8.53}$$

即

$$\frac{P_{limit}}{P_{y,中间跨}}=e=e_1\left(\frac{L}{L+l}\right)+e_2\left(\frac{l}{L+l}\right) \tag{8.54}$$

可得极限承载力 P_{limit} 为

$$P_{limit}=e\times P_{y,中间跨} \tag{8.55}$$

值得指出的是，对于其他边界条件（表 8.1），可参考上述方法，确定椭圆焦点和各板块承载力提高系数，建立大变形工况下混凝土双向板的拉压薄膜效应区域和极限承载力计算理论，具体不再赘述。

8.5　极限承载力分析

本书采用传统塑性铰线（屈服线）理论、钢筋应变差方法、简支椭圆方法、修正椭圆方法及冲切理论等方法，结合灾后钢筋（混凝土）材料模型，对上述灾

后混凝土连续板（S-PF、B-PF 和 C-PF 系列）各跨剩余承载力及拉-压薄膜效应区域进行分析，并与试验结果进行对比。

1. 板 S-PF

5 块为火灾后试验板（编号分别为 S1-PF、S2-PF、S3-PF、S4-PF 和 S5-PF），1 块为常温板（编号为 S0），试验板具体信息见第 7 章，不再赘述。

如表 8.2 所示，采用简支屈服线理论、钢筋应变差方法、简支椭圆方法和冲切理论等对灾后试验板各跨极限承载力进行分析。计算时，钢筋和混凝土最大经历温度采用试验数据，确定其灾后材料剩余强度值。此外，对于冲切理论，本书采用截面等效抗拉（压）强度。

表 8.2　试验板极限荷载理论计算值与试验值对比

板	跨	试验	简支椭圆方法		简支屈服线理论		钢筋应变差方法	
		P_u/kN	P_{limit}/kN	P_{limit}/P_u	P_y/kN	P_y/P_u	P_s/kN	P_s/P_u
S0	A	164	140.60	0.86	94.1	0.57	148.39	0.90
	B	164	141.42	0.86	94.8	0.58	147.3	0.90
	C	160	140.60	0.88	94.1	0.59	148.39	0.93
S1-PF	A	142	114.82	0.81	80.5	0.57	126.91	0.89
	B	153	137.19	0.90	94.7	0.62	147.25	0.96
	C	131	137.96	1.05	94.1	0.72	148.36	1.13
S2-PF	A	117	136.78	1.17	94.1	0.80	148.35	1.27
	B	112	106.49	0.95	76.2	0.68	118.49	1.06
	C	194.5	136.95	0.70	94.1	0.48	148.35	0.76
S3-PF	A	161	117.34	0.73	81.4	0.51	128.23	0.80
	B	161	137.87	0.86	94.1	0.58	146.23	0.91
	C	180.3	107.24	0.60	77.1	0.43	121.48	0.67
S4-PF	A	186	112.73	0.61	79.8	0.43	125.79	0.68
	B	93.4	113.58	1.22	80.5	0.86	125	1.34
	C	109.5	136.45	1.24	84.1	0.77	148.34	1.35
S5-PF	A	143	112.54	0.79	79.7	0.56	125.72	0.88
	B	144	118.31	0.82	81.9	0.57	127.37	0.88
	C	136.7	111.92	0.82	79.6	0.58	125.38	0.92

由表 8.2 可知，屈服线理论 P_y 计算值偏于保守，均值和变异系数分别为 0.61 和 0.20，原因是忽略薄膜效应影响。另外，对于简支椭圆方法 P_{limit} 和钢筋应变差

方法 P_s，由于考虑受拉薄膜效应影响，理论计算值相对较好，均值（变异系数）分别为 0.88（0.21）和 0.96（0.21）。由于忽略支座负弯矩作用，两者所得剩余承载力计算值略小，这一点有待改进。

对于冲切理论，中国规范所得承载力计算值相对偏高，EC4 规范所得承载力计算值最小（过于保守），ACI 规范所得承载力居中，计算值和试验值比值均值（变异系数）分别为 1.45（0.37）、0.70（0.21）和 1.07（0.22）。原因是中国规范、ACI 规范和 EC4 规范所用冲切承载力计算公式中，承载力与混凝土抗拉强度关系分别为 1 次幂、1/2 次幂和 1/3 次幂，可见 ACI 规范冲切模型相对较为合理，如表 8.3 所示。

表 8.3　试验板冲切理论计算值与试验值对比

板	跨	试验	冲切理论					
			中国规范		EC4		ACI	
		P_u/kN	P_p/kN	P_p/P_u	P_p/kN	P_p/P_u	P_p/kN	P_p/P_u
S0	A	164	294.07	1.79	109.55	0.67	174.42	1.06
	B	164	294.07	1.79	109.55	0.67	174.42	1.06
	C	160	294.07	1.84	109.55	0.68	174.42	1.09
S1-PF	A	142	137.39	0.97	91.78	0.65	133.76	0.94
	B	153	268.87	1.76	107.53	0.70	169.61	1.11
	C	131	285.73	2.18	108.8	0.83	172.64	1.32
S2-PF	A	117	272.04	2.33	107.77	0.92	170.18	1.45
	B	112	173.94	1.55	97.65	0.87	146.78	1.31
	C	194.5	285.46	1.47	107.78	0.55	172.59	0.89
S3-PF	A	161	165.21	1.03	96.11	0.60	143.34	0.89
	B	161	222.93	1.38	103.81	0.64	160.89	1.00
	C	180.3	135.44	0.75	91.51	0.51	133.16	0.74
S4-PF	A	186	135.68	0.73	91.61	0.49	133.37	0.72
	B	93.4	119.92	1.28	88.28	0.95	126.16	1.35
	C	109.5	263.28	2.40	107.12	0.98	168.64	1.54
S5-PF	A	143	131.67	0.92	90.62	0.63	131.22	0.92
	B	144	123.39	0.86	89.62	0.62	129.06	0.90
	C	136.7	135.38	0.99	91.28	0.67	132.66	0.97

2. 板 B-PF

表 8.4 为试验板各跨灾后混凝土截面等效抗压强度（f_{cp}）、抗拉强度（f_{tp}）、钢筋残余屈服强度（f_{yp}）和抗拉强度（f_{up}）。采用经典屈服线理论、钢筋应变差方法、

冲切理论和简支椭圆方法对试验板极限承载力进行对比分析，如表 8.5 和表 8.6 所示。

表 8.4　火灾后试验板材料性能

板	跨	长跨	短跨	f_{cp}/MPa	f_{tp}/MPa
		f_{yp}/f_{up}/MPa	f_{yp}/f_{up}/MPa		
B1-PF	A	373/427	387/444	13.1	2.0
	B	366/420	379/434	11.6	1.7
	C	374/428	386/443	13.2	1.8
B2-PF	A	372/427	386/442	14.2	2.2
	B	384/440	397/455	14.2	2.0
	C	366/419	382/438	8.8	1.6
B3-PF	A	370/424	388/445	10.7	1.7
	B	379/434	390/447	7.6	1.7
	C	383/439	405/464	9.5	1.8
B4-PF	A	376/431	389/446	10.7	1.7
	B	379/434	390/447	10.6	1.6
	C	383/439	405/464	13.4	1.8

表 8.5　混凝土板极限承载力计算值与试验值

板	跨	P_{test}/kN	P_{limit}					
			屈服线理论	钢筋应变差方法	冲切理论			简支椭圆方法
					中国规范	EC4	ACI	
B1-PF	A	180.00	150.12	151.13	141.53	114.03	136.67	198.76
	B	164.00	154.02	150.26	136.30	112.73	134.34	204.47
	C	146.00	150.56	151.57	131.54	111.92	132.90	199.32
B2-PF	A	209.80	150.17	295.75	179.06	151.49	147.97	198.81
	B	238.90	156.89	298.37	167.06	149.52	145.10	208.31
	C	190.00	146.67	288.37	142.07	142.13	134.48	194.18
B3-PF	A	330.00	307.63	309.02	148.93	144.97	138.53	407.28
	B	228.90	286.60	278.82	140.21	143.60	136.57	380.63
	C	242.80	295.84	297.21	173.15	150.30	146.23	391.69
B4-PF	A	120.00	164.11	165.20	184.57	122.38	151.96	217.29
	B	216.00	154.31	150.53	122.96	109.93	129.35	204.86
	C	139.31	155.34	156.38	156.63	116.98	142.00	205.70

表 8.6　混凝土板极限承载力计算值与试验值比值

板	跨	P_{limit}/P_{test}					
		屈服线理论	钢筋应变差方法	冲切理论			简支椭圆方法
				中国规范	EC4	ACI	
B1-PF	A	0.84	0.84	0.79	0.63	0.76	1.11
	B	0.94	0.92	0.83	0.69	0.82	1.25
	C	1.04	1.04	0.90	0.77	0.91	1.37
B2-PF	A	0.72	1.41	0.85	0.72	0.71	0.95
	B	0.66	1.25	0.70	0.63	0.61	0.87
	C	0.77	1.52	0.75	0.75	0.71	1.03
B3-PF	A	0.94	0.94	0.45	0.44	0.42	1.23
	B	1.25	1.22	0.61	0.63	0.60	1.67
	C	1.22	1.22	0.71	0.62	0.60	1.61
B4-PF	A	1.37	1.38	1.54	1.02	1.27	1.81
	B	0.71	0.69	0.57	0.51	0.60	0.95
	C	1.12	1.13	1.12	0.84	1.02	1.48

由表可知，屈服线理论计算所得 P_{limit}/P_{test} 平均比值为 0.97；钢筋应变差方法计算所得 P_{limit}/P_{test} 平均比值为 1.14；三种不同冲切理论计算所得 P_{limit}/P_{test} 平均比值分别为 0.83、0.69、0.76；简支椭圆方法计算所得 P_{limit}/P_{test} 平均比值为 1.29。值得指出的是，本书方法计算值略高，原因是应力（应变）集中、黏结滑移和集中加载，其灾后板受拉薄膜效应发展不充分。通过考虑黏结滑移效应，计算结果有所改进。

与试验结果相比，屈服线理论和冲切理论计算值略偏于保守，可用于确定灾后板极限承载力下限；简支椭圆方法计算值略高于试验值，可用于确定灾后板剩余极限承载力上限。

3. 板 C-PF

表 8.7 和表 8.8 给出了连续板各跨剩余承载力试验值 P_{test} 和各理论计算值对比情况；具体地，塑性铰线理论计算值（简支屈服线板理论计算值 P_y、不同边界塑性铰线理论计算值 P_y^*）、钢筋应变差方法计算值 P_s、冲切理论计算值（中国规范 P_C、美国规范 P_A 和加拿大规范 P_J）、简支双向板椭圆理论计算值 P_e 和本节椭圆理论计算值 P_e^*。

由表可知，P_y/P_{test}（P_s/P_{test}、P_e/P_{test}）均值和变异系数分别为 0.472 和 0.082（0.740 和 0.087、0.806 和 0.083），可知经典屈服线理论计算结果最为保守；由于考虑受拉薄膜效应影响，钢筋应变差方法和简支椭圆方法计算值略大；但由于其忽略边界负弯矩作用，计算值略小。此外，P_y^*/P_{test} 和 P_e^*/P_{test} 的均值（变异系数）分别为 0.652（0.123）和 0.966（0.094），可知由于考虑负弯矩作用和受拉薄膜效应，计算值相对合理，与试验值吻合较好。

表 8.7　常温及灾后连续板各跨承载力试验值和计算值

板	跨	P_{test}/kN	P_y/kN	P_y^*/kN	P_s/kN	P_e/kN	P_e^*/kN
C0	A	104	49.94	64.75	78.62	85.41	99.27
	B	110	50.27	79.11	78.50	85.14	96.84
	C	106	49.94	64.75	78.62	85.41	99.27
C3-PF	A	104	43.91	56.93	69.15	75.16	73.67
	B	80	43.77	68.88	68.56	74.27	87.30
	C	88	41.03	53.19	64.59	70.20	81.56
C4-PF	A	84	44.60	57.82	70.28	76.43	88.70
	B	96	—	—	—	—	—
	C	92	43.71	56.86	68.54	74.38	89.97
C5-PF	A	92	44.39	57.55	69.93	76.03	88.27
	B	98	44.27	69.66	69.13	75.01	85.27
	C	—	—	—	—	—	—
C6-PF	A	88	44.07	57.13	69.42	75.48	87.63
	B	114	46.73	73.54	73.01	79.28	90.01
	C	106	46.98	60.91	74.01	80.48	93.42

表 8.8　常温及灾后连续板各跨承载力试验值和计算值对比

板	跨	P_y/P_{test}	P_y^*/P_{test}	P_s/P_{test}	P_e/P_{test}	P_e^*/P_{test}
C0	A	0.480	0.623	0.756	0.821	0.956
	B	0.457	0.719	0.714	0.774	0.991
	C	0.471	0.611	0.742	0.806	0.938
C3-PF	A	0.422	0.547	0.640	0.723	0.810
	B	0.547	0.861	0.857	0.928	1.187
	C	0.466	0.604	0.734	0.798	0.928
C4-PF	A	0.531	0.688	0.837	0.910	1.058
	B	—	—	—	—	—
	C	0.475	0.618	0.745	0.808	0.980

续表

板	跨	P_y/P_{test}	P_y^*/P_{test}	P_s/P_{test}	P_e/P_{test}	P_e^*/P_{test}
C5-PF	A	0.483	0.626	0.760	0.826	0.961
	B	0.452	0.711	0.705	0.765	0.980
	C	—	—	—	—	—
C6-PF	A	0.501	0.649	0.789	0.858	0.997
	B	0.410	0.645	0.640	0.695	0.889
	C	0.443	0.575	0.698	0.759	0.883

表 8.9 为各冲切理论计算值与试验值对比情况。对于冲切理论，P_C/P_{test}（P_A/P_{test}、P_J/P_{test}）的均值及变异系数分别为 0.738 和 0.081（0.695 和 0.085、0.529 和 0.085），对比可知各冲切理论计算值偏于保守，可用于灾后连续板剩余冲切承载力评估。

表 8.9　不同规范所得混凝土板各跨冲切承载力计算值

板	跨	P_{test}/kN	P_C/kN	P_A/kN	P_J/kN	P_C/P_{test}	P_A/P_{test}	P_J/P_{test}
C0	A	104	83.92	72.67	55.39	0.807	0.700	0.533
	B	110	83.92	72.67	55.39	0.763	0.661	0.504
	C	106	83.92	72.67	55.39	0.792	0.686	0.523
C3-PF	A	104	69.34	66.14	50.35	0.667	0.636	0.484
	B	80	64.44	63.76	48.54	0.806	0.797	0.607
	C	88	66.80	64.92	49.42	0.759	0.738	0.562
C4-PF	A	84	65.80	64.43	49.05	0.783	0.767	0.584
	B	96	—	—	—	—	—	—
	C	92	65.88	64.47	49.08	0.716	0.701	0.533
C5-PF	A	92	67.70	65.25	49.75	0.736	0.710	0.541
	B	98	71.14	66.99	51.00	0.726	0.684	0.520
	C	—	—	—	—	—	—	—
C6-PF	A	88	67.18	65.10	49.56	0.763	0.740	0.563
	B	114	69.40	66.17	50.37	0.609	0.580	0.442
	C	106	70.88	66.87	50.90	0.669	0.631	0.480

表 8.10 给出了钢筋应变差方法和修正椭圆方法所得关键参数。由表可知，坐

标参数变化相对较小，原因是两方法主要取决于板格尺寸，这一点有待改进。此外，受压薄膜效应区域在边界有一定宽度，试验现象也证明了这一点的合理性。

表 8.10　修正椭圆法所得关键参数

板	跨	钢筋应变差方法		修正椭圆方法					
				边跨				中跨	
		x_0/mm	y_0/mm	$I_1(x_1, y_1)$	$I_2(x_2, y_2)$	x_c/mm	x_c'/mm	$I_1(x_0, y_0)$	x_c/mm
C0-PF～C6-PF	A/C	372.23	230.29	(577, 231)	(596, 355)	69.592	221.909	—	—
	B	382.99	221.79	—	—	—	—	(554, 290)	127.626

图 8.8 为修正椭圆方法（椭圆）和钢筋应变差方法（矩形）所得连续板各板格拉压薄膜效应区域和钢筋屈服区域计算结果。

对于修正椭圆方法，其板顶混凝土压碎区域均在椭圆外围，椭圆区域内部均为受拉裂缝。对于板底，45°斜裂缝基本在椭圆外侧，板底椭圆区域内存在大量受拉裂缝。上述两点验证了椭圆方法计算的合理性。此外，对比椭圆可知，边界条件对椭圆区域有一定影响；保守起见，可采用椭圆方法对连续板各板格拉压薄膜效应区域进行分析。

对于钢筋应变差方法，其所得钢筋屈服区域相对较小，原因是未考虑混凝土与钢筋间黏结滑移、灾后材料间黏结性能降低和应力集中等行为，这一点有待改进。

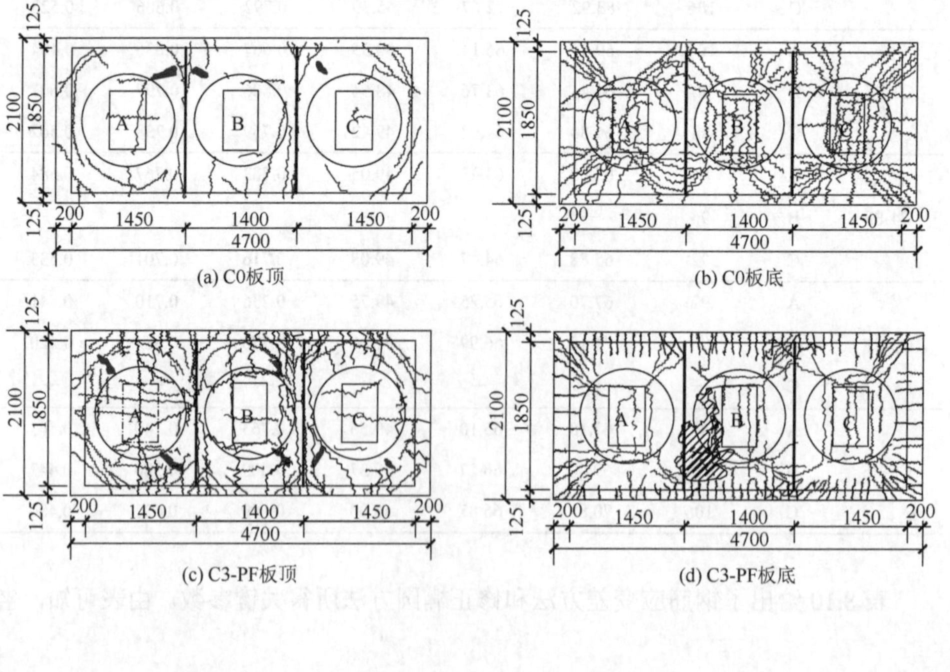

(a) C0板顶　　(b) C0板底

(c) C3-PF板顶　　(d) C3-PF板底

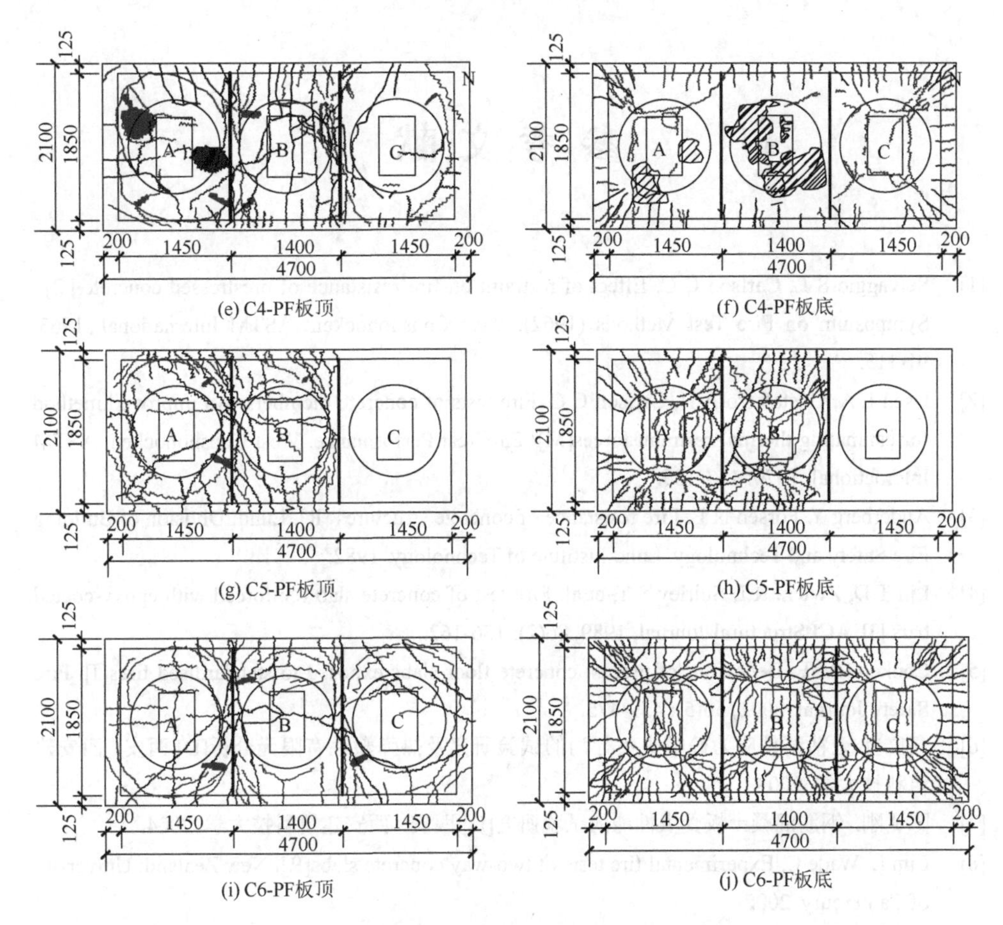

图 8.8　灾后连续板各板格薄膜效应区域对比（单位：mm）

总之，当混凝土双向板的跨厚比小于 15 时，其受拉薄膜效应发展不充分，可采用经典屈服线理论进行极限承载力分析，采用椭圆方法所得极限承载力相对偏高，且不保守。此外，当跨厚比大于 30 时，可采用简支椭圆方法或修正椭圆方法对其极限承载力进行分析。

参 考 文 献

[1] Selvaggio S L, Carlson C C. Effect of restraint on fire resistance of prestressed concrete [C]// Symposium on Fire Test Methods (1962). West Conshohocken: ASTM International, 1963: 91-115.

[2] Issen L A, Gustaferro A H, Carlson C C. Fire tests of concrete members: An improved method for estimating thermal restraint forces[M]//Fire Test Performance. West Conshohocken: ASTM International, 1970: 153-185.

[3] Anderberg Y, Forsén N E. Fire resistance of concrete structures [R]. Lund: Division of Building Fire Safety and Technology, Lund Institute of Technology, 1982.

[4] Lin T D, Zwiers R I, Shirley S T, et al. Fire test of concrete slab reinforced with epoxy-coated bars [J]. ACI Structural Journal, 1989, 86(2): 156-162.

[5] Cooke G M E. Behaviour of precast concrete floor slabs exposed to standardised fires[J]. Fire Safety Journal, 2001, 36(5): 459-475.

[6] 高立堂.无粘结预应力砼板火灾行为的试验研究及热弹塑性有限元分析[D].西安：西安建筑科技大学, 2003.

[7] 陈礼刚. 钢筋混凝土板受火性能的试验研究[D].西安：西安建筑科技大学, 2004.

[8] Lim L, Wade C. Experimental fire tests of two-way concrete slabs[R]. New Zealand: University of Canterbury, 2002.

[9] 韩金生，董毓利，徐赵东，等. 简支组合楼板的火灾试验研究[J]. 特种结构, 2007, 24(2): 70-73, 79.

[10] 侯晓萌. 预应力混凝土梁板抗火性能与抗火设计方法研究[D]. 哈尔滨：哈尔滨工业大学, 2009.

[11] Yuan A M, Dong Y L, Gao L T. Behavior of unbonded prestressed continuous concrete slabs with the middle and edge span subjected to fire in sequence[J]. Fire Safety Journal, 2013, 56: 20-29.

[12] Bailey C G, Toh W S. Behaviour of concrete floor slabs at ambient and elevated temperatures[J]. Fire Safety Journal, 2007, 42(6/7): 425-436.

[13] Bailey C G, Toh W S. Small-scale concrete slab tests at ambient and elevated temperatures[J]. Engineering Structures, 2007, 29(10): 2775-2791.

[14] 李国强，张娜思. 组合楼板受火薄膜效应试验研究[J].土木工程学报, 2010, 43(3): 24-31.

[15] 范圣刚，李泽宁，魏红召，等. 火灾下压型钢板混凝土组合楼板薄膜效应试验研究[J]. 防灾减灾工程学报, 2015, 35(1): 44-50.

[16] 朱崇绩. 足尺钢筋混凝土双向板抗火性能研究[D]. 哈尔滨：哈尔滨工业大学, 2012.

[17] Tan K H, Nguyen T T. Experimental and numerical evaluation of composite floor systems under fire conditions[J].Journal of Constructional Steel Research, 2015, 105: 86-96.

[18] Nguyen T T, Tan K H, Burgess I W. Behaviour of composite slab-beam systems at elevated temperatures: Experimental and numerical investigation[J]. Engineering Structures, 2015, 82: 199-213.

[19] Nguyen T T, Tan K H. Behaviour of composite floors with different sizes of edge beams in fire[J]. Journal of Constructional Steel Research, 2017, 129: 28-41.

[20] 周航. 钢纤维混凝土板抗火性能研究[D]. 南京: 东南大学, 2022.

[21] Lennon T. Cardington fire tests: Instrumentation locations for large compartment fire test [R]. Watford: Building Research Establishment, 1996.

[22] Yang Z N, Dong Y L, Xu W J. Fire tests on two-way concrete slabs in a full-scale multi-storey steel-framed building[J]. Fire Safety Journal, 2013, 58: 38-48.

[23] Wang Y, Dong Y L, Li B, et al. A fire test on continuous reinforced concrete slabs in a full-scale multi-story steel-framed building[J]. Fire Safety Journal, 2013, 61: 232-242.

[24] 李兵, 董毓利, 娄永杰, 等. 足尺钢框架中连续板格火灾实验研究[J].工程力学, 2015, 32(1): 145-153.

[25] 杨志年, 董毓利, 吕俊利, 等. 整体结构中钢筋混凝土双向板火灾试验研究[J].建筑结构学报, 2012, 33(9): 96-103.

[26] 王勇.钢框架结构中 2×2 区格连续混凝土板抗火性能研究[D].哈尔滨: 哈尔滨工业大学, 2013.

[27] Chung C H, Im C R, Park J. Structural test and analysis of RC slab after fire loading[J]. Nuclear Engineering and Technology, 2013, 45(2): 223-236.

[28] 王新堂, 童海伦, 徐金灿. 薄壁钢桁架-轻骨料混凝土叠合板火灾后受力性能试验研究[J]. 自然灾害学报, 2016, 25(2): 127-138.

[29] 许清风, 陈玲珠, 韩重庆, 等.带约束预制混凝土叠合板受火后抗弯性能的试验研究[J].土木工程学报, 2018, 51(11): 95-103.

[30] Hajiloo H, Green M F. Post-fire residual properties of GFRP reinforced concrete slabs: A holistic investigation[J]. Composite Structures, 2018, 201: 398-413.

[31] Gooranorimi O, Claure G, De Caso F, et al. Post-fire behavior of GFRP bars and GFRP-RC slabs[J]. Journal of Materials in Civil Engineering, 2018, 30(3): 04017296.

[32] Gao W Y, Wang T C, Hu K X. Flexural behavior of fire-damaged RC slabs strengthened with basalt fabric-reinforced engineered cementitious composite (ECC)[J]. Advances in Engineered Cementitious Composites, 2022: 287-318.

[33] 赵考重, 胡云哲, 张涛. 单向简支钢筋桁架混凝土叠合板抗火性能试验研究[J]. 建筑结构, 2023, 53(19): 13-18.

[34] Du L P, Ji X P, Wang Y X, et al. Experimental study on thermal behaviors of two-layered functionally graded concrete slabs subjected to fire[J]. Engineering Structures, 2023, 297: 117047.

[35] Huang Z H. The behaviour of reinforced concrete slabs in fire[J]. Fire Safety Journal, 2010,

45(5): 271-282.

[36] Lim L, Buchanan A, Moss P, et al. Numerical modelling of two-way reinforced concrete slabs in fire[J]. Engineering Structures, 2004, 26(8): 1081-1091.

[37] 陈适才，任爱珠，王静峰，等. 钢筋混凝土楼板火灾反应数值计算模型[J]. 工程力学, 2008, 25(3): 107-112.

[38] 唐贵和，黄金林. 钢筋混凝土双向板耐火性能研究[J]. 中南大学学报(自然科学版), 2012, 43(7): 2827-2832.

[39] Ellobody E, Bailey C G. Structural performance of a post-tensioned concrete floor during horizontally travelling fires[J]. Engineering Structures, 2011, 33(6): 1908-1917.

[40] 王勇，董毓利，袁广林，等. 考虑瞬态热应变的钢筋混凝土板火灾反应分析[J]. 湖南大学学报(自然科学版), 2014, 41(6): 63-69.

[41] Jiang J, Li G Q. Parameters affecting tensile membrane action of reinforced concrete floors subjected to elevated temperatures[J]. Fire Safety Journal, 2018, 96: 59-73.

[42] Gernay T, Khorasani N E. Recommendations for performance-based fire design of composite steel buildings using computational analysis[J]. Journal of Constructional Steel Research, 2020, 166: 105906.

[43] Zhang D S, Lin X H, Dong Y L, et al. Machine-learning-based uncertainty and sensitivity analysis of reinforced-concrete slabs subjected to fire[J]. Structures, 2023, 53: 581-594.

[44] Shachar Y M, Dancygier A N. Assessment of reinforced concrete slabs post-fire performance[J]. Fire Safety Journal, 2020, 111: 102932.

[45] Taylor R, Maher D R H, Hayes B. Effect of the arrangement of reinforcement on the behaviour of reinforced concrete slabs[J]. Magazine of Concrete Research, 1966, 18(55): 85-94.

[46] Sawczuk A, Winnicki L. Plastic behavior of simply supported reinforced concrete plates at moderately large deflections[J]. International Journal of Solids and Structures, 1965, 1(1): 97-111.

[47] Hayes B. Allowing for membrane action in the plastic analysis of rectangular reinforced concrete slabs[J]. Magazine of Concrete Research, 1968, 20(65): 205-212.

[48] 李国强，周昊圣，郭士雄. 火灾下钢结构建筑楼板的薄膜效应机理及理论模型[J]. 建筑结构学报, 2007, 28(5): 40-47.

[49] 董毓利. 用变形和分解原理求混凝土板的受拉薄膜效应[J]. 力学学报，2010, 42(6): 1180-1187.

[50] Omer E, Izzuddin B A, Elghazouli A Y. Failure of lightly reinforced concrete floor slabs with planar edge restraints under fire[J]. Journal of Structural Engineering, 2009, 135(9): 1068-1080.

[51] Omer E, Izzuddin B A, Elghazouli A Y. Failure of unrestrained lightly reinforced concrete slabs under fire, Part I: Analytical models[J]. Engineering Structures, 2010, 32(9): 2631-2646.

[52] Cashell K A, Elghazouli A Y, Izzuddin B A. Failure assessment of lightly reinforced floor slabs. I: Experimental investigation[J]. Journal of Structural Engineering, 2011, 137(9): 977-988.

[53] Cashell K A, Elghazouli A Y, Izzuddin B A. Failure assessment of lightly reinforced floor slabs.

II: Analytical studies [J]. Journal of Structural Engineering, 2011, 137(9): 989-1001.

[54] Herraiz B, Vogel T. Novel design approach for the analysis of laterally unrestrained reinforced concrete slabs considering membrane action[J]. Engineering Structures, 2016, 123: 313-329.

[55] Burgess I. Yield-line plasticity and tensile membrane action in lightly-reinforced rectangular concrete slabs[J]. Engineering Structures, 2017, 138: 195-214.

[56] 李磊, 王卓涵, 张艺欣, 等. 混凝土结构中考虑滑移效应的钢筋本构模型研究[J]. 工程力学, 2020, 37(3): 88-97.

[57] Eurocode 4: Design of composite steel and concrete structures, Part 1-2: General rules—Structural fire design: EN 1994-1-2: 2005[S]. Brussels: European Committee for Standardization, 2004.

[58] Lie T T. Structural Fire Protection[M]. New York：American Society of Civil Engineers，1992.

[59] Eurocode 2: Design of concrete structures, Part 1-2: General rules—Structural fire design [S]. Brussels: Belgian Application Document, 1995.

[60] 过镇海, 时旭东. 钢筋混凝土的高温性能及其计算[M]. 北京: 清华大学出版社, 2003.

[61] Gernay T, Franssen J M. A formulation of the Eurocode 2 concrete model at elevated temperature that includes an explicit term for transient creep[J]. Fire Safety Journal, 2012, 51: 1-9.

[62] Nechnech W, Meftah F, Reynouard J M. An elasto-plastic damage model for plain concrete subjected to high temperatures[J]. Engineering Structures, 2002, 24(5): 597-611.

[63] Diederichs U. Modelle zur beschreibung der betonverformung bei instantionaren temperaturen[C]//Abschlubkolloquium Bauwerke Unter Brandeinwirkung, Braunschweig, 1987: 25-34.

[64] Nielsen C V, Pearce C J, Bićanić N. Theoretical model of high temperature effects on uniaxial concrete member under elastic restraint[J]. Magazine of Concrete Research, 2002, 54(4): 239-249.

[65] Lu L M, Yuan Y, Caspeele R, et al. Influencing factors for fire performance of simply supported RC beams with implicit and explicit transient creep strain material models[J]. Fire Safety Journal, 2015, 73: 29-36.

[66] Anderberg Y, Thelandersson S. Stress and deformation characteristics of concrete at high temperatures. 2. experimental investigation and material behaviour model [J]. Bulletin of Division of Structural Mechanics & Concrete Construction, 1976, 54: 61-66.

[67] Huang Z F, Tan K H, Ting S K. Heating rate and boundary restraint effects on fire resistance of steel columns with creep[J]. Engineering Structures, 2006, 28(6): 805-817.

[68] Harmathy T Z, Stanzak W W. Elevated-temperature tensile and creep properties of some structural and prestressing steels[M]//Fire Test Performance. West Conshohocken: ASTM International, 1970: 186-208.

[69] 吴加超. 火灾下(后)混凝土连续双向板力学性能试验研究[D]. 徐州: 中国矿业大学, 2020.

[70] 安晓莉. 火灾下及火灾后约束混凝土双向板承载性能研究[D]. 徐州: 中国矿业大学, 2017.

[71] Tenchev R T, Li L Y, Purkiss J A. Finite element analysis of coupled heat and moisture transfer in concrete subjected to fire[J]. Numerical Heat Transfer, Part A: Applications, 2001, 39(7):

685-710.

[72] 熊伟, 李耀庄, 严加宝. 火灾作用下钢筋混凝土梁温度场数值模拟及试验验证[J]. 中南大学学报(自然科学版), 2012, 43(7): 2838-2843.

[73] Di Capua D, Mari A R. Nonlinear analysis of reinforced concrete cross-sections exposed to fire[J]. Fire Safety Journal, 2007, 42(2): 139-149.

[74] 张智梅. 火灾下钢筋混凝土构件的热反应数值分析和抗火设计方法研究[D]. 上海: 上海大学, 2008.

[75] Wang Y, Dong Y L, Zhou G C. Nonlinear numerical modeling of two-way reinforced concrete slabs subjected to fire[J]. Computers & Structures, 2013, 119: 23-36.

[76] Park R, Gamble W L. Reinforced Concrete Slabs[M]. 2nd ed. New York: John Wiley & Sons, 2000.

[77] 沈聚敏, 王传志, 江见鲸. 钢筋混凝土有限元与板壳极限分析[M]. 北京: 清华大学出版社, 1993.

[78] Ghoneim M G, McGregor J G. Tests of reinforced concrete plates under combined in plane and lateral loads [J].ACI Structural Journal, 1994, 91(1): 19-30.

[79] 张大山, 董毓利, 房圆圆. 考虑受拉薄膜效应的板块平衡法修正及在混凝土双向板中的应用[J]. 工程力学, 2017, 34(3): 204-210, 240.

[80] Kodur V K R, Dwaikat M. A numerical model for predicting the fire resistance of reinforced concrete beams [J]. Cement and Concrete Composites, 2008, 30(5): 431-443.

[81] 陈建伟, 边瑾靓, 苏幼坡, 等. 国内外规范关于钢筋混凝土板冲切承载力的比较[J]. 河北联合大学学报（自然科学版）, 2015, 37(4): 74-82.

[82] Famiyesin O O R, Hossain K M A, Chia Y H, et al. Numerical and analytical predictions of the limit load of rectangular two way slabs[J]. Computers & Structures, 2001, 79(1): 43-52.